人 气 视 频 课 程 讲 师　累计超过30万学员的选择

跟着迪哥学

Python

数据分析与机器学习实战

唐宇迪／著

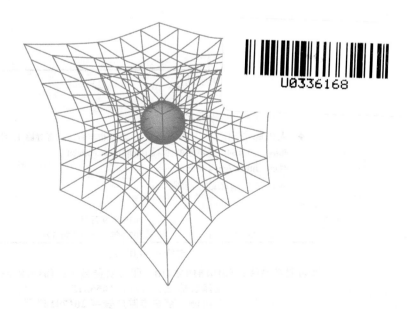

人 民 邮 电 出 版 社

北　京

图书在版编目（CIP）数据

跟着迪哥学Python数据分析与机器学习实战 / 唐宇
迪著. -- 北京 ：人民邮电出版社，2019.9（2022.8重印）
ISBN 978-7-115-51244-4

Ⅰ．①跟… Ⅱ．①唐… Ⅲ．①软件工具－程序设计
Ⅳ．①TP311.561

中国版本图书馆CIP数据核字(2019)第087638号

内 容 提 要

本书结合了机器学习、数据分析和 Python 语言，通过案例以通俗易懂的方式讲解了如何将算法应用到实际任务。

全书共 20 章，大致分为 4 个部分。第 1 部分介绍了 Python 必备的工具包，包括科学计算库 Numpy、数据分析库 Pandas、可视化库 Matplotlib；第 2 部分讲解了机器学习中的经典算法，例如回归算法、决策树、集成算法、支持向量机、聚类算法等；第 3 部分介绍了深度学习中的常用算法，包括神经网格、卷积神经网络、递归神经网络；第 4 部分是项目实战，基于真实数据集，将算法模型应用到实际业务中。

本书适合对人工智能、机器学习、数据分析等方向感兴趣的初学者和爱好者。

◆ 著　　　　唐宇迪

责任编辑　俞　彬

责任印制　马振武

◆ 人民邮电出版社出版发行　　北京市丰台区成寿寺路 11 号

邮编　100164　电子邮件　315@ptpress.com.cn

网址　https://www.ptpress.com.cn

涿州市京南印刷厂印刷

◆ 开本：800×1000　1/16

印张：28.75　　　　　　2019 年 9 月第 1 版

字数：765 千字　　　　　2022 年 8 月河北第 5 次印刷

定价：89.00 元

读者服务热线：(010)81055410　印装质量热线：(010)81055316
反盗版热线：(010)81055315
广告经营许可证：京东市监广登字 20170147 号

前言
PREFACE

　　人工智能的飞速发展，带来了丰富的机遇与挑战。机器学习算法工程师、数据挖掘工程师、大数据工程师等岗位的薪资在 IT 行业也颇丰。面对高薪与前沿技术的诱惑，越来越多的大学毕业生准备投身其中，但苦于缺乏指导性教材进行系统学习，非科班出身的大学毕业生更是缺乏相关数学基础。

　　很多同学认识我是通过在线课程或线下培训，机器学习培训工作已经伴我走过了近 4 个年头。在这期间，开发线上就业课程 40 余门，参与的学员累计超过 30 万人，顺利完成企业与高校讲师培训 30 余场，直播课程百余场。忙碌之余，最大的收获就是收到同学们晒出的各大企业的 offer 与认可。

　　在培训工作中，同学们给我最多的反馈就是虽然能参考的资料有很多，但是都很难理解，尤其对于初学者而言，看各种公式就要晕掉了。这几年我也一直在思考如何讲解才能让大家更深刻、更轻松地理解机器学习中的每一个算法。

　　本书是我多年培训教学和学习心得的总结，最大的特色就是以接地气的方式向大家通俗地讲解算法原理与应用方法，让读者能够更轻松地去理解其中每一个复杂的算法。学习的目的肯定要在实际任务中发挥作用，我写作的初衷也是希望更多读者能将理论与实战方法应用到自己的业务中，所以本书整体风格是以实战为主，通过案例来解读如何将机器学习应用在实际的数据挖掘任务中。

本书面向的读者

　　本书主要面向对人工智能、机器学习、数据分析等方面有强烈兴趣的初学者和爱好者，通过本书的学习，读者能够掌握机器学习中经典算法原理推导、整体流程以及其中数学公式与各种参数的作用。案例全部采用当下流行的 Python 语言，从最基础的工具包开始讲起，让大家熟练使用 Python 及其数据科学工具包进行机器学习和数据挖掘领域的项目实战任务，并处理其中遇到的种种问题。

路线图

　　本书内容大体可以分为以下 4 个部分。

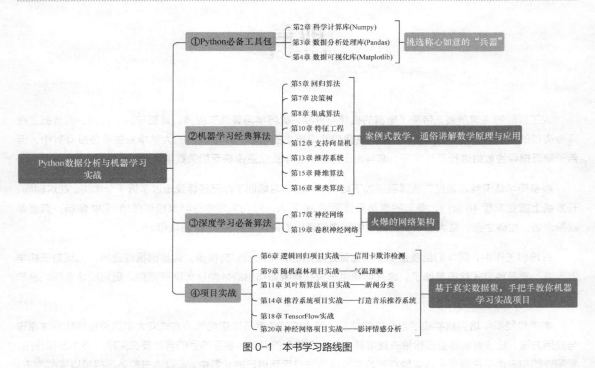

图 0-1　本书学习路线图

总结起来比较合适的学习路线如下。

第①步： Python 工具包的使用，先把称心如意的"兵器"准备好，它们是实战中的好帮手。

第②步： 理解机器学习算法，建模分析的核心就是其中的算法了，打牢基础才能走得更远。

第③步： 项目实战应用，将算法模型应用到实际业务中，通过实际任务来进行提升。

可能很多读者都觉得应当先把 Python 的基础打牢固再进行后续的学习，我觉得这样可能会花费较多时间，从而耽搁后续重点内容学习，建议读者对于编程语言通过实际案例边练边学，把重点放在机器学习原理与应用中。

阅读本书需要准备什么 / 如何使用本书

对于初学者来说，可能在学习路线以及职业规划上有些迷茫，这里结合我对机器学习与数据科学领域的理解来进行阐述分析。首先无论从事人工智能中哪个方向，肯定要从工程师做起，那手里一定得有一个称心如意的"兵器"，本书选择的是 Python 语言，基于 3.x 版本进行实战演示。读者如果具备大学数学基础，学习起来会相对更容易一些，在学习过程中，难免遇到各种难以理解的算法问题，建议大家先对其整体流程进行通俗理解，再结合实际案例进行思考，很多时候数学上的描述十分复杂，而代码中的解释却浅显易懂。项目实战的目的一方面是从应用的角度阐述如何进行实际任务建模与分析，另一方面也是一个积累的过程。人工智能行业发展迅速，不要停下学习的脚步，每天都要学习新的知识来充实自己。

配套资源

本书由异步社区（https://www.epubit.com/）为您提供相关资源。

本书提供配套的源代码和数据源文件。要想获得配套资源，请登陆异步社区，按书名搜索，进入本书页面，点击配套资源，跳转到下载页面，按提示进行操作即可。注意：为保证购书读者的权益，该操作会给出相关提示，要求输入提取码进行验证。

建议与反馈

由于作者水平有限，书中难免有错误和不当之处，欢迎读者指正。如果读者遇到问题需要帮助，也欢迎交流（微信号：digexiaozhushou），我期望与你共同成长。

目录
CONTENTS

第 1 章
人工智能入门指南

　　当今时代，人工智能迅速发展，高薪的诱惑、前沿的技术挑战使得越来越多的小伙伴想要学习人工智能，那么更大的问题也就随之产生了——如何学习人工智能呢？正所谓"万事开头难"，如何走好第一步十分关键。学习人工智能的成本还是蛮高的，一般来说，付出了大量的时间和精力，一定要有满意的收获才可以。作为 Python 开篇之讲，本章首先介绍机器学习处理问题的方法与流程，以及实战必备武器——Python 基础教程及其环境配置。

1.1 AI 时代首选 Python

人工智能就是用编程实现各种算法和数据建模。提起编程，以前大家可能更注重 C 语言和 Java 语言，但是现在，Python 在数据科学领域运用广泛，相信大家早已在各大媒体和圈子中看到 Python 日益广阔的发展前景。可以说，Python 已经成为当下最火的编程语言之一了（见图 1-1）。

图 1-1　AI 时代首选 Python

1.1.1 Python 的特点

Python 被当作"核心武器"肯定是有原因的，进入 AI 行业，大家最初给自己的定位基本都是工程师，办事效率肯定是越高越好，这跟 Python 的出发点也是一致的，试问：能用 1 行代码解决的问题，何必用 10 行呢？

如果大家学过 C 语言，肯定会觉得它用起来还是比较麻烦的，限制非常多。但是用 Python 写起程序来可以更随性一些，没有那么多的语法束缚，用起来容易，学起来也很简单。

当要实际完成一项编程任务时，肯定需要借助各种工具，Python 提供了非常丰富的工具包来解决各种数据处理、分析、建模等问题。我们只要调用工具包，就可以轻轻松松地完成任务，相当于前人已经种好了树，我们去乘凉就好了。

那么，Python 在其他领域应用得怎么样呢？大家可能听过"Python 全栈开发"这个概念，所以 Python 相当于"万金油"，只要把它学好了，应用还是十分广泛的。

总结起来就是一句话：简洁、高效，用起来舒服！对于初学者来说，Python 是很友好的，可以说它是最简单易学的编程语言。

1.1.2 Python 该怎么学

很多零基础的读者的第一想法可能就是先去买一本非常厚的 Python 教材，然后慢慢地从入门到精通……其实我认为语言只是用来帮助解决问题的工具，不建议去找一本特别厚的书，来个半年学习计划，用最短的时间学习最基础的、暂时够用的知识就可以了。越高级的语法用到的概率越小，先入手用起来，然后边做案例边学习才是高效的学习方法。

推荐大家先熟悉 Python 的基础部分，到图书馆随便找本这方面的书，或者看看 Python 的在线课程都可以，有其他语言基础的同学学习 2 ~ 3 天就能用起来，第一次接触编程语言的人花一周的时间也会学得差不多了。

在后续的章节中，本书还会涉及 Python 工具包的使用，其实这些工具的使用方法在其官方文档中都写得清清楚楚，并不需要全部背下来，只需要熟练操作即可。真正用到它的时候，还是要看看文档中每一个参数的具体含义。

1.2 人工智能的核心——机器学习

到底该如何学习人工智能呢？可以说，人工智能这个圈子太大了，各行各业都有涉及，可选择的方向也五花八门、各不相同，包括数据挖掘、计算机视觉、自然语言处理等各大领域。那么，是不是每个方向要学习的内容差别很大呢？不是的。其实最核心的就是机器学习，你要做的一切都离不开它，所以无论选择哪个领域，一定要把基础打牢。因此，第一个目标就是搞定机器学习的各大算法，并掌握其应用实践方法。

1.2.1 什么是机器学习

可能有些读者对机器学习还不是很熟悉，只不过因为最近这个词比较火才准备投身于这个领域中。举一个小例子，我以前特别喜欢玩一款叫作《梦幻西游》的游戏。弃坑之后，游戏方的客服经理总给我打电话，说"迪哥能不能回来接着玩耍（充值）呀，帮派的小伙伴都十分想念你……"这时候我就想：他们为什么会给我打电话呢？这款游戏每天都有用户流失，不可能给每个用户都打电话吧，那么肯定是挑重点用户来沟通了。其后台肯定有玩家的各种数据，例如游戏时长、充值金额、战斗力等，通过这些数据就可以建立一个模型，用来预测哪些用户最有可能返回来接着玩啦！

机器学习要做的就是在数据中学习有价值的信息，例如先给计算机一堆数据，告诉它这些玩家都是重点客户，让计算机去学习一下这些重点客户的特点，以便之后在海量数据中能快速将它们识别出来。

机器学习能做的远不止这些，数据分析、图像识别、数据挖掘、自然语言处理、语音识别等都是以其为基础的，也可以说人工智能的各种应用都需要机器学习来支撑（见图 1-2）。现在各大公司越来越注重数据的价值，人工成本也越来越高，所以机器学习也就变得不可或缺了。

再给大家简单介绍一下学会机器学习之后可能从事的岗位，最常见的就是数据挖掘岗，即通过建立机器学习模型来解决实际业务问题，就业前景还是非常不错的，基本所有和数据打交道的公司都需要这个岗位。

图 1-2　机器学习的应用领域

　　接下来就是当下与人工智能结合最紧密的计算机视觉、自然语言处理和语音识别了。说白了就是要让计算机能看到、听到、读懂人类的数据。相对来说，我觉得计算机视觉领域的发展会更快一些，因为随着深度学习技术的崛起，越来越多的研究人员加入这个行列，落地的项目更是与日俱增。自然语言处理和语音识别也是非常不错的方向，至于之后的路怎么走还是看大家的喜好吧，前提都是一样的——先把机器学习搞定！

1.2.2　机器学习的流程

　　上一小节简单介绍了机器学习的基本概念，那么机器学习是如何做事情的呢？下面通过一个简单例子来了解一下机器学习的流程（见图 1-3）。假设我们从网络上收集了很多新闻，有的是体育类新闻，有的是非体育类新闻，现在需要让机器准确地识别出新闻的类型。

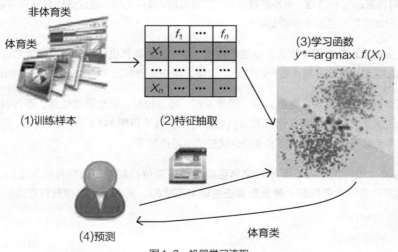

图 1-3　机器学习流程

一般来说，机器学习流程大致分为以下几步。

第①步：**数据收集与预处理**。例如，新闻中会掺杂很多特殊字符和广告等无关信息，要先把这些剔除掉。除此之外，可能还会用到对文章进行分词、提取关键词等操作，这些在后续案例中会进行详细分析。

第②步：**特征工程**，也叫作特征抽取。例如，有一段新闻，描述"科比职业生涯画上圆满句号，今天正式退役了"。显然这是一篇与体育相关的新闻，但是计算机可不认识科比，所以还需要将人能读懂的字符转换成计算机能识别的数值。这一步看起来容易，做起来就非常难了，如何构造合适的输入特征也是机器学习中非常重要的一部分。

第③步：**模型构建**。这一步只要训练一个分类器即可，当然，建模过程中还会涉及很多调参工作，随便建立一个差不多的模型很容易，但是想要将模型做得完美还需要大量的实验。

第④步：**评估与预测**。最后，模型构建完成就可以进行判断预测，一篇文章经过预处理再被传入模型中，机器就会告诉我们按照它所学数据得出的是什么结果。

1.2.3　机器学习该怎么学

很多读者可能都会有这种想法：工具包已经非常成熟了，是不是会调用工具包就可以了呢？笔者认为掌握算法原理与实际应用都是很重要的，很多人容易忽略算法的推导，这对之后的学习和应用肯定是不利的，因为做一件事情不能盲目去做，需要知道为什么要这么做！工具包也一样，不仅要学会使用它，更要知道其中每一个参数的作用，以及每一步操作在算法中都是什么含义。

这就需要熟悉每一个算法是怎么来的，每一步数学公式的目的是什么，数据是怎么一步步变成最后的决策结果的，每一步的参数又会对最终的结果产生什么样的影响。这几点都是非常重要的，所以在学习过程中需要深入其中每一步细节。

学习过程肯定有些枯燥，最好先从整体上理解其工作原理，然后再深入到每一处细节。这其中会涉及很多数学知识，对于初学者来说最头疼的就是这些公式和符号了，让大家从头到尾先学一遍数学可能有点不现实，所以遇到问题或者不理解的地方还需要大家勤动手，边学边查，也就是"哪里不会点哪里"。本书中所有知识点也都是按照笔者的理解跟大家分享的，所以不要惧怕数学，也不要过于钻牛角尖，理解即可。

1.3　环境配置

现在跟大家说一说本书所需的环境配置，也就是后续案例怎么玩起来，这个很重要，能给大家节省很多时间。我们要安装 Python 所需环境，不推荐去 Python 官网下载一个安装包，否则之后的配置和要安装的东西就太多了。

1.3.1 Anaconda 大礼包

配置环境时只需下载 Anaconda 即可，它相当于一个"全家桶"，里面不仅有 Python 所需环境，而且把后续要用到的工具包和编程环境全部搞定了。首先登录 Anaconda 官网（https://www.anaconda.com/download/），下载对应软件，如图 1-4 所示。

图 1-4　Anaconda 下载

然后根据自己的电脑选择不同的操作系统，并选择是 64 位的还是 32 位的。如果电脑是 32 位的，可以考虑换一换，因为很多工具包都不支持。

一定要选择 Python 3 版本（见图 1-5），几年前我在讲课和工作的时候用的是 Python 2.7 版本。当时，用 2.7 版本的人比较多，而且相对稳定。但是从现在的角度出发，很多工具包都不支持 2.7 版本了，所以直接下载 3 版本即可。如果下载速度比较慢，读者可以登录镜像网址 https://mirrors.tuna.tsinghua.edu.cn/anaconda/archive，下载对应版本的软件。

图 1-5　Python 版本选择

　　下载完成后，双击下载的文件进行安装，在安装过程中连续单击"Next"按钮，即可顺利将 Anaconda 软件安装到电脑上，就跟安装游戏一样简单，如图 1-6 所示。

　　安装完成后，如果是 Windows 系统，可以在"开始"菜单中看到如图 1-7 所示的安装结果（其他系统可以到安装路径下启动）。

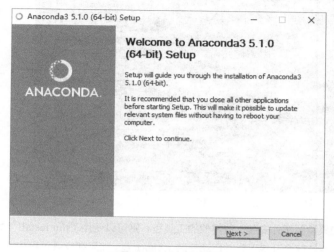

图 1-6　Anaconda 安装

图 1-7　Anaconda 安装结果

　　简单介绍一下之后会用到的几个工具。首先选择"Anaconda Prompt"选项，打开一个命令行窗口，所有工具包的安装都在这里完成（见图 1-8）。

图 1-8　Anaconda Prompt

可以在窗口中输入不同的命令，以实现不同的操作。例如输入"conda list"命令，可以查看目前已经安装的各种库函数，如图 1-9 所示。

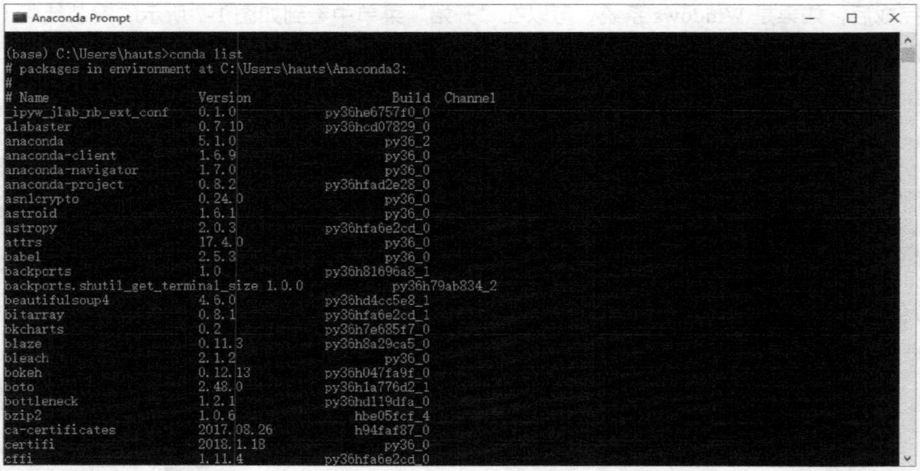

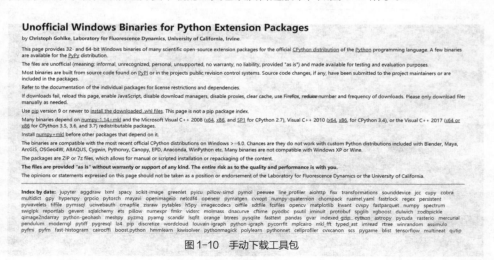

图 1-9　已经安装的工具包

上图所示的工具包都安装好了，如果需要额外安装一些其他的工具包，则可以使用"pip install"命令。例如，输入"pip install seaborn"命令，系统就会开始下载并自动安装 seaborn 包。如果在安装过程中报错（在安装过程中基本都会遇到），可以先尝试下载安装包，然后进行安装（这招百试不爽）。

首先打开 https://www.lfd.uci.edu/~gohlke/pythonlibs/ 网址，进入如图 1-10 所示的界面，这里面也提供了各种工具包供大家下载，然后选择要下载的工具包以及合适版本，如图 1-11 所示。

图 1-10　手动下载工具包

Xgboost, a distributed gradient boosting (GBDT, GBRT or GBM) library.
Requires the Microsoft Visual C++ Redistributable for Visual Studio 2017.
xgboost-0.80-cp27-cp27m-win32.whl
xgboost-0.80-cp27-cp27m-win_amd64.whl
xgboost-0.80-cp34-cp34m-win32.whl
xgboost-0.80-cp34-cp34m-win_amd64.whl
xgboost-0.80-cp35-cp35m-win32.whl
xgboost-0.80-cp35-cp35m-win_amd64.whl
xgboost-0.80-cp36-cp36m-win32.whl
xgboost-0.80-cp36-cp36m-win_amd64.whl
xgboost-0.80-cp37-cp37m-win32.whl
xgboost-0.80-cp37-cp37m-win_amd64.whl

图 1-11 选择合适的版本

注意：下载时一定要选择符合自己电脑系统的版本，"0.80"表示当前工具包的版本号，"cp27"和"cp36"则分别表示 Python 版本是 2.7 还是 3.6，win32 和 win 分别对应 32 位和 64 位操作系统。下载完成后随便保存到某一个位置，然后在命令行中（Anaconda Prompt）执行 "pip install xgboost-0.80-cp37-cp37m-win_amd64.whl"命令，系统就会自动进行安装了。

1.3.2　Jupyter Notebook

Jupyter Notebook 相当于在浏览器中完成编程任务。在 Jupyter Notebook 中，不仅可以写代码、做笔记，而且可以得到每一步的执行结果，效果非常好。本书中所有的实战代码均在 Jupyter Notebook 中完成，它非常适合应用于教学。

进入 Jupyter Notebook 很简单，在图 1-7 所示的 Anaconda 文件夹中选择 "Jupyter Notebook" 选项，就会弹出如图 1-12 所示的窗口。

图 1-12　Jupyter Notebook

创建一份新的 Notebook 也很简单，选择"New"下面的"Python 3"选项，即可进入 Python 的操作和执行窗口，如图 1-13 所示。

图 1-13　Notebook 执行代码

下面展示一份 Notebook 实例片段（也是本书最后一章中的项目实战），其中不仅包括代码及执行结果，而且添加了说明文档（见图 1-14）。

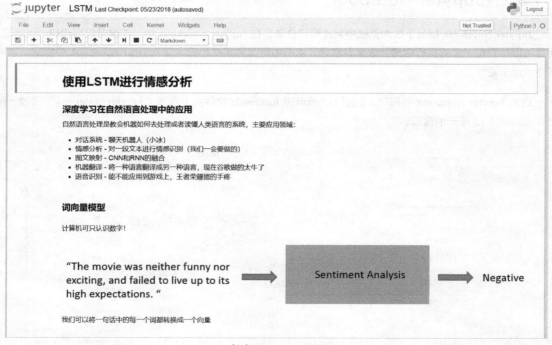

（a）Markdown 用法

图 1-14　Notebook 案例

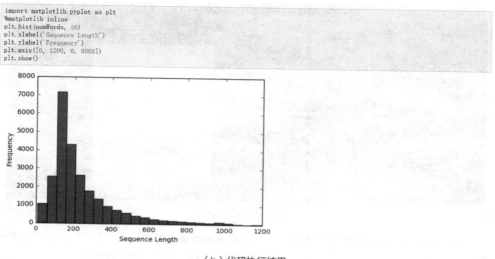

（b）代码执行结果

图1-14　Notebook案例（续）

如果大家想更改默认的起始路径，只需要更改一些配置文件。网上有很多这方面的教程，根据自己的电脑系统需要找一份合适的就好，或者直接在程序中找到默认的起始路径。

In:	import os print (os.path.abspath ('.'))
Out:	# 大家的结果就是各自的起始路径了 E:\PythonNotebook

我们找到当前代码所在路径后，把书中涉及的代码和数据复制到当前文件夹下即可。总结起来就是一句话：Anaconda这个大礼包非装不可，它能提供的工具还是非常实用的。

1.3.3　上哪儿找资源

初学者最常讨论的问题就是上哪儿能找到各种资源，这里推荐两个站点，没事儿可以常去逛逛：GitHub和kaggle。

其中，GitHub是程序员都知道的网站，如图1-15所示。如果想自己实现一个算法，但是又没有思路，怎么办呢？可以参考别人写好的嘛，GitHub就提供了非常丰富的开源项目和代码。

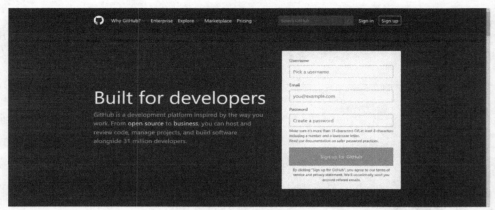

图 1-15　GitHub

另一个就是 kaggle 社区，如图 1-16 所示。其内容都是和数据科学相关的，大家可以把它当成一个竞赛站点，不仅包括各行各业的数据集，而且有各路大神的解决方案，里面值得学习的内容实在太多了，等待大家慢慢挖掘吧！

图 1-16　kaggle 社区

在学习过程中，如果大家直接动手去完成一个实际项目，难度肯定有些大，但是如果有一份模板，在此基础上进行改进可能就容易多了。每一份案例就都相当于一个模板，学会了就变成自己的。例如，如何对数据进行处理，如何提取特征，如何训练模型等，这些套路很多都是通用的，所以积累也是一种学问，真正做项目的时候还是要参考很多已有的解决方案的。

本章总结

本章从整体上介绍了 Python 和机器学习的学习路线与提升方法，本书所使用的环境只需一个 Anaconda 即可搞定，赶快配置起来加入后续的学习中吧。

第 2 章
科学计算库（Numpy）

    在 Python 数据科学领域，Numpy 是用得最广泛的工具包之一，基本上在所有任务中都能看到它的影子。通常来说，数据都可以转换成矩阵，行就是每一条样本数据，列就是其每个字段特征。Numpy 在矩阵计算上非常高效，可以快速处理数据并进行数值计算。本章从实战的角度介绍 Numpy 工具包的核心模块与常用函数的使用方法。

2.1 Numpy 的基本操作

在使用 Numpy 工具包之前，必须先将其导入进来：

In	import numpy as np

 迪哥说： Anaconda 中已经默认安装了 Numpy 工具包，直接拿来使用即可。

执行完这一行代码之后，若没有报错，就说明 Numpy 工具包已经安装好，并且已导入运行环境中。为了操作方便，给 Numpy 起了一个别名"np"，接下来就可以使用"np"来代替"numpy"了。

2.1.1 array 数组

假设按照 Python 的常规方式定义一个数组 array = [1,2,3,4,5]，并对数组中的每一个元素都执行 +1 操作，那么，可以直接执行吗？

In	array = [1, 2, 3, 4, 5] array + 1
Out	```TypeError Traceback (most recent call last) <ipython-input-2-c54151a3da40> in <module>() 1 array = [1, 2, 3, 4, 5] ----> 2 array + 1 TypeError: can only concatenate list (not "int") to list```

输出结果显示此处创建的是一个 list 结构，无法执行上述操作。这里需要大家注意的就是数据类型，不同格式的数据，其执行操作后的结果也是完全不同的。如果引入 Numpy 工具包，其结果如何呢？我们在 Numpy 中可以使用 array() 函数创建数组，这是常用的方法。

In	array = np. array ([1, 2, 3, 4, 5]) print (type(array))
Out	<class 'numpy.ndarray'>

输出结果显示数据类型是 ndarray，也就是 Numpy 中的底层数据类型，后续要进行各种矩阵操作的基本对象就是它了。

再来看看这回能不能完成刚才的任务：

In	array2 = array + 1 array2
Out	Array([2, 3, 4, 5, 6])

此处可以看到，程序并没有像之前那样报错，而是将数组中各个元素都执行了 +1 操作。在 Numpy 中如果对数组执行一个四则运算，就相当于要对其中每一元素做相同的操作。如果数组操作的对象和它的规模一样，则其结果就是对应位置进行计算：

In	array2 +array
Out	array([3, 5, 7, 9, 11])
In	array2 * array
Out	array([2, 6, 12, 20, 30])

迪哥说: 可以看到 Numpy 的计算方式还是很灵活的，所以处理复杂任务的时候，最好每执行完一步操作就打印出来看看结果，以保证每一步都是正确的，然后再继续进行下一步。

2.1.2　数组特性

了解了 Numpy 中最基本的结构，再来看看常用的函数：

In	array. shape
Out	(5,)

输出结果表示当前数组是一维的，其中有 5 个元素。

迪哥说: 在实际操作中经常会遇到各种各样的问题和 bug，要学会在复杂的操作过后，通过打印当前数据（数组）的 shape 值来观察矩阵计算是否正确。例如，某次正确计算后矩阵的维度应当是二维，但是其 shape 属性显示为一维，那么肯定是哪里出问题了，需要及时更正，后续的案例中也会经常看到它的身影。

那么这个操作是 Numpy 特有的吗？ Python 中的 list 结构可以显示其 shape 属性吗？

In	tang_list = [1, 2, 3, 4, 5] tang_list. shape
| Out | ```
AttributeError                          Traceback (most recent call last)
<ipython-input-13-767455014c87> in <module>()
      1 tang_list = [1, 2, 3, 4, 5]
----> 2 tang_list. shape

AttributeError: 'list' object has no attribute 'shape'
``` |
```

输出结果显示，Python 中的 list 结构并没有 shape 属性，所以当进行数据处理和分析的时候使用 Numpy 工具包会更方便，可以展示的结果也更丰富。

上述解释中使用的都是一维数据，如何创建二维数组呢？方法很简单，只要在 array() 中传入二维数组即可，高维数据也是同理。

In	np. array ([[1, 2, 3], [4, 5, 6]])
Out	array([[1, 2, 3], [4, 5, 6]])

在使用 ndarray 数组时，有一点需要大家额外注意，数组中的所有元素必须是同一类型的；如果不是同一类型，数组元素会自动地向下进行转换。这一点非常重要，也是大家最有可能出错的地方。

In	tang_list = [1, 2, 3, 4, 5] tang_array = np. array (tang_list)
Out	array([1, 2, 3, 4, 5])

看起来没什么问题，结果就是指定的元素值，但是如果改变其中一个值呢？

In	tang_list = [1, 2, 3, 4, '5'] tang_array = np. array (tang_list)
Out	array(['1', '2', '3', '4', '5'])
In	tang_list = [1, 2, 3, 4, 5.0] tang_array = np. array (tang_list)
Out	array([1., 2., 3., 4., 5.])

可以发现，如果将其中一个元素变为字符串类型，最终结果是数组中的每个元素都变成字符串类型。对于浮点数，结果也是如此。

迪哥说: 在 ndarray 中所有元素必须是同一类型，否则会自动向下转换，int → float → str。

2.1.3 数组属性操作

ndarray 结构还有很多基础的属性操作，例如打印当前数据的格式、类型、维度等。这些在实际任务中都会经常使用：

In	# 打印当前数据格式 type (tang_array)
Out	numpy. ndarray

打印当前数据格式，方便查询当前数据的类型，通常在执行计算或者其他处理操作前都需要确保数据格式符合要求。

In	# 打印当前数据类型 tang_array.dtype
Out	dtype('int32')

常见的数据类型有整型、浮点型和字符串型等，在机器学习任务中，浮点型更通用一些。

In	# 打印当前数组中元素个数 tang_array.size
Out	5
In	# 打印当前数据维度 tang_array.ndim
Out	1

上述操作演示了在 ndarray 中常见的显示结果功能，这些在实际进行数据处理的过程中非常有用，可以快速地检验当前操作是否符合预期。

2.2　索引与切片

在 Numpy 中，索引与切片的用法和 Python 语法是基本一致的，通常会用到数值和布尔（bool）类型索引。

2.2.1　数值索引

对 array([1, 2, 3, 4, 5]) 执行索引和切片操作：

In	tang_array[1:3]
Out	array([2, 3])

其中 [1:3] 表示左闭右开，索引从 0 开始，结果也就是选择数组中索引值为 1,2 的元素。

In	tang_array[-2:]
Out	array([4, 5])

负数表示按倒序开始取数据，如 [-2:] 表示从数组中倒数第二个数据开始取到最后。

索引操作在二维数据中也是同理，并且可以基于索引位置进行赋值操作：

In	tang_array = np. array([[1, 2, 3], [4, 5, 6], [7, 8, 9]]) tang_array[1, 1] = 10
Out	array([[1, 2, 3], [4, 10, 6], [7, 8, 9]])

此处通过索引位置进行了赋值操作，有时不仅可以对某一个元素进行操作，而且可以对整行或整列进行操作。

In	# 取第 2 行数据（索引从 0 开始） tang_array[1]
Out	array([4, 10, 6])
In	# 取第 2 列数据（：相当于全部的意思，也就是要拿到某列的全部数据） tang_array[:, 1]
Out	array([2, 10, 8])

2.2.2 bool 索引

在索引操作中，不仅可以用具体位置进行索引，还可以使用布尔类型，先通过 arange 函数来创建一个数组：

In	tang_array = np. arange(0, 100, 10)
Out	array([0, 10, 20, 30, 40, 50, 60, 70, 80, 90])

其中 arange(0,100,10) 表示从 0 开始到 100，每隔 10 个数取一个元素。

In	mask = np. array([0, 0, 0, 1, 1, 1, 0, 0, 1, 1], dtype=bool)
Out	array([False, False, False, True, True, True, False, False, True, True], dtype=bool)

此时创建了一个布尔类型的数组，0 表示假，1 表示真，也就是分别对应结果中的 False 和 True，接下来通过布尔类型的索引来选择元素：

In	tang_array[mask]
Out	array([30, 40, 50, 80, 90])

结果显示取得了所有索引位置为 True 的元素。

在实际处理数据的过程中，要经常做各种判断，布尔类型不仅可以自己创建出来，也可以通过判断获得：

In	random_array = np.random.rand(10)
Out	array([0.51388374,　0.57986996,　0.05474169,　0.5019837 ,　0.82705166, 　　　　0.95557716,　0.83348612,　0.32385451,　0.52586287,　0.92505535])

此处使用了 random 模块，它的功能还有很多，后续会逐步介绍。这里 rand(10) 表示在 [0,1) 区间上随机选择 10 个数。

In	mask = random_array > 0.5
Out	array([True,　True, False,　True,　True,　True,　True, False,　True,　True], dtype=bool)

判断其中每一个元素是否满足要求，返回布尔类型。

用索引取数据的时候也可以更灵活一些，直接将判断条件置于数组中也是可以的。

In	tang_array = np.array([10, 20, 30, 40, 50])
	# 找到符合要求的索引位置
	np.where(tang_array > 30)

Out	(array([3,　4],　dtype=int64),)
In	# 按照满足要求的索引来选择元素 tang_array[np.where(tang_array > 30)]
Out	array([40,　50])

布尔类型还可以用在两个数组对比中：

In	y = np.array([1, 1, 1, 4]) x = np.array([1, 1, 1, 2]) x == y
Out	array([True,　True,　True, False], dtype=bool)

该方法可以快速进行判断操作，常见的逻辑判断在 Numpy 中也可以实现：

In	np.logical_and(x, y)
Out	array([True,　True,　True,　True], dtype=bool)
In	np.logical_or(x, y)
Out	array([True,　True,　True,　True], dtype=bool)

在 Numpy 中索引的操作方式跟平时使用 Python 或者其他工具包基本没有差异，应用起来还是很灵活的。

2.3　数据类型与数值计算

在操作与计算数据之前一定要弄清楚数据的类型，使用不同工具包函数时最好先查阅其 API 文档，将数据处理成该函数所需格式，以免在计算过程中出现各种错误。

2.3.1　数据类型

为了满足不同操作的需求，在创建数组的时候还可以指定其数据类型：

In	tang_array = np. array ([1, 2, 3, 4, 5], dtype=np. float32)
Out	array ([1., 2., 3., 4., 5.], dtype=float32)

当拿到一个数组时也可以通过调用其 dtype 属性来观察：

In	tang_array. dtype
Out	dtype ('float32')

在 Numpy 中字符串的名字叫 object，这和 Python 中有些区别，但是用法是一样的：

In	tang_array = np. array (['1', '10', '3.5', 'str'], dtype = np. object)
Out	array (['1', '10', '3.5', 'str'], dtype=object)

为了满足操作的要求，也可以对创建好的数组进行类型转换：

In	tang_array = np. array ([1, 2, 3, 4, 5]) tang_array2 = np. asarray (tang_array, dtype = np. float32)
Out	array ([1., 2., 3., 4., 5.], dtype=float32)

这样就把整型转换成浮点型，在数据处理过程中，经常需要进行各种数据类型转换，以确保后续的计算与建模操作稳定。

2.3.2　复制与赋值

如何将数组 array([[1, 2, 3],[4, 10, 6],[7, 8, 9]]) 赋值给另一变量呢？最直接的方法就是用等号来赋值。

In	tang_array2 = tang_array
Out	array ([[1, 2, 3], [4, 10, 6], [7, 8, 9]])

此时它们就是相同的了，如果改变新变量中的一个元素，再来看看两个变量各自的结果：

In	tang_array2[1, 1] = 100
Out	tang_array2:array([[1,　2,　3], [4, 100,　6], [7,　8,　9]]) tang_array:array([[1,　2,　3], [4, 100,　6], [7,　8,　9]])

可以看到，如果对其中一个变量进行操作，另一变量的结果也跟着发生变化，说明它们根本就是一样的，只不过用两个不同的名字表示罢了。那么如果想让赋值后的变量与之前的变量无关，该怎么办呢？

In	tang_array2 = tang_array.copy() tang_array2[1, 1] = 10000
Out	tang_array2:array([[1,　2,　3], [4, 10000,　6], [7,　8,　9]]) tang_array:array([[1,　2,　3], [4, 100,　6], [7,　8,　9]])

此时改变其中一个数组的某个变量，另一个数组依旧保持不变，说明它们不仅名字不一样，而且根本不是同一件事。

 迪哥说： 当进行变量赋值的时候就要考虑哪种方式才是你想要的，这也是经常出错的地方，而且很难发现。

2.3.3　数值运算

前面介绍了如何创建数组，以及如何对数组进行索引和查询，下面继续介绍如何对array数组进行数值运算：

In	tang_array = np.array([[1, 2, 3], [4, 5, 6]]) np.sum(tang_array)
Out	21

这里执行了数组中所有元素的求和操作，对一个二维数组来说，既可以对列求和，也可以按行求和，以统计不同的指标，此时就需要额外再设置一个参数：

In	np.sum(tang_array, axis=0)
Out	array([5, 7, 9])
In	np.sum(tang_array, axis=1)
Out	array([6, 15])

指定axis参数表示可以按照第几个维度来进行计算，有些数据会超过二维，例如图像数据，此时就需要明确如何进行计算操作。

迪哥说： 在拿到实际数据进行计算的时候会怀疑维度指定得对不对，最简单的方法就是打印后看一下结果。

除了可以进行求和操作，Numpy 中的计算操作方式还有很多：

In	# 各个元素累乘
	tang_array.prod()

Out	720
In	tang_array.prod(axis = 0)
Out	array([4, 10, 18])
In	tang_array.prod(axis = 1)
Out	array([6, 120])

In	# 求元素中的最小值
	tang_array.min()

Out	1
In	tang_array.min(axis = 0)
Out	array([1, 2, 3])
In	tang_array.min(axis = 1)
Out	array([1, 4])

In	# 求均值
	tang_array.mean()

Out	3.5
In	tang_array.mean(axis = 0)
Out	array([2.5, 3.5, 4.5])

In	# 求标准差
	tang_array.std()

Out	1.707825127659933
In	tang_array.std(axis = 1)
Out	array([0.81649658, 0.81649658])

In	#求方差
	tang_array.var()

Out	2.9166666666666665

In	# 比 2 小的全部为 2，比 4 大的全部为 4
	tang_array.clip(2,4)

Out	array([[2, 2, 3], [4, 4, 4]])

In	# 四舍五入
	tang_array = np.array([1.2,3.56,6.41])
	tang_array.round()

Out	array([1., 4., 6.])

In	# 还可以指定一个精度
	tang_array.round(decimals=1)

Out	array([1.2, 3.6, 6.4])

迪哥说： 所有操作的原理都是相同的，默认会全部进行计算，如果指定了维度，就按给定的要求进行计算。

如果并不是要找到最大值或最小值具体是多少，而是想得到其所在位置该怎样操作呢？

In	# 得到的是索引位置
	tang_array.argmin()

Out	0

In	# 也可以按照指定的维度来确定最小值的位置
	tang_array.argmin(axis = 0)

Out	array([0, 0, 0], dtype=int64)
In	tang_array.argmin(axis=1)
Out	array([0, 0], dtype=int64)

这里列举了一些在数据处理中常用的统计与计算操作，但在处理实际问题的时候肯定还会用上其他操作，那么是不是要把所有功能都记下来呢？其实，工具包只是一个工具，用来辅助处理问题。而不是像考试那样，需要熟记掌握所有功能，大家只需要熟悉即可。在实际用到某个函数的时候，最好还是先查阅一下 API 文档，里面都有详细的介绍和使用说明。图 2-1 所示为 array 数组的 API 文档，详细地解释了函数中每一个参数的使用方法与最终的返回结果，还附带了基本的实例阐述（见图 2-2）。

图 2-1　API 文档

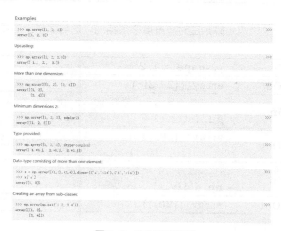

图 2-2　文档附带实例

迪哥说: 在学习过程中一定要养成勤查文档的习惯,其中最权威、最有学习价值的就是工具包官方文档。但是,面对这么多的函数与参数,想要将其全部背下来是不可能的,因此,反复查阅的过程也是学习进步的过程。

2.3.4 矩阵乘法

这里主要介绍两种计算方式:一种是按对应位置元素进行相乘;另一种是在数组中进行矩阵乘法。

In	x = np.array([5, 5])
	y = np.array([2, 2])
	# 对应位置元素相乘
	np.multiply(x, y)

Out	array([10, 10])

In	# 矩阵乘法
	np.dot(x, y)

Out	20

如果改变一下数组的维度,结果就不同了:

In	x.shape = 2, 1
Out	array([[5], [5]])
In	np.dot(x, y)
Out	ValueError: shapes (2,1) and (2,) not aligned: 1 (dim 1) != 2 (dim 0)

这说明矩阵乘法对应维度必须相同,这与数学上的要求是一致的。

In	y.shape = 1, 2
Out	array([[2, 2]])

In	# 结果就是跟正常矩阵乘法是一致的
	np.dot(x, y)

Out	array([[10, 10], [10, 10]])

In	# 调换顺序后结果就完全不同了
	np.dot(y, x)

Out	array([[20]])

迪哥说： 在进行计算时，一定要注意使用函数的功能是否符合预期。不只是矩阵乘法，还有很多函数功能看起来类似，但实际结果相差很大。如果直接对大量数据进行操作，结果较为复杂，不仅很难观察，而且会消耗很多时间。建议先用示例数据样本进行操作，确认无误后再执行大规模操作。

2.4　常用功能模块

Numpy 工具包能做的事情远不止数值计算，基本上你能想到的数据操作都可以通过其函数来快速实现，本节介绍几个常用的模块。

2.4.1　排序操作

排序操作是很常见的功能，Numpy 中也有丰富的函数来完成该项任务：

In	tang_array = np.array([[1.5, 1.3, 7.5], [5.6, 7.8, 1.2]]) np.sort(tang_array)
Out	array([[1.3,　 1.5,　 7.5], [1.2,　 5.6,　 7.8]])

In	# 排序也可以指定维度
	np.sort(tang_array, axis = 0)

Out	array([[1.5,　 1.3,　 1.2], [5.6,　 7.8,　 7.5]])

如果排序后，想用元素的索引位置替代排序后的实际结果，该怎么办呢？

In	np.argsort(tang_array)
Out	array([[1, 0, 2], [2, 0, 1]], dtype=int64)

其中的索引位置 [1,0,2] 表示原始数据中的 [1.5,1.3,7.5] 以 [1,0,2] 的顺序来进行变换，即 0 代表第 1 个位置，1 代表第 2 个位置，2 代表第 3 个位置，结果为 [1.3,1.5,7.5]。

再来换个场景，先创建一个数组：

In	tang_array = np.linspace(0, 10, 10)
Out	array([0.　　　, 1.11111111, 2.22222222, 3.33333333, 　　　4.44444444, 5.55555556, 6.66666667, 7.77777778, 　　　8.88888889, 10.　　　])

其中 linspace(0,10,10) 函数表示在 0 ~ 10 之间产生等间隔的 10 个数，如果此时又新增一组数据，想要

按照大小顺序把它们插入刚创建的数组中，应当放到什么位置呢？

In	values = np.array([2.5, 6.5, 9.5])
	# 这就算好了合适的位置
	np.searchsorted(tang_array, values)

Out	array([3, 6, 9], dtype=int64)

如何将数据按照某一指标进行排序呢？例如按照第一列的升序或者降序对整体数据进行排序：

In	tang_array = np.array([[1, 0, 6], [1, 7, 0], [2, 3, 1], [2, 4, 0]]) index = np.lexsort([-1*tang_array[:, 0]])
Out	array([2, 3, 0, 1], dtype=int64)

此时得到的就是按照第一列进行降序后的索引，再把索引传入原数组中即可，其中 −1 表示降序。

In	tang_array[index]
Out	array([[2, 3, 1], 　　　　[2, 4, 0], 　　　　[1, 0, 6], 　　　　[1, 7, 0]])

In	# 此时得到的就是按照第一列进行升序排列后的索引
	index = np.lexsort([tang_array[:, 0]])
	tang_array[index]

Out	array([[1, 0, 6], 　　　　[1, 7, 0], 　　　　[2, 3, 1], 　　　　[2, 4, 0]])

迪哥说：排序操作也是数据处理过程中经常使用的方法，在统计分析时最好能够结合图表进行展示。

2.4.2　数组形状操作

在对数组进行操作时，为了满足格式和计算的要求，通常会改变其形状：

In	# 创建一个数组，默认从 0 开始，arange() 函数的结果经常可以作为索引
	tang_array = np.arange(10)

Out	array([0, 1, 2, 3, 4, 5, 6, 7, 8, 9])
In	tang_array.shape

Out	(10,)
In	tang_array. shape = 2,5
Out	array([[0, 1, 2, 3, 4], 　　　[5, 6, 7, 8, 9]])

可以通过 shape 属性来改变数组形状，前提是变换前后元素个数必须保持一致。

In	tang_array. shape = 3,4
Out	ValueError: cannot reshape array of size 10 into shape (3,4)

 迪哥说：在数据处理与机器学习建模中经常会遇到这样的错误，此时就需要检查数据矩阵是否符合计算要求。

当创建一个数组之后，还可以给它增加一个维度，这在矩阵计算中经常会用到：

In	tang_array = np. arange (10) tang_array = tang_array [np. newaxis, :]
Out	(1, 10)

 迪哥说：很多工具包在进行计算时都会先判断输入数据的维度是否满足要求，如果输入数据达不到指定的维度，可以使用 newaxis 参数。

也可以对数组进行压缩操作，把多余的维度去掉。

In	tang_array = tang_array. squeeze ()
Out	(10,)

还可以对数组 array([[0, 1, 2, 3, 4],[5, 6, 7, 8, 9]]) 进行转置操作：

In	tang_array. transpose ()
Out	array([[0, 5], 　　　[1, 6], 　　　[2, 7], 　　　[3, 8], 　　　[4, 9]])
In	# 或者更直接一些 tang_array. T

Out	array([[0, 5], 　　　　[1, 6], 　　　　[2, 7], 　　　　[3, 8], 　　　　[4, 9]])

在 Notebook 中进行实际操作的时候，一定要注意：如果只执行 tang_array.T 操作（相当于打印操作），并没有对 tang_array 做任何变换，此时如果再打印 tang_array，结果依旧是 array([[0, 1, 2, 3, 4],[5, 6, 7, 8, 9]])，所以当实际执行操作的时候最好指定一个变量来完成，例如 tang_array = tang_array.T。

 迪哥说： 在 Notebook 中，直接执行变量名字就相当于打印操作，但是对变量进行计算或者处理操作时一定需要指定一个新的变量名，否则相当于只是打印而没有执行具体操作。

2.4.3　数组的拼接

如果要将两份数据组合到一起，就需要拼接操作：

In	a = np.array([[1, 2, 3], [4, 5, 6]]) b = np.array([[7, 8, 9], [10, 11, 12]]) np.concatenate((a, b))
Out	array([[1,　2,　3], 　　　　[4,　5,　6], 　　　　[7,　8,　9], 　　　　[10, 11, 12]])

concatenate 函数用于把数据拼接在一起。注意：原来 a、b 都是二维的，拼接后的结果也是二维的，相当于在原来的维度上进行拼接。

这里默认 axis=0，也可以自己设置拼接的维度，但是在拼接的方向上，其维度必须一致：

In	np.concatenate((a, b), axis = 1)
Out	array([[1,　2,　3,　7,　8,　9], 　　　　[4,　5,　6, 10, 11, 12]])

此外，还有另一种拼接方法：

In	d = np.array([1, 2, 3]) e = np.array([2, 3, 4]) np.stack((d, e))

Out	array([[1, 2, 3], [2, 3, 4]])

原始数据都是一维的，但是拼接后是二维的，相当于新创建一个维度。类似的还有 hstack 和 vstack 操作，分别表示水平和竖直的拼接方式。在数据维度等于 1 时，它们的作用相当于 stack，用于创建新轴。而当维度大于或等于 2 时，它们的作用相当于 cancatenate，用于在已有轴上进行操作。

In	np. hstack((a, b))
Out	array([[7, 8, 9, 7, 8, 9], [10, 11, 12, 10, 11, 12]])
In	np. vstack((a, b))
Out	array([[7, 8, 9], [10, 11, 12], [7, 8, 9], [10, 11, 12]])

对于多维数组，例如 array([[7, 8, 9],[10, 11, 12]])，还可以将其拉平：

In	array. flatten()
Out	array([7, 8, 9, 10, 11, 12])

 迪哥说： 拼接过程中一定要注意数据维度以及拼接方式，执行操作后记得打印出来看看是不是自己想要的结果。

2.4.4 创建数组函数

创建数组最直接的方式还是 np.array()，但是有时应用的场景不同，需要创建的数组也不一样。有了下面的函数，就方便多了：

In	np. arange (2, 20, 2)
Out	array([2, 4, 6, 8, 10, 12, 14, 16, 18])

np.arange() 可以自己定义数组的取值区间以及取值间隔，这里表示在 [2,20) 区间上每隔 2 个数值取一个元素，通常还需要指定其 dtype 值，例如 np.float32。

In	# 一些特殊点的对数函数也可以，默认是以 10 为底的 np. logspace (0, 1, 5)

Out	array([1. , 1.77827941, 3.16227766, 5.62341325, 10.])
In	# 快速创建行向量 np.r_[0:5:1]
Out	array([0, 1, 2, 3, 4])
In	# 快速创建列向量 np.c_[0:5:1]

Out	array([[0],
	       [1],
	       [2],
	       [3],
	       [4]])

上述函数虽然都可以快速地创建出数组，但是在机器学习任务中经常做的一件事就是初始化参数，需要用常数值或者随机值来创建一个固定大小的矩阵：

In	# 表示创建零矩阵，里面包括 3 个元素
	np.zeros(3)

Out	array([0., 0., 0.])

In	# 注意下面有两个括号的，传入的参数是 (3, 3)，表示创建 3×3 的零矩阵
	np.zeros((3, 3))

Out	array([[0., 0., 0.],
	       [0., 0., 0.],
	       [0., 0., 0.]])

In	# 表示创建单位矩阵，用法和 zeros 是一样的
	np.ones((3, 3))

Out	array([[1., 1., 1.],
	       [1., 1., 1.],
	       [1., 1., 1.]])

如果想生成任意数值的数组，该怎么办呢？

In	# 根据我们的需求来进行组合变换即可 np.ones((3, 3)) * 8

Out	array([[8., 8., 8.],
	       [8., 8., 8.],
	       [8., 8., 8.]])

In	# 也可以先创建一个空的，指定好其大小，然后往里面填充值
	a = np.empty(6)
	# 用数值 1 来进行填充
	a.fill(1)

Out	array([1., 1., 1., 1., 1., 1.])

In	# 先创建好一个数组
	tang_array = np.array([1, 2, 3, 4])
	# 初始化一个零矩阵，让它和某个数组的维度一致
	np.zeros_like(tang_array)

Out	array([0, 0, 0, 0])

迪哥说: 这招比较实用，但在数据规模比较大且不易数出其个数的时候，直接创建规模一致的数组，可以避免出错。

In	# 只有对角线有数值，并且为1
	np.identity(5)

Out	array([[1., 0., 0., 0., 0.],
	       [0., 1., 0., 0., 0.],
	       [0., 0., 1., 0., 0.],
	       [0., 0., 0., 1., 0.],
	       [0., 0., 0., 0., 1.]])

创建数组的方法还有很多，这里只列举了常用函数，在实际案例中还会遇到更多的方法。

2.4.5 随机模块

初始化参数、切分数据集、随机采样等操作都会用到随机模块：

In	# 其中 (3, 2) 表示构建矩阵的大小
	np.random.rand(3, 2)

Out	array([[0.87876027, 0.98090867],
	       [0.07482644, 0.08780685],
	       [0.6974858 , 0.35695858]])

In	# 返回区间 [0, 10) 的随机的整数
	np.random.randint(10, size = (5, 4))

Out	array([[8, 0, 3, 7],
	       [4, 6, 3, 4],
	       [6, 9, 9, 8],
	       [9, 1, 4, 0],
	       [5, 9, 0, 5]])

In	# 如果只想返回一个随机值
	np.random.rand()

Out	0.5595234784766201

In	# 也可以自己指定区间并选择随机的个数 np. random. randint (0, 10, 3)
Out	array ([7, 7, 5])

还可以指定分布以及所需参数来进行随机，例如高斯分布中的 mu 和 sigma：

In	# 符合均值为 0，标准差为 0.1 的高斯分布的随机数 np. random. normal (mu, sigma, 10)
Out	array ([0.05754667, -0.07006152, 0.06810326, -0.11012173, 0.10064039, -0.06935203, 0.14194363, 0.07428931, -0.07412772, 0.12112031])

返回的结果中小数点后面的位数实在太多了，能否指定返回结果的小数位数呢？

In	# 可以进行全局的设置，来控制结果的输出 np. set_printoptions (precision = 2) np. random. normal (mu, sigma, 10)
Out	array ([0.01, 0.02, 0.12, -0.01, -0.04, 0.07, 0.14, -0.08, -0.01, - 0.03])

 迪哥说： 数值的精度在计算时可能影响并不大，但在绘图与展示时还是要漂亮一些。

数据一般都是按照采集顺序排列的，但是在机器学习中很多算法都要求数据之间相互独立，所以需要先对数据集进行洗牌操作：

In	tang_array = np. arange (10) # 每次执行的结果都是不一样的 np. random. shuffle (tang_array)
Out	array ([6, 2, 5, 7, 4, 3, 1, 0, 8, 9])

如果每次洗牌的结果都不一样，可以重复进行实验，对比不同参数对结果的影响，这时会发现，当数据集变化时，参数也发生变化，那么，结果到底与哪一个因素有关呢？而且，有些时候希望进行随机操作，但要求每次的随机结果都相同，这能办到吗？指定随机种子就可以。

In	np. random. seed (100) np. random. normal (mu, sigma, 10)
Out	array ([-0.17, 0.03, 0.12, -0.03, 0.1 , 0.05, 0.02, -0.11, -0.02, 0.03])

这里每次都把种子设置成100，说明随机策略相同，无论执行多少次随机操作，其结果都是相同的。大家也可以选择自己喜欢的数字，选择不同的种子，结果是完全不同的。

 迪哥说： 在对数据进行预处理时，经常加入新的操作或改变处理策略，此时如果伴随着随机操作，最好还是指定唯一的随机种子，避免随机的差异对结果产生影响。

2.4.6 文件读写

如果用Python来进行数据读取，感觉要写的代码实在太复杂了，Numpy相对简单一些，下一章还会专门讲解用来做数据处理的Pandas工具包。这里先来熟悉一下Numpy中文件读写的基本操作，在实际任务中选择哪种方式就看大家的喜好了：

In	#Notebook 的魔法指令，相当于写了一个文件 %%writefile tang.txt 1 2 3 4 5 6 2 3 5 8 7 9 # 可以看一下本地是否创建出了这样一个文件
Out	Writing tang.txt,

如果用Python来读取数据，看起来有点麻烦：

| In | ```
data = []
with open('tang.txt') as f:
    for line in f.readlines():
        fileds = line.split()
        cur_data = [float(x) for x in fileds]
        data.append(cur_data)
data = np.array(data)
``` |
|---|---|
Out	array([[1., 2., 3., 4., 5., 6.], [2., 3., 5., 8., 7., 9.]])

In	#Numpy 只需要一行就完成上述操作
	data = np.loadtxt('tang.txt')

Out	array([[1., 2., 3., 4., 5., 6.], [2., 3., 5., 8., 7., 9.]])

如果数据中带有分隔符：
```

In	%%writefile tang2.txt
	1, 2, 3, 4, 5, 6
	2, 3, 5, 8, 7, 9
	# 读取的时候也需要指定好分隔符
	data = np.loadtxt('tang2.txt', delimiter = ',')

Out	array([[1., 2., 3., 4., 5., 6.], [2., 3., 5., 8., 7., 9.]])

这回多加入一列描述，可以把它当作无关项：

In	%%writefile tang2.txt
	x, y, z, w, a, b
	1, 2, 3, 4, 5, 6
	2, 3, 5, 8, 7, 9
	# 可以指定去掉前几行
	data = np.loadtxt('tang2.txt', delimiter = ',', skiprows = 1)

Out	array([[1., 2., 3., 4., 5., 6.], [2., 3., 5., 8., 7., 9.]])

看起来 np.loadtxt() 函数有好多功能，如果大家想直接在 Notebook 中展示其 API 文档，教大家一个小技巧，直接输入：

In	print (help(np.loadtxt))

Out	Help on function loadtxt in module numpy.lib.npyio:
	
	loadtxt(fname, dtype=<class 'float'>, comments='#', delimiter=None, conver
	ters=None, skiprows=0, usecols=None, unpack=False, ndmin=0)
	    Load data from a text file.
	
	    Each row in the text file must have the same number of values.
	    Parameters
	    ---------- 	
	    fname : file, str, or pathlib.Path
	        File, filename, or generator to read. If the filename extension is
	        ``.gz`` or ``.bz2``, the file is first decompressed. Note that
	        generators should return byte strings for Python 3k.
	    dtype : data-type, optional
	        Data-type of the resulting array; default: float. If this is a
	        structured data-type, the resulting array will be 1-dimensional, and
	        each row will be interpreted as an element of the array. In this

case, the number of columns used must match the number of fields in
the data-type.
comments : str or sequence, optional
    The characters or list of characters used to indicate the start of a
    comment;
    default: '#'.
delimiter : str, optional
    The string used to separate values. By default, this is any
    whitespace.
converters : dict, optional
    A dictionary mapping column number to a function that will convert
    that column to a float. E.g., if column 0 is a date string:
    ``converters = {0: datestr2num}``. Converters can also be used to
    provide a default value for missing data (but see also `genfromtxt`):
    ``converters = {3: lambda s: float(s.strip() or 0)}``. Default: None.
skiprows : int, optional
    Skip the first `skiprows` lines; default: 0.

Out

usecols : int or sequence, optional
    Which columns to read, with 0 being the first. For example,
    usecols = (1, 4, 5) will extract the 2nd, 5th and 6th columns.
    The default, None, results in all columns being read.

    .. versionadded:: 1.11.0

    Also when a single column has to be read it is possible to use
    an integer instead of a tuple. E.g ``usecols = 3`` reads the
    fourth column the same way as `usecols = (3,)`` would.

unpack : bool, optional
    If True, the returned array is transposed, so that arguments may be
    unpacked using ``x, y, z = loadtxt(...)``. When used with a structured
    data-type, arrays are returned for each field. Default is False.
ndmin : int, optional
    The returned array will have at least `ndmin` dimensions.
    Otherwise mono-dimensional axes will be squeezed.
    Legal values: 0 (default), 1 or 2.

    .. versionadded:: 1.6.0

Returns
----

out : ndarray
    Data read from the text file.

See Also
----

load, fromstring, fromregex
genfromtxt : Load data with missing values handled as specified.
scipy.io.loadmat : reads MATLAB data files

Notes

This function aims to be a fast reader for simply formatted files. The
`genfromtxt` function provides more sophisticated handling of, e.g.,
lines with missing values.

.. versionadded:: 1.10.0

The strings produced by the Python float.hex method can be used as
input for floats.

Out

Examples

```
>>> from io import StringIO    # StringIO behaves like a file object
>>> c = StringIO("0 1\n2 3")
>>> np.loadtxt(c)
array([[ 0.,   1.],
       [ 2.,   3.]])

>>> d = StringIO("M 21 72\nF 35 58")
>>> np.loadtxt(d, dtype={'names': ('gender', 'age', 'weight'),
...                       'formats': ('S1', 'i4', 'f4')})
array([('M', 21, 72.0), ('F', 35, 58.0)],
      dtype=[('gender', '|S1'), ('age', '<i4'), ('weight', '<f4')])

>>> c = StringIO("1, 0, 2\n3, 0, 4")
>>> x, y = np.loadtxt(c, delimiter=',', usecols=(0, 2), unpack=True)
>>> x
array([ 1.,   3.])
>>> y
array([ 2.,   4.])
```

上述结果返回 np.loadtxt() 函数所有的文档解释，不仅有参数介绍，还有实例演示，非常方便，所以，当使用某个函数遇到问题时，首先应想到的就是翻阅官方文档。

Numpy 工具包不仅可以读取数据，而且可以将数据写入文件中：

In	np. savetxt ('tang4. txt', tang_array, fmt='%d', delimiter = ', ')
Out	# 代码的当前路径中多出一个文件，可以指定保存格式以及分隔符等。

在 Numpy 中还有一种 ".npy" 格式，也就是说把数据保存成 ndarray 的格式。这种方法非常实用，可以把程序运行结果保存下来，例如将建立机器学习模型求得的参数保存成 ".npy" 格式，再次使用的时候直接加载就好，非常便捷：

In	tang_array = np. array ([[1, 2, 3], [4, 5, 6]]) # 把结果保存成 npy 格式 np. save ('tang_array. npy', tang_array) # 读取之前保存的结果，依旧是 Numpy 的数组格式。 np. load ('tang_array. npy')
Out	array ([[1, 2, 3], [4, 5, 6]])

迪哥说： 在数据处理过程中，中间的结果都保存在内存中，如果关闭 Notebook 或者重启 IDE，再次使用的时候就要从头再来，十分耗时。如果能将中间结果保存下来，下次直接读取处理后的结果就非常高效。保存成 ".npy" 格式的方法非常实用。

本章总结

本章通过实例讲解了 Numpy 工具包的基本用法与常用函数，它们在数据处理上非常实用，并且其底层函数都设计得十分高效，可以快速地进行数值计算。基本上后续要用到的其他和数据处理相关的工具包（如 sklearn 机器学习建模工具包）都是以 Numpy 为底层的。

大家在学习过程中并不需要记住所有的函数，只需要熟悉其基本使用方法，实际应用的时候学会翻阅其文档即可。建议大家对工具包边用边学，用多了自然就熟悉了。

第 3 章
数据分析处理库（Pandas）

Pandas 工具包是专门用于数据处理和分析的，其底层的计算其实都是由 Numpy 来完成的，再把复杂的操作全部封装起来，使其用起来十分高效、简洁。在数据科学领域，无论哪个方向都是跟数据打交道，所以 Pandas 工具包是非常实用的。本章主要介绍 Pandas 的核心数据处理操作，并通过实际数据集演示如何进行数据处理和分析。

3.1　数据预处理

既然 Pandas 是专门用于数据处理的，那么首先应该把数据加载进来，然后进行分析和展示。它有一个通用的别名"pd"，下面导入工具包：

In	`import pandas as pd`

这样就可以使用 Pandas 操作数据了，本章涉及很多实际数据的操作，建议大家在阅读过程中打开附赠源代码中 Pandas 节的 Notebook 内容，边看边练习，效率更高。本节主要介绍如何使用 Pandas 工具包进行数据读取，以及 DataFrame 结构的基本数据处理操作。

3.1.1　数据读取

为了更好地展示 Pandas 工具包的特性，我们选择一份真实数据集——泰坦尼克号乘客信息，它的原始数据如图 3-1 所示。

	A	B	C	D	E	F	G	H	I	J	K	L
1	Passenger	Survived	Pclass	Name	Sex	Age	SibSp	Parch	Ticket	Fare	Cabin	Embarked
2	1	0	3	Braund, M	male	22	1	0	A/5 21171	7.25		S
3	2	1	1	Cumings,	female	38	1	0	PC 17599	71.2833	C85	C
4	3	1	3	Heikkiner	female	26	0	0	STON/O2.	7.925		S
5	4	1	1	Futrelle,	female	35	1	0	113803	53.1	C123	S
6	5	0	3	Allen, Mr	male	35	0	0	373450	8.05		S
7	6	0	3	Moran, Mr	male		0	0	330877	8.4583		Q
8	7	0	1	McCarthy,	male	54	0	0	17463	51.8625	E46	S
9	8	0	3	Palsson,	male	2	3	1	349909	21.075		S
10	9	1	3	Johnson,	female	27	0	2	347742	11.1333		S
11	10	1	2	Nasser, M	female	14	1	0	237736	30.0708		C
12	11	1	3	Sandstrom	female	4	1	1	PP 9549	16.7	G6	S
13	12	1	1	Bonnell,	female	58	0	0	113783	26.55	C103	S
14	13	0	3	Saundercc		20	0	0	A/5. 2151	8.05		S
15	14	0	3	Anderssor	male	39	1	5	347082	31.275		S
16	15	0	3	Vestrom,	female	14	0	0	350406	7.8542		S
17	16	1	2	Hewlett,	female	55	0	0	248706	16		S
18	17	0	3	Rice, Mas	male	2	4	1	382652	29.125		Q
19	18	1	2	Williams,	male		0	0	244373	13		S
20	19	0	3	Vander Pl	female	31	1	0	345763	18		S
21	20	1	3	Masselmar	female		0	0	2649	7.225		C
22	21	0	2	Fynney, M	male	35	0	0	239865	26		S
23	22	1	2	Beesley,	male	34	0	0	248698	13	D56	S
24	23	1	3	McGowan,	male	15	0	0	330923	8.0292		Q
25	24	1	1	Sloper, M	male	28	0	0	113788	35.5	A6	S
26	25	0	3	Palsson,	female	8	3	1	349909	21.075		S
27	26	1	3	Asplund,	female	38	1	5	347077	31.385		S
28	27	0	3	Emir, Mr.	male		0	0	2631	7.225		C
29	28	0	1	Fortune,	male	19	3	2	19950	263	C23 C25 C	S
30	29	1	3	O'Dwyer,	female		0	0	330959	7.8792		Q

图 3-1　泰坦尼克号乘客数据

虽然在 Excel 表中也可以轻松地打开数据，但是操作起来比较麻烦，所以接下来的工作就全部交给 Pandas 了。首先把数据加载进来：

| In | ```df = pd.read_csv('./data/titanic.csv')
展示读取数据，默认是前 5 条
df.head()``` |
|---|---|

	PassengerId	Survived	Pclass	Name	Sex	Age	SibSp	Parch	Ticket	Fare	Cabin	Embarked
Out												
0	1	0	3	Braund, Mr. Owen Harris	male	22.0	1	0	A/5 21171	7.2500	NaN	S
1	2	1	1	Cumings, Mrs. John Bradley (Florence Briggs Th...	female	38.0	1	0	PC 17599	71.2833	C85	C
2	3	1	3	Heikkinen, Miss. Laina	female	26.0	0	0	STON/O2. 3101282	7.9250	NaN	S
3	4	1	1	Futrelle, Mrs. Jacques Heath (Lily May Peel)	female	35.0	1	0	113803	53.1000	C123	S
4	5	0	3	Allen, Mr. William Henry	male	35.0	0	0	373450	8.0500	NaN	S

需要指定好数据的路径，至于 read_csv() 函数，从其名字就可以看出其默认读取的数据格式是 .csv，也就是以逗号为分隔符的。其中可以设置的参数非常多，也可以自己定义分隔符，给每列数据指定名字，在后续的机器学习案例中，所有数据的读取方式都是如此。

如果想展示更多的数据，则可以在 head() 函数中指定数值，例如 df.head(10) 表示展示其中前 10 条数据，也可以展示最后几条数据：

In	# 默认展示最后 5 条数据 **df. tail ()**

	PassengerId	Survived	Pclass	Name	Sex	Age	SibSp	Parch	Ticket	Fare	Cabin	Embarked
Out												
886	887	0	2	Montvila, Rev. Juozas	male	27.0	0	0	211536	13.00	NaN	S
887	888	1	1	Graham, Miss. Margaret Edith	female	19.0	0	0	112053	30.00	B42	S
888	889	0	3	Johnston, Miss. Catherine Helen "Carrie"	female	NaN	1	2	W./C. 6607	23.45	NaN	S
889	890	1	1	Behr, Mr. Karl Howell	male	26.0	0	0	111369	30.00	C148	C
890	891	0	3	Dooley, Mr. Patrick	male	32.0	0	0	370376	7.75	NaN	Q

数据中包含一些字段信息，想必大家都能猜到其所描述的指标了，等用到时再向大家详细解释。

3.1.2　DataFrame 结构

指定读取数据返回结果的名字叫作"df"，这有什么特殊含义吗？其实，df 是 Pandas 工具包中最常见的基础结构：

In	**df. info ()**
Out	```<class 'pandas. core. frame. DataFrame'>``` RangeIndex: 891 entries, 0 to 890 Data columns (total 12 columns): PassengerId 891 non-null int64 Survived 891 non-null int64 Pclass 891 non-null int64 Name 891 non-null object Sex 891 non-null object Age 714 non-null float64 SibSp 891 non-null int64 Parch 891 non-null int64 Ticket 891 non-null object Fare 891 non-null float64

```
Cabin            204 non-null object
Embarked          889 non-null object
dtypes: float64(2), int64(5), object(5)
memory usage: 83.6+ KB
```

可以看到，首先打印出来的是 pandas.core.frame.DataFrame，表示当前得到结果的格式是 DataFrame，看起来比较难以理解，暂且把它当作一个二维矩阵结构就好，其中，行表示数据样本，列表示每一个特征指标。基本上读取数据返回的都是 DataFrame 结构，接下来的函数讲解就是对 DataFrame 执行各种常用操作。

df.info() 函数用于打印当前所读取数据的部分信息，包括数据样本规模、每列特征类型与个数、整体的内存占用等。

迪哥说： 通常读取数据之后都习惯用 .info() 看一看其基本信息，以对数据有一个整体印象。

DataFrame 能调用的属性还有很多，下面列举几种，如果大家想详细了解每一种用法，则可以参考其 API 文档：

In	# 返回索引 df.index
Out	RangeIndex(start=0, stop=891, step=1)
In	# 拿到每一列特征的名字 df.columns
Out	Index(['PassengerId', 'Survived', 'Pclass', 'Name', 'Sex', 'Age', 'SibSp', 'Parch', 'Ticket', 'Fare', 'Cabin', 'Embarked'], dtype='object')
In	# 每一列的类型，其中 object 表示 Python 中的字符串 df.dtypes
Out	PassengerId int64 Survived int64 Pclass int64 Name object Sex object Age float64 SibSp int64 Parch int64 Ticket object Fare float64 Cabin object Embarked object

In	# 直接取得数值矩阵 df. values
Out	array([[1, 0, 3, ..., 7.25, nan, 'S'], 　　　　[2, 1, 1, ..., 71.2833, 'C85', 'C'], 　　　　[3, 1, 3, ..., 7.925, nan, 'S'], 　　　　..., 　　　　[889, 0, 3, ..., 23.45, nan, 'S'], 　　　　[890, 1, 1, ..., 30.0, 'C148', 'C'], 　　　　[891, 0, 3, ..., 7.75, nan, 'Q']], dtype=object)

3.1.3　数据索引

在数据分析过程中，如果想取其中某一列指标，该怎么办呢？以前可能会用到列索引，现在更方便了——指定名字即可：

In	age = df['Age'] age[:5]
Out	0　　22.0 1　　38.0 2　　26.0 3　　35.0 4　　35.0 Name: Age, dtype: float64

在 DataFrame 中可以直接选择数据的列名，但是什么时候指定列名呢？在读取数据时，read_csv() 函数会默认把读取数据中的第一行当作列名，大家也可以打开 csv 文件观察一下。

如果想对其中的数值进行操作，则可以把其结果单独拿出来：

In	age. values[:5]
Out	array([22., 38., 26., 35., 35.])

这个结果跟 Numpy 很像啊，原因很简单，就是 Pandas 中很多计算和处理的底层操作都是由 Numpy 来完成的。

读取完数据之后，最左侧会加入一列数字，这些在原始数据中是没有的，相当于给样本加上索引了，如图 3-2 所示。

	PassengerId	Survived	Pclass	Name	Sex	Age	SibSp	Parch	Ticket
0	1	0	3	Braund, Mr. Owen Harris	male	22.0	1	0	A/5 21171
1	2	1	1	Cumings, Mrs. John Bradley (Florence Briggs Th...	female	38.0	1	0	PC 17599
2	3	1	3	Heikkinen, Miss. Laina	female	26.0	0	0	STON/O2. 3101282
3	4	1	1	Futrelle, Mrs. Jacques Heath (Lily May Peel)	female	35.0	1	0	113803
4	5	0	3	Allen, Mr. William Henry	male	35.0	0	0	373450

图 3-2　加索引

默认情况下都是用数字来作为索引，但是这份数据中已经有乘客的姓名信息，可以将姓名设置为索引，也可以自己设置其他索引。

In	df = df.set_index('Name') df.head()							
Out	**Name**	PassengerId	Survived	Pclass	Sex	Age	SibSp	Parch
	Braund, Mr. Owen Harris	1	0	3	male	22.0	1	0
	Cumings, Mrs. John Bradley (Florence Briggs Thayer)	2	1	1	female	38.0	1	0
	Heikkinen, Miss. Laina	3	1	3	female	26.0	0	0
	Futrelle, Mrs. Jacques Heath (Lily May Peel)	4	1	1	female	35.0	1	0
	Allen, Mr. William Henry	5	0	3	male	35.0	0	0

此时索引就变成每一个乘客的姓名（上述输出结果只截取了部分指标）。

如果想得到某个乘客的特征信息，可以直接通过姓名来查找，是不是方便得多？

In	age = df['Age'] age['Allen, Mr. William Henry']
Out	**35.0**

如果要通过索引来取某一部分具体数据，最直接的方法就是告诉它取哪列的哪些数据：

In	df[['Age', 'Fare']][:5]	
Out		Age	Fare
	0	22.0	7.2500
	1	38.0	71.2833
	2	26.0	7.9250
	3	35.0	53.1000
	4	35.0	8.0500

Pandas 在索引中还有两个特别的函数用来帮忙找数据，简单介绍一下。

（1）.iloc()：用位置找数据。

In	# 拿到第一个数据，索引依旧从 0 开始 **df.iloc[0]**
| Out | ```
PassengerId                           1
Survived                              0
Pclass                                3
Name            Braund, Mr. Owen Harris
Sex                                male
Age                                  22
SibSp                                 1
Parch                                 0
Ticket                      A/5 21171
Fare                               7.25
Cabin                               NaN
Embarked                              S
``` |
| In | # 也可以使用切片来拿到一部分数据
df.iloc[0:5] |
| Out | |

	PassengerId	Survived	Pclass	Name	Sex	Age
0	1	0	3	Braund, Mr. Owen Harris	male	22.0
1	2	1	1	Cumings, Mrs. John Bradley (Florence Briggs Th...	female	38.0
2	3	1	3	Heikkinen, Miss. Laina	female	26.0
3	4	1	1	Futrelle, Mrs. Jacques Heath (Lily May Peel)	female	35.0
4	5	0	3	Allen, Mr. William Henry	male	35.0

In	# 不仅可以指定样本，也可以指定特征 **df.iloc[0:5, 1:3]**
Out	

	Survived	Pclass
0	0	3
1	1	1
2	1	3
3	1	1
4	0	3

以上就是 iloc() 用具体位置来取数的基本方法。

（2）.loc()：用标签找数据。如果使用 loc() 操作，还可以玩得更个性一些：

In	**df = df.set_index('Name')** # 直接通过名字标签来取数据 **df.loc['Heikkinen, Miss. Laina']**
```

Out	PassengerId 3 Survived 1 Pclass 3 Sex female Age 26 SibSp 0 Parch 0 Ticket STON/02. 3101282 Fare 7.925 Cabin NaN Embarked S
In	# 取当前数据的某一列信息 **df.loc['Heikkinen, Miss. Laina', 'Fare']**
Out	**7.925**
In	# 也可以选择多个样本，“：”表示取全部特征 **df.loc['Heikkinen, Miss. Laina':'Allen, Mr. William Henry',:]**
Out	# 只截取了部分特征 | Name	PassengerId	Survived	Pclass	Sex	Age	SibSp	Parch
---	---	---	---	---	---	---	---
Heikkinen, Miss. Laina	3	1	3	female	26.0	0	0
Futrelle, Mrs. Jacques Heath (Lily May Peel)	4	1	1	female	35.0	1	0
Allen, Mr. William Henry	5	0	3	male	35.0	0	0	

如果要对数据进行赋值，操作也是一样的，找到它后赋值即可：

In	**df.loc['Heikkinen, Miss. Laina', 'Fare'] = 1000**
Out		Name	PassengerId	Survived	Pclass	Sex	Age	SibSp	Parch	Ticket	Fare	Cabin	Embarked
---	---	---	---	---	---	---	---	---	---	---	---
Braund, Mr. Owen Harris	1	0	3	male	22.0	1	0	A/5 21171	7.2500	NaN	S
Cumings, Mrs. John Bradley (Florence Briggs Thayer)	2	1	1	female	38.0	1	0	PC 17599	71.2833	C85	C
Heikkinen, Miss. Laina	3	1	3	female	26.0	0	0	STON/O2. 3101282	1000.0000	NaN	S
Futrelle, Mrs. Jacques Heath (Lily May Peel)	4	1	1	female	35.0	1	0	113803	53.1000	C123	S
Allen, Mr. William Henry	5	0	3	male	35.0	0	0	373450	8.0500	NaN	S	

在 Pandas 中 bool 类型同样可以当作索引：

In	# 选择船票价格大于 40 的乘客 **df['Fare'] > 40**

Out	# 只截取部分结果 Name Braund, Mr. Owen Harris False Cumings, Mrs. John Bradley (Florence Briggs Thayer) True Heikkinen, Miss. Laina True Futrelle, Mrs. Jacques Heath (Lily May Peel) True Allen, Mr. William Henry False Moran, Mr. James False McCarthy, Mr. Timothy J True Palsson, Master. Gosta Leonard False Johnson, Mrs. Oscar W (Elisabeth Vilhelmina Berg) False Nasser, Mrs. Nicholas (Adele Achem) False Sandstrom, Miss. Marguerite Rut False Bonnell, Miss. Elizabeth False Saundercock, Mr. William Henry False Andersson, Mr. Anders Johan False Vestrom, Miss. Hulda Amanda Adolfina False

In	# 通过 bool 类型来筛选船票价格大于 40 的乘客并展示前 5 条 `df[df['Fare'] > 40][:5]`

Name	PassengerId	Survived	Pclass	Sex	Age	SibSp	Parch	Ticket	Fare	Cabin	Embarked
Cumings, Mrs. John Bradley (Florence Briggs Thayer)	2	1	1	female	38.0	1	0	PC 17599	71.2833	C85	C
Heikkinen, Miss. Laina	3	1	3	female	26.0	0	0	STON/O2 3101282	1000.0000	NaN	S
Futrelle, Mrs. Jacques Heath (Lily May Peel)	4	1	1	female	35.0	1	0	113803	53.1000	C123	S
McCarthy, Mr. Timothy J	7	0	1	male	54.0	0	0	17463	51.8625	E46	S
Fortune, Mr. Charles Alexander	28	0	1	male	19.0	3	2	19950	263.0000	C23 C25 C27	S

(Out)

In	# 选择乘客性别是男性的所有数据 `df[df['Sex'] == 'male'][:5]`

Name	PassengerId	Survived	Pclass	Sex	Age	SibSp	Parch	Ticket	Fare	Cabin	Embarked
Braund, Mr. Owen Harris	1	0	3	male	22.0	1	0	A/5 21171	7.2500	NaN	S
Allen, Mr. William Henry	5	0	3	male	35.0	0	0	373450	8.0500	NaN	S
Moran, Mr. James	6	0	3	male	NaN	0	0	330877	8.4583	NaN	Q
McCarthy, Mr. Timothy J	7	0	1	male	54.0	0	0	17463	51.8625	E46	S
Palsson, Master. Gosta Leonard	8	0	3	male	2.0	3	1	349909	21.0750	NaN	S

(Out)

In	# 计算所有男性乘客的平均年龄 `df.loc[df['Sex'] == 'male', 'Age'].mean()`
Out	30.72
In	# 计算大于 70 岁的乘客的人数 `(df['Age'] > 70).sum()`
Out	5

可以看到在数据分析中使用 bool 类型索引还是非常方便的，上述列举的几种方法也是 Pandas 中最常使用的。

3.1.4 创建 DataFrame

DataFrame 是通过读取数据得到的，如果想展示某些信息，也可以自己创建：

In	data = {'country':['China', 'America', 'India'], 　　　　'population':[14, 3, 12]} df_data = pd.DataFrame(data)
Out	<table><tr><td></td><td>country</td><td>population</td></tr><tr><td>0</td><td>China</td><td>14</td></tr><tr><td>1</td><td>America</td><td>3</td></tr><tr><td>2</td><td>India</td><td>12</td></tr></table>

最简单的方法就是创建一个字典结构，其中 key 表示特征名字，value 表示各个样本的实际值，然后通过 pd.DataFrame() 函数来创建。

大家在使用 Notebook 执行代码的时候，肯定发现了一件事，如果数据量过多，读取的数据不会全部显示，而是会隐藏部分数据，这时可以通过设置参数来控制显示结果（见图 3-3）。如果大家想详细了解各种设置方法，可以查阅其文档，里面有详细的解释。

 迪哥说： 千万不要硬背这些函数，它们只是工具，用的时候再查完全来得及。

pandas.set_option

pandas.**set_option**(*pat, value*) = *<pandas.core.config.CallableDynamicDoc object>*
　　Sets the value of the specified option.

　　Available options:

- compute.[use_bottleneck, use_numexpr]
- display.[chop_threshold, colheader_justify, column_space, date_dayfirst, date_yearfirst, encoding, expand_frame_repr, float_format]
- display.html.[border, table_schema, use_mathjax]
- display.[large_repr]
- display.latex.[escape, longtable, multicolumn, multicolumn_format, multirow, repr]
- display.[max_categories, max_columns, max_colwidth, max_info_columns, max_info_rows, max_rows, max_seq_items, memory_usage, multi_sparse, notebook_repr_html, pprint_nest_depth, precision, show_dimensions]
- display.unicode.[ambiguous_as_wide, east_asian_width]
- display.[width]
- html.[border]
- io.excel.xls.[writer]
- io.excel.xlsm.[writer]
- io.excel.xlsx.[writer]
- io.hdf.[default_format, dropna_table]
- io.parquet.[engine]
- mode.[chained_assignment, sim_interactive, use_inf_as_na, use_inf_as_null]
- plotting.matplotlib.[register_converters]

图 3-3　显示设置

下面来看几个常用的设置吧：

In	# 注意这个是 get，相当于显示当前设置的参数 pd. get_option ('display. max_rows')
Out	60
In	# 这回可是 set，就是把最大显示限制成 6 个 pd. set_option ('display. max_rows', 6) #Series 是什么？相当于二维数据中某一行或一列，之后再详细讨论 pd. Series (index = range (0, 100))
| Out | ```
0     NaN
1     NaN
2     NaN
       ..
97    NaN
98    NaN
99    NaN
Length: 100, dtype: float64
``` |

由于设置了 display.max_rows=6，因此只显示其中 6 条数据，其余省略了。

In	# 默认最大显示的列数 pd. get_option ('display. max_columns')
Out	20

如果数据特征稍微有点多，可以设置得更大一些：

In	pd. set_option ('display. max_columns', 30) pd. DataFrame (columns = range (0, 30))
Out	0 1 2 3 4 5 6 7 8 9 10 11 12 13 14 15 16 17 18 19 20 21 22 23 24 25 26 27 28 29

3.1.5　Series 操作

前面提到的操作对象都是 DataFrame，那么 Series 又是什么呢？简单来说，读取的数据都是二维的，也就是 DataFrame；如果在数据中单独取某列数据，那就是 Series 格式了，相当于 DataFrame 是由 Series 组合起来得到的，因而更高级一些。

创建 Series 的方法也很简单：
```

In	data = [10, 11, 12] index = ['a', 'b', 'c'] s = pd. Series (data = data, index = index)
Out	a 10 b 11 c 12 dtype: int64

其索引操作（查操作）也是完全相同的：

In	s. loc ['b']
Out	11
In	s. iloc [1]
Out	11

再来看看改操作：

In	s1 = s. copy () s1 ['a'] = 100
Out	a 100 b 11 c 12

也可以使用 replace() 函数：

In	s1. replace (to_replace = 100, value = 101, inplace = True)
Out	a 101 b 11 c 12

 迪哥说： 注意，replace() 函数的参数中多了一项 inplace，也可以试试将其设置为 False，看看结果会怎样。之前也强调过，如果设置 inplace = False，就是不将结果赋值给变量，只相当于打印操作；如果设置 inplace = True，就是直接在数据中执行实际变换，而不仅是打印操作。

不仅可以改数值，还可以改索引：

In	s1. index
Out	Index(['a', 'b', 'c'], dtype='object')

In	s1. index = ['a', 'b', 'd']
Out	a 101 b 11 d 12

可以看到索引发生了改变，但是这种方法是按顺序来的，在实际数据中总不能一个个写出来吧？还可以用 rename() 函数，这样变换就清晰多了。

In	s1. rename (index = {'a':'A'}, inplace = True)
Out	A 101 b 11 d 12

接下来就是增操作了：

In	data = [100, 110] index = ['h', 'k'] s2 = pd. Series (data = data, index = index) s3 = s1. append (s2) s3['j'] = 500
Out	A 101 b 11 d 12 j 500 h 100 k 110 dtype: int64

增操作既可以把之前的数据增加进来，也可以增加新创建的数据。但是感觉增加完数据之后，索引有点怪怪的，既然数据重新组合到一起了，也应该把索引重新制作一下。可以在 append 函数中指定 ignore_index = True 参数来重新设置索引，结果如下：

Out	0 101 1 11 2 12 3 500 4 100 5 110 dtype: int64

最后还剩下删操作，最简单的方法是直接删除选中数据的索引：

In	`del s1['A']` `s1.drop(['b', 'd'], inplace = True)`

给定索引就可以把这条数据删除，也可以直接删除整列，方法相同。

3.2　数据分析

在 DataFrame 中对数据进行计算跟 Numpy 差不多，例如：

In	`# 所有的样本的年龄都执行 +10 的操作` `age = age + 10`
Out	```
Name   22.0
Braund, Mr. Owen Harris
Cumings, Mrs. John Bradley (Florence Briggs Thayer) 38.0
Heikkinen, Miss. Laina   26.0
Futrelle, Mrs. Jacques Heath (Lily May Peel)   35.0
Allen, Mr. William Henry   35.0
Name: Age, dtype: float64
``` ```
Name   32.0
Braund, Mr. Owen Harris
Cumings, Mrs. John Bradley (Florence Briggs Thayer) 48.0
Heikkinen, Miss. Laina   36.0
Futrelle, Mrs. Jacques Heath (Lily May Peel)   45.0
Allen, Mr. William Henry   45.0
Name: Age, dtype: float64
``

3.2.1　统计分析

拿到特征之后可以分析的指标比较多，例如均值、最大值、最小值等均可以直接调用其属性获得。

先用字典结构创建一个简单的 DataFrame，既可以传入数据，也可以指定索引和列名：

In	`df = pd.DataFrame([[1, 2, 3], [4, 5, 6]], index = ['a', 'b'], columns = ['A', 'B', 'C'])`
Out			A	B	C
---	---	---	---
a	1	2	3
b	4	5	6	
In	`# 默认是对每列计算所有样本操作结果，相当于 df.sum(axis = 0)` `df.sum()`
| Out | ```
A    5
B    7
C    9
``` |
| In | `# 也可以指定维度来设置计算方法`
`df.sum(axis = 1)` |
| Out | ```
a     6
b    15
``` |

同理，均值 df.mean()、中位数 df.median()、最大值 df.max()、最小值 df.min() 等操作的计算方式都相同。

这些基本的统计指标都可以一个个来分析，但是还有一个更方便的函数能用于观察所有样本的情况：

In	df. describe ()							
		PassengerId	Survived	Pclass	Age	SibSp	Parch	Fare
Out	count	891.000000	891.000000	891.000000	714.000000	891.000000	891.000000	891.000000
	mean	446.000000	0.383838	2.308642	29.699118	0.523008	0.381594	32.204208
	std	257.353842	0.486592	0.836071	14.526497	1.102743	0.806057	49.693429
	min	1.000000	0.000000	1.000000	0.420000	0.000000	0.000000	0.000000
	25%	223.500000	0.000000	2.000000	20.125000	0.000000	0.000000	7.910400
	50%	446.000000	0.000000	3.000000	28.000000	0.000000	0.000000	14.454200
	75%	668.500000	1.000000	3.000000	38.000000	1.000000	0.000000	31.000000
	max	891.000000	1.000000	3.000000	80.000000	8.000000	6.000000	512.329200

上述输出展示了泰坦尼克号乘客信息中所有数值特征的统计结果，包括数据个数、均值、标准差、最大值、最小值等信息。这也是读取数据之后最常使用的统计方法。

迪哥说： 读取完数据之后使用 describe() 函数，既可以得到各项统计指标，也可以观察数据是否存在问题，例如年龄的最小值是否存在负数，数据是否存在缺失值等。实际处理的数据不一定完全正确，可能会存在各种问题。

除了可以执行这些基本计算，还可以统计二元属性，例如协方差、相关系数等，这些都是数据分析中重要的指标：

In	df = pd. read_csv ('. /data/titanic. csv') # 协方差矩阵 df. cov ()							
		PassengerId	Survived	Pclass	Age	SibSp	Parch	Fare
Out	PassengerId	66231.000000	-0.626966	-7.561798	138.696504	-16.325843	-0.342697	161.883369
	Survived	-0.626966	0.236772	-0.137703	-0.551296	-0.018954	0.032017	6.221787
	Pclass	-7.561798	-0.137703	0.699015	-4.496004	0.076599	0.012429	-22.830196
	Age	138.696504	-0.551296	-4.496004	211.019125	-4.163334	-2.344191	73.849030
	SibSp	-16.325843	-0.018954	0.076599	-4.163334	1.216043	0.368739	8.748734
	Parch	-0.342697	0.032017	0.012429	-2.344191	0.368739	0.649728	8.661052
	Fare	161.883369	6.221787	-22.830196	73.849030	8.748734	8.661052	2469.436846
In	# 相关系数 df. corr ()							

	PassengerId	Survived	Pclass	Age	SibSp	Parch	Fare
PassengerId	1.000000	-0.005007	-0.035144	0.036847	-0.057527	-0.001652	0.012658
Survived	-0.005007	1.000000	-0.338481	-0.077221	-0.035322	0.081629	0.257307
Pclass	-0.035144	-0.338481	1.000000	-0.369226	0.083081	0.018443	-0.549500
Age	0.036847	-0.077221	-0.369226	1.000000	-0.308247	-0.189119	0.096067
SibSp	-0.057527	-0.035322	0.083081	-0.308247	1.000000	0.414838	0.159651
Parch	-0.001652	0.081629	0.018443	-0.189119	0.414838	1.000000	0.216225
Fare	0.012658	0.257307	-0.549500	0.096067	0.159651	0.216225	1.000000

（Out 在左侧）

如果还想统计某一列各个属性的比例情况，例如乘客中有多少男性、多少女性，这时候 value_counts() 函数就可以发挥作用了：

```
# 统计该列所有属性的个数
df['Sex'].value_counts()
```

```
male      577
female    314
Name: Sex, dtype: int64
```

```
# 还可以指定顺序，让少的排在前面
df['Sex'].value_counts(ascending = True)
```

```
female    314
male      577
Name: Sex, dtype: int64
```

```
# 如果对年龄这种非离散型指标就不太好弄了
df['Age'].value_counts(ascending = True)
```

```
# 只截取部分数据
30.50     2
0.83      2
63.00     2
59.00     2
71.00     2
 ..
47.00     9
4.00      10
2.00      10
50.00     10
```

如果全部打印，结果实在太多，因为各种年龄的都有，这个时候也可以指定一些区间，例如 0~10 岁属于少儿组，10~20 岁属于青年组，这就相当于将连续值进行了离散化：

In	# 指定划分成几个组 df['Age'].value_counts(ascending = True, bins = 5)
Out	(64.084, 80.0] 11 (48.168, 64.084] 69 (0.339, 16.336] 100 (32.252, 48.168] 188 (16.336, 32.252] 346 Name: Age, dtype: int64

把所有数据按年龄平均分成 5 组，这样看起来就舒服多了。求符合每组情况的数据各有多少，这些都是在实际数据处理过程中常用的技巧。

在分箱操作中还可以使用 cut() 函数，功能更丰富一些。首先创建一个年龄数组，然后指定 3 个判断值，接下来就用这 3 个值把数据分组，也就是 (10,40],(40, 80] 这两组，返回的结果分别表示当前年龄属于哪一组。

In	ages = [15, 18, 20, 21, 22, 34, 41, 52, 63, 79] bins = [10, 40, 80] bins_res = pd.cut(ages, bins)
Out	[(10, 40], (10, 40], (10, 40], (10, 40], (10, 40], (10, 40], (40, 80], (40, 80], (40, 80], (40, 80]] Categories (2, interval[int64]): [(10, 40] < (40, 80]]

也可以打印其默认标签值：

In	# 当前分组结果 bins_res.labels
Out	array([0, 0, 0, 0, 0, 0, 1, 1, 1, 1], dtype=int8)

In	# 各组总人数
	pd.value_counts(bins_res)

Out	(10, 40] 6 (40, 80] 4

In	# 分成年轻人、中年人、老年人 3 组
	pd.cut(ages, [10, 30, 50, 80])

Out	[(10, 30], (10, 30], (10, 30], (10, 30], (10, 30], (30, 50], (30, 50], (50, 80], (50, 80], (50, 80]] Categories (3, interval[int64]): [(10, 30] < (30, 50] < (50, 80]]

In	# 可以自己定义标签
	group_names = ['Yonth', 'Mille', 'Old']
	pd.value_counts(pd.cut(ages, [10, 20, 50, 80], labels=group_names))

Out	Mille	4
	Old	3
	Yonth	3

 迪哥说： 机器学习中比拼的就是数据特征够不够好，将特征中连续值离散化可以说是常用的套路。

3.2.2　pivot 数据透视表

下面演示在数据统计分析中非常实用的 pivot 函数，熟悉的读者可能已经知道它是用来展示数据透视表操作的，说白了就是按照自己的方式来分析数据。

先来创建一份比较有意思的数据，因为一会儿要统计一些指标，数据量要稍微多一点。

In	example = pd.DataFrame({'Month': ["January", "January", "January", "January", "February", "February", "February", "February", "March", "March", "March", "March"], 'Category': ["Transportation", "Grocery", "Household", "Entertainment","Transportation", "Grocery", "Household", "Entertainment","Transportation", "Grocery", "Household", "Entertainment"], 'Amount': [74., 235., 175., 100., 115., 240., 225., 125., 90., 260., 200., 120.]})
Out	

	Amount	Category	Month
0	74.0	Transportation	January
1	235.0	Grocery	January
2	175.0	Household	January
3	100.0	Entertainment	January
4	115.0	Transportation	February
5	240.0	Grocery	February
6	225.0	Household	February
7	125.0	Entertainment	February
8	90.0	Transportation	March
9	260.0	Grocery	March
10	200.0	Household	March
11	120.0	Entertainment	March

其中 Category 表示把钱花在什么用途上（如交通运输、家庭、娱乐等费用），Month 表示统计月份，Amount 表示实际的花费。

下面要统计的就是每个月花费在各项用途上的金额分别是多少：

In	example_pivot = example.pivot(index = 'Category', columns= 'Month', values = 'Amount')
Out	Month February January March Category Entertainment 125.0 100.0 120.0 Grocery 240.0 235.0 260.0 Household 225.0 175.0 200.0 Transportation 115.0 74.0 90.0

这几个月中每项花费的总额：

In	example_pivot.sum(axis = 1)
Out	Category Entertainment 345.0 Grocery 735.0 Household 600.0 Transportation 279.0 dtype: float64

每个月所有花费的总额：

In	example_pivot.sum(axis = 0)
Out	Month February 705.0 January 584.0 March 670.0 dtype: float64

上述操作中使用了 3 个参数，分别是 index、columns 和 values，它们表示什么含义呢？直接解释其含义感觉有点生硬，还是通过例子来观察一下。现在回到泰坦尼克号数据集中，再用 pivot 函数感受一下：

In	df = pd.read_csv('./data/titanic.csv') df.pivot_table(index = 'Sex', columns='Pclass', values='Fare')
Out	Pclass 1 2 3 Sex female 106.125798 21.970121 16.118810 male 67.226127 19.741782 12.661633

其中 Pclass 表示船舱等级，Fare 表示船票的价格。这里表示按乘客的性别分别统计各个舱位购票的平均价格。通俗的解释就是，index 指定了按照什么属性来统计，columns 指定了统计哪个指标，values 指定了统计的实际指标值是什么。看起来各项参数都清晰明了，但是平均值从哪里来呢？平均值相当于默认值，如果想指定最大值或者最小值，还需要额外设置一个计算参数。

In	df. pivot_table(index = 'Sex', columns='Pclass', values='Fare', aggfunc='max')
Out	Pclass 1 2 3 Sex female 512.3292 65.0 69.55 male 512.3292 73.5 69.55

这里得到的结果就是各个船舱的最高票价，需要额外指定 aggfunc 来明确结果的含义。

如果想统计各个船舱等级的人数呢？

In	df. pivot_table(index = 'Sex', columns='Pclass', values='Fare', aggfunc='count')
Out	Pclass 1 2 3 Sex female 94 76 144 male 122 108 347

接下来做一个稍微复杂点的操作，首先按照年龄将乘客分成两组：成年人和未成年人。再对这两组乘客分别统计不同性别的人的平均获救的可能性：

In	df['Underaged'] = df['Age'] <= 18 df. pivot_table(index = 'Underaged', columns='Sex', values='Survived', aggfunc='mean')
Out	Sex female male Underaged False 0.760163 0.167984 True 0.676471 0.338028

看起来是比较麻烦的操作，但在 Pandas 中处理起来还是比较简单的。

迪哥说：学习过程中可能会遇到有点儿看不懂某些参数解释的情况，最好的方法就是实际试一试，从结果来理解也是不错的选择。

3.2.3 groupby 操作

下面先通过一个小例子解释一下 groupby 操作的内容：

In	df = pd.DataFrame({'key':['A', 'B', 'C', 'A', 'B', 'C', 'A', 'B', 'C'], 'data':[0, 5, 10, 5, 10, 15, 10, 15, 20]})
Out	<table><tr><td></td><td>data</td><td>key</td></tr><tr><td>0</td><td>0</td><td>A</td></tr><tr><td>1</td><td>5</td><td>B</td></tr><tr><td>2</td><td>10</td><td>C</td></tr><tr><td>3</td><td>5</td><td>A</td></tr><tr><td>4</td><td>10</td><td>B</td></tr><tr><td>5</td><td>15</td><td>C</td></tr><tr><td>6</td><td>10</td><td>A</td></tr><tr><td>7</td><td>15</td><td>B</td></tr><tr><td>8</td><td>20</td><td>C</td></tr></table>

此时如果想统计各个 key 中对应的 data 数值总和是多少，例如 key 为 A 时对应 3 条数据：0、5、10，总和就是 15。按照正常的想法，需要把 key 中所有可能结果都遍历一遍，并且要求各个 key 中的数据累加值：

In	```for key in ['A', 'B', 'C']:` ` print (key, df[df['key'] == key].sum())```
Out	A data 15 key AAA dtype: object B data 30 key BBB dtype: object C data 45 key CCC

这种统计需求是很常见的，那么，有没有更简单的方法呢？这回就轮到 groupby 登场了：

In	df.groupby('key').sum()
Out	<table><tr><td></td><td>data</td></tr><tr><td>key</td><td></td></tr><tr><td>A</td><td>15</td></tr><tr><td>B</td><td>30</td></tr><tr><td>C</td><td>45</td></tr></table>

是不是很轻松地就完成了上述任务？统计的结果是其累加值。当然，也可以换成均值等指标：

In	df.groupby('key').aggregate(np.mean)
Out	<table><tr><td></td><td>data</td></tr><tr><td>key</td><td></td></tr><tr><td>A</td><td>5</td></tr><tr><td>B</td><td>10</td></tr><tr><td>C</td><td>15</td></tr></table>

继续回到泰坦尼克号数据集中，下面要计算的是按照不同性别统计其年龄的平均值，所以要用 groupby 计算一下性别：

In	df = pd.read_csv('./data/titanic.csv') df.groupby('Sex')['Age'].mean()
Out	Sex female　　27.915709 male　　30.726645

结果显示乘客中所有女性的平均年龄是 27.91，男性的平均年龄是 30.72，只需一行就完成了统计工作。

groupby() 函数中还有很多参数可以设置，再深入了解一下：

In	df = pd.DataFrame({'A' : ['foo', 'bar', 'foo', 'bar','foo', 'bar', 'foo', 'foo'], 　　　　　　　　　　　'B' : ['one', 'one', 'two', 'three', 'two', 'two', 'one', 'three'], 　　　　　　　　　　　'C' : np.random.randn(8), 　　　　　　　　　　　'D' : np.random.randn(8)})

Out		A	B	C	D
	0	foo	one	0.650119	0.565401
	1	bar	one	1.270717	0.233100
	2	foo	two	-0.663145	0.787028
	3	bar	three	0.090884	-1.391346
	4	foo	two	0.251903	0.476426
	5	bar	two	0.197108	-1.155123
	6	foo	one	0.027291	-1.430136
	7	foo	three	-1.357587	0.262993

此时想观察 groupby 某一列后结果的数量，可以直接调用 count() 属性：

In	```
	# 表示 A 在取不同 key 值时，B、C、D 中样本的数量
	grouped = df.groupby('A')
	grouped.count()
	``

Out			B	C	D
---	---	---	---
A			
bar	3	3	3
foo	5	5	5	

结果中 3 和 5 分别对应了原始数据中样本的个数，可以亲自来数一数。这里不仅可以指定一个 groupby 对象，指定多个也是没问题的：

In	``` grouped = df.groupby(['A', 'B']) grouped.count() ```
Out				C	D
---	---	---	---
A	**B**		
bar	one	1	1
	three	1	1
	two	1	1
foo	one	2	2
	three	1	1
	two	2	2	

指定好操作对象之后，通常还需要设置一下计算或者统计的方法，比如求和操作：

In	`grouped = df.groupby(['A', 'B'])` `grouped.aggregate(np.sum)`
Out	

		C	D
A	**B**		
bar	**one**	2.549941	1.704677
	three	-0.954625	0.117662
	two	-0.642762	-1.111568
foo	**one**	0.085447	1.566829
	three	0.839937	0.798669
	two	-0.803665	0.044878

此处的索引就是按照传入参数的顺序来指定的，如果大家习惯用数值编号索引也是可以的，只需要加入 as_index 参数：

In	`grouped = df.groupby(['A', 'B'], as_index = False)` `grouped.aggregate(np.sum)`
Out	

	A	B	C	D
0	bar	one	2.549941	1.704677
1	bar	three	-0.954625	0.117662
2	bar	two	-0.642762	-1.111568
3	foo	one	0.085447	1.566829
4	foo	three	0.839937	0.798669
5	foo	two	-0.803665	0.044878

groupby 操作之后仍然可以使用 describe() 方法来展示所有统计信息，这里只展示前 5 条：

In	`grouped.describe().head()`
Out	

		count	mean	std	min	25%	50%	75%	max	count	mean	std	min	25%	50%	75%
A	**B**															
bar	**one**	1.0	2.549941	NaN	2.549941	2.549941	2.549941	2.549941	2.549941	1.0	1.704677	NaN	1.704677	1.704677	1.704677	1.7046777
	three	1.0	-0.954625	NaN	-0.954625	-0.954625	-0.954625	-0.954625	-0.954625	1.0	0.117662	NaN	0.117662	0.117662	0.117662	0.11766
	two	1.0	-0.642762	NaN	-0.642762	-0.642762	-0.642762	-0.642762	-0.642762	1.0	-1.111568	NaN	-1.111568	-1.111568	-1.111568	-1.11156
foo	**one**	2.0	0.042724	1.170932	-0.785250	-0.371263	0.042724	0.456710	0.870697	2.0	0.783415	0.321089	0.556371	0.669893	0.783415	0.89693
	three	1.0	0.839937	NaN	0.839937	0.839937	0.839937	0.839937	0.839937	1.0	0.798669	NaN	0.798669	0.798669	0.798669	0.79866

看起来统计信息有点多，当然也可以自己设置需要的统计指标：

In	`grouped = df.groupby('A')` `grouped['C'].agg([np.sum, np.mean, np.std])`
Out	

	sum	mean	std
A			
bar	0.952553	0.317518	1.939613
foo	0.121719	0.024344	0.781542

在 groupby 操作中还可以指定操作的索引（也就是 level），还是通过小例子来观察一下：

In	`arrays = [['bar', 'bar', 'baz', 'baz', 'foo', 'foo', 'qux', 'qux'],`
	`          ['one', 'two', 'one', 'two', 'one', 'two', 'one', 'two']]`
	`index = pd.MultiIndex.from_arrays(arrays, names = ['first', 'second'])`

Out	`MultiIndex(levels=[['bar', 'baz', 'foo', 'qux'], ['one', 'two']],`
	`           labels=[[0, 0, 1, 1, 2, 2, 3, 3], [0, 1, 0, 1, 0, 1, 0, 1]],`
	`           names=['first', 'second'])`

这里设置了多重索引，并且分别指定了名字，光有索引还不够，还需要具体数值，接下来可以按照索引进行 groupby 操作：

In	`s = pd.Series(np.random.randn(8), index = index)`

Out	`first    second`
	`bar      one       -0.877562`
	`         two       -1.296007`
	`baz      one        1.026419`
	`         two        0.445126`
	`foo      one        0.044509`
	`         two        0.271037`
	`qux      one       -1.686649`
	`         two        0.914649`

In	`grouped = s.groupby(level =0)` `grouped.sum()`

Out	`first`
	`bar   -2.173569`
	`baz    1.471545`
	`foo    0.315545`
	`qux   -0.772001`

In	`grouped = s.groupby(level = 1)` `grouped.sum()`

Out	`second`
	`one   -1.493284`
	`two    0.334805`

通过 level 参数可以指定以哪项为索引进行计算。当 level 为 0 时，设置名为 first 的索引；当 level 为 1 时，设置名为 second 的索引。如果大家觉得指定一个数值不够直观，也可以直接用具体名字，结果相同：

In	grouped = s. groupby (level = 'first') grouped. sum ()
Out	first bar -2.173569 baz 1.471545 foo 0.315545 qux -0.772001

迪哥说：groupby 函数是统计分析中经常使用的函数，用法十分便捷，可以指定的参数也比较多，但是也非常容易出错，使用时一定先明确要得到的结果再去选择合适的参数。

3.3 常用函数操作

在数据处理过程中经常要对数据做各种变换，Pandas 提供了非常丰富的函数来帮大家完成每一项功能，不仅如此，如果要实现的功能过于复杂，也可以间接使用自定义函数。

3.3.1 Merge 操作

数据处理中可能经常要对提取的特征进行整合，例如后续实战中会拿到一份歌曲数据集，但是不同的文件存储的特征不同，有的文件包括歌曲名、播放量；有的包括歌曲名、歌手名。现在我们要做的就是把所有特征汇总在一起，例如以歌曲为索引来整合。

为了演示 Merge 函数的操作，先创建两个 DataFrame：

In	left = pd. DataFrame({'key': ['K0', 'K1', 'K2', 'K3'],
	            'A': ['A0', 'A1', 'A2', 'A3'],
	            'B': ['B0', 'B1', 'B2', 'B3']})
	right = pd. DataFrame({'key': ['K0', 'K1', 'K2', 'K3'],
	            'C': ['C0', 'C1', 'C2', 'C3'],
	            'D': ['D0', 'D1', 'D2', 'D3']})

Out	A B key C D key 0 A0 B0 K0 0 C0 D0 K0 1 A1 B1 K1 1 C1 D1 K1 2 A2 B2 K2 2 C2 D2 K2 3 A3 B3 K3 3 C3 D3 K3 left right
In	res = pd.merge(left, right, on = 'key')
Out	A B key C D 0 A0 B0 K0 C0 D0 1 A1 B1 K1 C1 D1 2 A2 B2 K2 C2 D2 3 A3 B3 K3 C3 D3

现在按照 key 列把两份数据整合在一起了，key 列在 left 和 right 两份数据中恰好都一样，试想：如果不相同，结果会发生变化吗？

In	left = pd.DataFrame({'key1': ['K0', 'K1', 'K2', 'K3'],
	                     'key2': ['K0', 'K1', 'K2', 'K3'],
	                     'A': ['A0', 'A1', 'A2', 'A3'],
	                     'B': ['B0', 'B1', 'B2', 'B3']})
	right = pd.DataFrame({'key1': ['K0', 'K1', 'K2', 'K3'],
	                      'key2': ['K0', 'K1', 'K2', 'K4'],
	                      'C': ['C0', 'C1', 'C2', 'C3'],
	                      'D': ['D0', 'D1', 'D2', 'D3']})

Out	A B key1 key2 C D key1 key2 0 A0 B0 K0 K0 0 C0 D0 K0 K0 1 A1 B1 K1 K1 1 C1 D1 K1 K1 2 A2 B2 K2 K2 2 C2 D2 K2 K2 3 A3 B3 K3 K3 3 C3 D3 K3 K4 left right

细心的读者应该发现，两份数据 key1 列和 key2 列的前 3 行都相同，但是第 4 行的值不同，这会对结果产生什么影响吗？

In	res = pd.merge(left, right, on = ['key1', 'key2'])
Out	

	A	B	key1	key2	C	D
0	A0	B0	K0	K0	C0	D0
1	A1	B1	K1	K1	C1	D1
2	A2	B2	K2	K2	C2	D2

输出结果显示前 3 行相同的都组合在一起了，但是第 4 行却被直接抛弃了。如果想考虑所有的结果，还需要额外设置一个 how 参数：

In	res = pd.merge(left, right, on = ['key1', 'key2'], how = 'outer')
Out	

	A	B	key1	key2	C	D
0	A0	B0	K0	K0	C0	D0
1	A1	B1	K1	K1	C1	D1
2	A2	B2	K2	K2	C2	D2
3	A3	B3	K3	K3	NaN	NaN
4	NaN	NaN	K3	K4	C3	D3

还可以加入详细的组合说明，指定 indicator 参数为 True 即可：

In	res = pd.merge(left, right, on = ['key1', 'key2'], how = 'outer', indicator = True)
Out	

	A	B	key1	key2	C	D	_merge
0	A0	B0	K0	K0	C0	D0	both
1	A1	B1	K1	K1	C1	D1	both
2	A2	B2	K2	K2	C2	D2	both
3	A3	B3	K3	K3	NaN	NaN	left_only
4	NaN	NaN	K3	K4	C3	D3	right_only

也可以单独设置只考虑左边数据或者只考虑右边数据，说白了就是以谁为准：

In	res = pd.merge(left, right, how = 'left')

Out		A	B	key1	key2	C	D
	0	A0	B0	K0	K0	C0	D0
	1	A1	B1	K1	K1	C1	D1
	2	A2	B2	K2	K2	C2	D2
	3	A3	B3	K3	K3	NaN	NaN

In	res = pd.merge(left, right, how = 'right')

Out		A	B	key1	key2	C	D
	0	A0	B0	K0	K0	C0	D0
	1	A1	B1	K1	K1	C1	D1
	2	A2	B2	K2	K2	C2	D2
	3	NaN	NaN	K3	K4	C3	D3

 迪哥说: 在数据特征组合时经常要整合大量数据源，熟练使用 Merge 函数可以帮助大家快速处理数据。

3.3.2 排序操作

排序操作的用法也是十分简洁，先来创建一个 DataFrame：

In	data = pd.DataFrame({'group':['a','a','a','b','b','b','c','c','c'], 'data':[4,3,2,1,12,3,4,5,7]})

		data	group
Out	0	4	a
	1	3	a
	2	2	a
	3	1	b
	4	12	b
	5	3	b
	6	4	c
	7	5	c
	8	7	c

排序的时候，可以指定升序或者降序，并且还可以指定按照多个指标排序：

In	data.sort_values(by=['group','data'], ascending = [False,True], inplace=True)	
Out		**data**	**group**
	6	4	c
	7	5	c
	8	7	c
	3	1	b
	5	3	b
	4	12	b
	2	2	a
	1	3	a
	0	4	a

上述操作表示首先对 group 列按照降序进行排列，在此基础上保持 data 列是升序排列，其中 by 参数用于设置要排序的列，ascending 参数用于设置升降序。

3.3.3 缺失值处理

拿到一份数据之后，经常会遇到数据不干净的现象，即里面可能存在缺失值或者重复片段，这就需要先进行预处理操作。再来创建一组数据，如果有重复部分，也可以直接用乘法来创建一组数据：

In	data = pd.DataFrame({'k1':['one']*3+['two']*4, 'k2':[3,2,1,3,3,4,4]})	
Out		**k1**	**k2**
	0	one	3
	1	one	2
	2	one	1
	3	two	3
	4	two	3
	5	two	4
	6	two	4

此时数据中有几条完全相同的，可以使用 drop_duplicates() 函数去掉多余的数据：

In	data. drop_duplicates ()		
Out		k1	k2
	0	one	3
	1	one	2
	2	one	1
	3	two	3
	5	two	4

也可以只考虑某一列的重复情况，其他全部舍弃：

In	data. drop_duplicates (subset='k1')		
Out		k1	k2
	0	one	3
	3	two	3

如果要往数据中添加新的列呢？可以直接指定新的列名或者使用 assign() 函数：

In	df = pd.DataFrame({'data1':np.random.randn(5),'data2':np.random.randn(5)}) df2 = df.assign(ration = df['data1']/df['data2'])		
Out		data1	data2	ration
	0	-1.069925	-0.186540	5.735617
	1	0.636127	0.020425	31.143814
	2	0.366197	-0.102836	-3.560992
	3	-0.975327	0.451201	-2.161624
	4	-1.562407	-2.436845	0.641160

数据处理过程中经常会遇到缺失值，Pandas 中一般用 NaN 来表示（Not a Number），拿到数据之后，

通常都会先看一看缺失情况：

In	df = pd. DataFrame ([range (3), [0,　np. nan, 0], [0, 0, np. nan], range (3)])
Out	<table><tr><td></td><td>0</td><td>1</td><td>2</td></tr><tr><td>0</td><td>0</td><td>1.0</td><td>2.0</td></tr><tr><td>1</td><td>0</td><td>NaN</td><td>0.0</td></tr><tr><td>2</td><td>0</td><td>0.0</td><td>NaN</td></tr><tr><td>3</td><td>0</td><td>1.0</td><td>2.0</td></tr></table>

在创建的时候加入两个缺失值，可以直接通过 isnull() 函数判断所有缺失情况：

In	df. isnull ()
Out	<table><tr><td></td><td>0</td><td>1</td><td>2</td></tr><tr><td>0</td><td>False</td><td>False</td><td>False</td></tr><tr><td>1</td><td>False</td><td>True</td><td>False</td></tr><tr><td>2</td><td>False</td><td>False</td><td>True</td></tr><tr><td>3</td><td>False</td><td>False</td><td>False</td></tr></table>

输出结果显示了全部数据缺失情况，其中 True 代表数据缺失。如果数据量较大，总不能一行一行来核对，更多的时候，我们想知道某列是否存在缺失值：

In	df. isnull () . any ()
Out	0 False 1 True 2 True dtype: bool

其中 .any() 函数相当于只要有一个缺失值就意味着存在缺失情况，当然也可以自己指定检查的维度：

In	df. isnull () . any (axis = 1)
Out	0 False 1 True 2 True 3 False dtype: bool

遇到缺失值不要紧，可以选择填充方法来改善，之后会处理实际数据集的缺失问题，这里只做简单举例：

In	df.fillna(5)		
		0	1	2
Out	0	0	1.0	2.0
	1	0	5.0	0.0
	2	0	0.0	5.0
	3	0	1.0	2.0

通过 fillna() 函数可以对缺失值进行填充，这里只选择一个数值，实际中更常使用的是均值、中位数等指标，还需要根据具体问题具体分析。

3.3.4 apply 自定义函数

接下来又是重磅嘉宾出场了，apply() 函数可是一个"神器"，如果你想要完成的任务没办法直接实现，就需要使用 apply 自定义函数功能，还是先来看看其用法：

In	data = pd.DataFrame({'food':['A1', 'A2', 'B1', 'B2', 'B3', 'C1', 'C2'], 'data':[1, 2, 3, 4, 5, 6, 7]})	
		data	food
Out	0	1	A1
	1	2	A2
	2	3	B1
	3	4	B2
	4	5	B3
	5	6	C1
	6	7	C2

| In | ```python
def food_map(series):
    if series['food'] == 'A1':
        return 'A'
    elif series['food'] == 'A2':
        return 'A'
    elif series['food'] == 'B1':
        return 'B'
    elif series['food'] == 'B2':
        return 'B'
    elif series['food'] == 'B3':
        return 'B'
    elif series['food'] == 'C1':
        return 'C'
    elif series['food'] == 'C2':
        return 'C'

data['food_map'] = data.apply(food_map, axis = 'columns')
``` |
Out			data	food	food_map
0	1	A1	A
1	2	A2	A
2	3	B1	B
3	4	B2	B
4	5	B3	B
5	6	C1	C
6	7	C2	C	

上述操作首先定义了一个映射函数，如果想要改变 food 列中的所有值，在已经给出映射方法的情况下，如何在数据中执行这个函数，以便改变所有数据呢？是不是要写一个循环来遍历每一条数据呢？肯定不是的，只需调用 apply() 函数即可完成全部操作。

可以看到，apply() 函数使用起来非常简单，需要先写好要执行操作的函数，接下来直接调用即可，相当于对数据中所有样本都执行这样的操作，下面继续拿泰坦尼克号数据来试试 apply() 函数：

| In | ```python
def nan_count(columns):
    columns_null = pd.isnull(columns)
    null = columns[columns_null]
    return len(null)

columns_null_count = titanic.apply(nan_count)
``` |

Out	PassengerId	0
	Survived	0
	Pclass	0
	Name	0
	Sex	0
	Age	177
	SibSp	0
	Parch	0
	Ticket	0
	Fare	0
	Cabin	687
	Embarked	2

　　这里要统计的就是每列的缺失值个数，写好自定义函数之后依旧调用 apply() 函数，这样每列特征的缺失值个数就统计出来了，再来统计一下每一位乘客是否是成年人：

In	```def is_minor(row): if row['Age'] < 18: return True else: return Falseminors = titanic.apply(is_minor, axis = 1)```
Out	24 True 25 False 26 False 27 False 28 False 29 False ... 861 False 862 False 863 False 864 False

迪哥说： 使用 apply 函数在做数据处理时非常便捷，先定义好需要的操作，但是最好先拿部分样本测试一下函数是否正确，然后就可以将它应用在全部数据中了，对行或者对列进行操作都是可以的，相当于自定义一套处理操作。

3.3.5　时间操作

在机器学习建模中，从始至终都是尽可能多地利用数据所提供的信息，当然时间特征也不例外。当拿到一份时间特征时，最好还是将其转换成标准格式，这样在提取特征时更方便一些：

In	# 创建一个时间戳
	ts = pd.Timestamp('2017-11-24')

Out	Timestamp('2017-11-24 00:00:00')
In	ts.month
Out	11
In	ts.day
Out	24
In	ts + pd.Timedelta('5 days')
Out	Timestamp('2017-11-29 00:00:00')

时间特征只需要满足标准格式就可以调用各种函数和属性了，上述操作通过时间提取了当前具体的年、月、日等指标。

In	s = pd.Series(['2017-11-24 00:00:00', '2017-11-25 00:00:00', '2017-11-26 00:00:00'])
Out	0 2017-11-24 00:00:00 1 2017-11-25 00:00:00 2 2017-11-26 00:00:00 dtype: object
In	ts = pd.to_datetime(s)
Out	0 2017-11-24 1 2017-11-25 2 2017-11-26 dtype: datetime64[ns]

一旦转换成标准格式，注意其 dtype 类型，就可以调用各种属性进行统计分析了：

In	ts.dt.hour
Out	0 0 1 0 2 0
In	ts.dt.weekday
Out	0 4 1 5 2 6

如果数据中没有给定具体的时间特征，也可以自己来创建，例如知道数据的采集时间，并且每条数据都是固定时间间隔保存下来的：

In	pd. Series (pd. date_range (start='2017-11-24', periods = 10, freq = '12H'))
Out	0 2017-11-24 00:00:00 1 2017-11-24 12:00:00 2 2017-11-25 00:00:00 3 2017-11-25 12:00:00 4 2017-11-26 00:00:00 5 2017-11-26 12:00:00 6 2017-11-27 00:00:00 7 2017-11-27 12:00:00 8 2017-11-28 00:00:00 9 2017-11-28 12:00:00 dtype: datetime64 [ns]

读取数据时，如果想以时间特征为索引，可以将 parse_dates 参数设置为 True：

In	data = pd. read_csv ('. /data/flowdata. csv', index_col = 0, parse_dates = True)
Out	

Time	L06_347	LS06_347	LS06_348
2009-01-01 00:00:00	0.137417	0.097500	0.016833
2009-01-01 03:00:00	0.131250	0.088833	0.016417
2009-01-01 06:00:00	0.113500	0.091250	0.016750
2009-01-01 09:00:00	0.135750	0.091500	0.016250
2009-01-01 12:00:00	0.140917	0.096167	0.017000

有了索引后，就可以用它来取数据啦：

In	data [pd. Timestamp ('2012-01-01 09:00') :pd. Timestamp ('2012-01-01 19:00')]
Out	

Time	L06_347	LS06_347	LS06_348
2012-01-01 09:00:00	0.330750	0.293583	0.029750
2012-01-01 12:00:00	0.295000	0.285167	0.031750
2012-01-01 15:00:00	0.301417	0.287750	0.031417
2012-01-01 18:00:00	0.322083	0.304167	0.038083

In	# 取 2013 年的数据 data['2013']			
Out		**L06_347**	**LS06_347**	**LS06_348**
	Time			
	2013-01-01 00:00:00	1.688333	1.688333	0.207333
	2013-01-01 03:00:00	2.693333	2.693333	0.201500
	2013-01-01 06:00:00	2.220833	2.220833	0.166917
	2013-01-01 09:00:00	2.055000	2.055000	0.175667
	2013-01-01 12:00:00	1.710000	1.710000	0.129583
	2013-01-01 15:00:00	1.420000	1.420000	0.096333
	2013-01-01 18:00:00	1.178583	1.178583	0.083083
	2013-01-01 21:00:00	0.898250	0.898250	0.077167
	2013-01-02 00:00:00	0.860000	0.860000	0.075000

也用 data['2012-01':'2012-03'] 指定具体月份，或者更细致一些，在小时上继续进行判断，如 data[(data.index.hour > 8) & (data.index.hour <12)]。

下面再介绍一个重量级的家伙，在处理时间特征时候经常会用到它——resample 重采样，先来看看执行结果：

In	data.resample('D').mean().head()			
Out		**L06_347**	**LS06_347**	**LS06_348**
	Time			
	2009-01-01	0.125010	0.092281	0.016635
	2009-01-02	0.124146	0.095781	0.016406
	2009-01-03	0.113562	0.085542	0.016094
	2009-01-04	0.140198	0.102708	0.017323
	2009-01-05	0.128812	0.104490	0.018167

原始数据中每天都有好几条数据，但是这里想统计的是每天的平均指标，当然也可以计算其最大值、最小值，只需把 .mean() 换成 .max() 或者 .min() 即可。

例如想按 3 天为一个周期进行统计：

In	data. resample ('3D'). mean (). head ()

Out		L06_347	LS06_347	LS06_348
	Time			
	2009-01-01	0.120906	0.091201	0.016378
	2009-01-04	0.121594	0.091708	0.016670
	2009-01-07	0.097042	0.070740	0.014479
	2009-01-10	0.115941	0.086340	0.014545
	2009-01-13	0.346962	0.364549	0.034198

按月进行统计也是同理:

In	data. resample ('M'). mean (). head ()

Out		L06_347	LS06_347	LS06_348
	Time			
	2009-01-31	0.517864	0.536660	0.045597
	2009-02-28	0.516847	0.529987	0.047238
	2009-03-31	0.373157	0.383172	0.037508
	2009-04-30	0.163182	0.129354	0.021356
	2009-05-31	0.178588	0.160616	0.020744

 迪哥说: 时间数据可以提取出非常丰富的特征,不仅有年、月、日等常规指标,还可以判断是否是周末、工作日、上下旬、上下班时间、节假日等特征,这些特征对数据挖掘任务都是十分有帮助的。

3.3.6 绘图操作

如果对数据进行简单绘图也可以直接用 Pandas 工具包,1 行代码就能进行基本展示,但是,如果想把图绘制得更完美一些,还需要使用专门的工具包,例如 Matplotlib、Seaborn 等,这里先演示 Pandas 中基本绘图方法:

| In | ```
# 在 Notebook 中使用绘图操作需要先执行此命令
%matplotlib inline
df = pd. DataFrame (np. random. randn (10, 4). cumsum (0), index = np. arange (0, 100, 10),
columns = ['A', 'B', 'C', 'D'])
df. plot ()
``` |
|----|-----------|
```

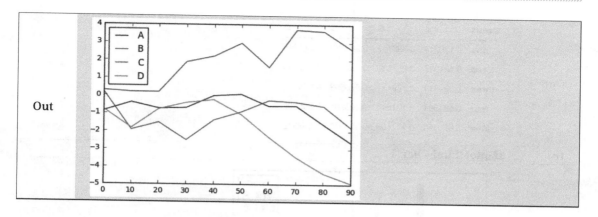

虽然直接对数据执行 plot() 操作就可以完成基本绘制，但是，如果想要加入一些细节，就需要使用 Matplotlib 工具包（下一章还会专门讲解），例如要同时展示两个图表，就要用到子图：

```
import matplotlib.pyplot as plt
# 指定子图 2 行一列的形式
fig, axes = plt.subplots(2, 1)
data = pd.Series(np.random.rand(16), index=list('abcdefghijklmnop'))
#axes[0] 表示第一个子图
data.plot(ax = axes[0], kind='bar')
#axes[1] 表示第二个子图画在第一个子图下方
data.plot(ax = axes[1], kind='barh')
```

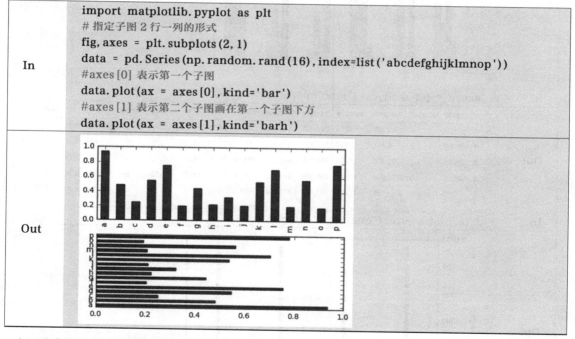

还可以指定绘图的种类，例如条形图、散点图等：

```
df = pd.DataFrame(np.random.rand(6, 4), index = ['one', 'two', 'three',
'four', 'five', 'six'],
columns = pd.Index(['A', 'B', 'C', 'D'], name = 'Genus'))
```

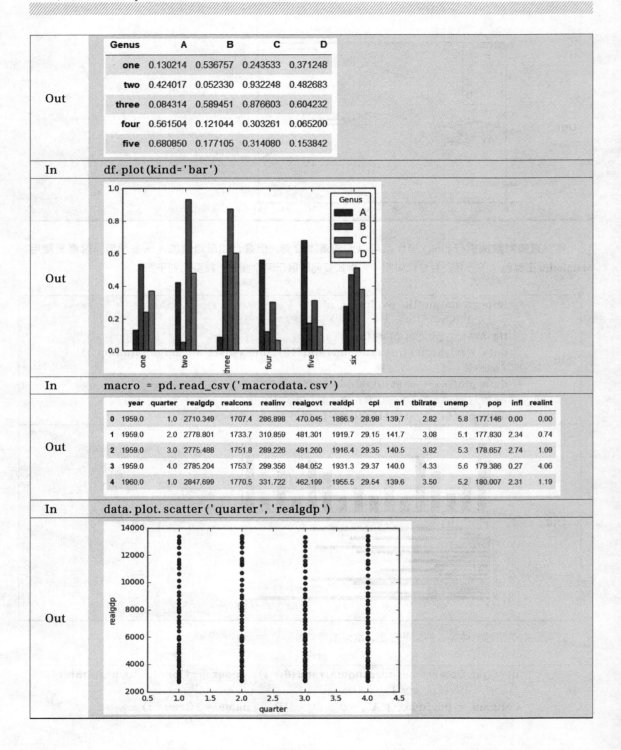

	Genus	A	B	C	D
Out	**one**	0.130214	0.536757	0.243533	0.371248
	two	0.424017	0.052330	0.932248	0.482683
	three	0.084314	0.589451	0.876603	0.604232
	four	0.561504	0.121044	0.303261	0.065200
	five	0.680850	0.177105	0.314080	0.153842

In | `df.plot(kind='bar')`

In | `macro = pd.read_csv('macrodata.csv')`

		year	quarter	realgdp	realcons	realinv	realgovt	realdpi	cpi	m1	tbilrate	unemp	pop	infl	realint
Out	**0**	1959.0	1.0	2710.349	1707.4	286.898	470.045	1886.9	28.98	139.7	2.82	5.8	177.146	0.00	0.00
	1	1959.0	2.0	2778.801	1733.7	310.859	481.301	1919.7	29.15	141.7	3.08	5.1	177.830	2.34	0.74
	2	1959.0	3.0	2775.488	1751.8	289.226	491.260	1916.4	29.35	140.5	3.82	5.3	178.657	2.74	1.09
	3	1959.0	4.0	2785.204	1753.7	299.356	484.052	1931.3	29.37	140.0	4.33	5.6	179.386	0.27	4.06
	4	1960.0	1.0	2847.699	1770.5	331.722	462.199	1955.5	29.54	139.6	3.50	5.2	180.007	2.31	1.19

In | `data.plot.scatter('quarter', 'realgdp')`

这些就是 Pandas 工具包绘图的基本方法，一般都是在简单观察数据时使用，实际进行分析或者展示还是用 Matplotlib 工具包更专业一些。

3.4　大数据处理技巧

使用 Pandas 工具包可以处理千万级别的数据量，但读取过于庞大的数据特征时，经常会遇到内存溢出等问题。估计绝大多数读者使用的笔记本电脑都是 8GB 内存，没关系，这里教给大家一些大数据处理技巧，使其能够占用更少内存。

3.4.1　数值类型转换

下面读取一个稍大数据集，特征比较多，一共有 161 列，目标就是尽可能减少占用的内存。

In	`gl = pd.read_csv('game_logs.csv')` `gl.head()`
Out			date	number_of_game	day_of_week	v_name	v_league	v_game_number	h_name	h_league	h_game_number	v_score	...
---	---	---	---	---	---	---	---	---	---	---
0	18710504	0	Thu	CL1	na	1	FW1	na	1	0	...
1	18710505	0	Fri	BS1	na	1	WS3	na	1	20	...
2	18710506	0	Sat	CL1	na	2	RC1	na	1	12	...
3	18710508	0	Mon	CL1	na	3	CH1	na	1	12	...
4	18710509	0	Tue	BS1	na	2	TRO	na	1	9	...

5 rows × 161 columns |

In	`# 数据样本有 171907 个` `gl.shape`
Out	`(171907, 161)`
In	`# 指定成 deep 表示要详细地展示当前数据占用的内存` `gl.info(memory_usage='deep')`

Out	`<class 'pandas.core.frame.DataFrame'>`
	`RangeIndex: 171907 entries, 0 to 171906`
	`Columns: 161 entries, date to acquisition_info`
	`dtypes: float64(77), int64(6), object(78)`
	`memory usage: 860.5 MB`

输出结果显示这份数据读取进来后占用 860.5 MB 内存，数据类型主要有 3 种，其中，float64 类型有 77 个特征，int64 类型有 6 个特征，object 类型有 78 个特征。

对于不同的数据类型来说，其占用的内存相同吗？应该是不同的，先来计算一下各种类型平均占用内存：

| In | ```
for dtype in ['float64', 'int64', 'object']:
    selected_dtype = gl.select_dtypes(include = [dtype])
    mean_usage_b = selected_dtype.memory_usage(deep=True).mean()
    mean_usage_mb = mean_usage_b/1024**2
    print(' 平均内存占用 ', dtype, mean_usage_mb)
``` |
|---|---|
| Out | 平均内存占用 float64 1.2947326073279748
平均内存占用 int64 1.1241934640066964
平均内存占用 object 9.514454069016855 |

循环中会遍历 3 种类型，通过 select_dtypes() 函数选中属于当前类型的特征，接下来计算其平均占用内存，最后转换成 MB 看起来更直接一些。从结果可以发现，float64 类型和 int64 类型平均占用内存差不多，而 object 类型占用的内存最多。

接下来就要分类型对数据进行处理，首先处理一下数值型，经常会看到有 int64、int32 等不同的类型，它们分别表示什么含义呢？

| In | ```
import numpy as np
int_types = ['int8', 'int16', 'int32', 'int64']
for it in int_types:
    print(np.iinfo(it))
``` |
|---|---|
| Out | ```
Machine parameters for int8
---------------------------------------------------------------
min = -128
max = 127
---------------------------------------------------------------

Machine parameters for int16
---------------------------------------------------------------
min = -32768
max = 32767
---------------------------------------------------------------

Machine parameters for int32
---------------------------------------------------------------
min = -2147483648
max = 2147483647
---------------------------------------------------------------


Machine parameters for int64
---------------------------------------------------------------
min = -9223372036854775808
max = 9223372036854775807
---------------------------------------------------------------
``` |
```

输出结果分别打印了 int8 ~ int64 可以表示的数值取值范围，int8 和 int16 能表示的数值范围有点儿小，一般不用。int32 看起来范围足够大了，基本任务都能满足，而 int64 能表示的就更多了。原始数据是 int64 类型，但是观察数据集可以发现，并不需要这么大的数值范围，用 int32 类型就足够了。下面先将数据集中所有 int64 类型转换成 int32 类型，再来看看内存占用会不会减少一些。

| In | ```
def mem_usage(pandas_obj):
    if isinstance(pandas_obj, pd.DataFrame):
        usage_b = pandas_obj.memory_usage(deep=True).sum()
    else:
        usage_b = pandas_obj.memory_usage(deep=True)
    usage_mb = usage_b/1024**2
    return '{:03.2f} MB'.format(usage_mb)


gl_int = gl.select_dtypes(include = ['int64'])
coverted_int=gl_int.apply(pd.to_numeric, downcast='integer')

print(mem_usage(gl_int))
print(mem_usage(coverted_int))
``` |
|---|---|
| Out | ```
<class 'pandas.core.frame.DataFrame'>
RangeIndex: 171907 entries, 0 to 171906
Data columns (total 6 columns):
date              171907 non-null int32
number_of_game    171907 non-null int8
v_game_number     171907 non-null int16
h_game_number     171907 non-null int16
v_score           171907 non-null int8
h_score           171907 non-null int8
dtypes: int16(2), int32(1), int8(3)
7.87MB # 全部为int64类型时，整型数据内存占用量
1.80MB # 向下转换后，整型数据内存占用量
``` |

其中 mem_usage() 函数的主要功能就是计算传入数据的内存占用量，为了让程序更通用，写了一个判断方法，分别表示计算 DataFrame 和 Series 类型数据，如果包含多列就求其总和，如果只有一列，那就是它自身。select_dtypes(include = ['int64']) 表示此时要处理的是全部 int64 格式数据，先把它们都拿到手。接下来对这部分数据进行向下转换，可以通过打印 coverted_int.info() 来观察转换结果。

可以看到在进行向下转换的时候，程序已经自动地选择了合适类型，再来看看内存占用情况，原始数据占用 7.87MB，转换后仅占用 1.80MB，大幅减少了。由于整型数据特征并不多，差异还不算太大，转换浮点型的时候就能明显地看出差异了。

| In | ```
gl_float = gl.select_dtypes(include=['float64'])
converted_float = gl_float.apply(pd.to_numeric, downcast='float')
print(mem_usage(gl_float))
print(mem_usage(converted_float))
``` |
| Out | # 全部为 float64 时，浮点型数据内存占用
100.99 MB
向下转换后，浮点型数据内存占用
50.49MB |

可以明显地发现内存节约了正好一半，通常在数据集中浮点型多一些，如果对其进行合适的向下转换，基本上能节省一半内存。

3.4.2 属性类型转换

最开始就发现 object 类型占用内存最多，也就是字符串，可以先看看各列 object 类型的特征：

| In | ```
gl_obj = gl.select_dtypes(include=['object']).copy()
gl_obj.describe()
``` |
| Out | |

	day_of_week	v_name	v_league	h_name	h_league	day_night	completion	forefeit	protest	park_id	...
count	171907	171907	171907	171907	171907	140150	116	145	180	171907	...
unique	7	148	7	148	7	2	116	3	5	245	...
top	Sat	CHN	NL	CHN	NL	D	19210630,,3,2,45	H	V	STL07	...
freq	28891	8870	88866	9024	88867	82724	1	69	90	7022	...

4 rows × 78 columns

其中 count 表示数据中每一列特征的样本个数（有些存在缺失值），unique 表示不同属性值的个数，例如 day_of_week 列表示当前数据是星期几，所以只有 7 个不同的值，但是默认 object 类型会把出现的每一条样本数值都开辟一块内存区域，其内存占用情况如图 3-4 所示。

由图可见，很明显，星期一和星期二出现多次，它们只是一个字符串代表一种结果而已，共用一块内存就足够了。但是在 object 类型中却为每一条数据开辟了单独的一块内存，一共有 171907 条数据，但只有 7 个不同值，这样做岂不是浪费了？所以还是要把 object 类型转换成 category 类型。先来看看这种新类型的特性：

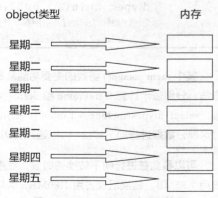

图 3-4　object 类型内存占用情况

In	dow = gl_obj.day_of_week dow_cat = dow.astype('category') dow_cat.head()
Out	0 Thu 1 Fri 2 Sat 3 Mon 4 Tue Name: day_of_week, dtype: category Categories (7, object): [Fri, Mon, Sat, Sun, Thu, Tue, Wed]

可以发现，其中只有 7 种编码方式，也可以实际打印一下具体编码：

In	dow_cat.head(10).cat.codes
Out	0 4 1 0 2 2 3 1 4 5 5 4 6 2 7 2 8 1 9 5

无论打印多少条数据，其编码结果都不会超过 7 种，这就是 category 类型的特性，相同的字符占用一块内存就好了。转换完成之后，是时候看看结果了：

In	print (mem_usage(dow)) print (mem_usage(dow_cat))
Out	9.84MB 0.16MB

对 day_of_week 列特征进行转换后，内存占用大幅下降，效果十分明显，其他列也是同理，但是，如果不同属性值比较多，效果也会有所折扣。接下来对所有 object 类型都执行此操作：

| In | ```python
converted_obj = pd.DataFrame()

for col in gl_obj.columns:
    num_unique_values = len(gl_obj[col].unique())
    num_total_values = len(gl_obj[col])
    if num_unique_values / num_total_values < 0.5:
        converted_obj.loc[:,col] = gl_obj[col].astype('category')
    else:
        converted_obj.loc[:,col] = gl_obj[col]
print(mem_usage(gl_obj))
print(mem_usage(converted_obj))
``` |
| Out | 751.64 MB
51.67MB |

首先对 object 类型数据中唯一值个数进行判断，如果数量不足整体的一半（此时能共用的内存较多），就执行转换操作，如果唯一值过多，就没有必要执行此操作。最终的结果非常不错，内存只占用很小部分了。

本节向大家演示了如何处理大数据占用内存过多的问题，最简单的解决方案就是将其类型全部向下转换，这个例子中，内存从 860.5 MB 下降到 51.67 MB，效果还是十分明显的。

 迪哥说： 如果加载千万级别以上数据源，还是有必要对数据先进行上述处理，否则会经常遇到内存溢出错误。

本章总结

本章讲解了数据分析处理中常用的工具包 Pandas，从整体上来看，它要比 Numpy 更便捷一些，可以很方便地完成各种统计操作与数据处理变换，在实际操作中，不要忘记还有 apply() 函数可以自定义一些功能来处理数据。

工具包提供的函数功能还有很多，可以在 Notebook 中直接打印帮助文档，如果大家习惯了自己的 IDE，也可以直接跳到源码当中，都有详细的解释说明。在后续的学习和工作中，可以将一套数据处理方案总结成自己的通用模板，当面对新任务时，处理起来就更方便、快捷了。
```

第 4 章
数据可视化库（Matplotlib）

　　用 Python 做可视化展示是非常便捷的，现成的工具包有很多，不仅可以做成一个平面图，而且还可以交互展示。Matplotlib 算是最老牌且使用范围最广的画图工具了，本章向大家介绍其基本使用方法和常用图表绘制。

4.1 常规绘图方法

首先导入工具包，一般用 plt 来当作 Matplotlib 的别名：

In	`import matplotlib.pyplot as plt` `%matplotlib inline`

指定魔法指令之后，在 Notebook 中只需要执行画图操作就可以在界面进行展示，先来画一个简单的折线图，只需要把二维数据点对应好即可：

In	`plt.plot([1, 2, 3, 4, 5], [1, 4, 9, 16, 25])`
	`plt.xlabel('xlabel', fontsize = 16)`
	`plt.ylabel('ylabel')`

给定横坐标 [1,2,3,4,5]，纵坐标 [1,4,9,16,25]，并且指明 x 轴与 y 轴的名称分别为 xlabel 和 ylabel，结果如图 4-1 所示。

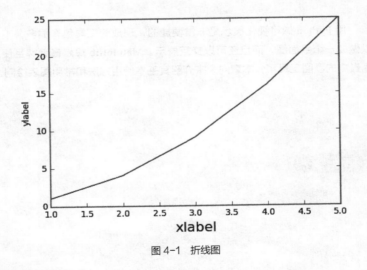

图 4-1 折线图

4.1.1 细节设置

在 plot() 函数中可以设置很多细节参数，例如线条的种类，表 4-1 列出了常用的线条类型，大家可以一一试试看。

表 4-1 常用的线条类型

字符	类型	字符	类型
'-'	实线	'__'	虚线
'-.'	虚点线	':'	点线
'.'	点	','	像素点
'o'	圆点	'v'	下三角点
'^'	上三角点	'<'	左三角点
'>'	右三角点	'1'	下三叉点
'2'	上三叉点	'3'	左三叉点
'4'	右三叉点	's'	正方点
'p'	五角点	'*'	星形点
'h'	六边形点 1	'H'	六边形点 2
'+'	加号点	'x'	乘号点
'D'	实习菱形点	'd'	瘦菱形点
'_'	横线点		

不仅可以改变线条的形状，也可以自己定义颜色，表 4-2 列出了常用的颜色缩写，英语好的同学也可以直接在参数中写全称。

表 4-2 常用的颜色缩写

字符	颜色	英文全称
'b'	蓝色	blue
'g'	绿色	green
'r'	红色	red
'c'	青色	cyan
'm'	品红	magenta
'y'	黄色	yellow
'k'	黑色	black
'w'	白色	white

首先构造一组数据，然后选择不同的线条类型和颜色来观察一下输出效果：

In	```
	plt.plot([1, 2, 3, 4, 5], [1, 4, 9, 16, 25], '-.')
	#fontsize 表示字体的大小
	plt.xlabel('xlabel', fontsize = 16)
	plt.ylabel('ylabel', fontsize = 16)
	``

Out	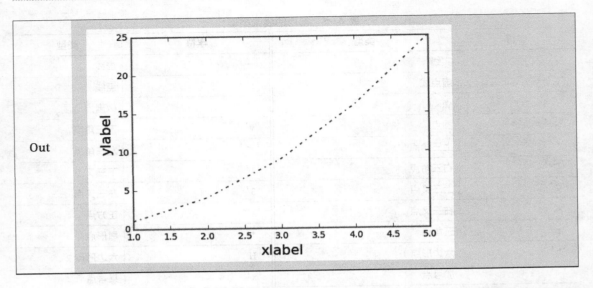

In	plt. plot ([1, 2, 3, 4, 5], [1, 4, 9, 16, 25], '-. ', color='r')

Out	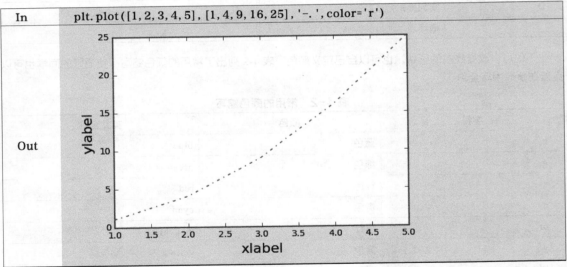

还可以多次调用 plot() 函数来加入多次绘图的结果，其中颜色和线条参数也可以写在一起，例如，"r--"
表示红色的虚线：

| In | ```
tang_array = np. arange (0, 10, 0. 5)
plt. plot (tang_array, tang_array, 'r--')
plt. plot (tang_array, tang_array**2, 'bs')
plt. plot (tang_array, tang_array**3, 'go')
``` |
|---|---|
```

Out	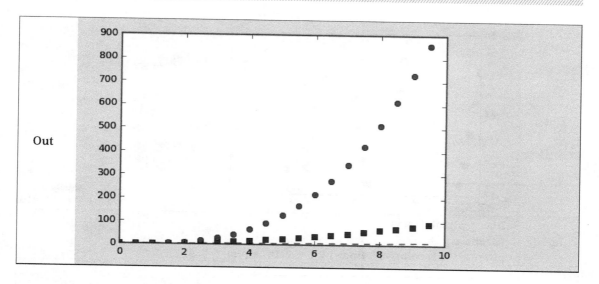

在用 matplotlib 绘图中，基本上你能想到的特征都有相应的控制参数，例如线条宽度、形状、大小等：

| In | ```
x = np.linspace(-10, 10)
y = np.sin(x)
# 设置线条宽度
plt.plot(x, y, linewidth = 3.0)
``` |
| Out | 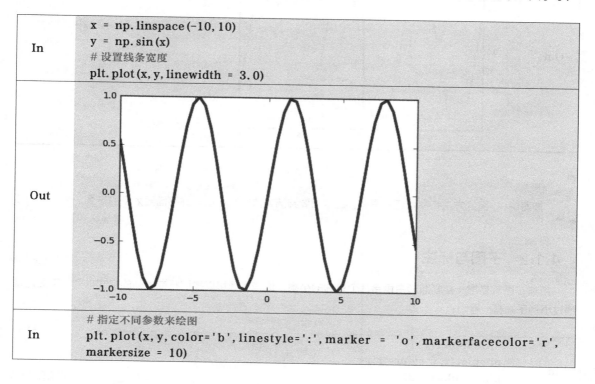 |
| In | ```
# 指定不同参数来绘图
plt.plot(x, y, color='b', linestyle=':', marker = 'o', markerfacecolor='r',
markersize = 10)
``` |

Out	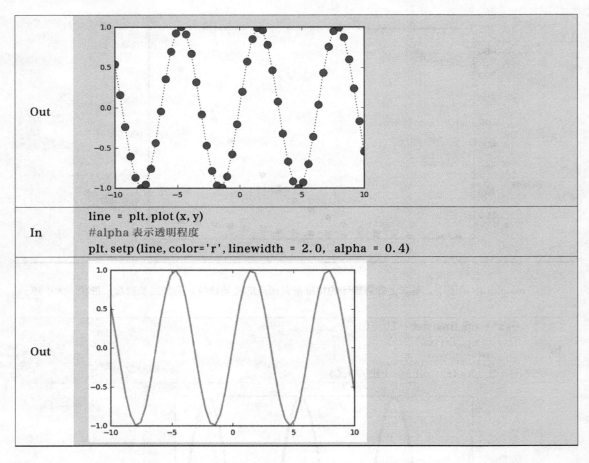
In	line = plt. plot (x, y) #alpha 表示透明程度 plt. setp (line, color='r', linewidth = 2. 0, alpha = 0. 4)
Out	

迪哥说：绘图的方法和参数还有很多，通常只要整洁、清晰就可以，并不需要太多的修饰。

4.1.2　子图与标注

所谓子图就是指一整幅图形中包含几个单独的小图，这些子图可以按照行或者列的形式排列，下面还是通过小例子来看一看吧：

In	plt. subplot (211) plt. plot (x, y, color='r') plt. subplot (212) plt. plot (x, y, color='b')

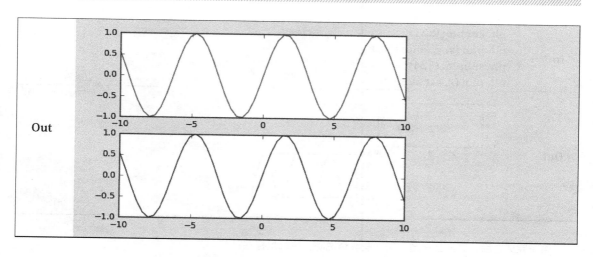

subplot(211) 表示要画的图整体是 2 行 1 列的，一共包括两幅子图，最后的 1 表示当前绘制顺序是第一幅子图。subplot(212) 表示还是这个整体，只是在顺序上要画第 2 个位置上的子图。

上图就是 2 行 1 列的子图绘制结果，整体表现为竖着排列，如果想横着排列，那就是 1 行 2 列了：

In	`plt. subplot (121)`
	`plt. plot (x, y, color='r')`
	`plt. subplot (122)`
	`plt. plot (x, y, color='b')`

Out	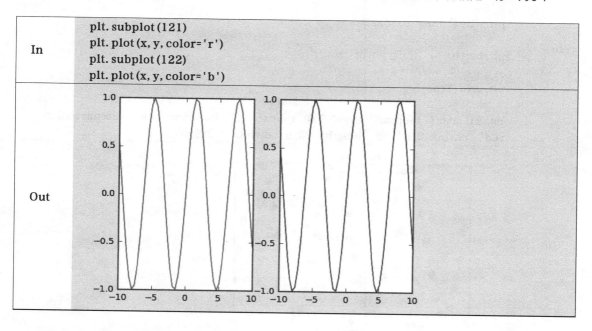

不仅可以创建一行或者一列，还可以创建多行多列，指定好整体规模，然后在对应位置画各个子图就可以了，如果在当前子图位置没有执行绘图操作，该位置子图也会空出来：

In	`plt. subplot (321)`
	`plt. plot (x, y, color='r')`
	`plt. subplot (324)`
	`plt. plot (x, y, color='b')`

Out	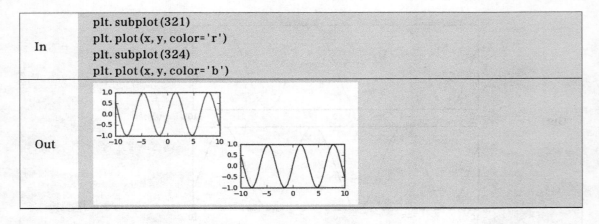

绘图完成之后，通常会在图上加一些解释说明，也就是标注：

In	`plt. plot (x, y, color='b', linestyle=':', marker = 'o', markerfacecolor='r', markersize = 10)`
	`plt. xlabel (' x:---')`
	`plt. ylabel (' y:---')`
	`# 图题`
	`plt. title (' tang yu di:---')`
	`# 在指定位置添加注释`
	`plt. text (0, 0, ' tang yu di')`
	`# 显示网络`
	`plt. grid (True)`
	`# 添加箭头，需给定起始和终止位置以及箭头的各种属性`
	`plt. annotate (' tangyudi', xy= (-5, 0), xytext= (-2, 0. 3), arrowprops = dict (facecolor='`
	`red', shrink=0. 05, headlength= 20, headwidth = 20))`

Out	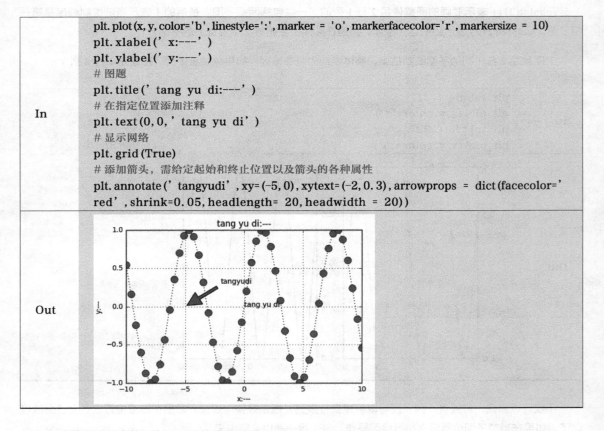

上述输出图形中就加上了需要的注释和说明。

迪哥说： 关于参数的用法和选择，最简单的方法就是对照其 API 文档看有哪些可选参数，再动手把图形展示出来，每个参数的含义就很明显。

上图中显示了网格，有时为了整体的美感和需求也可以把网格隐藏起来，通过 plt.gca() 来获得当前图表，然后改变其属性值：

In	
| In | ```python
x = range(10)
y = range(10)
fig = plt.gca()
plt.plot(x, y)
fig.axes.get_xaxis().set_visible(False)
fig.axes.get_yaxis().set_visible(False)
``` |
| Out | 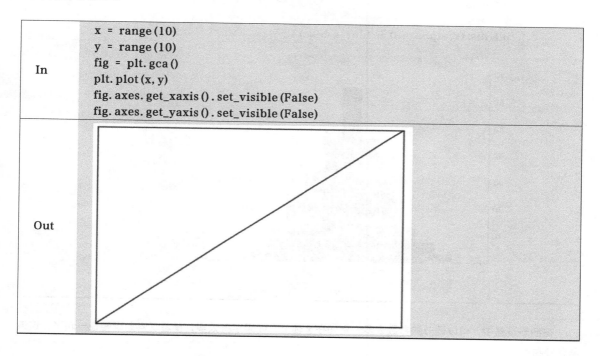 |

上述输出结果看起来光秃秃的不好看，还是往里面添加一些实际数据吧，估计更多人喜欢隐藏上方和右方的坐标轴，然后带着网格线，可能更好看一些：

| In | ```python
import math
# 随机创建一些数据
x = np.random.normal(loc = 0.0, scale=1.0, size=300)
width = 0.5
bins = np.arange(math.floor(x.min())-width, math.ceil(x.max())+width, width)
ax = plt.subplot(111)
``` |
|---|---|

| In | ```
# 去掉上方和右方的坐标轴线
ax.spines['top'].set_visible(False)
ax.spines['right'].set_visible(False)
# 可以自己选择隐藏坐标轴上的锯齿线
plt.tick_params(bottom='off', top='off', left = 'off', right='off')
# 加入网络
plt.grid()
# 绘制直方图
plt.hist(x, alpha = 0.5, bins = bins)
``` |
|---|---|
| Out | 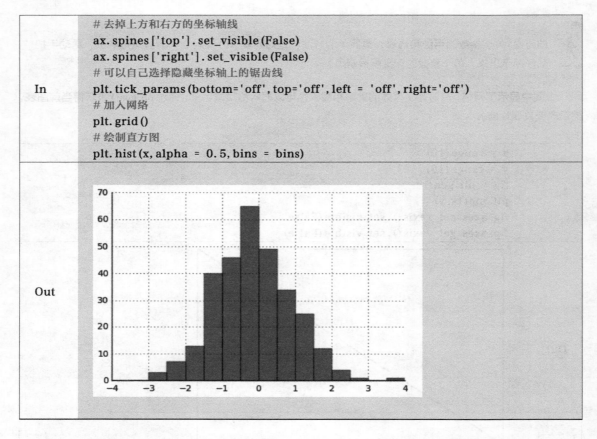 |

在细节设置中，可以调节的参数太多，例如在 x 轴上，如果字符太多，横着写容易堆叠在一起了，这该怎么办呢？

| In | ```
x = range(10)
y = range(10)
labels = ['tangyudi' for i in range(10)]
fig, ax = plt.subplots()
plt.plot(x, y)
plt.title('tangyudi')
ax.set_xticklabels(labels, rotation = 45, horizontalalignment='right')
``` |
|---|---|

Out	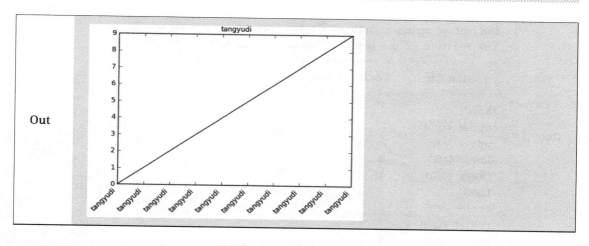

横着写不下，也可以斜着写，这些都可以自定义设置。在绘制多个线条或者多个类别数据时，之前我们用颜色来区别，但是还没有给出颜色和类别的对应关系，此时就需要使用 legend() 函数来指定：

In	```python
	x = np.arange(10)
	for i in range(1, 4):
	    plt.plot(x, i*x**2, label = ' Group %d' %i)
	plt.legend(loc='best')
	``

Out	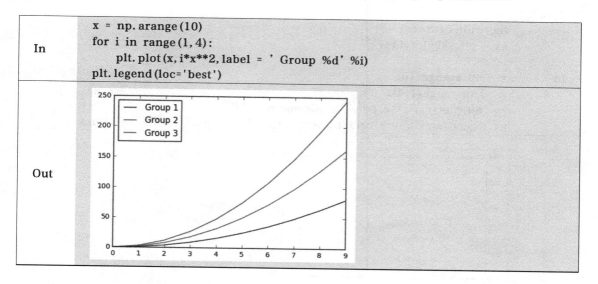

其中 loc='best' 相当于让工具包自己找一个合适的位置来显示图表中颜色所对应的类别，当然其位置也可以自己指定，那么都有哪些可选项呢？别忘了 help 函数，可以直接打印出所有可调参数：

In	```python
	print(help (plt.legend))
	``

Out	``` Legend((line1, line2, line3), ('label1', 'label2', 'label3')) Parameters ---------- ```

Out	loc: int or string or pair of floats, default: 'upper right' The location of the legend. Possible codes are: =============== =============== Location String Location Code =============== =============== 'best' 0 'upper right' 1 'upper left' 2 'lower left' 3 'lower right' 4 'right' 5 'center left' 6 'center right' 7 'lower center' 8

loc 参数中还可以指定特殊位置：

| In | ```python
fig = plt. figure ()
ax = plt. subplot (111)

x = np. arange (10)
for i in range (1, 4) :
    plt. plot (x, i*x**2, label = ' Group %d' %i)
ax. legend (loc='upper center', bbox_to_anchor = (0.5, 1.15) , ncol=3)
``` |
| Out | 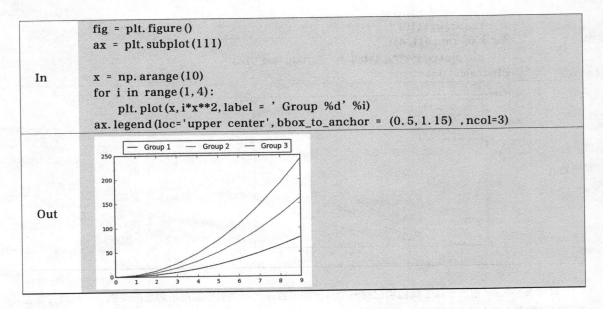 |

 迪哥说： 在 Matplotlib 中，绘制一个图表还是比较容易的，只需要传入数据即可，但是想把图表展示得完美就得慢慢调整了，其中能涉及的参数还是比较多的。最偷懒的方法就是寻找一个绘图的模板，然后把所需数据传入即可，在 Matplotlib 官网和 Sklearn 官网的实例中均有绘好的图表，这些都可以作为平时的积累。
```

4.1.3 风格设置

首先可以查看一下 Matplotlib 有哪些能调用的风格，代码如下：

In	plt. style. available
Out	['dark_background', 'seaborn-talk', 'seaborn-bright', 'seaborn-ticks', 'bmh', 'ggplot', 'seaborn-darkgrid', 'classic', 'fivethirtyeight', 'seaborn-deep', 'seaborn-colorblind', 'seaborn-muted', 'seaborn-pastel', 'seaborn-notebook', 'seaborn-paper', 'seaborn-dark-palette' 'seaborn-whitegrid', 'seaborn-white', 'grayscale', 'seaborn-dark', 'seaborn-poster']

默认的风格代码如下：

In	x = np. linspace (-10, 10) y = np. sin (x) plt. plot (x, y)
Out	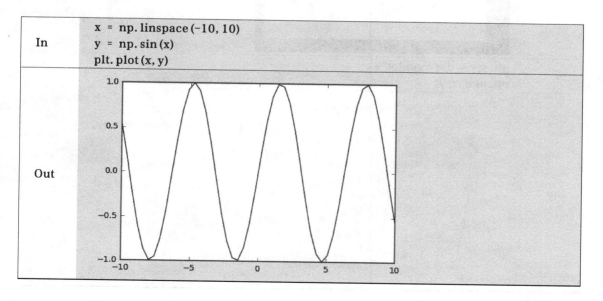

可以通过 plt.style.use() 函数来改变当前风格，再来尝试几种：

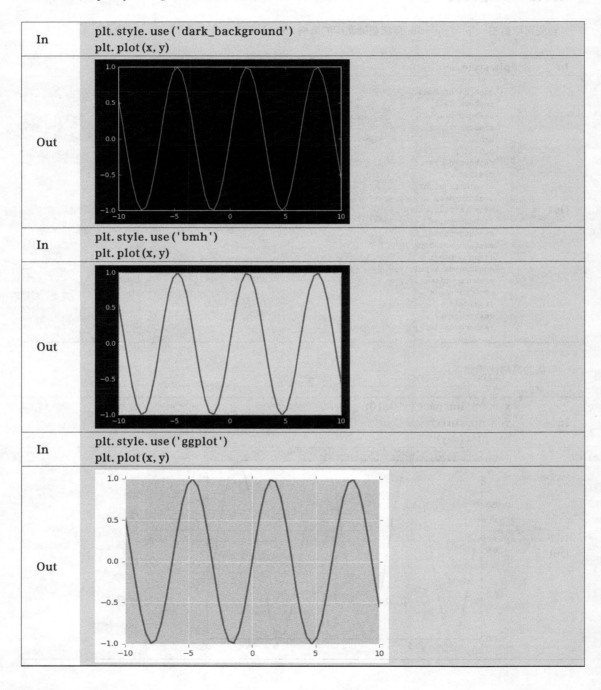

上述代码展示了几种常用的风格，个人而言还是觉得默认的风格最清晰、简洁，大家可以根据自己的喜好选择相应的绘图风格。

4.2 常用图表绘制

对于不同的任务，就要根据具体需求选择不同类型的图表，例如条形图、折线图、盒图等，在表现形式上各不相同，但是其各自的绘制方法基本一致。

4.2.1 条形图

在对比数据特征的时候，条形图是最常用的方法，在 Matplotlib 中的调用方法也很简单：

| In | ```python
np.random.seed(0)
x = np.arange(5)
# 随机创建一些数据
y = np.random.randint(-5, 5, 5)
fig, axes = plt.subplots(ncols = 2)
# 正常的条形图
v_bars = axes[0].bar(x, y, color='red')
# 也可以横着来画
h_bars = axes[1].barh(x, y, color='red')
# 通过子图索引来分别设置各自细节
axes[0].axhline(0, color='grey', linewidth=2)
axes[1].axvline(0, color='grey', linewidth=2)
plt.show()
``` |
| Out | 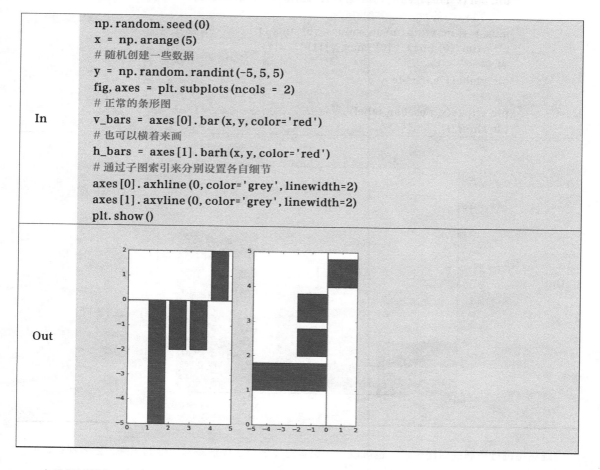 |

在绘图过程中，有时需要考虑误差棒，以表示数据或者实验的偏离情况，做法也很简单，在 bar() 函数中，
```

已经有现成的 yerr 和 xerr 参数，直接赋值即可：

In	```# 数值
mean_values = [1, 2, 3]
# 误差棒
variance = [0.2, 0.4, 0.5]
# 名字
bar_label = ['bar1', 'bar2', 'bar3']
# 指定位置
x_pos = list(range(len(bar_label)))
# 带有误差棒的条形图
plt.bar(x_pos, mean_values, yerr=variance, alpha=0.3)
# 可以自己设置 x 轴 y 轴的取值范围
max_y = max(zip(mean_values, variance))
plt.ylim([0, (max_y[0]+max_y[1])*1.2])
#y 轴标签
plt.ylabel('variable y')
#x 轴标签
plt.xticks(x_pos, bar_label)
plt.show()```
Out	

既然是进行数据的对比分析，也可以加入更多对比细节，先把条形图绘制出来，细节都可以慢慢添加：

| In | ```python
# 数据
data = range(200, 225, 5)
# 要对比的类别名称
bar_labels = ['a', 'b', 'c', 'd', 'e']
# 指定画图区域大小
fig = plt.figure(figsize=(10,8))
# 一会要横着画，所以在 y 轴上找每个起始位置
y_pos = np.arange(len(data))
# 在 y 轴写上各个类别名字
plt.yticks(y_pos, bar_labels, fontsize=16)
# 绘制条形图，指定颜色和透明度
bars = plt.barh(y_pos, data, alpha = 0.5, color='g')
# 画一条竖线，至少需要 3 个参数，即 x 轴位置 [ 也就是在哪画 (min(data))、y 轴的起始位置和终止位置
plt.vlines(min(data), -1, len(data)+0.5, linestyle = 'dashed')
# 在对应位置写上注释，这里写了随意计算的结果
for b, d in zip(bars, data):    plt.text(b.get_width()+b.get_width()*0.05, b.get_y()+b.get_height()/2, '{0:.2%}'.format(d/min(data)))
plt.show()
``` |
| Out | 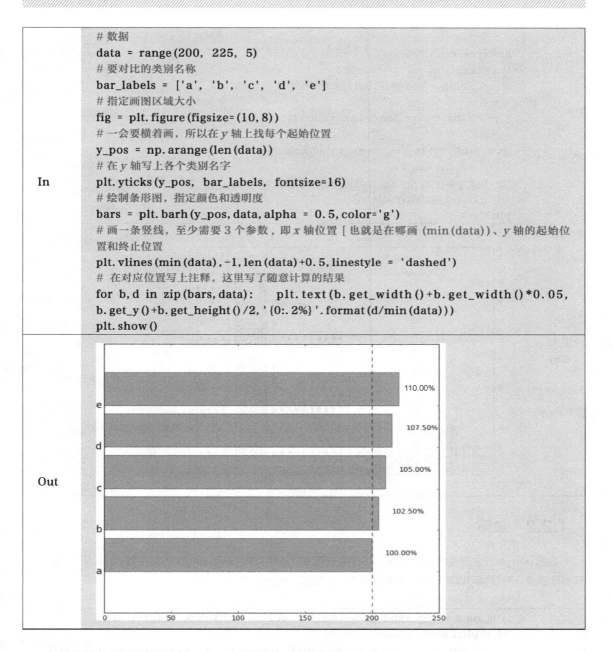 |

如果想把条形图画得更个性一些，也可以让各种线条看起来不同：
```

| In | ```python
# 这些图形对应下面的绘图结果
patterns = ('-', '+', 'x', '\\', '*', 'o', 'O', '.')
# 让条形图数值递增，看起来舒服点
mean_value = range(1, len(patterns)+1)
# 竖着画，得有每一个线条的位置
x_pos = list(range(len(mean_value)))
# 把条形图画出来
bars = plt.bar(x_pos, mean_value, color='white')
# 通过参数设置条的样式
for bar, pattern in zip(bars, patterns):
    bar.set_hatch(pattern)
plt.show()
``` |
| Out | 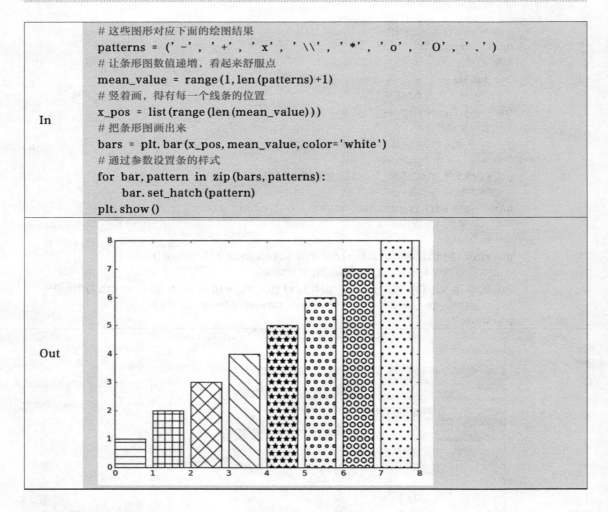 |

4.2.2　盒图

盒图 (boxplot) 主要由最小值 (min)、下四分位数 (Q1)、中位数 (median)、上四分位数 (Q3)、最大值 (max) 五部分组成。当然也可以按照自己的喜好加入其他指标，代码如下：

| In | ```python
tang_data = [np.random.normal(0, std, 100) for std in range(1, 4)]
fig = plt.figure(figsize = (8, 6))
plt.boxplot(tang_data, sym='s', vert=True)
plt.xticks([y+1 for y in range(len(tang_data))], ['x1', 'x2', 'x3'])
plt.xlabel('x')
plt.title('box plot')
``` |

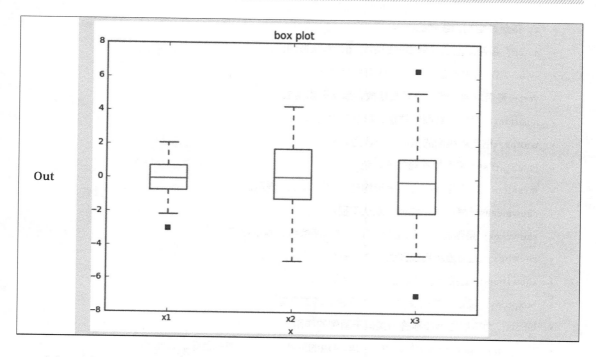

在每一个小盒图中，从下到上就分别对应之前说的 5 个组成部分，计算方法如下：

- IQR=Q3−Q1，即上四分位数与下四分位数之间的差；

- min=Q1−1.5×IQR，正常范围的下限；

- max=Q3+1.5×IQR，正常范围的上限。

其中的方块代表异常点或者离群点，离群点就是超出上限或下限的数据点，所以用盒图可以很方便地观察离群点的情况。

boxplot() 函数就是主要绘图部分，其他细节部分都是通用的。sym 参数用来展示异常点的符号，可以用正方形，也可以用加号，这取决于你的喜好。vert 参数表示是否要竖着画，它与条形图一样，也可以横着画。可选参数还是比较多的，如果大家想看完整的参数，最直接的办法就是：

In	print（help(plt. boxplot)）
Out	plt. boxplot(x, notch=None, sym=None, vert=None, positions=None, widths=None, patch_artist=None, meanline=None, showmeans=None, showcaps=None, showbox=None, showfliers=None, boxprops=None, labels=None, flierprops=None, medianprops=None, meanprops=None, capprops=None, whiskerprops=None)

- x：指定要绘制箱线图的数据。
- notch：是否以凹口的形式展现箱线图，默认非凹口。
- sym：指定异常点的形状，默认为 + 号显示。
- vert：是否需要将箱线图垂直摆放，默认垂直摆放。
- positions：指定箱线图的位置，默认为 $[0,1,2\cdots]$。
- widths：指定箱线图的宽度，默认为 0.5。
- patch_artist：是否填充箱体的颜色。
- meanline：是否用线的形式表示均值，默认用点来表示。
- showmeans：是否显示均值，默认不显示。
- showcaps：是否显示箱线图顶端和末端的两条线，默认显示。
- showbox：是否显示箱线图的箱体，默认显示。
- showfliers：是否显示异常值，默认显示。
- boxprops：设置箱体的属性，如边框色、填充色等。
- labels：为箱线图添加标签，类似于图例的作用。
- filerprops：设置异常值的属性，如异常点的形状、大小、填充色等。
- medianprops：设置中位数的属性，如线的类型、粗细等。
- meanprops：设置均值的属性，如点的大小、颜色等。
- capprops：设置箱线图顶端和末端线条的属性，如颜色、粗细等。

可以发现，boxplot 函数竟然有这么多参数可供选择，所以画出来一个基本图形很容易，但是想做得完美就很难了。

迪哥说： 我觉得大家还是把重点放到后续的机器学习算法和实战建模中，对于这些可视化的操作先熟悉一下就好，毕竟大家不是美工嘛。

还有一种图形与盒图长得有点相似，叫作小提琴图 (violinplot)。绘制方法也相同，可以对比一下：

```
In

# 横着画两个图来对比
fig, axes = plt.subplots(nrows=1, ncols=2, figsize=(12, 5))
# 随机创建一些数据
tang_data = [np.random.normal(0, std, 100) for std in range(6, 10)]
# 左边画小提琴图
axes[0].violinplot(tang_data, showmeans=False, showmedians=True)
```

| In | ```
# 设置图题
axes[0].set_title('violin plot')
# 右边画盒图
axes[1].boxplot(tang_data)
axes[1].set_title('box plot')

for ax in axes:
# 为了对比更清晰一些，把网格画出来
ax.yaxis.grid(True)
# 指定 x 轴画的位置
ax.set_xticks([y+1 for y in range(len(tang_data))])
# 设置 x 轴上指定的名字
ax.set_xticklabels(['x1', 'x2', 'x3', 'x4'])
``` |
| Out | 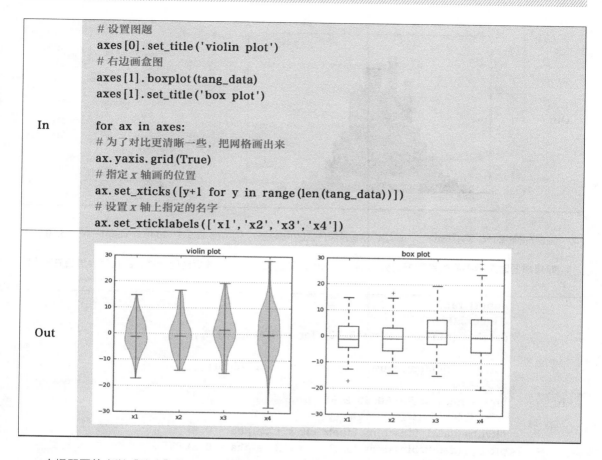 |

　　小提琴图给人以"胖瘦"的感觉，越"胖"表示当前位置的数据点分布越密集，越"瘦"则表示此处数据点比较稀疏。小提琴图没有展示出离群点，而是从数据的最小值、最大值开始展示。

4.2.3　直方图与散点图

　　直方图（Histogram）可以更清晰地表示数据的分布情况，还是先画一个来看看：

| In | ```
data = np.random.normal(0, 20, 1000)
bins = np.arange(-100, 100, 5)
plt.hist(data, bins=bins)
plt.xlim([min(data)-5, max(data)+5])
plt.show()
``` |

Out

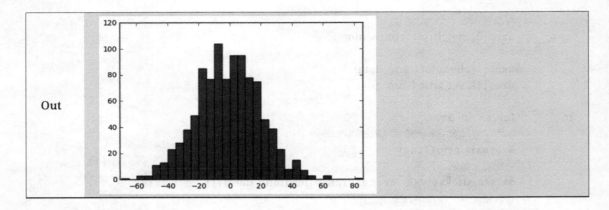

画直方图的时候，需要指定一个 bins，也就是按照什么区间来划分，例如 np.arange(−10,10,5)=array([−10, −5, 0, 5])。

如果想同时展示不同类别数据的分布情况，也可以分别绘制，但是要更透明一些，否则就会堆叠在一起：

In

```
import random
# 随机构造些数据
data1 = [random. gauss (15, 10) for i in range(500)]
# 两个类别来对比
data2 = [random. gauss (5, 5) for i in range(500)]
# 指定区间
bins = np. arange (-50, 50, 2. 5)
# 分别绘制，透明一点
plt. hist (data1, bins=bins, label='class 1', alpha = 0. 3)
plt. hist (data2, bins=bins, label='class 2', alpha = 0. 3)
# 用不同颜色表示不同类别
plt. legend (loc='best')
plt. show ()
```

Out

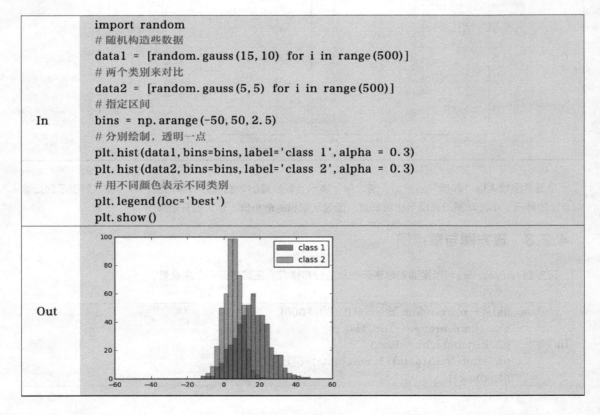

散点图就更常见啦，只要有数据就能绘制，通常还可以用散点图来表示特征之间的相关性，调用

scatter() 函数即可：

| In | ```
N = 1000
x = np.random.randn(N)
y = np.random.randn(N)
plt.scatter(x, y, alpha=0.3)
plt.grid(True)
plt.show()
``` |
|---|---|
| Out | 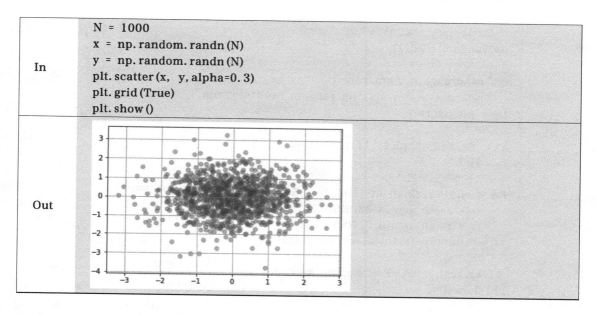 |

4.2.4　3D 图

如果要展示三维数据情况，就需要用到 3D 图：

| In | ```
import matplotlib.pyplot as plt
# 需要额外导入绘制 3D 图的工具
from mpl_toolkits.mplot3d import Axes3D
fig = plt.figure()
# 需要绘制 3D 图
ax = fig.add_subplot(111, projection = '3d')
plt.show()
``` |
|---|---|
| Out | 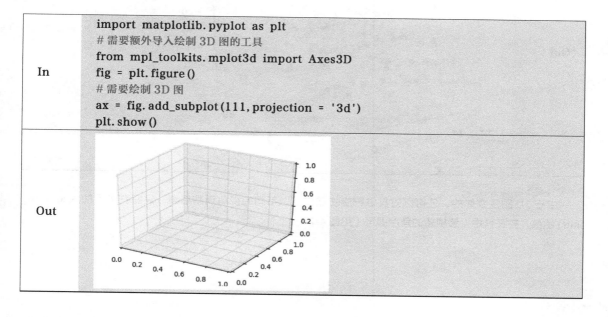 |

这样就形成了一个空白的 3D 图，接下来只需要往里面填充数据即可：

In	

```
# 设置随机种子，以让结果一致
np.random.seed(1)
# 随机创建数据方法
def randrange(n, vmin, vmax):
    return (vmax-vmin)*np.random.rand(n)+vmin
fig = plt.figure()
# 绘制3D图
ax = fig.add_subplot(111, projection = '3d')
n = 100
# 颜色和标记以及取值范围
for c, m, zlow, zhigh in [('r', 'o', -50, -25), ('b', 'x', '-30', '-5')]:
    xs = randrange(n, 23, 32)
    ys = randrange(n, 0, 100)
zs = randrange(n, int(zlow), int(zhigh))
#3 个轴数据都需要传入
    ax.scatter(xs, ys, zs, c=c, marker=m)
plt.show()
```

Out

由于 3D 图是立体的，还可以对其进行旋转操作，以不同的视角观察结果，只需在最后加入 ax.view_init() 函数，并在其中设置旋转的角度即可（见图 4-2）。

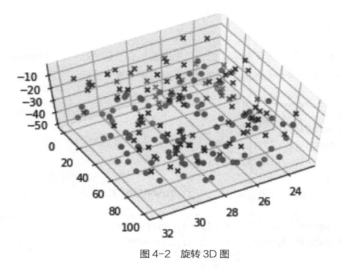

图 4-2　旋转 3D 图

其他图表的 3D 图绘制方法相同，只需要调用各自的绘图函数即可：

| In | ```
fig = plt.figure()
ax = fig.add_subplot(111, projection='3d')
for c, z in zip(['r', 'g', 'b', 'y'], [30, 20, 10, 0]):
    xs = np.arange(20)
    ys = np.random.rand(20)
    cs = [c]*len(xs)
    ax.bar(xs, ys, zs = z, zdir='y', color = cs, alpha = 0.5)
plt.show()
``` |
|---|---|
| Out | 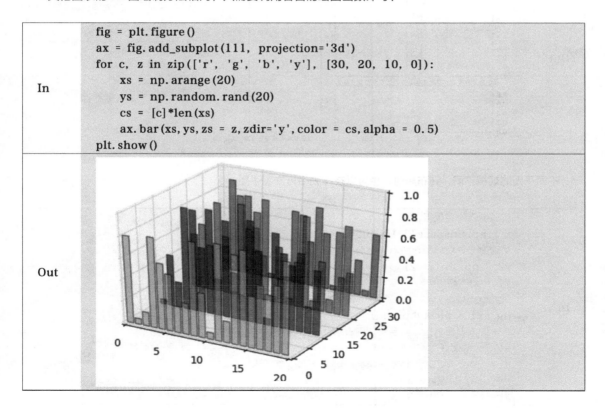 |
```

4.2.5 布局设置

几种基本的绘图方法都给大家进行了演示，把多个图表总结在一起进行对比也是很常见的方法，之前讲解了调用子图的方法，但是看起来各个部分都是同样的大小，没有突出某一主题，使用时也可以自定义子图的布局：

In	```python
	#3×3 的布局，第一个子图
	ax1 = plt.subplot2grid((3, 3), (0, 0))
	# 布局大小都是 3×3，各自位置不同
	ax2 = plt.subplot2grid((3, 3), (1, 0))
	# 可以都占用一些位置，一个顶三个
	ax3 = plt.subplot2grid((3, 3), (0, 2), rowspan=3)
	# 同上，一个顶两个
	ax4 = plt.subplot2grid((3, 3), (2, 0), colspan = 2)
	ax5 = plt.subplot2grid((3, 3), (0, 1), rowspan=2)```

Out	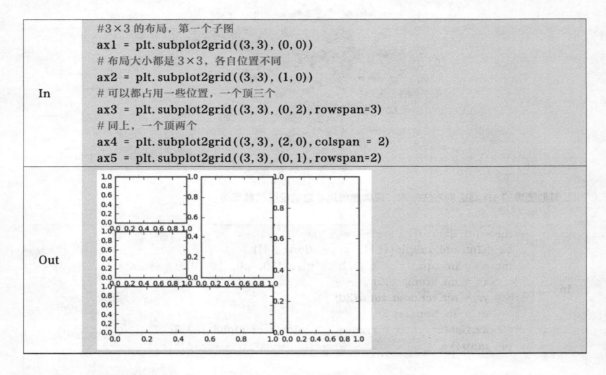

不同子图的规模不同，在布局时，也可以在图表中再嵌套子图：

In	```python
	# 随便创建点数据
	x = np.linspace(0, 10, 1000)
	# 因为要画两幅图，所以要有两份数据
	y2 = np.sin(x**2)
	y1 = x**2
	
	fig, ax1 = plt.subplots()
	# 设置嵌套图位置，其参数分别表示
	#left：绘图区左侧边缘线与 Figure 画布左侧边缘线的距离
	#bottom：绘图区底部边缘线与 Figure 画布底部边缘线的距离
	#width：绘图区的宽度
	#height：绘图区的高度```

In	left, bottom, width, height = [0.22, 0.45, 0.3, 0.35]
	# 加入嵌套图
	ax2 = fig.add_axes([left, bottom, width, height])
	# 分别绘制
	ax1.plot(x, y1)
	ax2.plot(x, y2)

Out	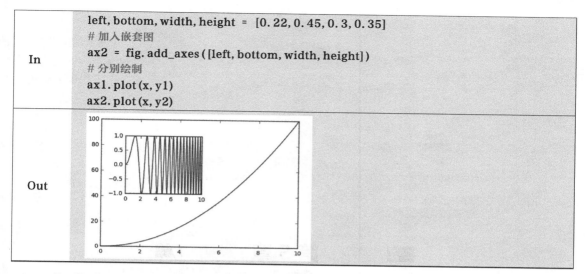

本章总结

本章介绍了可视化库 Matplotlib 的基本使用方法，绘制图表还是比较方便的，只需 1 行核心代码就够了，如果想画得更精致，就要用各种参数慢慢尝试。其实在进行绘图展示的时候很少有人自己从头去写，基本上都是拿一个差不多的模板，再把实际需要的数据传进去，现在给大家推荐——sklearn 工具包的官方实例（见图 4-3），里面有很多可视化展示结果，画得比较精致，而且都和机器学习相关，需要时直接取一个模板即可。

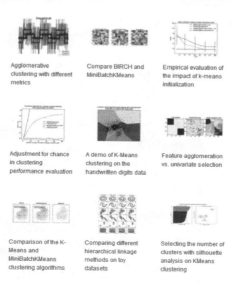

图 4-3 可视化展示模板

第 5 章
回归算法

在实际任务中经常需要预测一个指标，例如去银行贷款，银行会根据个人信息返回一个贷款金额，这就是回归问题。还有一种情况就是银行会不会发放贷款的问题，也就是分类问题。回归算法是机器学习中经典的算法之一，本章主要介绍线性回归与逻辑回归算法，分别对应回归与分类问题，并结合梯度下降优化思想进行参数求解。

5.1 线性回归算法

线性回归是回归算法中最简单、实用的算法之一，在机器学习中很多知识点都是通用的，掌握一个算法相当于掌握一种思路，其他算法中会继续沿用的这个思路。

假设某个人去银行准备贷款，银行首先会了解这个人的基本信息，例如年龄、工资等，然后输入银行的评估系统中，以此决定是否发放贷款以及确定贷款的额度，那么银行是如何进行评估的呢？下面详细介绍银行评估系统的建模过程。假设表 5-1 是银行贷款数据，相当于历史数据。

表 5-1 银行贷款数据

工资	年龄	额度
4000	25	20000
8000	30	70000
5000	28	35000
7500	33	50000
12000	40	85000

银行评估系统要做的就是基于历史数据建立一个合适的回归模型，只要有新数据传入模型中，就会返回一个合适的预测结果值。在这里，工资和年龄都是所需的数据特征指标，分别用 x_1 和 x_2 表示，贷款额度就是最终想要得到的预测结果，也可以叫作标签，用 y 表示。其目的是得到 x_1、x_2 与 y 之间的联系，一旦找到它们之间合适的关系，这个问题就解决了。

5.1.1 线性回归方程

目标明确后，数据特征与输出结果之间的联系能够轻易得到吗？在实际数据中，并不是所有数据点都整齐地排列成一条线，如图 5-1 所示。

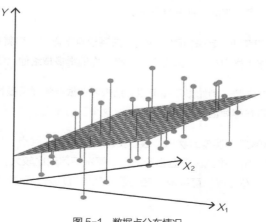

图 5-1 数据点分布情况

圆点代表输入数据，也就是用户实际得到的贷款金额，表示真实值。平面代表模型预测的结果，表示预测值。可以观察到实际贷款金额是由数据特征 x_1 和 x_2 共同决定的，由于输入的特征数据都会对结果产生影响，因此需要知道 x_1 和 x_2 对 y 产生多大影响。我们可以用参数 θ 来表示这个含义，假设 θ_1 表示年龄的参数，θ_2 表示工资的参数，拟合的平面计算式如下：

$$h_\theta(x) = \theta_0 + \theta_1 x_1 + \theta_2 x_2 = \sum_{i=0}^{n} \theta_i x_i = \theta^T x \qquad (5.1)$$

既然已经给出回归方程，那么找到最合适的参数 θ 这个问题也就解决了。

再强调一点，θ_0 为偏置项，但是在式（5.1）中并没有 $\theta_0 x_0$ 项，那么如何进行整合呢？

迪哥说： 在进行数值计算时，为了使得整体能用矩阵的形式表达，即便没有 x_0 项也可以手动添加，只需要在数据中加入一列 x_0 并且使其值全部为 1 即可，结果不变。

5.1.2　误差项分析

看到这里，大家有没有发现一个问题——回归方程的预测值和样本点的真实值并不是一一对应的，如图 5-1 所示。说明数据的真实值和预测值之间是有差异的，这个差异项通常称作误差项 ε。它们之间的关系可以这样解释：在样本中，每一个真实值和预测值之间都会存在一个误差。

$$y^{(i)} = \theta^T x^{(i)} + \varepsilon^{(i)} \qquad (5.2)$$

其中，i 为样本编号；$\theta^T x^{(i)}$ 为预测值；$y^{(i)}$ 为真实值。

关于这个误差项，它的故事就多啦，接下来所有的分析与推导都是由此产生的。先把下面这句看起来有点复杂的解释搬出来：误差 ε 是独立且具有相同的分布，并且服从均值为 0 方差为 θ^2 的高斯分布。突然搞出这么一串描述，可能大家有点懵，下面分别解释一下。

所谓独立，例如，张三和李四一起来贷款，他俩没关系也互不影响，这就是独立关系，银行会平等对待他们（张三来银行跟银行工作人员说："后面那是我兄弟，你们得多贷给他点钱。"银行会理他吗？）。

相同分布是指符合同样的规则，例如张三和李四分别去农业银行和建设银行，这就很难进行对比分析了，因为不同银行的规则不同，需在相同银行的条件下来建立这个回归模型。

高斯分布用于描述正常情况下误差的状态，银行贷款时可能会多给点，也可能会少给点，但是绝大多数情况下这个浮动不会太大，比如多或少三五百元。极少情况下浮动比较大，例如突然多给 20 万，这种可能性就不大。图 5-2 是高斯分布曲线，可以发现在均值两侧较近地方的可能性较大，越偏离的情况可能性就越小。

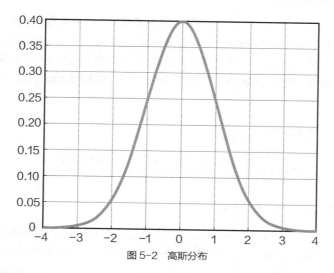

图 5-2　高斯分布

这些知识点不是线性回归特有的，基本所有的机器学习算法的出发点都在此，由此也可以展开分析，数据尽可能取自相同的源头，当拿到一份数据集时，建模之前肯定要进行洗牌操作，也就是打乱其顺序，让各自样本的相关性最低。

迪哥说：高斯分布也就是正态分布，是指数据正常情况下的样子，机器学习中会经常用到这个概念。

5.1.3　似然函数求解

现在已经对误差项有一定认识了，接下来要用它来实际干点活了，高斯分布的表达式为：

$$p(\varepsilon^{(i)}) = \frac{1}{\sqrt{2\pi}\sigma}\exp\left(-\frac{(\varepsilon^{(i)})^2}{2\sigma^2}\right)$$

（5.3）

大家应该对这个公式并不陌生，但是回归方程中要求的是参数 θ，这里好像并没有它的影子，没关系来转换一下，将 $y^{(i)} = \theta^{\mathrm{T}}x^{(i)} + \varepsilon^{(i)}$ 代入式（5.3），可得：

$$p(y^{(i)} \mid x^{(i)}; \theta) = \frac{1}{\sqrt{2\pi}\sigma}\exp\left(-\frac{(y^{(i)} - \theta^{\mathrm{T}}x^{(i)})^2}{2\sigma^2}\right)$$

（5.4）

该怎么理解这个公式呢？先来给大家介绍一下似然函数：假设参加超市的抽奖活动，但是事前并不知道中奖的概率是多少，观察一会儿发现，前面连着 10 个参与者都获奖了，即前 10 个样本数据都得到了相同的结果，那么接下来就会有 100% 的信心认为自己也会中奖。因此，如果超市中奖这件事受一组参数控制，似然函数就是通过观察样本数据的情况来选择最合适的参数，从而得到与样本数据相似的结果。

现在解释一下式（5.4）的含义，基本思路就是找到最合适的参数来拟合数据点，可以把它当作是参数与数据组合后得到的跟标签值一样的可能性大小（如果预测值与标签值一模一样，那就做得很完美了）。对于这个可能性来说，大点好还是小点好呢？当然是大点好了，因为得到的预测值跟真实值越接近，意味着回归方程做得越好。所以就有了极大似然估计，找到最好的参数 θ，使其与 X 组合后能够成为 Y 的可能性越大越好。

下面给出似然函数的定义：

$$L(\theta) = \prod_{i=1}^{m} p(y^{(i)} \mid x^{(i)}; \theta) = \prod_{i=1}^{m} \frac{1}{\sqrt{2\pi}\sigma} \exp\left(-\frac{(y^{(i)} - \theta^{\mathrm{T}} x^{(i)})^2}{2\sigma^2}\right) \tag{5.5}$$

其中，i 为当前样本，m 为整个数据集样本的个数。

此外，还要考虑，建立的回归模型是满足部分样本点还是全部样本点呢？应该是尽可能满足数据集整体，所以需要考虑所有样本。那么如何解决乘法问题呢？一旦数据量较大，这个公式就会相当复杂，这就需要对似然函数进行对数变换，让计算简便一些。

如果对式（5.5）做变换，得到的结果值可能跟原来的目标值不一样了，但是在求解过程中希望得到极值点，而非极值，也就是能使 $L(\theta)$ 越大的参数 θ，所以当进行变换操作时，保证极值点不变即可。

迪哥说： 在对数中，可以将乘法转换成加法，即 $\log(A \cdot B) = \log A + \log B$。

对式（5.5）两边计算其对数结果，可得：

$$\begin{aligned}
\log L(\theta) &= \log \prod_{i=1}^{m} \frac{1}{\sqrt{2\pi}\sigma} \exp\left(-\frac{(y^{(i)} - \theta^{\mathrm{T}} x^{(i)})^2}{2\sigma^2}\right) \\
&= \sum_{i=1}^{m} \log \frac{1}{\sqrt{2\pi}\sigma} \exp\left(-\frac{(y^{(i)} - \theta^{\mathrm{T}} x^{(i)})^2}{2\sigma^2}\right) \\
&= m \log \frac{1}{\sqrt{2\pi}\sigma} - \frac{1}{\sigma} \times \frac{1}{2} \sum_{i=1}^{m} (y^{(i)} - \theta^{\mathrm{T}} x^{(i)})^2
\end{aligned} \tag{5.6}$$

一路走到这里，公式变换了很多，别忘了要求解的目标依旧是使得式（5.6）取得极大值时的极值点（参数和数据组合之后，成为真实值的可能性越大越好）。先来观察一下，在减号两侧可以分成两部分，左边部分 $\log\frac{1}{\sqrt{2\pi}\sigma}$ 可以当作一个常数项，因为它与参数 θ 没有关系。对于右边部分 $\frac{1}{\sigma} \times \frac{1}{2} \sum_{i=1}^{m} (y^{(i)} - \theta^{\mathrm{T}} x^{(i)})^2$ 来说，由于有平方项，其值必然恒为正。整体来看就是要使得一个常数项减去一个恒正的公式的值越大越好，由于常数项不变，那就只能让右边部分 $\frac{1}{\sigma} \times \frac{1}{2} \sum_{i=1}^{m} (y^{(i)} - \theta^{\mathrm{T}} x^{(i)})^2$ 越小越好，$\frac{1}{\sigma}$ 可以认为是一个常数，故只需让 $\frac{1}{2} \sum_{i=1}^{m} (y^{(i)} - \theta^{\mathrm{T}} x^{(i)})^2$ 越小越好，这就是最小二乘法。

虽然最后得到的公式看起来既简单又好理解，就是让预测值和真实值越接近越好，但是其中蕴含的基本思想还是比较有学习价值的，对于理解其他算法也是有帮助的。

 迪哥说: 在数学推导过程中，建议大家理解每一步的目的，这在面试或翻阅资料时都是有帮助的。

5.1.4　线性回归求解

搞定目标函数后，下面讲解求解方法，列出目标函数列如下：

$$J(\theta) = \frac{1}{2}\sum_{i=1}^{m}(h_\theta(x^{(i)}) - y^{(i)})^2 = \frac{1}{2}(X\theta - y)^{\mathrm{T}}(X\theta - y) \tag{5.7}$$

既然要求极值（使其得到最小值的参数 θ），对式（5.7）计算其偏导数即可：

$$\begin{aligned}
\nabla_\theta J(\theta) &= \nabla_\theta\left(\frac{1}{2}(X\theta - y)^{\mathrm{T}}(X\theta - y)\right) \\
&= \nabla_\theta\left(\frac{1}{2}(\theta^{\mathrm{T}}X^{\mathrm{T}} - y^{\mathrm{T}})(X\theta - y)\right) \\
&= \nabla_\theta\left(\frac{1}{2}(\theta^{\mathrm{T}}X^{\mathrm{T}}X\theta - \theta^{\mathrm{T}}X^{\mathrm{T}}y - y^{\mathrm{T}}X\theta + y^{\mathrm{T}}y)\right) \\
&= \nabla_\theta(2X^{\mathrm{T}}X\theta - X^{\mathrm{T}}y - (y^{\mathrm{T}}X)^{\mathrm{T}}) \\
&= X^{\mathrm{T}}X\theta - X^{\mathrm{T}}y = 0 \\
&\Rightarrow \theta = (X^{\mathrm{T}}X)^{-1}X^{\mathrm{T}}y
\end{aligned} \tag{5.8}$$

经过一系列的矩阵求导计算就得到最终的结果（关于矩阵求导知识，了解即可），但是，如果式（5.8）中矩阵不可逆会怎么样？显然那就得不到结果了。

其实大家可以把线性回归的结果当作一个数学上的巧合，真的就是恰好能得出这样一个值。但这和机器学习的思想却有点矛盾，本质上是希望机器不断地进行学习，越来越聪明，才能找到最适合的参数，但是机器学习是一个优化的过程，而不是直接求解的过程。

5.2　梯度下降算法

机器学习的核心思想就是不断优化寻找更合适的参数，当给定一个目标函数之后，自然就是想办法使真实值和预测值之间的差异越小越好，那么该怎么去做这件事呢？可以先来想一想下山问题（见图 5-3）。

为什么是下山呢？因为在这里把目标函数比作山，到底是上山还是下山问题，取决于你优化的目标是越大越好（上山）还是越小越好（下山），而基于最小二乘法判断是下山问题。

那该如何下山呢？看起有两个因素可控——方向与步长，首先需要知道沿着什么方向走，并且按照该方向前进，在山顶大致一看很多条路可以下山，是不是随便选择一个差不多的方向呢？这好像有点随意，随便散散步就下山了。但是现在情况有点紧急，目标函数不会让你慢慢散步下去，而是希望能够快速准确地到达山坡最低点，这该怎么办呢？别着急——梯度下降算法来了。

图 5-3　下山问题

5.2.1　下山方向选择

首先需要明确的是什么方向能够使得下山最快，那必然是最陡峭的，也就是当前位置梯度的反方向（目标函数 $J(\theta)$ 关于参数 θ 的梯度是函数上升最快的方向，此时是一个下山问题，所以是梯度的反方向）。当沿着梯度方向下山的时候，位置也在不断发生变化，所以每前进一小步之后，都需要停下来再观察一下接下来的梯度变成什么方向，每次前进都沿着下山最快的也就是梯度的反方向进行（见图 5-4）。

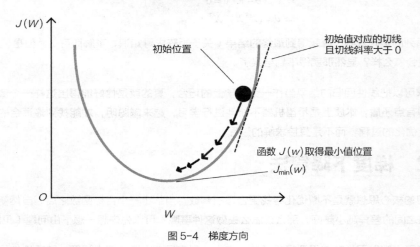

图 5-4　梯度方向

到这里相信大家已经对梯度下降有了一个直观的认识了，总结一下，就是当要求一个目标函数极值的时候，按照机器学习的思想直接求解看起来并不容易，可以逐步求其最优解。首先确定优化的方向（也就是梯度），再去实际走那么一步（也就是下降），反复执行这样的步骤，就慢慢完成了梯度下降任务，每次优化一点，累计起来就是一个大成绩。

迪哥说： 在梯度下降过程中，通常每一步都走得很小心，也就是每一次更新的步长都要尽可能小，才能保证整体的稳定，因为如果步长过大，可能偏离合适的方向。

5.2.2　梯度下降优化

还记得要优化的目标函数吧：$J(\theta) = \dfrac{1}{2m} \sum\limits_{i=1}^{m} (h_\theta(x^{(i)}) - y^{(i)})^2$，目标就是找到最合适的参数 θ，使得目标函数值最小。这里 x 是数据，y 是标签，都是固定的，所以只有参数 θ 会对最终结果产生影响，此外，还需注意参数 θ 并不是一个值，可能是很多个参数共同决定了最终的结果，如图 5-5 所示。

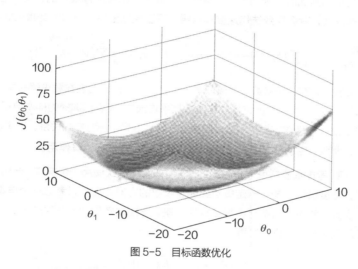

图 5-5　目标函数优化

当进行优化的时候，该怎么处理这些参数呢？其中 θ_0 与 θ_1 分别和不同的数据特征进行组合（例如工资和年龄），按照之前的想法，既然 x_1 和 x_2 是相互独立的，那么在参数优化的时候自然需要分别考虑 θ_0 和 θ_1 的情况，在实际计算中，需要分别对 θ_0 和 θ_1 求偏导，再进行更新。

下面总结一下梯度下降算法。

第①步： 找到当前最合适的方向，对于每个参数都有其各自的方向。

第②步： 走一小步，走得越快，方向偏离越多，可能就走错路了。

第③步： 按照方向与步伐去更新参数。

第④步： 重复第 1 步～第 3 步。

首先要明确目标函数，可以看出多个参数都会对结果产生影响，那么要做的就是在各个参数上去寻找其对应的最合适的方向，接下来就是去走那么一小步，为什么是一小步呢？因为当前求得的方向只是瞬时最合适的方向,并不意味着这个方向一直都是正确的,这就要求不断进行尝试,每走一小步都要寻找接下来最合适的方向。

5.2.3 梯度下降策略对比

原理还是比较容易理解的,接下来就要看实际应用了,这里假设目标函数仍然是 $J(\theta) = \frac{1}{2m}\sum_{i=1}^{m}(h_\theta(x^{(i)}) - y^{(i)})^2$。

在梯度下降算法中有 3 种常见的策略:批量梯度下降、随机梯度下降和小批量梯度下降,这 3 种策略的基本思想都是一致的,只是在计算过程中选择样本的数量有所不同,下面分别进行讨论。

(1)**批量梯度下降**。此时需要考虑所有样本数据,每一次迭代优化计算在公式中都需要把所有的样本计算一遍,该方法容易得到最优解,因为每一次迭代的时候都会选择整体最优的方向。方法虽好,但也存在问题,如果样本数量非常大,就会导致迭代速度非常慢,下面是批量梯度下降的计算公式:

$$\frac{\partial J(\theta)}{\partial \theta_j} = -\frac{1}{m}\sum_{i=1}^{m}\left(h_\theta(x^{(i)}) - y^{(i)}\right)x_j^{(i)} = 0 \Rightarrow \theta_j^{'} = \theta_j + \alpha\frac{1}{m}\sum_{i=1}^{m}\left(y^{(i)} - h_\theta(x^{(i)})\right)x_j^{(i)} \tag{5.9}$$

细心的读者应该会发现,在更新参数的时候取了一个负号,这是因为现在要求解的是一个下山问题,即沿着梯度的反方向去前进。其中 $\frac{1}{m}$ 表示对所选择的样本求其平均损失,i 表示选择的样本数据,j 表示特征。例如 θ_j 表示工资所对应的参数,在更新时数据也需选择工资这一列,这是一一对应的关系。在更新时还涉及系数 α,其含义就是更新幅度的大小,也就是之前讨论的步长,下节还会详细讨论其作用。

(2)**随机梯度下降**。考虑批量梯度下降速度的问题,如果每次仅使用一个样本,迭代速度就会大大提升。那么新的问题又来了,速度虽快,却不一定每次都朝着收敛的方向,因为只考虑一个样本有点太绝对了,要是拿到的样本是异常点或者错误点可能还会导致结果更差。下面是随机梯度下降的计算公式,它与批量梯度下降的计算公式的区别仅在于选择样本数量:

$$\theta_j^{'} = \theta_j + \alpha\left(y^{(i)} - h_\theta(x^{(i)})\right)x_j^{(i)} \tag{5.10}$$

(3)**小批量梯度下降**。综合考虑批量和随机梯度下降的优缺点,是不是感觉它们都太绝对了,要么全部,要么一个,如果在总体样本数据中选出一批不是更好吗?可以是 10 个、100 个、1000 个,但是程序员应该更喜欢 16、32、64、128 这些数字,所以通常见到的小批量梯度下降都是这类值,其实并没有特殊的含义。下面我们来看一下选择 10 个样本数据进行更新的情况:

$$\theta_j^{'} = \theta_j + \alpha\frac{1}{10}\sum_{k=i}^{i+9}\left(y^{(k)} - h_\theta(x^{(k)})\right)x_j^{(i)} \tag{5.11}$$

本节对比了不同梯度下降的策略,实际中最常使用的是小批量梯度下降,通常会把选择的样本个数叫作 batch,也就是 32、64、128 这些数,那么数值的大小对结果有什么影响呢?可以说,在时间和硬件配置允许的条件下,尽可能选择更大的 batch 吧,这会使得迭代优化结果更好一些。

▌ 5.2.4　学习率对结果的影响

选择合适的更新方向，这只是一方面，下面还需要走走看，可以认为步长就是学习率（更新参数值的大小），通常都会选择较小的学习率，以及较多的迭代次数，正常的学习曲线走势如图 5-6 所示。

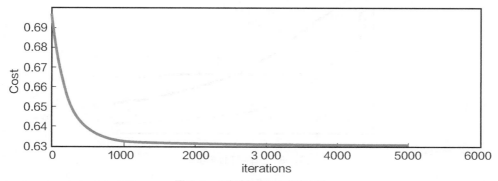

图 5-6　正常迭代优化时曲线形状

由图 5-6 可见，随着迭代的进行，目标函数会逐渐降低，直到达到饱和收敛状态，这里只需观察迭代过程中曲线的形状变化，具体数值还是需要结合实际数据。

如果选择较大的学习率，会对结果产生什么影响呢？此时学习过程可能会变得不平稳，因为这一步可能跨越太大了，偏离了正确的方向，如图 5-7 所示。

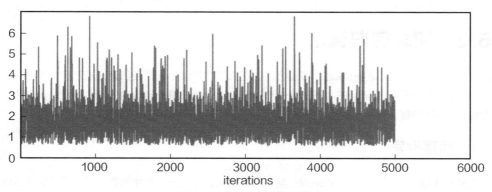

图 5-7　较大学习率对结果的影响

在迭代过程中出现不平稳的现象，目标函数始终没能达到收敛状态，甚至学习效果越来越差，这很可能是学习率过大或者选择样本数据过小以及数据预处理问题所导致的。

学习率通常设置得较小，但是学习率太小又会使得迭代速度很慢，那么，如何寻找一个适中的值呢（见图 5-8）？

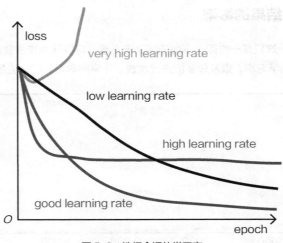

图 5-8　选择合适的学习率

如图 5-8 所示，较大的学习率并不会使得目标函数降低，较小的学习率看起来还不错，可以选择较多的迭代次数来保证达到收敛状态，所以，在实际中宁肯花费更多时间，也不要做无用功。

迪哥说： 学习率的选择是机器学习任务中非常重要的一部分，调参过程同样也是反复进行实验，以选择最合适的各项参数，通用的做法就是从较小的学习率开始尝试，如果遇到不平稳现象，那就调小学习率。

5.3　逻辑回归算法

接下来再来讨论一下逻辑回归算法，可能会认为逻辑回归算法是线性回归算法的升级，还是属于回归任务吧？其实并不是这样的，逻辑回归本质上是一个经典的二分类问题，要做的任务性质发生了变化，也就是一个是否或者说 0/1 问题，有了线性回归的基础，只需稍作改变，就能完成分类任务。

5.3.1　原理推导

先来回顾一下线性回归算法得到的结果：输入特征数据，输出一个具体的值，可以把输出值当作一个得分值。此时如果想做一个分类任务，要判断一个输入数据是正例还是负例，就可以比较各自的得分值，如果正例的得分值高，那么就说明这个输入数据属于正例类别。

例如，在图 5-9 中分别计算当前输入属于猫和狗类别的得分值，通过其大小确定最终的分类结果。但是在分类任务中用数值来表示结果还是不太恰当，如果能把得分值转换成概率值，就变得容易理解。假设正例的概率值是 0.02，那么负例就是 1–0.02=0.98（见图 5-10）。

图 5-9 预测类别得分值   图 5-10 预测类别概率值

那么如何得到这个概率值呢？先来介绍下 Sigmoid 函数，定义如下：

$$g(z) = \frac{1}{1 + e^{-z}} \tag{5.12}$$

在 Sigmoid 函数中，自变量 z 可以取任意实数，其结果值域为 $[0,1]$，相当于输入一个任意大小的得分值，得到的结果都在 $[0,1]$ 之间，恰好可以把它当作分类结果的概率值。

判断最终分类结果时，可以选择以 0.5 为阈值来进行正负例类别划分，例如输入数据所对应最终的结果为 0.7，因 0.7 大于 0.5，就归为正例（见图 5-11）。后续在案例实战中还会详细进行对比分析。

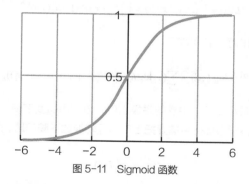

图 5-11 Sigmoid 函数

下面梳理一下计算流程，首先得到得分值，然后通过 Sigmoid 函数转换成概率值，公式如下：

$$h_\theta(x) = g(\theta^{\mathrm{T}} x) = \frac{1}{1 + e^{-\theta^{\mathrm{T}} x}}$$

$$\theta_0 + \theta_1 x_1 + \cdots + \theta_n x_n = \sum_{i=1}^{n} \theta_i x_i = \theta^{\mathrm{T}} x \tag{5.13}$$

这个公式与线性回归方程有点相似，仅仅多了 Sigmoid 函数这一项。x 依旧是特征数据，θ 依旧是每个特征所对应的参数。下面对正例和负例情况分别进行分析。

$$\begin{cases} P(y=1 \mid x;\theta) = h_\theta(x) \\ P(y=0 \mid x;\theta) = 1 - h_\theta(x) \end{cases} \tag{5.14}$$

由于是二分类任务，当正例概率为 $h_\theta(x)$ 时，负例概率必为 $1 - h_\theta(x)$。对于标签的选择，当 $y=1$ 时为正例，

$y=0$ 时为负例。为什么选择 0 和 1 呢？其实只是一个代表，为了好化简。在推导过程中，如果分别考虑正负例情况，计算起来十分麻烦，也可以将它们合并起来：

当 $y=0$ 时，$P(y=0\,|\,x;\theta)=(h_\theta(x))^y(1-h_\theta(x))^{1-y}=1-h_\theta(x)$。

当 $y=1$ 时，$P(y\,|\,x;\theta)=(h_\theta(x))^y(1-h_\theta(x))^{1-y}=h_\theta(x)$。

$$\begin{cases}P(y=1\,|\,x;\theta)=h_\theta(x)\\P(y=0\,|\,x;\theta)=1-h_\theta(x)\end{cases}\Rightarrow P(y\,|\,x;\theta)=(h_\theta(x))^y(1-h_\theta(x))^{1-y}\qquad(5.15)$$

式（5.15）将两个式子合二为一，用一个通项来表示，目的是为了更方后续的求解推导。

5.3.2 逻辑回归求解

逻辑回归该如何进行求解呢？之前在推导线性回归的时候得出了目标函数，然后用梯度下降方法进行优化求解，这里貌似只多一项 Sigmoid 函数，求解的方式还是一样的。首先得到似然函数：

$$L(\theta)=\prod_{i=1}^{m}P(y_i\,|\,x_i;\theta)=\prod_{i=1}^{m}(h_\theta(x_i))^{y_i}(1-h_\theta(x_i))^{1-y_i}\qquad(5.16)$$

对上式两边取对数，进行化简，结果如下：

$$l(\theta)=\log L(\theta)=\sum_{i=1}^{m}(y_i\log h_\theta(x_i)+(1-y_i)\log(1-h_\theta(x_i)))\qquad(5.17)$$

这里有一点区别，之前在最小二乘法中求的是极小值，自然用梯度下降，但是现在要求的目标却是极大值（极大似然估计），通常在机器学习优化中需要把上升问题转换成下降问题，只需取目标函数的相反数即可：

$$J(\theta)=-\frac{1}{m}l(\theta)\qquad(5.18)$$

此时，只需求目标函数的极小值，按照梯度下降的方法，照样去求偏导：

$$\begin{aligned}\frac{\delta}{\delta\theta_j}J(\theta)&=-\frac{1}{m}\sum_{i=1}^{m}(y_i\frac{1}{h_\theta(x_i)}\frac{\delta}{\delta\theta_j}h_\theta(x_i)-(1-y_i)\frac{1}{1-h_\theta(x_i)}\frac{\delta}{\delta\theta_j}h_\theta(x_i))\\&=-\frac{1}{m}\sum_{i=1}^{m}(y_i\frac{1}{g(\theta^{\mathrm T}x_i)}-(1-y_i)\frac{1}{1-g(\theta^{\mathrm T}x_i)})\frac{\delta}{\delta\theta_j}g(\theta^{\mathrm T}x_i)\\&=-\frac{1}{m}\sum_{i=1}^{m}(y_i\frac{1}{g(\theta^{\mathrm T}x_i)}-(1-y_i)\frac{1}{1-g(\theta^{\mathrm T}x_i)})g(\theta^{\mathrm T}x_i)(1-g(\theta^{\mathrm T}x_i))\frac{\delta}{\delta\theta_j}\theta^{\mathrm T}x_i\\&=-\frac{1}{m}\sum_{i=1}^{m}(y_i(1-g(\theta^{\mathrm T}x_i))-(1-y_i)g(\theta^{\mathrm T}x_i))x_i^j\\&=-\frac{1}{m}\sum_{i=1}^{m}(y_i-g(\theta^{\mathrm T}x_i))x_i^j\\&=\frac{1}{m}\sum_{i=1}^{m}(h_\theta(x_i)-y_i)x_i^j\end{aligned}\qquad(5.19)$$

上式直接给出了求偏导的结果，计算量其实并不大，但有几个角标容易弄混，这里再来强调一下，下标 i 表示样本，也就是迭代过程中，选择的样本编号；下标 j 表示特征编号，也是参数编号，因为参数 θ 和数据特征是一一对应的关系。观察可以发现，对 θ_j 求偏导，最后得到的结果也是乘以 x_j，这表示要对哪个参数进行更新，需要用其对应的特征数据，而与其他特征无关。

得到上面这个偏导数后，就可以对参数进行更新，公式如下：

$$\theta_j = \theta_j - \alpha \frac{1}{m} \sum_{i=1}^{m} (h_\theta(x_i) - y_i) x_i^j \qquad (5.20)$$

这样就得到了在逻辑回归中每一个参数该如何进行更新，求解方法依旧是迭代优化的思想。找到最合适的参数 θ，任务也就完成了。最后来总结一下逻辑回归的优点。

1. 简单实用，在机器学习中并不是一味地选择复杂的算法，简单高效才是王道。

2. 结果比较直观，参数值的意义可以理解，便于分析。

3. 简单的模型，泛化能力更强，更通用。

基于这些优点，民间有这样的传说：遇到分类问题都是先考虑逻辑回归算法，能解决问题根本不需要复杂的算法。这足以看出其在机器学习中的地位，往往简单的方法也能得到不错的结果，还能大大降低其过拟合风险，何乐而不为呢？

本章总结

本章讲解了机器学习中两大核心算法：线性回归与逻辑回归，分别应用于回归与分类任务中。在求解过程中，机器学习的核心思想就是优化求解，不断寻找最合适的参数，梯度下降算法也由此而生。在实际训练模型时，还需考虑各种参数对结果的影响，在后续实战案例中，这些都需要通过实验来进行调节。在原理推导过程中，涉及很多细小知识点，这些并不是某一个算法所特有的，在后续的算法学习过程中还会看到它们的影子，慢慢大家就会发现机器学习中的各种套路了。

第 6 章
逻辑回归项目实战——信用卡欺诈检测

现在大家已经熟悉了逻辑回归算法，接下来就要真刀实枪地用它来做些实际任务。本章从实战的角度出发，以真实数据集为背景，一步步讲解如何使用 Python 工具包进行实际数据分析与建模工作。

6.1　数据分析与预处理

假设有一份信用卡交易记录，遗憾的是数据经过了脱敏处理，只知道其特征，却不知道每一个字段代表什么含义，没关系，就当作是一个个数据特征。在数据中有两种类别，分别是正常交易数据和异常交易数据，字段中有明确的标识符。要做的任务就是建立逻辑回归模型，以对这两类数据进行分类，看起来似乎很容易，但实际应用时会出现各种问题等待解决。

熟悉任务目标后，第一个想法可能是直接把数据传到算法模型中，得到输出结果就好了。其实并不是这样，在机器学习建模任务中，要做的事情还是很多的，包括数据预处理、特征提取、模型调参等，每一步都会对最终的结果产生影响。既然如此，就要处理好每一步，其中会涉及机器学习中很多细节，这些都是非常重要的，基本上所有实战任务都会涉及这些问题，所以大家也可以把这份解决方案当作一个套路。

迪哥说： 学习过程也是积累的过程，建议读者打开本章 Notebook 代码，跟着教程一步步实践，最终转化成自己的思想。

6.1.1　数据读取与分析

先把任务所需的工具包导入进来，有了这些武器，处理数据就轻松多了：

| In | ```
import pandas as pd
import matplotlib.pyplot as plt
import numpy as np
# 魔法指令，在 Notebook 进行画图展示用的
%matplotlib inline
``` |
|---|---|

信用卡交易记录数据是一个 .csv 文件，里面包含近 30 万条数据，规模很大，首先使用 Pandas 工具包读取数据（见图 6-1）：

| In | ```
data = pd.read_csv("creditcard.csv")
data.head()
``` |
|---|---|
| Out | # 默认展示数据前 5 行记录

 <table><tr><th></th><th>Time</th><th>V1</th><th>V2</th><th>V3</th><th>V4</th><th>V5</th><th>V6</th><th>V7</th><th>V8</th><th>V9</th><th>...</th></tr><tr><td>0</td><td>0.0</td><td>-1.359807</td><td>-0.072781</td><td>2.536347</td><td>1.378155</td><td>-0.338321</td><td>0.462388</td><td>0.239599</td><td>0.098698</td><td>0.363787</td><td>...</td></tr><tr><td>1</td><td>0.0</td><td>1.191857</td><td>0.266151</td><td>0.166480</td><td>0.448154</td><td>0.060018</td><td>-0.082361</td><td>-0.078803</td><td>0.085102</td><td>-0.255425</td><td>...</td></tr><tr><td>2</td><td>1.0</td><td>-1.358354</td><td>-1.340163</td><td>1.773209</td><td>0.379780</td><td>-0.503198</td><td>1.800499</td><td>0.791461</td><td>0.247676</td><td>-1.514654</td><td>...</td></tr><tr><td>3</td><td>1.0</td><td>-0.966272</td><td>-0.185226</td><td>1.792993</td><td>-0.863291</td><td>-0.010309</td><td>1.247203</td><td>0.237609</td><td>0.377436</td><td>-1.387024</td><td>...</td></tr><tr><td>4</td><td>2.0</td><td>-1.158233</td><td>0.877737</td><td>1.548718</td><td>0.403034</td><td>-0.407193</td><td>0.095921</td><td>0.592941</td><td>-0.270533</td><td>0.817739</td><td>...</td></tr><tr><td colspan="12">5 rows × 31 columns</td></tr></table> |

如图 6-1 所示，原始数据为个人交易记录，该数据集总共有 31 列，其中数据特征有 30 列，Time 列暂时不考虑，Amount 列表示贷款的金额，Class 列表示分类结果，若 Class 为 0 代表该条交易记录正常，若 Class 为 1 代表交易异常。

V21	V22	V23	V24	V25	V26	V27	V28	Amount	Class
-0.018307	0.277838	-0.110474	0.066928	0.128539	-0.189115	0.133558	-0.021053	149.62	0
-0.225775	-0.638672	0.101288	-0.339846	0.167170	0.125895	-0.008983	0.014724	2.69	0
0.247998	0.771679	0.909412	-0.689281	-0.327642	-0.139097	-0.055353	-0.059752	378.66	0
-0.108300	0.005274	-0.190321	-1.175575	0.647376	-0.221929	0.062723	0.061458	123.50	0
-0.009431	0.798278	-0.137458	0.141267	-0.206010	0.502292	0.219422	0.215153	69.99	0

图 6-1　信用卡交易记录数据集

拿到这样一份原始数据之后，直观感觉就是数据已经是处理好的特征，只需要对其进行建模任务即可。但是，上述输出结果只展示了前 5 条交易记录并且发现全部是正常交易数据，在实际生活中似乎正常交易也占绝大多数，异常交易仅占一少部分，那么，在整个数据集中，样本分布是否均衡呢？也就是说，在 Class 列中，正常数据和异常数据的比例是多少？绘制一份图表更能清晰说明：

In	```count_classes = pd.value_counts(data['Class'], sort = True).sort_index() count_classes.plot(kind = 'bar') plt.title("Fraud class histogram") plt.xlabel("Class") plt.ylabel("Frequency")```
Out	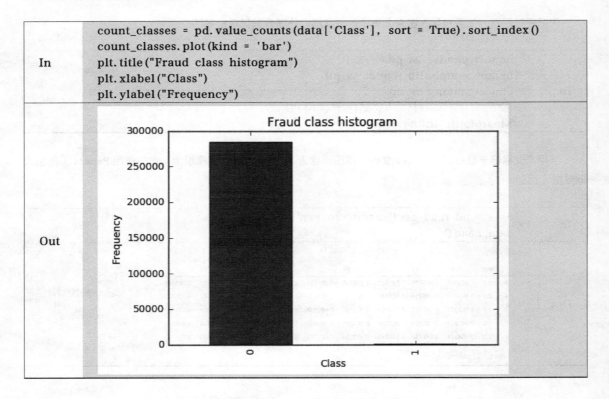

上述代码首先计算出 Class 列中各个指标的个数，也就是 0 和 1 分别有多少个。为了更直观地显示，数据绘制成条形图，从上图中可以发现，似乎只有 0 没有 1（仔细观察，其实是 1 的比例太少），说明数据中绝大多数是正常数据，异常数据极少。

这个问题看起来有点严峻，数据极度不平衡会对结果造成什么影响呢？模型会不会一边倒呢？认为所有数据都是正常的，完全不管那些异常的，因为异常数据微乎其微，这种情况出现的可能性很大。我们的任务目标就是找到异常数据，如果模型不重视异常数据，结果就没有意义了，所以，首先要做的就是改进不平衡数据。

迪哥说： 在机器学习任务中，加载数据后，首先应当观察数据是否存在问题，先把问题处理掉，再考虑特征提取与建模任务。

6.1.2　样本不均衡解决方案

那么，如何解决数据标签不平衡问题呢？首先，造成数据标签不平衡的最根本的原因就是它们的个数相差悬殊，如果能让它们的个数相差不大，或者比例接近，这个问题就解决了。基于此，提出以下两种解决方案。

（1）**下采样**。既然异常数据比较少，那就让正常样本和异常样本一样少。例如正常样本有 30W 个，异常样本只有 500 个，若从正常样本中随机选出 500 个，它们的比例就均衡了。虽然下采样的方法看似很简单，但是也存在瑕疵，即使原始数据很丰富，下采样过后，只利用了其中一小部分，这样对结果会不会有影响呢？

（2）**过采样**。不想放弃任何有价值的数据，只能让异常样本和正常样本一样多，怎么做到呢？异常样本若只有 500 个，此时可以对数据进行变换，假造出来一些异常数据，数据生成也是现阶段常见的一种套路。虽然数据生成解决了异常样本数量的问题，但是异常数据毕竟是造出来的，会不会存在问题呢？

这两种方案各有优缺点，到底哪种方案效果更好呢？需要进行实验比较。

迪哥说： 在开始阶段，应当多提出各种解决和对比方案，尽可能先把全局规划制定完整，如果只是想一步做一步，会做大量重复性操作，降低效率。

6.1.3　特征标准化

既然已经有了解决方案，是不是应当按照制订的计划准备开始建模任务呢？千万别心急，还差好多步呢，首先要对数据进行预处理，可能大家觉得机器学习的核心就是对数据建模，其实建模只是其中一部分，通常更多的时间和精力都用于数据处理中，例如数据清洗、特征提取等，这些并不是小的细节，而是十分重要的核心内容。目的都是使得最终的结果更好，我经常说："数据特征决定结果的上限，而模型的调优只决定如何接近这个上限。"

观察图 6-2 可以发现，Amount 列的数值变化幅度很大，而 V1 ~ V28 列的特征数据的数值都比较小，此时 Amount 列的数值相对来说比较大。这会产生什么影响呢？模型对数值是十分敏感的，它不像人类能够理解每一个指标的物理含义，可能会认为数值大的数据相对更重要（此处仅是假设）。但是在数据中，并没有强调 Amount 列更重要，而是应当同等对待它们，因此需要改善一下。

V21	V22	V23	V24	V25	V26	V27	V28	Amount	Class
-0.018307	0.277838	-0.110474	0.066928	0.128539	-0.189115	0.133558	-0.021053	149.62	0
-0.225775	-0.638672	0.101288	-0.339846	0.167170	0.125895	-0.008983	0.014724	2.69	0
0.247998	0.771679	0.909412	-0.689281	-0.327642	-0.139097	-0.055353	-0.059752	378.66	0
-0.108300	0.005274	-0.190321	-1.175575	0.647376	-0.221929	0.062723	0.061458	123.50	0
-0.009431	0.798278	-0.137458	0.141267	-0.206010	0.502292	0.219422	0.215153	69.99	0

图 6-2　数据特征

特征标准化就是希望数据经过处理后得到的每一个特征的数值都在较小范围内浮动，公式如下：

$$Z = \frac{X - X_{\text{mean}}}{\text{std}(X)} \tag{6.1}$$

其中，Z 为标准化后的数据；X 为原始数据；X_{mean} 为原始数据的均值；$\text{std}(X)$ 为原始数据的标准差。

如果把式（6.1）的过程进行分解，就会更加清晰明了。首先将数据的各个维度减去其各自的均值，这样数据就是以原点为中心对称。其中数值浮动较大的数据，其标准差也必然更大；数值浮动较小的数据，其标准差也会比较小。再将结果除以各自的标准差，就相当于让大的数据压缩到较小的空间中，让小的数据能够伸张一些，对于图 6-3 所示的二维数据，就得到其标准化之后的结果，以原点为中心，各个维度的取值范围基本一致。

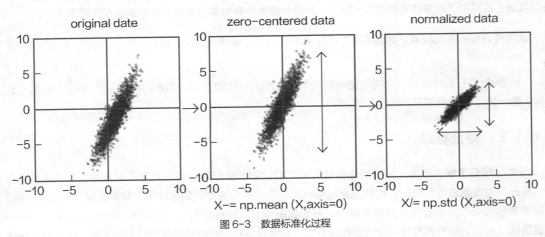

图 6-3　数据标准化过程

接下来，很多数据处理和机器学习建模任务都会用到 sklearn 工具包，这里先做简单介绍，该工具包提供了几乎所有常用的机器学习算法，仅需一两行代码，即可完成建模工作，计算也比较高效。不仅如此，还提供了非常丰富的数据预处理与特征提取模块，方便大家快速上手处理数据特征。它是 Python 中非常实用的机器学习建模工具包，在后续的实战任务中，都会出现它的身影。

　　sklearn 工具包提供了在机器学习中最核心的三大模块（Classification、Regression、Clustering）的实现方法供大家调用，还包括数据降维（Dimensionality reduction）、模型选择（Model selection）、数据预处理（Preprocessing）等模块，功能十分丰富，如图 6-4 所示。在初学阶段，大家还可以参考 Examples 模块，基本上所有算法和函数都配套相应的实例程序供大家参考（见图 6-5）。

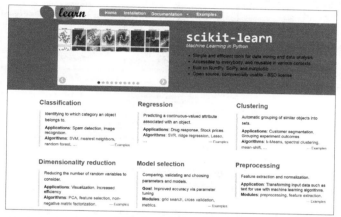

图 6-4　sklearn 工具包

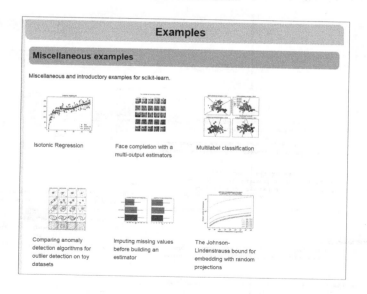

图 6-5　sklearn 工具包 Examples 模块

sklearn 工具包还提供了很多实际应用的例子，并且配套相应的代码与可视化展示方法，简直就是一条龙服务，非常适合大家学习与理解，如图 6-6 所示。

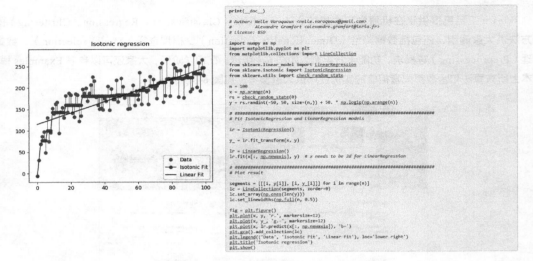

图 6-6　Examples 示例代码

迪哥说： sklearn 最常用的是其 API 文档，如图 6-7 所示，无论执行建模还是预处理任务，都需先熟悉其函数功能再使用。

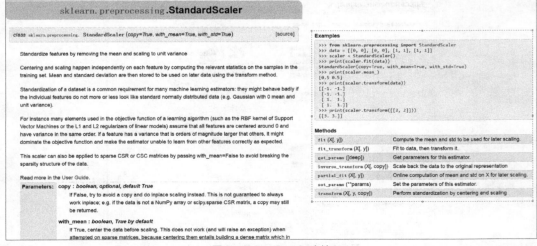

图 6-7　sklearn API 文档

使用 sklearn 工具包来完成特征标准化操作，代码如下：

| In | ```
# 先导入所需模块
from sklearn.preprocessing import StandardScaler
data['normAmount'] = StandardScaler().fit_transform(data['Amount'].
values.reshape(-1, 1))
data = data.drop(['Time', 'Amount'], axis=1)
data.head()
``` |
|---|---|
| Out | |

	V23	V24	V25	V26	V27	V28	Class	normAmount
	-0.110474	0.066928	0.128539	-0.189115	0.133558	-0.021053	0	0.244964
	0.101288	-0.339846	0.167170	0.125895	-0.008983	0.014724	0	-0.342475
	0.909412	-0.689281	-0.327642	-0.139097	-0.055353	-0.059752	0	1.160686
	-0.190321	-1.175575	0.647376	-0.221929	0.062723	0.061458	0	0.140534
	-0.137458	0.141267	-0.206010	0.502292	0.219422	0.215153	0	-0.073403

上述代码使用 StandardScaler 方法对数据进行标准化处理，调用时需先导入该模块，然后进行 fit_transform 操作，相当于执行公式（6.1）。reshape(-1, 1) 的含义是将传入数据转换成一列的形式（需按照函数输入要求做）。最后用 drop 操作去掉无用特征。上述输出结果中的 normAmount 列就是标准化处理后的结果，可见数值都在较小范围内浮动。

迪哥说： 数据预处理过程非常重要，绝大多数任务都需要对特征数据进行标准化操作（或者其他预处理方法，如归一化等）。

6.2　下采样方案

下采样方案的实现过程比较简单，只需要对正常样本进行采样，得到与异常样本一样多的个数即可，代码如下：

| In | ```
# 不包含标签的就是特征
X = data.ix[:, data.columns != 'Class']
# 标签
y = data.ix[:, data.columns == 'Class']
number_records_fraud = len(data[data.Class == 1])
# 得到所有异常样本的索引
fraud_indices = np.array(data[data.Class == 1].index)
``` |
|---|---|

```
# 得到所有正常样本的索引
normal_indices = data[data.Class == 0].index
# 在正常样本中，随机采样出指定个数的样本，并取其索引
random_normal_indices = np.random.choice(normal_indices, number_
records_fraud, replace = False)
random_normal_indices = np.array(random_normal_indices)
# 有了正常和异常样本后把它们的索引都拿到手
under_sample_indices =np.concatenate([fraud_indices, random_normal_
indices])
# 根据索引得到下采样所有样本点
under_sample_data = data.iloc[under_sample_indices, :]
X_undersample = under_sample_data.ix[:, under_sample_data.columns != 'Class']
y_undersample = under_sample_data.ix[:, under_sample_data.columns == 'Class']
# 打印下采样策略后正负样本比例
print("正常样本所占整体比例: ", len(under_sample_data[under_sample_data.
Class == 0])/len(under_sample_data))
print("异常样本所占整体比例: ", len(under_sample_data[under_sample_data.
Class == 1])/len(under_sample_data))
print("下采样策略总体样本数量: ", len(under_sample_data))
```

Out	正常样本所占整体比例： 0.5 异常样本所占整体比例： 0.5 下采样策略总体样本数量： 984

整体流程比较简单，首先计算异常样本的个数并取其索引，接下来在正常样本中随机选择指定个数样本，最后把所有样本索引拼接在一起即可。上述输出结果显示，执行下采样方案后，一共有 984 条数据，其中正常样本和异常样本各占 50%，此时数据满足平衡标准。

6.2.1 交叉验证

得到输入数据后，接下来划分数据集，在机器学习中，使用训练集完成建模后，还需知道这个模型的效果，也就是需要一个测试集，以帮助完成模型测试工作。不仅如此，在整个模型训练过程中，也会涉及一些参数调整，所以，还需要验证集，帮助模型进行参数的调整与选择。

突然出现很多种集合，感觉很容易弄混，再来总结一下。

首先把数据分成两部分，左边是训练集，右边是测试集，如图 6-8 所示。训练集用于建立模型，例如以梯度下降来迭代优化，这里需要的数据就是由训练集提供的。测试集是当所有建模工作都完成后使用的，需要强调一点，测试集十分宝贵，在建模的过程中，不能加入任何与测试集有关的信息，否则就

相当于透题，评估结果就不会准确。可以自己设定训练集和测试集的大小和比例，8 : 2、9 : 1 都是常见的切分比例。

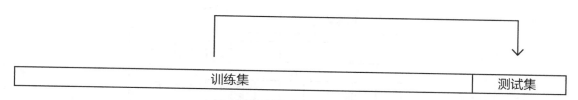

图 6-8　训练集与测试集

接下来需要对数据集再进行处理，如图 6-9 所示，可以发现测试集没有任何变化，仅把训练集划分成很多份。这样做的目的在于，建模尝试过程中，需要调整各种可能影响结果的参数，因此需要知道每一种参数方案的效果，但是这里不能用测试集，因为建模任务还没有全部完成，所以验证集就是在建模过程中评估参数用的，那么单独在训练集中找出来一份做验证集（例如 fold5）不就可以了吗，为什么要划分出来这么多小份呢？

| fold 1 | fold 2 | fold 3 | fold 4 | fold 5 | 测试集 |

图 6-9　验证集划分

迪哥说： 在这个实战任务中，涉及非常多的细节知识点，这些知识点是通用的，任何实战都能用上。

如果只是单独找出来一份，恰好这一份数据比较简单，那么最终的结果可能会偏高；如果选出来的这一份里面有一些错误点或者离群点，得到的结果可能就会偏低。无论哪种情况，评估结果都会出现一定偏差。

为了解决这个问题，可以把训练集切分成多份，例如将训练集分成 10 份，如图 6-10 所示。在验证某一次结果时，需要把整个过程分成 10 步，第一步用前 9 份当作训练集，最后一份当作验证集，得到一个结果，以此类推，每次都依次用另外一份当作验证集，其他部分当作训练集。这样经过 10 步之后，就得到 10 个结果，每个结果分别对应其中每一小份，组合在一起恰好包含原始训练集中所有数据，再对最终得到的 10 个结果进行平均，就得到最终模型评估的结果。这个过程就叫作交叉验证。

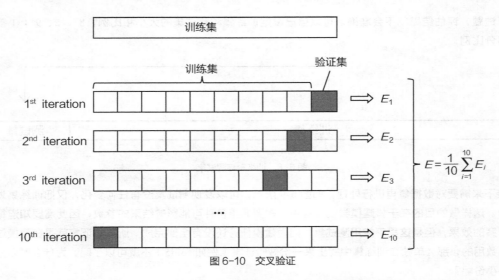

图 6-10 交叉验证

交叉验证看起来有些复杂，但是能对模型进行更好的评估，使得结果更准确，从后续的实验中，大家会发现，用不同验证集评估的时候，结果差异很大，所以这个套路是必须要做的。在 sklearn 工具包中，已经实现好数据集切分的功能，这里需先将数据集划分成训练集和测试集，切分验证集的工作等到建模的时候再做也来得及，代码如下：

```
# 导入数据集切分模块
from sklearn.cross_validation import train_test_split
# 对整个数据集进行划分，X 为特征数据，Y 为标签，test_size 为测试集比例，random_state 为随机种子，目的是使得每次随机的结果都能一样
X_train, X_test, y_train, y_test = train_test_split(X, y, test_size = 0.3, random_state = 0)
print("原始训练集包含样本数量: ", len(X_train))
print("原始测试集包含样本数量: ", len(X_test))
print("原始样本总数: ", len(X_train)+len(X_test))

# 下采样数据集进行划分
X_train_undersample, X_test_undersample, y_train_undersample, y_test_undersample = train_test_split(X_undersample , y_undersample, test_size = 0.3, random_state = 0)

print("下采样训练集包含样本数量: ", len(X_train_undersample))
print("下采样测试集包含样本数量: ", len(X_test_undersample))
print("下采样样本总数: ", len(X_train_undersample)+len(X_test_undersample))
```

Out	原始训练集包含样本数量：199364 原始测试集包含样本数量：85443 原始样本总数：284807 下采样训练集包含样本数量：688 下采样测试集包含样本数量：296 下采样样本总数：984

通过输出结果可以发现，在切分数据集时做了两件事：首先对原始数据集进行划分，然后对下采样数据集进行划分。我们最初的目标不是要用下采样数据集建模吗，为什么又对原始数据进行切分操作呢？这里先留一个伏笔，后续将慢慢揭晓。

6.2.2　模型评估方法

接下来，没错，还没到实际建模任务，还需要考虑模型的评估方法，为什么建模之前要考虑整个过程呢？因为建模是一个过程，需要优先考虑如何评估其价值，而不是仅仅提供一堆模型参数值。

准确率是分类问题中最常使用的一个参数，用于说明在整体中做对了多少。下面举一个与这份数据集相似的例子：医院中有 1000 个病人，其中 10 个患癌，990 个没有患癌，需要建立一个模型来区分他们。假设模型认为病人都没有患癌，只有 10 个人分类有错，因此得到的准确率高达 990/1000，也就是 0.99，看起来是十分不错的结果。但是建模的目的是找出患有癌症的病人，即使一个都没找到，准确率也很高。这说明对于不同的问题，需要指定特定的评估标准，因为不同的评估方法会产生非常大的差异。

迪哥说： 选择合适的评估方法非常重要，因为评估方法是为整个实验提供决策的服务的，所以一定要基于实际任务与数据集进行选择。

在这个问题中，癌症患者与非癌症患者人数比例十分不均衡，那么，该如何建模呢？既然已经明确建模的目标是为了检测到癌症患者（异常样本），应当把关注点放在他们身上，可以考虑模型在异常样本中检测到多少个。对于上述问题来说，一个癌症病人都没检测到，意味着召回率（Recall）为 0。这里提到了召回率，先通俗理解一下：就是观察给定目标，针对这个目标统计你取得了多大成绩，而不是针对整体而言。

如果直接给出计算公式，理解起来可能有点吃力，现在先来解释一下在机器学习以及数据科学领域中常用的名词，理解了这些名词，就很容易理解这些评估方法。

下面还是由一个问题来引入，假如某个班级有男生 80 人，女生 20 人，共计 100 人，目标是找出所有女生。现在某次实验挑选出 50 个人，其中 20 人是女生，另外还错误地把 30 个男生也当作女生挑选出来（这里把女生当作正例，男生当作负例）。

表 6-1 列出了 TP、TN、FP、FN 四个关键词的解释，这里告诉大家一个窍门，不需要死记硬背，从词表面的意思上也可以理解它们。

表 6-1 TP、TN、FP、FN 解释

	相关（Relevant），正类	无关（NonRelevant），负类
被检索到（Retrieved）	True Positives（TP 正类判定为正类，例子中就是正确的判定"这位是女生"）	False Positives（FP 负类判定为正类，"存伪"，例子中就是分明是男生却判断为女生）
未被检索到（Not Retrieved）	False Negatives（FN 正类判定为负类，"去真"，例子中就是，分明是女生判定为男生）	True Negatives（TN 负类判定为负类，也就是一个男生被判定为男生）

（1）TP。首先，第一个词是 True，这就表明模型预测结果正确，再看 Positive，指预测成正例，组合在一起就是首先模型预测正确，即将正例预测成正例。返回来看题目，选出来的 50 人中有 20 个是女生，那么 TP 值就是 20，这 20 个女生被当作女生选出来。

（2）FP。FP 表明模型预测结果错误，并且被当作 Positive（也就是正例）。在题目中，就是错把男生当作女生选出来。在这里目标是选女生，选出来的 50 人中有 30 个却是男的，因此 FP 等于 30。

（3）FN。同理，首先预测结果错误，并且被当作负例，也就是把女生错当作男生选出来，题中并没有这个现象，所以 FN 等于 0。

（4）TN。预测结果正确，但把负例当作负例，将男生当作男生选出来，题中有 100 人，选出认为是女生的 50 人，剩下的就是男生了，所以 TN 等于 50。

上述评估分析中常见的 4 个指标只需要掌握其含义即可。下面来看看通过这 4 个指标能得出什么结论。

- 准确率（Accuracy）：表示在分类问题中，做对的占总体的百分比。

$$Accuracy = \frac{TP+TN}{TP+TN+FP+FN} \tag{6.2}$$

- 召回率（Recall）：表示在正例中有多少能预测到，覆盖面的大小。

$$Recall = \frac{TP}{TP+FN} \tag{6.3}$$

- 精确度（Precision）：表示被分为正例中实际为正例的比例。

$$P = \frac{TP}{TP+FP} \tag{6.4}$$

上面介绍了 3 种比较常见的评估指标，下面回到信用卡分类问题，想一想在这份检测任务中，应当使用哪一个评估指标呢？由于目的是查看有多少异常样本能被检测出来，所以应当使用召回率进行模型评估。

6.2.3　正则化惩罚

本小节讨论的是正则化惩罚，这个名字看起来有点别扭，好好的模型为什么要惩罚呢？先来解释一下过拟合的含义。

建模的出发点就是尽可能多地满足样本数据，在图 6-11 中，图 6-11（a）中直线看起来有点简单，没有满足大部分数据样本点，这种情况就是欠拟合，究其原因，可能由于模型本身过于简单所导致。再来看图 6-11（b），比图 6-11（a）所示模型稍微复杂些，可以满足大多数样本点，这是一个比较不错的模型。但是通过观察可以发现，还是没有抓住所有样本点，这只是一个大致轮廓，那么如果能把模型做得更复杂，岂不是更好？再来看图 6-11（c），这是一个非常复杂的回归模型，竟然把所有样本点都抓到了，给人的第一感觉是模型十分强大，但是也会存在一个问题——模型是在训练集上得到的，测试集与训练集却不完全一样，一旦进行测试，效果可能不尽如人意。

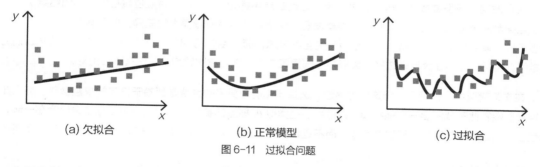

图 6-11　过拟合问题

在机器学习中，通常都是先用简单的模型进行尝试，如果达不到要求，再做复杂一点的，而不是先用最复杂的模型来做，虽然训练集的准确度可以达到 99% 甚至更高，但是实际应用的效果却很差，这就是过拟合。

我们在机器学习任务中经常会遇到过拟合现象，最常见的情况就是随着模型复杂程度的提升，训练集效果越来越好，但是测试集效果反而越来越差，如图 6-12 所示。

对于同一算法来说，模型的复杂程度由谁来控制呢？当然就是其中要求解的参数（例如梯度下降中优化的参数），如果在训练集上得到的参数值忽高忽低，就很可能导致过拟合，所以正则化惩罚就是为解决过拟合准备的，即惩罚数值较大的权重参数，让它们对结果的影响小一点。

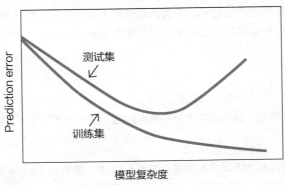

图 6-12　过拟合现象

还是举一个例子来看看其作用，假设有一条样本数据是 x:[1,1,1,1]，现在有两个模型：

- θ_1：[1,0,0,0]

- θ_2：[0.25,0.25,0.25,0.25]

可以发现，模型参数 θ_1、θ_2 与数据 x 组合之后的结果都为 1（也就是对应位置相乘求和的结果）。这是不是意味着两个模型的效果相同呢？再观察发现，两个参数本身有着很大的差异，θ_1 只有第一个位置有值，相当于只注重数据中第一个特征，其他特征完全不考虑；而 θ_2 会同等对待数据中的所有特征。虽然它们的结果相同，但是，如果让大家来选择，大概都会选择第二个，因为它比较均衡，没有那么绝对。

在实际建模中，也需要进行这样的筛选，选择泛化能力更强的也就是都趋于稳定的权重参数。那么如何把控参数呢？此时就需要一个惩罚项，以惩罚那些类似 θ_1 模型的参数，惩罚项会与目标函数组合在一起，让模型在迭代过程中就开始重视这个问题，而不是建模完成后再来调整，常见的有 L1 和 L2 正则化惩罚项：

- L1 正则化：

$$J = J_0 + \alpha \sum_w |w| \tag{6.5}$$

- L2 正则化：

$$J = J_0 + \alpha \sum_w w^2 \tag{6.6}$$

两种正则化惩罚方法都对权重参数进行了处理，既然加到目标函数中，目的就是不让个别权重太大，以致对局部产生较大影响，也就是过拟合的结果。在 L1 正则化中可以对 $|w|$ 求累加和，但是只直接计算绝对值求累加和的话，例如上述例子中 θ_1 和 θ_2 的结果仍然相同，都等于 1，并没有作出区分。这时候 L2 正则化就登场了，它的惩罚力度更大，对权重参数求平方和，目的就是让大的更大，相对惩罚也更多。θ_1 的 L2 惩罚为 1，θ_2 的 L2 惩罚只有 0.25，表明 θ_1 带来的损失更大，在模型效果一致的前提下，当然选择整体效果更优的 θ_2 组模型。

　　细心的读者可能还会发现，在惩罚项的前面还有一个 α 系数，它表示正则化惩罚的力度。以一种极端情况举例说明：如果 α 值比较大，意味着要非常严格地对待权重参数，此时正则化惩罚的结果会对整体目标函数产生较大影响。如果 α 值较小，意味着惩罚的力度较小，不会对结果产生太大影响。

迪哥说： 最终结果的定论是由测试集决定的，训练集上的效果仅供参考，因为过拟合现象十分常见。

6.3 逻辑回归模型

　　历尽千辛万苦，现在终于到建模的时候了，这里需要把上面考虑的所有内容都结合在一起，再用工具包建立一个基础模型就非常简单，难点在于怎样得到最优的结果，其中每一环节都会对结果产生不同的影响。

6.3.1 参数对结果的影响

　　在逻辑回归算法中，涉及的参数比较少，这里仅对正则化惩罚力度进行调参实验，为了对比分析交叉验证的效果，对不同验证集分别进行建模与评估分析，代码如下：

```python
In
def printing_Kfold_scores(x_train_data, y_train_data):
    fold = KFold(len(y_train_data), 5, shuffle=False)
    # 定义不同的正则化惩罚力度
    c_param_range = [0.01, 0.1, 1, 10, 100]
    # 展示结果用的表格
    results_table = pd.DataFrame(index = range(len(c_param_range),
2), columns = ['C_parameter', 'Mean recall score'])
    results_table['C_parameter'] = c_param_range
    # k-fold 表示 K 折的交叉验证，这里会得到两个索引集合：训练集 = indices[0]，验证
集 = indices[1]
    j = 0
    # 循环遍历不同的参数
    for c_param in c_param_range:
        print('-------------------------------------------')
        print(' 正则化惩罚力度: ', c_param)
        print('-------------------------------------------')
        print('')
        recall_accs = []
        # 一步步分解来执行交叉验证
        for iteration, indices in enumerate(fold, start=1):
            # 指定算法模型，并且给定参数
```

```
              lr = LogisticRegression(C = c_param, penalty = 'l1')
              # 训练模型，注意不要给错索引，训练的时候传入的一定是训练集，所以 X 和 Y 的
          索引都是 0
              lr.fit
          (x_train_data.iloc[indices[0],:], y_train_data.iloc[indices[0],:].values.ravel())
              # 建立好模型后，预测模型结果，这里用的就是验证集，索引为 1
              y_pred_undersample = lr.predict(x_train_data.iloc[indices[1],:].values)
              # 预测结果明确后，就可以进行评估，这里 recall_score 需要传入预测值和真实值
              recall_acc = recall_score(y_train_data.iloc[indices[1],:].values, y_
          pred_undersample)
              # 一会还要算平均，所以把每一步的结果都先保存起来
              recall_accs.append(recall_acc)
              print('Iteration ', iteration, ': 召回率 = ', recall_acc)
            # 当执行完所有的交叉验证后，计算平均结果
            results_table.loc[j,'Mean recall score'] = np.mean(recall_accs)
            j += 1
            print('')
            print(' 平均召回率 ', np.mean(recall_accs))
            print('')
          # 找到最好的参数，哪一个 Recall 高，自然就是最好的
          best_c = results_table.loc[results_table['Mean recall score'].
          astype('float32').idxmax()]['C_parameter']

          # 打印最好的结果
          print('*********************************************************')
          print(' 效果最好的模型所选参数 = ', best_c)
          print('*********************************************************')
          return best_c
      best_c = printing_Kfold_scores(X_train_undersample, y_train_undersample)
```

上述代码中，KFold 用于选择交叉验证的折数，这里选择 5 折，即把训练集平均分成 5 份。c_param 是正则化惩罚的力度，也就是正则化惩罚公式中的 α。为了观察不同惩罚力度对结果的影响，在建模的时候，嵌套两层 for 循环，首先选择不同的惩罚力度参数，然后对于每一个参数都进行 5 折的交叉验证，最后得到其验证集的召回率结果。在 sklearn 工具包中，所有算法的建模调用方法都是类似的，首先选择需要的算法模型，然后 .fit() 传入实际数据进行迭代，最后用 .predict() 进行预测。

上述代码可以生成图 6-13 的输出。先来单独看正则化惩罚的力度 C 为 0.01 时，通过交叉验证分别得到 5 次实验结果，可以发现，即便在相同参数的情况下，交叉验证结果的差异还是很大，其值在 0.93 ~ 1.0 之间浮动，但是千万别小看这几个百分点，建模都是围绕着一步步小的提升逐步优化的，所以交叉验证非常有必要。

正则化惩罚力度：　0.01

Iteration　1：召回率 =　0.958904109589
Iteration　2：召回率 =　0.931506849315
Iteration　3：召回率 =　1.0
Iteration　4：召回率 =　0.972972972973
Iteration　5：召回率 =　0.984848484848

平均召回率　0.969646483345

正则化惩罚力度：　0.1

Iteration　1：召回率 =　0.849315068493
Iteration　2：召回率 =　0.86301369863
Iteration　3：召回率 =　0.949152542373
Iteration　4：召回率 =　0.945945945946
Iteration　5：召回率 =　0.893939393939

平均召回率　0.900273329876

正则化惩罚力度：　1

Iteration　1：召回率 =　0.849315068493
Iteration　2：召回率 =　0.904109589041
Iteration　3：召回率 =　0.966101694915
Iteration　4：召回率 =　0.945945945946
Iteration　5：召回率 =　0.909090909091

平均召回率　0.914912641497

正则化惩罚力度：　10

Iteration　1：召回率 =　0.849315068493
Iteration　2：召回率 =　0.904109589041
Iteration　3：召回率 =　0.966101694915
Iteration　4：召回率 =　0.932432432432
Iteration　5：召回率 =　0.909090909091

平均召回率　0.912209938795

正则化惩罚力度：　100

Iteration　1：召回率 =　0.849315068493
Iteration　2：召回率 =　0.904109589041
Iteration　3：召回率 =　0.983050847458
Iteration　4：召回率 =　0.945945945946
Iteration　5：召回率 =　0.909090909091

平均召回率　0.918302472006

****
效果最好的模型所选参数 =　0.01
****

图 6-13　下采样数据集逻辑回归评估分析

　　在 sklearn 工具包中，C 参数的意义正好是倒过来的，例如 $C=0.01$ 表示正则化力度比较大，而 $C=100$ 则表示力度比较小。看起来有点像陷阱，但既然工具包这样定义了，也只好按照其要求做，所以一定要参考其 API 文档（见图 6-14）。

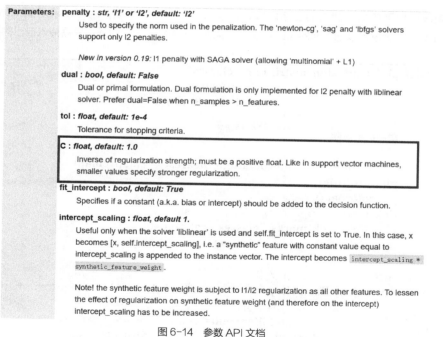

图 6-14　参数 API 文档

　　再来对比分析不同参数得到的结果，直接观察交叉验证最后的平均召回率值就可以，不同参数的情况下，得到的结果各不相同，差异还是存在的，所以在建模的时候调参必不可少，可能大家都觉得应该按照经验值去做，但更多的时候，经验值只能提供一个大致的方向，具体的探索还是通过大量的实验进行分析。

现在已经完成建模和基本的调参任务，只看这个 90% 左右的结果，感觉还不错，但是，如果想知道模型的具体表现，需要再深入分析。

6.3.2 混淆矩阵

预测结果明确之后，还可以更直观地进行展示，这时候混淆矩阵就派上用场了（见图 6-15）。

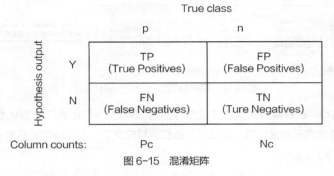

图 6-15 混淆矩阵

混淆矩阵中用到的指标值前面已经解释过，既然已经训练好模型，就可以展示其结果，这里用到 Matplotlib 工具包，大家可以把下面的代码当成一个混淆矩阵模板，用的时候，只需传入自己的数据即可：

```
In
def plot_confusion_matrix(cm, classes,
                          title='Confusion matrix',
                          cmap=plt.cm.Blues):
    """
    绘制混淆矩阵
    """
    plt.imshow(cm, interpolation='nearest', cmap=cmap)
    plt.title(title)
    plt.colorbar()
    tick_marks = np.arange(len(classes))
    plt.xticks(tick_marks, classes, rotation=0)
    plt.yticks(tick_marks, classes)

    thresh = cm.max() / 2.
    for i, j in itertools.product(range(cm.shape[0]), range(cm.shape[1])):
        plt.text(j, i, cm[i, j],
                 horizontalalignment="center",
                 color="white" if cm[i, j] > thresh else "black")

    plt.tight_layout()
    plt.ylabel('True label')
    plt.xlabel('Predicted label')
```

定义好混淆矩阵的画法之后，需要传入实际预测结果，调用之前的逻辑回归模型，得到测试结果，再把数据的真实标签值传进去即可：

In	```
	lr = LogisticRegression(C = best_c, penalty = 'l1')
	lr.fit(X_train_undersample, y_train_undersample.values.ravel())
	y_pred_undersample = lr.predict(X_test_undersample.values)
	# 计算所需值
	cnf_matrix = confusion_matrix(y_test_undersample, y_pred_undersample)
	np.set_printoptions(precision=2)
	print("召回率: ", cnf_matrix[1,1]/(cnf_matrix[1,0]+cnf_matrix[1,1]))
	# 绘制
	class_names = [0, 1]
	plt.figure()
	plot_confusion_matrix(cnf_matrix
	                , classes=class_names
	                , title='Confusion matrix')
	plt.show()
	``

Out	召回率: 0.931972789116 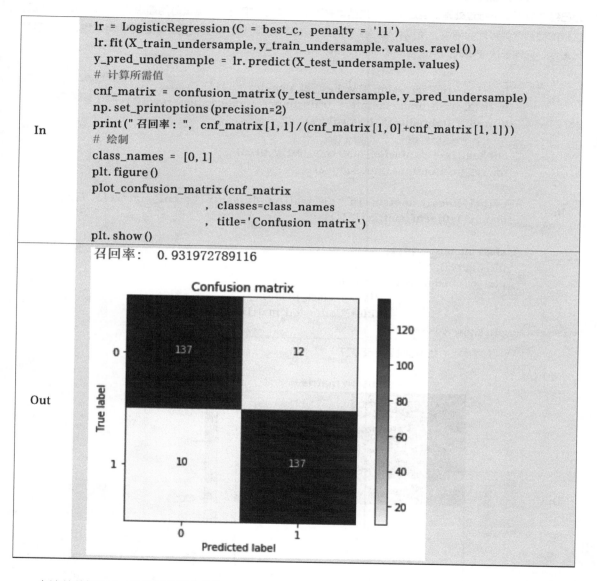

在这份数据集中，目标任务是二分类，所以只有 0 和 1，主对角线上的值就是预测值和真实值一致的情况，深色区域代表模型预测正确（真实值和预测值一致），其余位置代表预测错误。数值 10 代表有 10 个样本数据本来是异常的，模型却将它预测成为正常，相当于"漏检"。数值 12 代表有 12 个样本数据本来是正常的，却把它当成异常的识别出来，相当于"误杀"。

最终得到的召回率值约为 0.9319，看起来是一个还不错的指标，但是还有没有问题呢？用下采样的数据集进行建模，并且测试集也是下采样的测试集，在这份测试集中，异常样本和正常样本的比例基本均衡，因为已经对数据集进行过处理。但是实际的数据集并不是这样的，相当于在测试时用理想情况来代替真实情况，这样的检测效果可能会偏高，所以，值得注意的是，在测试的时候，需要使用原始数据的测试集，才能最具代表性，只需要改变传入的测试数据即可，代码如下：

In	```
	lr = LogisticRegression (C = best_c, penalty = 'l1')
	lr.fit (X_train_undersample, y_train_undersample.values.ravel ())
	y_pred = lr.predict (X_test.values)
	# 计算所需值
	cnf_matrix = confusion_matrix (y_test, y_pred)
	np.set_printoptions (precision=2)
	
	print ("Recall metric in the testing dataset: ", cnf_matrix [1, 1] / (cnf_matrix [1, 0]+cnf_matrix [1, 1]))
	# 绘制
	class_names = [0, 1]
	plt.figure ()
	plot_confusion_matrix (cnf_matrix
	                , classes=class_names
	                , title='Confusion matrix')
	plt.show ()
	``

Out	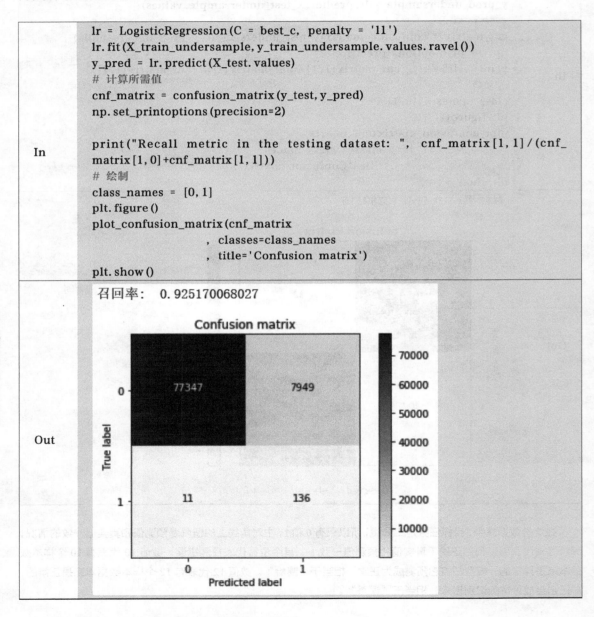

还记得在切分数据集的时候，我们做了两手准备吗？不仅对下采样数据集进行切分，而且对原始数据集也进行了切分。这时候就派上用场了，得到的召回率值为 0.925，虽然有所下降，但是整体来说还是可以的。

在实际的测试中，不仅需要考虑评估方法，还要注重实际应用情况，再深入混淆矩阵中，看看还有哪些实际问题。上图中左下角的数值为 11，看起来没有问题，说明有 11 个漏检的，只比之前的 10 个多 1 个而已。但是，右上角有一个数字格外显眼——7949，意味着有 7949 个样本被误杀。好像之前用下采样数据集进行测试的时候没有注意到这一点，因为只有 20 个样本被误杀。但是，在实际的测试集中却出现了这样的事：整个测试集一共只有 100 多个异常样本，模型却误杀掉 7949 个，有点夸张了，根据实际业务需求，后续肯定要对检测出来的异常样本做一些处理，比如冻结账号、电话询问等，如果误杀掉这么多样本，实际业务也会出现问题。

迪哥说： 在测试中还需综合考虑，不仅要看模型具体的指标值（例如召回率、精度等），还需要从实际问题角度评估模型到底可不可取。

问题已经很严峻，模型现在出现了大问题，该如何改进呢？是对模型调整参数，不断优化算法呢？还是在数据层面做一些处理呢？一般情况下，建议大家先从数据下手，因为对数据做变换要比优化算法模型更容易，得到的效果也更突出。不要忘了之前提出的两种方案，而且过采样方案还没有尝试，会不会发生一些变化呢？下面就来揭晓答案。

6.3.3　分类阈值对结果的影响

回想一下逻辑回归算法原理，通过 Sigmoid 函数将得分值转换成概率值，那么，怎么得到具体的分类结果呢？默认情况下，模型都是以 0.5 为界限来划分类别：

$$\begin{cases} 正例 & p > 0.5 \\ 负例 & p < 0.5 \end{cases} \qquad (6.7)$$

可以说 0.5 是一个经验值，但是并不是固定不变的，实践时可以根据自己的标准来指定该阈值大小。如果阈值设置得大一些，相当于要求变得严格，只有非常异常的样本，才能当作异常；如果阈值设置得比较小，相当于宁肯错杀也不肯放过，只要有一点异常就通通抓起来。

在 sklearn 工具包中既可以用 .predict() 函数得到分类结果，相当于以 0.5 为默认阈值，也可以用 .predict_proba() 函数得到其概率值，而不进行类别判断，代码如下：

In	

```python
# 用之前最好的参数来进行建模
lr = LogisticRegression(C = 0.01, penalty = 'l1')
# 训练模型，还是用下采样的数据集
lr.fit(X_train_undersample, y_train_undersample.values.ravel())
# 得到预测结果的概率值
y_pred_undersample_proba = lr.predict_proba(X_test_undersample.values)
# 指定不同的阈值
thresholds = [0.1, 0.2, 0.3, 0.4, 0.5, 0.6, 0.7, 0.8, 0.9]
plt.figure(figsize=(10, 10))
j = 1
# 用混淆矩阵进行展示
for i in thresholds:
# 比较预测概率与给定阈值
    y_test_predictions_high_recall = y_pred_undersample_proba[:, 1] > i

    plt.subplot(3, 3, j)
    j += 1
    cnf_matrix = confusion_matrix(y_test_undersample, y_test_predictions_high_
recall)
    np.set_printoptions(precision=2)
    print("Recall metric in the testing dataset: ", cnf_matrix[1,1]/(cnf_
matrix[1,0]+cnf_matrix[1,1]))
    class_names = [0, 1]
    plot_confusion_matrix(cnf_matrix
                        , classes=class_names
                        , title='Threshold >= %s'%i)
```

Out	

```
给定阈值为：0.1 时测试集召回率：  1.0
给定阈值为：0.2 时测试集召回率：  1.0
给定阈值为：0.3 时测试集召回率：  1.0
给定阈值为：0.4 时测试集召回率：  0.993197278912
给定阈值为：0.5 时测试集召回率：  0.931972789116
给定阈值为：0.6 时测试集召回率：  0.877551020408
给定阈值为：0.7 时测试集召回率：  0.829931972789
给定阈值为：0.8 时测试集召回率：  0.748299319728
给定阈值为：0.9 时测试集召回率：  0.585034013605
```

Out

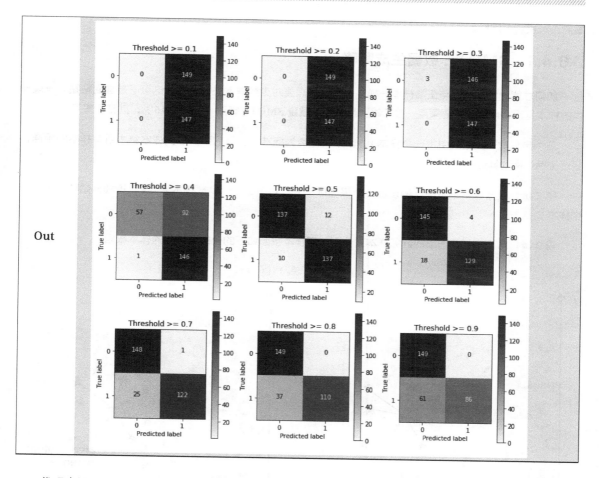

代码中设置 0.1 ～ 0.9 多个阈值,并且确保每一次建模都使用相同的参数,将得到的概率值与给定阈值进行比较来完成分类任务。

现在观察一下输出结果,当阈值比较小的时候,可以发现召回率指标非常高,第一个子图竟然把所有样本都当作异常的,但是误杀率也是很高的,实际意义并不大。随着阈值的增加,召回率逐渐下降,也就是漏检的逐步增多,而误杀的慢慢减少,这是正常现象。当阈值趋于中间范围时,看起来各有优缺点,当阈值等于 0.5 时,召回率偏高,但是误杀的样本个数有点多。当阈值等于 0.6 时,召回率有所下降,但是误杀样本数量明显减少。那么,究竟选择哪一个阈值比较合适呢?这就需要从实际业务的角度出发,看一看实际问题中,到底需要模型更符合哪一个标准。

6.4　过采样方案

在下采样方案中,虽然得到较高的召回率,但是误杀的样本数量实在太多了,下面就来看看用过采样方案能否解决这个问题。

6.4.1 SMOTE 数据生成策略

如何才能让异常样本与正常样本一样多呢？这里需要对少数样本进行生成，这可不是复制粘贴，一模一样的样本是没有用的，需要采用一些策略，最常用的就是 SMOTE 算法（见图 6-16），其流程如下。

第①步： 对于少数类中每一个样本 x，以欧式距离为标准，计算它到少数类样本集中所有样本的距离，经过排序，得到其近邻样本。

第②步： 根据样本不平衡比例设置一个采样倍率 N，对于每一个少数样本 x，从其近邻开始依次选择 N 个样本。

第③步： 对于每一个选出的近邻样本，分别与原样本按照如下的公式构建新的样本数据。

$$x_{\text{new}} = x + \text{rand}(0,1) \times (\tilde{x} - x) \tag{6.8}$$

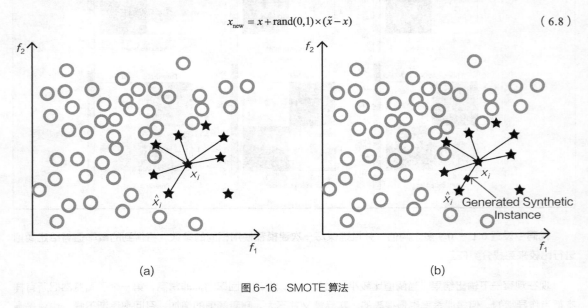

(a)   (b)

图 6-16　SMOTE 算法

总结一下：对于每一个异常样本，首先找到离其最近的同类样本，然后在它们之间的距离上，取 0 ～ 1 中的一个随机小数作为比例，再加到原始数据点上，就得到新的异常样本。对于 SMOTE 算法，可以使用 imblearn 工具包完成这个操作，首先需要安装该工具包，可以直接在命令行中使用 pip install imblearn 完成安装操作。再把 SMOTE 算法加载进来，只需要将特征数据和标签传进去，接下来就得到 20W+ 个异常样本，完成过采样方案。

In	```from imblearn. over_sampling import SMOTE oversampler=SMOTE (random_state=0) os_features, os_labels=oversampler. fit_sample (features_train, labels_train)```

6.4.2 过采样应用效果

过采样方案的效果究竟怎样呢？同样使用逻辑回归算法来看看：

In	`os_features = pd. DataFrame (os_features)`
	`os_labels = pd. DataFrame (os_labels)`
	`best_c = printing_Kfold_scores (os_features, os_labels)`

Out	正则化惩罚力度: 0.01 Iteration 1 : 召回率 = 0.958904109589 Iteration 2 : 召回率 = 0.931506849315 Iteration 3 : 召回率 = 1.0 Iteration 4 : 召回率 = 0.972972972973 Iteration 5 : 召回率 = 0.984848484848 平均召回率 0.969646483345 正则化惩罚力度: 0.1 Iteration 1 : 召回率 = 0.849315068493 Iteration 2 : 召回率 = 0.86301369863 Iteration 3 : 召回率 = 0.949152542373 Iteration 4 : 召回率 = 0.945945945946 Iteration 5 : 召回率 = 0.893939393939 平均召回率 0.900273329876

正则化惩罚力度: 1

Iteration 1 : 召回率 = 0.849315068493
Iteration 2 : 召回率 = 0.904109589041
Iteration 3 : 召回率 = 0.966101694915
Iteration 4 : 召回率 = 0.945945945946
Iteration 5 : 召回率 = 0.909090909091

平均召回率 0.914912641497

正则化惩罚力度: 10

Iteration 1 : 召回率 = 0.849315068493
Iteration 2 : 召回率 = 0.904109589041
Iteration 3 : 召回率 = 0.966101694915
Iteration 4 : 召回率 = 0.932432432432
Iteration 5 : 召回率 = 0.909090909091

平均召回率 0.912209938795

正则化惩罚力度: 100

Iteration 1 : 召回率 = 0.849315068493
Iteration 2 : 召回率 = 0.904109589041
Iteration 3 : 召回率 = 0.983050847458
Iteration 4 : 召回率 = 0.945945945946
Iteration 5 : 召回率 = 0.909090909091

平均召回率 0.918302472006

****
效果最好的模型所选参数 = 0.01
****

在训练集上的效果还不错，再来看看其测试结果的混淆矩阵：

In	`lr = LogisticRegression (C = best_c, penalty = 'l1')`
	`lr. fit (os_features, os_labels. values. ravel ())`
	`y_pred = lr. predict (features_test. values)`
	`# 计算混淆矩阵`
	`cnf_matrix = confusion_matrix (labels_test, y_pred)`
	`np. set_printoptions (precision=2)`
	
	`print ("Recall metric in the testing dataset: ", cnf_matrix [1, 1] / (cnf_matrix [1, 0]+cnf_matrix [1, 1]))`
	`# 绘制`
	`class_names = [0, 1]`
	`plt. figure ()`
	`plot_confusion_matrix (cnf_matrix`
	`                , classes=class_names`
	`                , title='Confusion matrix')`
	`plt. show ()`

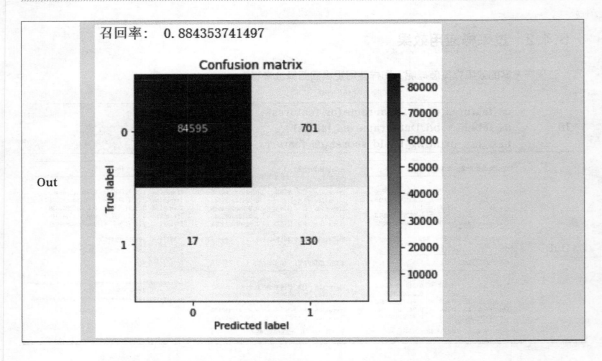

得到的召回率值与之前的下采样方案相比有所下降，毕竟在异常样本中，很多都是假冒的，不能与真实数据相媲美。值得欣慰的是，这回模型的误杀比例大大下降，原来误杀比例占到所有测试样本的 10%，现在只占不到 1%，实际应用效果有很大提升。

经过对比可以明显发现，过采样的总体效果优于下采样（还得依据实际应用效果具体分析），因为可利用的数据信息更多，使得模型更符合实际的任务需求。但是，对于不同的任务与数据源来说，并没有一成不变的答案，任何结果都需要通过实验证明，所以，当大家遇到问题时，最好的解决方案是通过大量实验进行分析。

项目总结

1．在做任务之前，一定要检查数据，看看数据有什么问题。在此项目中，通过对数据进行观察，发现其中有样本不均衡的问题，针对这些问题，再来选择解决方案。

2．针对问题提出两种方法：下采样和过采样。通过两条路线进行对比实验，任何实际问题出现后，通常都是先得到一个基础模型，然后对各种方法进行对比，找到最合适的，所以在任务开始之前，一定要多动脑筋，做多手准备，得到的结果才有可选择的余地。

3．在建模之前，需要对数据进行各种预处理操作，例如数据标准化、缺失值填充等，这些都是必要的，由于数据本身已经给定特征，此处还没有涉及特征工程这个概念，后续实战中会逐步引入，其实数据预处理工作是整个任务中最重、最苦的一个工作阶段，数据处理得好坏对结果的影响最大。

4．先选好评估方法，再进行建模实验。建模的目的就是为了得到结果，但是不可能一次就得到最好的结果，肯定要尝试很多次，所以一定要有一个合适的评估方法，可以选择通用的，例如召回率、准确率等，也可以根据实际问题自己指定合适的评估指标。

5．选择合适的算法，本例中选择逻辑回归算法，详细分析其中的细节，之后还会讲解其他算法，并不一定非要用逻辑回归完成这个任务，其他算法效果可能会更好。但是有一点希望大家能够理解，就是在机器学习中，并不是越复杂的算法越实用，反而越简单的算法应用越广泛。逻辑回归就是其中一个典型的代表，简单实用，所以任何分类问题都可以把逻辑回归当作一个待比较的基础模型。

6．模型的调参也是很重要的，通过实验发现，不同的参数可能会对结果产生较大的影响，这一步也是必须的，后续实战中还会再来强调调参的细节。使用工具包时，建议先查阅其 API 文档，知道每一个参数的意义，再来进行实验。

7．得到的预测结果一定要和实际任务结合在一起，有时候虽然得到的评估指标还不错，但是在实际应用中却出现问题，所以测试环节也是必不可少的。

第 7 章
决策树

决策树算法是机器学习中最经典的算法之一。大家可能听过一些高深的算法，例如在竞赛中大杀四方的 Xgboost、各种集成策略等，其实它们都是基于树模型来建立的，掌握基本的树模型后，再去理解集成算法就容易多了，本章介绍树模型的构造方法以及其中涉及的剪枝策略。

7.1 决策树原理

先来看一下决策树能完成什么样的任务。假设一个家庭中有 5 名成员：爷爷、奶奶、妈妈、小男孩和小女孩。现在想做一个调查：这 5 个人中谁喜欢玩游戏，这里使用决策树演示这个过程，如图 7-1 所示。

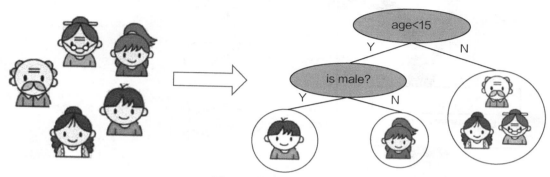

图 7-1 决策树分类方法

开始的时候，所有人都属于一个集合。第一步，依据年龄确定哪些人喜欢玩游戏，可以设定一个条件，如果年龄大于 15 岁，就不喜欢玩游戏；如果年龄小于 15 岁，则可能喜欢玩游戏。这样就把 5 个成员分成两部分，一部分是右边分支，包含爷爷、奶奶和妈妈；另一部分是左边分支，包含小男孩和小女孩。此时可以认为左边分支的人喜欢玩游戏，还有待挖掘。右边分支的人不喜欢玩游戏，已经淘汰出局。

对于左边这个分支，可以再进行细分，也就是进行第二步划分，这次划分的条件是性别。如果是男性，就喜欢玩游戏；如果是女性，则不喜欢玩游戏。这样就把小男孩和小女孩这个集合再次分成左右两部分。左边为喜欢玩游戏的小男孩，右边为不喜欢玩游戏的小女孩。这样就完成了一个决策任务，划分过程看起来就像是一棵大树，输入数据后，从树的根节点开始一步步往下划分，最后肯定能达到一个不再分裂的位置，也就是最终的结果。

下面请大家思考一个问题：在用决策树的时候，算法是先把数据按照年龄进行划分，然后再按照性别划分，这个顺序可以颠倒吗？为什么要有一个先后的顺序呢？这个答案其实也就是决策树构造的核心。

7.1.1 决策树的基本概念

熟悉决策树分类过程之后，再来解释一下其中涉及的基本概念。首先就是树模型的组成，开始时所有数据都聚集在根节点，也就是起始位置，然后通过各种条件判断合适的前进方向，最终到达不可再分的节点，因而完成整个生命周期。决策树的组成如图 7-2 所示。

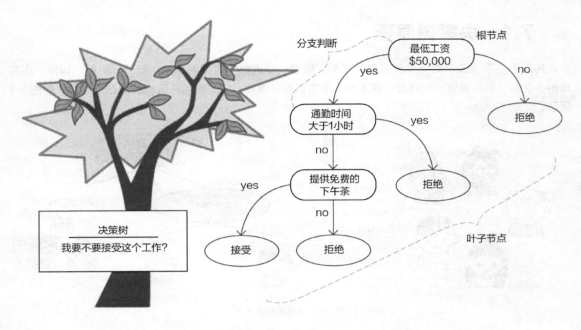

图 7-2 决策树组成

- 根节点：数据的聚集地，第一次划分数据集的地方。
- 非叶子节点与分支：代表中间过程的各个节点。
- 叶子节点：数据最终的决策结果。

　　刚才完成的决策过程其实是已经创建好了一个树模型，只需要把数据传进去，通过决策树得到预测结果，也就是测试阶段，这步非常简单。决策树的核心还是在训练阶段，需要一步步把一个完美的决策树构建出来。那么问题来了，怎样的决策树才是完美的呢？训练阶段需要考虑的问题比较多，例如根节点选择什么特征来划分？如果按照年龄划分，年龄的判断阈值应该设置成多少？下一个节点按照什么特征来划分？一旦解决这些问题，一个完美的树模型就构建出来了。

7.1.2 衡量标准

　　总结上面所提到的问题，归根到底就是什么特征能够把数据集划分得更好，也就是哪个特征最好用，就把它放到最前面，因为它的效果最好，当然应该先把最厉害的拿出来。就像是参加比赛，肯定先上最厉害的队员（决策树中可没有田忌赛马的故事）。那么数据中有那么多特征，怎么分辨其能力呢？这就需要给出一个合理的判断标准，对每个特征进行评估，得到一个合适的能力值。

　　这里要介绍的衡量标准就是熵值，大家可能对熵有点陌生，先来解释一下熵的含义，然后再去研究其数学公式吧。

熵指物体内部的混乱程度，怎么理解混乱程度呢？可以分别想象两个场景：第一个场景是，当你来到义乌小商品批发市场，市场里有很多商品，看得人眼花缭乱，这么多商品，好像哪个都想买，但是又比较纠结买哪个，因为可以选择的商品实在太多。

根据熵的定义，熵值越高，混乱程度越高。这个杂货市场够混乱吧，那么在这个场景中熵值就较高。但是，模型是希望同一类别的数据放在一起，不同类别的数据分开。那么，如果各种类别数据都混在一起，划分效果肯定就不好，所以熵值高意味着数据没有分开，还是混杂在一起，这可不是模型想要的。

第二个场景是当你来到一个苹果手机专卖店，这一进去，好像没得选，只能买苹果手机。这个时候熵值就很低，因为这里没有三星、华为等，选择的不确定性就很低，混乱程度也很低。

如果数据划分后也能像苹果专卖店一样，同一类别的都聚集在一起，就达到了分类的目的，解释过后，来看一下熵的公式：

$$H(X) = -\sum_{i=1}^{n} p_i \times \log p_i \tag{7.1}$$

对于一个多分类问题，需要考虑其中每一个类别。式中，n 为总共的类别数量，也就是整体的熵值是由全部类别所共同决定的；p_i 为属于每一类的概率。式（7.1）引入了对数函数，它的作用是什么呢？先来观察一下图 7-3。

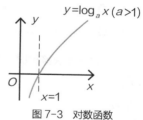

图 7-3 对数函数

如果一个节点中所有数据都属于同一类别，此时概率 p_i 值就为 1。在对数图中，当 $x=1$ 时对应的输出值恰好为 0，此时熵值也就为 0。因为数据都是一个类别的，没有任何混乱程度，熵值就为最低，也就是 0。

再举一个极端的例子，如果一个节点里面的数据都分属于不同的类别，例如 10 个数据属于各自的类别，这时候概率 p_i 值就很低，因为每一个类别取到的概率都很小，观察图 7-3 可以发现，当 x 取值越接近于 0 点，其函数值的绝对值就越大。

由于概率值只对应对数函数中 [0,1] 这一部分，恰好其值也都是负数，所以还需在熵的公式最前面加上一个负号，目的就是负负得正，将熵值转换成正的。并且随着概率值的增大，对数函数结果越来越接近于 0，可以用其表示数据分类的效果。

下面再通过一个数据例子理解一下熵的概念：假设 A 集合为 [1,1,1,1,1,1,1,1,2,2]、B 集合为 [1,2,3,4,5,6,7,8,9,10]。在分类任务中，A 集合里面的数据相对更纯，取到各自类别的概率值相对较大，此时熵值就偏低，意味着通过这次划分的结果还不错。反观 B 集合，由于里面什么类别都有，鱼龙混杂，取到各自类别的概率值都较低，由于对数函数的作用，其熵值必然偏高，也就是这次划分做得并不好。

再来说一说抛硬币的事，把硬币扔向天空后落地的时候，结果基本就是对半开，正反各占 50%，这也是一个二分类任务最不确定的时候，由于无法确定结果，其熵值必然最大。但是，如果非常确定一件事发生或者不发生时，熵值就很小，熵值变化情况如图 7-4 所示。

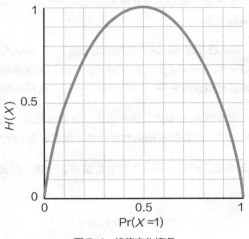

图 7-4 熵值变化情况

- 当 p=0 或 p=1 时，$H(p)$=0，随机变量完全没有不确定性。

- 当 p=0.5 时，$H(p)$=1（式（7.1）中的对数以 2 为底），此时随机变量的不确定性最大。

在构建分类决策树时，不仅可以使用熵值作为衡量标准，还可以使用 Gini 系数，原理基本一致，公式如下：

$$\mathrm{Gini}(p) = \sum_{k=1}^{K} p_k(1-p_k) = 1 - \sum_{k=1}^{K} p_k^2 \qquad (7.2)$$

7.1.3 信息增益

既然熵值可以衡量数据划分的效果，那么，在构建决策树的过程中，如何利用熵值呢？这就要说到信息增益了，明确这个指标后，决策树就可以动工了。

数据没有进行划分前，可以得到其本身的熵值，在划分成左右节点之后，照样能分别对其节点求熵值。比较数据划分前后的熵值，目标就是希望熵值能够降低，如果划分之后的熵值比之前小，就说明这次划分是有价值的，信息增益公式如下：

$$\mathrm{Gain}(S,A) = \mathrm{Entropy}(S) - \sum_{v \in \mathrm{Values}}(A) \frac{S_v}{|S|} \mathrm{Entropy}(S_v) \qquad (7.3)$$

这里计算了划分前后熵值的变化，右项中的具体解释留到下节的计算实例中更容易理解。

总结一下，目前已经可以计算经过划分后数据集的熵值变换情况，回想一下最初的问题，就是要找到最合适的特征。那么在创建决策树时，基本出发点就是去遍历数据集中的所有特征，看看到底哪个特征能够使得熵值下降最多，信息增益最大的就是要找的根节点。接下来就要在剩下的特征中再找到使得信息增益最大的特征，以此类推，直到构建完成整个树模型。

7.1.4 决策树构造实例

下面通过一个实例来看一下决策树的构建过程，这里有 14 条数据，表示迪哥在各种天气状况下是否去打球。数据中有 4 个特征，用来描述当天的天气状况，最后一列的结果就是分类的标签，如表 7-1 所示。

表 7-1 天气数据集

outlook	temperature	humidity	windy	play
sunny	hot	high	FALSE	no
sunny	hot	high	TRUE	no
overcast	hot	high	FALSE	yes
rainy	mild	high	FALSE	yes
rainy	cool	normal	FALSE	yes
rainy	cool	normal	TRUE	no
overcast	cool	normal	TRUE	yes
sunny	mild	high	FALSE	no
sunny	cool	normal	FALSE	yes
rainy	mild	normal	FALSE	yes
sunny	mild	normal	TRUE	yes
overcast	mild	high	TRUE	yes
overcast	hot	normal	FALSE	yes
rainy	mild	high	TRUE	no

数据集包括 14 天的打球情况（用 yes 或者 no 表示），所给的数据特征有 4 种天气状况（outlook、temperature、humidity、windy）：

- outlook 表示天气状况，有 3 种取值，分别是 sunny、rainy、overcast。

- temperature 表示气温，有 3 种取值，分别是 hot、cool、mild。

- humidity 表示潮湿度，有 2 种取值，分别是 high、normal。

- windy 表示是否有风，有 2 种取值，分别是 TRUE、FALSE。

目标就是构建一个决策树模型，现在数据集中有 4 个特征，所以要考虑的第一个问题就是，究竟用哪一个特征当作决策树的根节点，可以有 4 种划分方式（见图 7-5）。

1.基于天气的划分

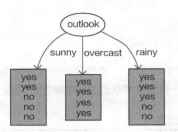

2.基于温度的划分

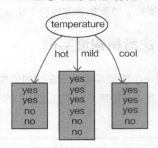

3.基于湿度的划分

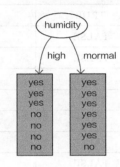

4.基于有风的划分

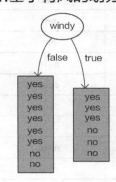

图 7-5 4 种特征划分

根据上图的划分情况，需要从中选择一种划分当作根节点，如何选择呢？这就要用到前面介绍的信息增益。

在历史数据中，迪哥有 9 天打球，5 天不打球，所以此时还未经过划分的数据集熵值应为：

$$-\frac{9}{14}\log_2\frac{9}{14}-\frac{5}{14}\log_2\frac{5}{14}=0.940$$

为了找到最好的根节点，需要对 4 个特征逐一分析，先从 outlook 特征开始。

当 outlook = sunny 时，总共对应 5 条数据，其中有 2 天出去打球，3 天不打球，则熵值为 0.971（计算方法同上）。

当 outlook = overcast 时，总共对应 4 条数据，其中 4 天出去打球，此时打球的可能性就为 100%，所以其熵值为 0。

当 outlook = rainy 时，总共对应 5 条数据，其中有 3 天出去打球，2 天不打球，则熵值为 0.971。

outlook 取值为 sunny、overcast、rainy 的概率分别为 5/14、4/14、5/14，最终经过 outlook 节点划分后，熵值计算如下（相当于加权平均）：

$$5/14 \times 0.971 + 4/14 \times 0 + 5/14 \times 0.971 = 0.693$$

以 outlook 作为根节点，系统的熵值从初始的 0.940 下降到 0.693，增益为 0.247。用同样的方式可以计算出其他特征的信息增益，以 temperature、humidity、windy 分别作为根节点的信息增益为 gain(temperature)=0.029，gain(humidity)=0.152，gain(windy)=0.048。这相当于遍历所有特征，接下来只需选择信息增益最大的特征，把它当作根节点拿出即可。

根节点确定后，还需按顺序继续构建决策树，接下来的方法也是类似的，在剩下的 3 个特征中继续寻找信息增益最大的即可。所以，决策树的构建过程就是不断地寻找当前的最优特征的过程，如果不做限制，会遍历所有特征。

7.1.5 连续值问题

上一小节使用的是离散属性的特征，如果数据是连续的特征该怎么办呢？例如对于身高、体重等指标，这个时候不仅需要找到最合适的特征，还需要找到最合适的特征切分点。在图 7-1 所示例子中，也可以按照年龄 30 岁进行划分，这个 30 也是需要给定的指标，因为不同的数值也会对结果产生影响。

如何用连续特征 x=[60,70,75,85,90,95,100,120,125,220] 选择最合适的切分点呢？需要不断进行尝试，也就是不断二分的过程，如图 7-6 所示。

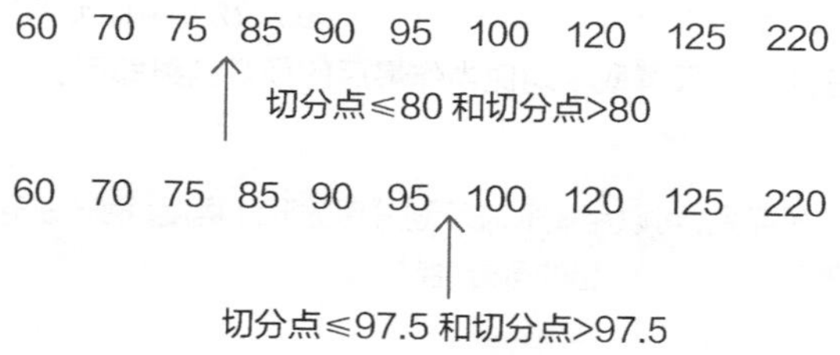

60　70　75　85　90　95　100　120　125　220

↑
切分点≤80 和切分点>80

60　70　75　85　90　95　100　120　125　220

↑
切分点≤97.5 和切分点>97.5

图 7-6　连续值切分

数据 x 一共有 9 个可以切分的点，需要都计算一遍，这一过程也是连续值的离散化过程。对于每一个切分点的选择，都去计算当前信息增益值的大小，最终选择信息增益最大的那个切分点，当作实际构建决策树时选择的切分点。

在这样一份数据中，看起来一一尝试是可以的，但是，如果连续值数据过于庞大怎么办呢？也可以人为地选择合适的切分点，并不是非要遍历所有的数据点。例如，将数据集划分成 N 块，这就需要遍历 N 次，其实无非就是效率问题，如果想做得更完美，肯定需要更多的尝试，这些都是可以控制的。

7.1.6 信息增益率

在决策树算法中，经常会看到一些有意思的编号，例如 ID3、C4.5，相当于对决策树算法进行了升级。基于信息增益的构建方法就是 ID3，那么还有哪些问题需要改进呢？可以想象这样一种特征，样本编号为

ID，由于每一个样本的编号都是唯一的，如果用该特征来计算信息增益，可能得到的结果就是它能把所有样本都分开，因为每一个节点里面只有一个样本，此时信息增益最大。但是类似 ID 这样的特征却没有任何实际价值，所以需要对信息增益的计算方法进行改进，使其能够更好地应对属性值比较分散的类似 ID 特征。

为了避免这个不足，科学家们提出了升级版算法，俗称 C4.5，使用信息增益比率（gain ratio）作为选择分支的准则去解决属性值比较分散的特征。"率"这个词一看就是要做除法，再来看看 ID 这样的特征，由于取值可能性太多，自身熵值已经足够大，如果将此项作为分母，将信息增益作为分子，此时即便信息增益比较大，但由于其自身熵值更大，那么整体的信息增益率就会变得很小。

7.1.7　回归问题求解

熵值可以用来评估分类问题，那么决策树是不是只能做分类任务呢？当然不止如此，回归任务照样能解决，只需要将衡量标准转换成其他方法即可。

在划分数据集时，回归任务跟分类任务的目标相同，肯定还是希望类似的数值划分在一起，例如，有一批游戏玩家的充值数据 [100,150,130,120,90,15000,16000,14500,13800]，有的玩家充得多，有的玩家充得少。决策树在划分时肯定希望区别对待这两类玩家，用来衡量不同样本之间差异最好的方法就是方差。在选择根节点时，分类任务要使得熵值下降最多，回归任务只需找方差最小的即可。

最终的预测结果也是类似，分类任务中，某一叶子节点取众数（哪种类别多，该叶子节点的最终预测类别就是多数类别的）；回归任务中，只需取平均值当作最后的预测结果即可。

 迪哥说： 分类任务关注的是类别，可以用熵值表示划分后的混乱程度；回归任务关注的则是具体的数值，划分后的集合方差越小，把同类归纳在一起的可能性越大。

7.2　决策树剪枝策略

讨论了如何建立决策树，下面再来考虑另一个问题：如果不限制树的规模，决策树是不是可以无限地分裂下去，直到每个叶子节点只有一个样本才停止？在理想情况下，这样做能够把训练集中所有样本完全分开。此时每个样本各自占领一个叶子节点，但是这样的决策树是没有意义的，因为完全过拟合，在实际测试集中效果会很差。

所以，需要额外注意限制树模型的规模，不能让它无限制地分裂下去，这就需要对决策树剪枝。试想，小区中的树木是不是经常修剪才能更美观？决策树算法也是一样，目的是为了建模预测的效果更好，那么如何进行剪枝呢？还是需要一些策略。

7.2.1　剪枝策略

通常情况下，剪枝方案有两种，分别是预剪枝（Pre-Pruning）和后剪枝（Post-Pruning）。虽然这两种剪枝方案的目标相同,但在做法上还是有区别。预剪枝是在决策树建立的过程中进行,一边构建决策树一边限制其规模。后剪枝是在决策树生成之后才开始,先一口气把决策树构建完成,然后再慢慢收拾它。

(1)预剪枝。在构造决策树的同时进行剪枝,目的是限制决策树的复杂程度,常用的停止条件有树的层数、叶子节点的个数、信息增益阈值等指标,这些都是决策树算法的输入参数,当决策树的构建达到停止条件后就会自动停止。

(2)后剪枝。决策树构建完成之后,通过一定的标准对其中的节点进行判断,可以自己定义标准,例如常见的衡量标准:

$$C_\alpha(T) = C(T) + \alpha \left| T_{\text{leaf}} \right| \tag{7.4}$$

式(7.4)与正则化惩罚相似,只不过这里惩罚的是树模型中叶子节点的个数。式中,$C(T)$ 为当前的熵值;T_{leaf} 为叶子节点个数,要综合考虑熵值与叶子节点个数。分裂的次数越多,树模型越复杂,叶子节点也就越多,熵值也会越小;分裂的次数越少,树模型越简单,叶子节点个数也就越少,但是熵值就会偏高。最终的平衡点还在于系数 α(它的作用与正则化惩罚中的系数相同),其值的大小决定了模型的趋势倾向于哪一边。对于任何一个节点,都可以通过比较其经过剪枝后 $C_\alpha(T)$ 值与未剪枝前 $C_\alpha(T)$ 值的大小,以决定是否进行剪枝操作。

后剪枝做起来较麻烦,因为首先需要构建出完整的决策树模型,然后再一点一点比对。相对而言,预剪枝就方便多了,直接用各种指标限制决策树的生长,也是当下最流行的一种决策树剪枝方法。

迪哥说:现阶段在建立决策树时,预剪枝操作都是必不可少的,其中涉及的参数也较多,需要大量的实验来选择一组最合适的参数,对于后剪枝操作来说,简单了解即可。

7.2.2 决策树算法涉及参数

决策树模型建立的时候,需要的参数非常多,它不像逻辑回归那样可以直接拿过来用。绝大多数参数都是用来控制树模型的规模的,目的就是尽可能降低过拟合风险,下面以 Sklearn 工具包中的参数为例进行阐述(见表 7-2)。

表 7-2 Sklearn 工具包中的参数

参数	DecisionTreeClassifier	DecisionTreeRegressor
criterion	可以使用 "gini" 或者 "entropy",前者代表基尼系数,后者代表信息增益。sklearn 工具包中默认使用基尼系数	可以使用 "mse" 或者 "mae",前者是均方差,后者是和均值之差的绝对值之和。基本都是使用均方差进行计算
splitter	特征划分点选择标准,可以使用 "best" 或者 "random"。前者表示在特征的所有划分点中找出最优的划分点。后者是随机的在部分划分点中找出局部最优的划分点 一般情况下,还是用 best 先来试一试,如果样本数据量非常大,可以考虑使用 "random" 方法	

参数	DecisionTreeClassifier	DecisionTreeRegressor
max_features	划分时考虑的最大特征数，可以使用很多种类型的值，默认是"None"，意味着划分时考虑所有的特征数；也可以指定成"log2""sqrt"或者具体数值 一般情况下，使用默认的"None"就可以，只有特征特别多时，才考虑进行限制	
max_depth	决策树的最大深度，默认不会限制子树的深度。基本上在训练模型时，都会选择限制其最大深度，也是后续要重点调参的	
min_samples_split	内部节点再划分所需最小样本数，这个值限制了子树继续划分的条件，如果某节点的样本数少于 min_samples_split，则不会继续再尝试选择最优特征进行划分。默认值为 2，也是调参中需要重点考虑的对象	
min_samples_leaf	叶子节点最少样本数，这个值限制了叶子节点最少的样本数，如果某叶子节点数目小于该参数，则会和兄弟节点一起被剪枝	
min_weight_fraction_leaf	叶子节点最小的样本权重和，这个值限制了叶子节点所有样本权重和的最小值，如果小于这个值，则会和兄弟节点一起被剪枝。默认是 0，就是不考虑权重问题。样本数据分布不均匀时可以考虑使用	
max_leaf_nodes	最大叶子节点数，通过限制最大叶子节点数，可以防止过拟合，默认是"None"，即不限制最大的叶子节点数	
class_weight	指定样本各类别的权重，主要是为了防止训练集某些类别的样本过多，导致训练的决策树过于偏向这些类别。如果使用"balanced"，则算法会自己计算权重，样本量少的类别所对应的样本权重会高	不适用于回归树
min_impurity_split	节点划分最小不纯度，这个值限制了决策树的增长，如果某节点的不纯度（如基尼系数、信息增益、均方差、绝对差）小于这个阈值，则该节点不再生成子节点，即为叶子节点	

针对 sklearn 工具包中的树模型，介绍了一下其参数的含义，后续任务中，就要使用这些参数来建立模型，只不过不仅可以建立一棵"树"，还可以使用一片"森林"，等弄明白集成算法之后再继续实战。

本章总结

本章介绍了决策树算法的构建方法，在分类任务中，以熵值为衡量标准来选择合适的特征，从根节点开始创建树模型；在回归任务中，以方差为标准进行特征选择。还需注意树模型的复杂程度，通常使用预剪枝策略来控制其规模。决策树算法现阶段已经融入各种集成算法中，后续章节还会以树模型为基础，继续提升整体算法的效果。

第 8 章
集成算法

集成学习（ensemble learning）是目前非常流行的机器学习策略，基本上所有问题都可以借用其思想来得到效果上的提升。基本出发点就是把算法和各种策略集中在一起，说白了就是一个搞不定大家一起上！集成学习既可以用于分类问题，也可以用于回归问题，在机器学习领域会经常看到它的身影，本章就来探讨一下几种经典的集成策略，并结合其应用进行通俗解读。

8.1 bagging 算法

集成算法有 3 个核心的思想：bagging、boosting 和 stacking，这几种集成策略还是非常好理解的，下面向大家逐一介绍。

8.1.1 并行的集成

bagging 即 boostrap aggregating，其中 boostrap 是一种有放回的抽样方法，抽样策略是简单的随机抽样。其原理很直接，把多个基础模型放到一起，最后再求平均值即可，这里可以把决策书当作基础模型，其实基本上所有集成策略都是以树模型为基础的，公式如下：

$$f(x) = \frac{1}{M} \sum_{m=1}^{M} f_m(x) \tag{8.1}$$

首先对数据集进行随机采样，分别训练多个树模型，最终将其结果整合在一起即可，思想还是非常容易理解的，其中最具代表性的算法就是随机森林。

8.1.2 随机森林

随机森林是机器学习中十分常用的算法，也是 bagging 集成策略中最实用的算法之一。那么随机和森林分别是什么意思呢？森林应该比较好理解，分别建立了多个决策树，把它们放到一起不就是森林吗？这些决策树都是为了解决同一任务建立的，最终的目标也都是一致的，最后将其结果来平均即可，如图 8-1 所示。

想要得到多个决策树模型并不难，只需要多次建模就可以。但是，需要考虑一个问题，如果每一个树模型都相同，那么最终平均的结果也相同。为了使得最终的结果能够更好，通常希望每一个树模型都是有个性的，整个森林才能呈现出多样性，这样再求它们的平均，结果应当更稳定有效。

如何才能保证多样性呢？如果输入的数据是固定的，模型的参数也是固定的，那么，得到的结果就是唯一的，如何解决这个问题呢？此时就需要随机森林中的另一部分——随机。这个随机一般叫作二重随机性，因为要随机两种方案，下面分别进行介绍。

首先是数据采样的随机，训练数据取自整个数据集中的一部分，如果每一个树模型的输入数据都是不同的，例如随机抽取 80% 的数据样本当作第一棵树的输入数据，再随机抽取 80% 的样本数据当作第二棵树的输入数据，并且还是有放回的采样，这就保证两棵树的输入是不同的，既然输入数据不同，得到的结果必然也会有所差异，这是第一重随机。

如果只在数据层面上做文章，那么多样性肯定不够，还需考虑一下特征，如果对不同的树模型选择不同的特征，结果的差异就会更大。例如，对第一棵树随机选择所有特征中的 60% 来建模，第二棵再随机选择其中 60% 的特征来建模，这样就把差异放大了，这就是第二重随机。

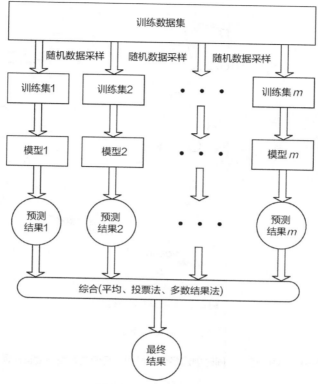

图 8-1 bagging 集成策略

如图 8-2 所示，由于二重随机性使得创建出来的多个树模型各不相同，即便是同样的任务目标，在各自的结果上也会出现一定的差异，随机森林的目的就是要通过大量的基础树模型找到最稳定可靠的结果，如图 8-3 所示，最终的预测结果由全部树模型共同决定。

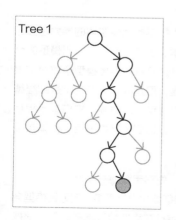
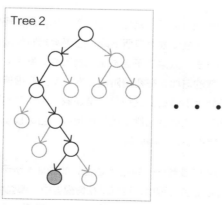
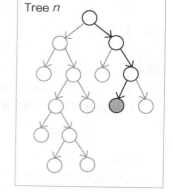

图 8-2 树模型的多样性

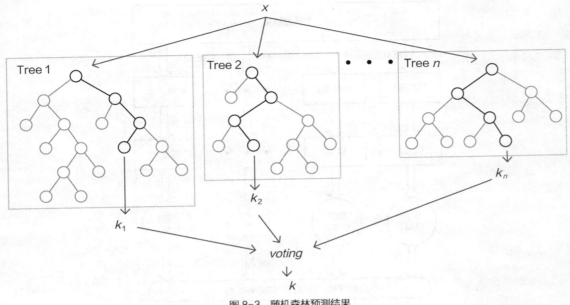

图 8-3   随机森林预测结果

解释随机森林的概念之后，再把它们组合起来总结如下。

1. 随机森林首先是一种并联的思想，同时创建多个树模型，它们之间是不会有任何影响的，使用相同参数，只是输入不同。

2. 为了满足多样性的要求，需要对数据集进行随机采样，其中包括样本随机采样与特征随机采样，目的是让每一棵树都有个性。

3. 将所有的树模型组合在一起。在分类任务中，求众数就是最终的分类结果；在回归任务中，直接求平均值即可。

对随机森林来说，还需讨论一些细节问题，例如树的个数是越多越好吗？树越多代表整体的能力越强，但是，如果建立太多的树模型，会导致整体效率有所下降，还需考虑时间成本。在实际问题中，树模型的个数一般取 100 ~ 200 个，继续增加下去，效果也不会发生明显改变。图 8-4 是随机森林中树模型个数对结果的影响，可以发现，随着树模型个数的增加，在初始阶段，准确率上升很明显，但是随着树模型个数的继续增加，准确率逐渐趋于稳定，并开始上下浮动。这都是正常现象，因为在构建决策树的时候，它们都是相互独立的，很难保证把每一棵树都加起来之后会比原来的整体更好。当树模型个数达到一定数值后，整体效果趋于稳定，所以树模型个数也不用特别多，够用即可。

在集成算法中，还有一个很实用的参数——特征重要性，如图 8-5 所示。先不用管每一个特征是什么，特征重要性就是在数据中每一个特征的重要程度，也就是在树模型中，哪些特征被利用得更多，因为树模型会优先选择最优价值的特征。在集成算法中，会综合考虑所有树模型，如果一个特征在大部分基础树模型中都被使用并且靠近根节点，它自然比较重要。

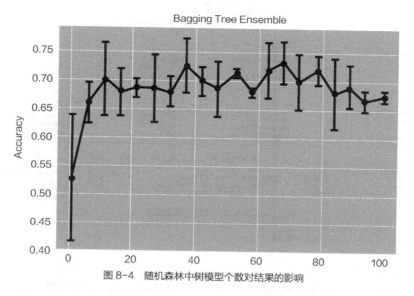

图 8-4　随机森林中树模型个数对结果的影响

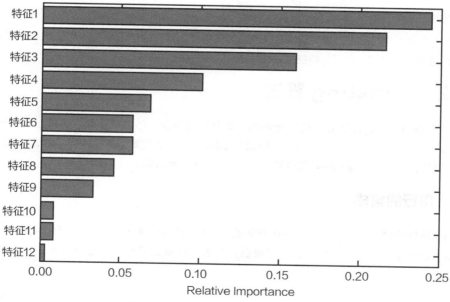

图 8-5　特征重要性

　　当使用树模型时，可以非常清晰地得到整个分裂过程，方便进行可视化分析，如图 8-6 所示，这也是其他算法望尘莫及的，在下一章的实战任务中将展示绘制树模型的可视化结果的过程。

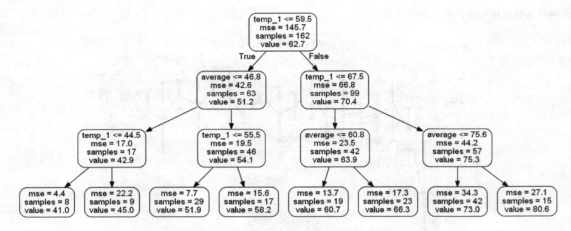

图 8-6　树模型可视化展示

最后再来总结一下 bagging 集成策略的特点。

1. 并联形式，可以快速地得到各个基础模型，它们之间不会相互干扰，但是其中也存在问题，不能确保加进来的每一个基础树模型都对结果产生促进作用，可能有个别树模型反而拉后腿。

2. 可以进行可视化展示，树模型本身就具有这个优势，每一个树模型都具有实际意义。

3. 相当于半自动进行特征选择，总是会先用最好的特征，这在特征工程中一定程度上省时省力，适用于较高维度的数据，并且还可以进行特征重要性评估。

8.2　boosting 算法

上一节介绍的 bagging 思想是，先并行训练一堆基础树模型，然后求平均。这就出现了一个问题：如果每一个树模型都比较弱，整体平均完还是很弱，那么怎样才能使模型的整体战斗力更强呢？这回轮到 boosting 算法登场了，boosting 算法可以说是目前比较厉害的一种策略。

8.2.1　串行的集成

boosting 算法的核心思想就在于要使得整体的效果越来越好，整体队伍是非常优秀的，一般效果的树模型想加入进来是不行的，只要最强的树模型。怎么才能做到呢？先来看一下 boosting 算法的基本公式：

$$F_n(x) = F_{m-1}(x) + \mathrm{argmin}_h \sum_{i=1}^{n} L(y_i, F_{m-1}(x_i) + h(x_i))$$　　　　（8.2）

通俗的解释就是把 $F_{m-1}(x)$ 当作前一轮得到的整体，这个整体中可能已经包含多个树模型，当再往这个整体中加入一个树模型的时候，需要满足一个条件——新加入的 $h(x_i)$ 与前一轮的整体组合完之后，效果要比之前好。怎么评估这个好坏呢？就是看整体模型的损失是不是有所下降。

boosting 算法是一种串联方式，如图 8-7 所示，先有第一个树模型，然后不断往里加入一个个新的树模型，但是有一个前提，就是新加入的树模型要使得其与之前的整体组合完之后效果更好，说明要求更严格。最终的结果与 bagging 也有明显的区别，这里不需要再取平均值，而是直接把所有树模型的结果加在一起。那么，为什么这么做呢？

$$
\begin{aligned}
\hat{y}_i^{(0)} &= 0 \\
\hat{y}_i^{(1)} &= f_1(x_i) = \hat{y}_i^{(0)} + f_1(x_i) \\
\hat{y}_i^{(2)} &= f_1(x_i) + f_2(x_i) = \hat{y}_i^{(1)} + f_2(x_i) \\
&\cdots \\
\hat{y}_i^{(t)} &= \sum_{k=1}^{t} f_k(x_i) = \hat{y}_i^{(t-1)} + f_t(x_i)
\end{aligned}
$$

第 t 轮的模型预测　　　　保留前面 t-1 轮的模型预测　　加入一个新的函数

图 8-7　提升思想

回到银行贷款的任务中，假设数据的真实值等于 1000，首先对树 A 进行预测，得到值 950，看起来还不错。接下来树 B 登场了，这时出现一个关键点，就是它在预测的时候，并不是要继续预测银行可能贷款多少，而是想办法弥补树 A 还有多少没做好，也就是 1000−950＝50，可以把 50 当作残差，这就是树 B 要预测的结果，假设得到 30。现在需要把树 A 和树 B 组合成为一个整体，它们一起预测得 950+30＝980。接下来树 C 要完成的就是剩下的残差（也就是 20），那么最终的结果就是树 A、B、C 各自的结果加在一起得 950+30+18＝998，如图 8-8 所示。说到这里，相信大家已经有点感觉了，boosting 算法好像开挂了，为了达到目标不择手段！没错，这就是 boosting 算法的基本出发点。

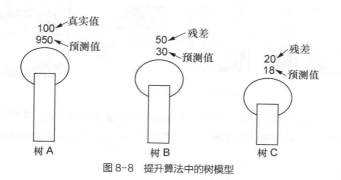

图 8-8　提升算法中的树模型

8.2.2　Adaboost 算法

下面再来介绍一下 boosting 算法中的一个典型代表——Adaboost 算法。简单来说，Adaboost 算法还是按照 boosting 算法的思想，要建立多个基础模型，一个个地串联在一起。

图 8-9 是 Adaboost 算法的建模流程。当得到第一个基础树模型之后，在数据集上有些样本分得正确，有些样本分得错误。此时需要考虑这样一个问题，为什么会分错呢？是不是因为这些样本比较难以判断吗？那么更应当注重这些难度较大的，也就是需要给样本不同的权重，做对的样本，权重相对较低，因为已经做得很好，不需要太多额外的关注；做错的样本权重就要增大，让模型能更重视它。以此类推，每一次划分数据集时，都会出现不同的错误样本，继续重新调整权重，以对数据集不断进行划分即可。每一次划分都相当于得到一个基础的树模型，它们要的目标就是优先解决之前还没有划分正确的样本。

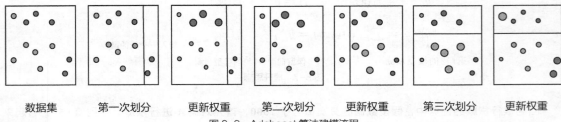

数据集 第一次划分 更新权重 第二次划分 更新权重 第三次划分 更新权重

图 8-9　Adaboost 算法建模流程

图 8-10 是 Adaboost 算法需要把之前的基础模型都串在一起得到最终结果，但是这里引入了系数 α，相当于每一个基础模型的重要程度，因为不同的基础模型都会得到其各自的评估结果，例如准确率，在把它们串在一起的时候，也不能同等对待，效果好的让它多发挥作用，效果一般的，让它参与一下即可，这就是 α 系数的作用。

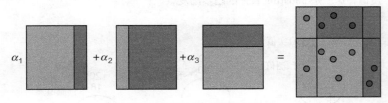

图 8-10　Adaboost 集成结果

Adaboost 算法整体计算流程如图 8-11 所示，在训练每一个基础树模型时，需要调整数据集中每个样本的权重分布，由于每次的训练数据都会发生改变，这就使得每次训练的结果也会有所不同，最终再把所有的结果累加在一起。

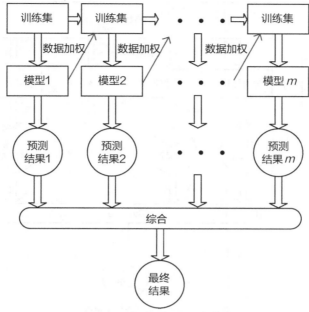

图 8-11　Adaboost 算法计算流程

8.3　stacking 模型

前面讨论了 bagging 和 boosting 算法，它们都是用相同的基础模型进行不同方式的组合，而 stacking 模型与它们不同，它可以使用多个不同算法模型一起完成一个任务，先来看看它的整体流程，如图 8-12 所示。

首先选择 m 个不同分类器分别对数据进行建模，这些分类器可以是各种机器学习算法，例如树模型、逻辑回归、支持向量机、神经网络等，各种算法分别得到各自的结果，这可以当作第一阶段。再把各算法的结果（例如得到了 4 种算法的分类结果，二分类中就是 0/1 值）当作数据特征传入第二阶段的总分类器中，此处只需选择一个分类器即可，得到最终结果。

其实就是把无论多少维的特征数据传入各种算法模型中，例如有 4 个算法模型，得到的结果组合在一起就可以当作一个 4 维结果，再将其传入到第二阶段中得到最终的结果。

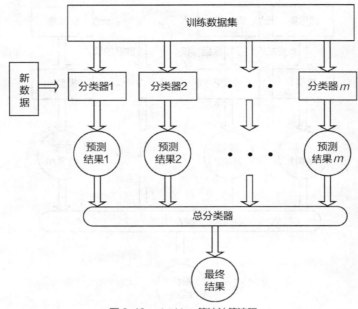

图 8-12　stacking 算法计算流程

图 8-13 是 stacking 策略的计算细节，其中 Model1 可以当作是第一阶段中的一个算法，它与交叉验证原理相似，先将数据分成多份，然后各自得到一个预测结果。那么为什么这么做呢？直接拿原始数据进行训练不可以吗？其实在机器学习中，一直都遵循一个原则，就是不希望训练集对接下来任何测试过程产生影响。在第二阶段中，需要把上一步得到的结果当作特征再进行建模，以得到最终结果，如果在第一阶段中直接使用全部训练集结果，相当于第二阶段中再训练的时候，已经有一个先验知识，最终结果可能出现过拟合的风险。

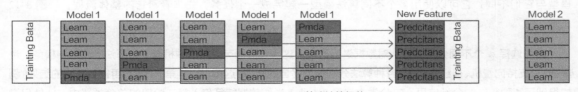

图 8-13　stacking 策略计算细节

借助于交叉验证的思想，在第一阶段中，恰好可以避免重复使用训练集的问题，这个时候得到的结果特征就是不带有训练集信息的结果。第二阶段就用 Model2 指代，只需简单完成一次建模任务即可。

本章总结

本章介绍了机器学习中非常实用的策略——集成算法，分别讲解了其中三大核心模块：bagging、boosting 和 stacking。虽然都是集成策略，但不同算法的侧重点还是有所差异，在实际应用中，算法本身并没有高低之分，还需根据不同任务选择最合适的方法。

第 9 章
随机森林项目实战——气温预测

上一章已经讲解过随机森林的基本原理，本章将从实战的角度出发，借助 Python 工具包完成气温预测任务，其中涉及多个模块，主要包含随机森林建模、特征选择、效率对比、参数调优等。

9.1 随机森林建模

气温预测的任务目标就是使用一份天气相关数据来预测某一天的最高温度，属于回归任务，首先观察一下数据集：

In	```# 数据读取 import pandas as pd features = pd.read_csv('data/temps.csv') features.head(5)```
Out	

	year	month	day	week	temp_2	temp_1	average	actual	friend
0	2016	1	1	Fri	45	45	45.6	45	29
1	2016	1	2	Sat	44	45	45.7	44	61
2	2016	1	3	Sun	45	44	45.8	41	56
3	2016	1	4	Mon	44	41	45.9	40	53
4	2016	1	5	Tues	41	40	46.0	44	41

输出结果中表头的含义如下。

- year,moth,day,week：分别表示的具体的时间。
- temp_2：前天的最高温度值。
- temp_1：昨天的最高温度值。
- average：在历史中，每年这一天的平均最高温度值。
- actual：就是标签值，当天的真实最高温度。
- friend：这一列可能是凑热闹的，你的朋友猜测的可能值，不管它就好。

该项目实战主要完成以下 3 项任务。

1. 使用随机森林算法完成基本建模任务：包括数据预处理、特征展示、完成建模并进行可视化展示分析。

2. 分析数据样本量与特征个数对结果的影响：在保证算法一致的前提下，增加数据样本个数，观察结果变化。重新考虑特征工程，引入新特征后，观察结果走势。

3. 对随机森林算法进行调参，找到最合适的参数：掌握机器学习中两种经典调参方法，对当前模型选择最合适的参数。

▌9.1.1　特征可视化与预处理

拿到数据之后，一般都会看看数据的规模，做到心中有数：

In	print ('数据维度:', features.shape)
Out	数据维度: (348, 9)

输出结果显示该数据一共有 348 条记录，每个样本有 9 个特征。如果想进一步观察各个指标的统计特性，可以用 .describe() 展示：

In	# 统计指标
	features.describe()							

		year	month	day	temp_2	temp_1	average	actual	friend
	count	348.0	348.000000	348.000000	348.000000	348.000000	348.000000	348.000000	348.000000
	mean	2016.0	6.477011	15.514368	62.511494	62.560345	59.760632	62.543103	60.034483
	std	0.0	3.498380	8.772982	11.813019	11.767406	10.527306	11.794146	15.626179
Out	min	2016.0	1.000000	1.000000	35.000000	35.000000	45.100000	35.000000	28.000000
	25%	2016.0	3.000000	8.000000	54.000000	54.000000	49.975000	54.000000	47.750000
	50%	2016.0	6.000000	15.000000	62.500000	62.500000	58.200000	62.500000	60.000000
	75%	2016.0	10.000000	23.000000	71.000000	71.000000	69.025000	71.000000	71.000000
	max	2016.0	12.000000	31.000000	92.000000	92.000000	77.400000	92.000000	95.000000

输出结果展示了各个列的数量，如果有数据缺失，数量就会有所减少。由于各列的统计数量值都是 348，所以表明数据集中并不存在缺失值，并且均值、标准差、最大值、最小值等指标都在这里显示。

对于时间数据，也可以进行格式转换，原因在于有些工具包在绘图或者计算的过程中，用标准时间格式更方便：

| In | ```
# 处理时间数据
import datetime
# 分别得到年、月、日
years = features['year']
months = features['month']
days = features['day']
# datetime 格式
dates = [str(int(year)) + '-' + str(int(month)) + '-' + str(int(day)) for year
, month, day in zip(years, months, days)]
dates = [datetime.datetime.strptime(date, '%Y-%m-%d') for date in dates]
dates[:5]
``` |
|---|---|
```

Out	[datetime. datetime (2016, 1, 1, 0, 0), datetime. datetime (2016, 1, 2, 0, 0), datetime. datetime (2016, 1, 3, 0, 0), datetime. datetime (2016, 1, 4, 0, 0), datetime. datetime (2016, 1, 5, 0, 0)]

为了更直观地观察数据，最简单有效的办法就是画图展示，首先导入 Matplotlib 工具包，再选择一个合适的风格（其实风格差异并不是很大）：

In	``` # 准备画图 import matplotlib.pyplot as plt %matplotlib inline # 指定默认风格 plt. style. use ('fivethirtyeight') ```

开始布局，需要展示 4 项指标，分别为最高气温的标签值、前天、昨天、朋友预测的气温最高值。既然是 4 个图，不妨采用 2×2 的规模，这样会更清晰，对每个图指定好其图题和坐标轴即可：

In	``` # 设置布局 fig, ((ax1, ax2), (ax3, ax4)) = plt. subplots (nrows=2, ncols=2, figsize = (10, 10)) fig. autofmt_xdate (rotation = 45) # 标签值 ax1. plot (dates, features ['actual']) ax1. set_xlabel (''); ax1. set_ylabel ('Temperature'); ax1. set_title ('Max Temp') # 昨天的最高温度值 ax2. plot (dates, features ['temp_1']) ax2. set_xlabel (''); ax2. set_ylabel ('Temperature'); ax2. set_title ('Previous Max Temp') # 前天的最高温度值 ax3. plot (dates, features ['temp_2']) ax3. set_xlabel ('Date'); ax3. set_ylabel ('Temperature'); ax3. set_title ('Two Days Prior Max Temp') # 朋友预测的最高温度值 ax4. plot (dates, features ['friend']) ax4. set_xlabel ('Date'); ax4. set_ylabel ('Temperature'); ax4. set_title ('Friend Estimate') plt. tight_layout (pad=2) ```

上述代码可以生成图 9-1 的输出。

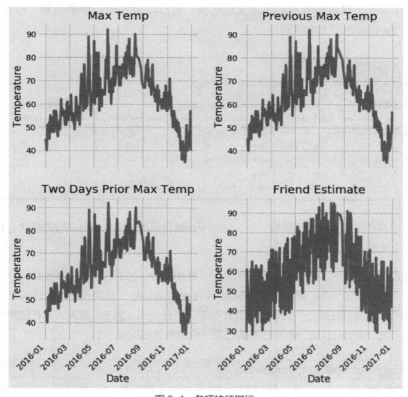

图 9-1 各项特征指标

由图可见，各项指标看起来还算正常（由于是国外的天气数据，在统计标准上有些区别）。接下来，考虑数据预处理的问题，原始数据中的 week 列并不是一些数值特征，而是表示星期几的字符串，计算机并不认识这些数据，需要转换一下。

图 9-2 是常用的转换方式，称作 one-hot encoding 或者独热编码，目的就是将属性值转换成数值。对应的特征中有几个可选属性值，就构造几列新的特征，并将其中符合的位置标记为 1，其他位置标记为 0。

week		Mon	Tue	Wed	Thu	Fri
Mon		1	0	0	0	0
Tue		0	1	0	0	0
Wed	→	0	0	1	0	0
Thu		0	0	0	1	0
Fri		0	0	0	0	1

图 9-2 特征编码

既可以用 Sklearn 工具包中现成的方法完成转换，也可以用 Pandas 中的函数，综合对比后觉得用 Pandas 中的 .get_dummies() 函数最容易：

In	# 独热编码
	features = pd.get_dummies(features)
	features.head(5)

Out		

	year	month	day	temp_2	temp_1	average	actual	friend	week_Fri	week_Mon	week_Sat	week_Sun	week_Thurs	week_Tues	week_Wed
0	2016	1	1	45	45	45.6	45	29	1	0	0	0	0	0	0
1	2016	1	2	44	45	45.7	44	61	0	0	1	0	0	0	0
2	2016	1	3	45	44	45.8	41	56	0	0	0	1	0	0	0
3	2016	1	4	44	41	45.9	40	53	0	1	0	0	0	0	0
4	2016	1	5	41	40	46.0	44	41	0	0	0	0	0	1	0

完成数据集中属性值的预处理工作后，默认会把所有属性值都转换成独热编码的格式，并且自动添加后缀，这样看起来更清晰。

其实也可以按照自己的方式设置编码特征的名字，在使用时，如果遇到一个不太熟悉的函数，想看一下其中的细节，一个更直接的方法，就是在 Notebook 中直接调用 help 工具来看一下它的 API 文档，下面返回的就是 get_dummies 的细节介绍，不只有各个参数说明，还有一些小例子，建议大家在使用的过程中一定要养成多练多查的习惯，掌握查找解决问题的方法也是一个很重要的技能：

In	print (help(pd.get_dummies))

Out	Help on function get_dummies in module pandas.core.reshape.reshape:
	
	get_dummies(data, prefix=None, prefix_sep='_', dummy_na=False, columns=None, sparse=False, drop_first=False, dtype=None)
	    Convert categorical variable into dummy/indicator variables
	
	    Parameters
	    ---------- 	
	    data : array-like, Series, or DataFrame
	    prefix : string, list of strings, or dict of strings, default None
	        String to append DataFrame column names.
	        Pass a list with length equal to the number of columns
	        when calling get_dummies on a DataFrame. Alternatively, `prefix`
	        can be a dictionary mapping column names to prefixes.
	    prefix_sep : string, default '_'
	        If appending prefix, separator/delimiter to use. Or pass a
	        list or dictionary as with 'prefix.'
	    dummy_na : bool, default False
	        Add a column to indicate NaNs, if False NaNs are ignored.

columns : list-like, default None
    Column names in the DataFrame to be encoded.
    If 'columns' is None then all the columns with
    'object' or 'category' dtype will be converted.
sparse : bool, default False
    Whether the dummy columns should be sparse or not.   Returns
    SparseDataFrame if 'data' is a Series or if all columns are included.
    Otherwise returns a DataFrame with some SparseBlocks.
drop_first : bool, default False
    Whether to get k-1 dummies out of k categorical levels by removing the
    first level.

    .. versionadded:: 0.18.0

dtype : dtype, default np.uint8
    Data type for new columns. Only a single dtype is allowed.

    .. versionadded:: 0.23.0

Returns
----
dummies : DataFrame or SparseDataFrame

Examples

```
>>> import pandas as pd
>>> s = pd.Series(list('abca'))

>>> pd.get_dummies(s)
   a  b  c
0  1  0  0
1  0  1  0
2  0  0  1
3  1  0  0

>>> s1 = ['a', 'b', np.nan]

>>> pd.get_dummies(s1)
   a  b
0  1  0
1  0  1
2  0  0
```

```
>>> pd.get_dummies(s1, dummy_na=True)
   a  b  NaN
0  1  0   0
1  0  1   0
2  0  0   1

>>> df = pd.DataFrame({'A': ['a', 'b', 'a'], 'B': ['b', 'a', 'c'],
...                    'C': [1, 2, 3]})

>>> pd.get_dummies(df, prefix=['col1', 'col2'])
   C  col1_a  col1_b  col2_a  col2_b  col2_c
0  1     1       0       0       1       0
1  2     0       1       1       0       0
2  3     1       0       0       0       1

>>> pd.get_dummies(pd.Series(list('abcaa')))
   a  b  c
0  1  0  0
1  0  1  0
2  0  0  1
3  1  0  0
4  1  0  0

>>> pd.get_dummies(pd.Series(list('abcaa')), drop_first=True)
   b  c
0  0  0
1  1  0
2  0  1
3  0  0
4  0  0

>>> pd.get_dummies(pd.Series(list('abc')), dtype=float)
     a    b    c
0  1.0  0.0  0.0
1  0.0  1.0  0.0
2  0.0  0.0  1.0

See Also
--------
Series.str.get_dummies
```

特征预处理完成之后，还要把数据重新组合一下，特征是特征，标签是标签，分别在原始数据集中提取一下：

In	
| | ```
# 数据与标签
import numpy as np
# 标签
labels = np.array(features['actual'])
# 在特征中去掉标签
features= features.drop('actual', axis = 1)
# 名字单独保存，以备后患
feature_list = list(features.columns)
# 转换成合适的格式
features = np.array(features)
``` |

在训练模型之前，需要先对数据集进行切分：

In	
| | ```
# 数据集切分
from sklearn.model_selection import train_test_split
train_features, test_features, train_labels, test_labels = train_test_
split(features, labels, test_size = 0.25, random_state = 42)
print('训练集特征:', train_features.shape)
print('训练集标签:', train_labels.shape)
print('测试集特征:', test_features.shape)
print('测试集标签:', test_labels.shape)
``` |
| **Out** | 训练集特征：(261, 14)
训练集标签：(261,)
测试集特征：(87, 14)
测试集标签：(87,) |

9.1.2　随机森林回归模型

万事俱备，开始建立随机森林模型，首先导入工具包，先建立 1000 棵树模型试试，其他参数暂用默认值，然后深入调参任务：

| In | ```
# 导入算法
from sklearn.ensemble import RandomForestRegressor
# 建模
rf = RandomForestRegressor(n_estimators= 1000, random_state=42)
# 训练
rf.fit(train_features, train_labels)
# 预测结果
predictions = rf.predict(test_features)
# 计算误差
errors = abs(predictions - test_labels)
# mean absolute percentage error (MAPE)
mape = 100 * (errors / test_labels)
print('MAPE:', np.mean(mape))
``` |
| Out | MAPE: 6.00942279601 |

由于数据样本量非常小，所以很快可以得到结果，这里选择先用 MAPE 指标进行评估，也就是平均绝对百分误差。其实对于回归任务，评估方法还是比较多的，下面列出几种，都很容易实现，也可以选择其他指标进行评估。

$$RMSE = \sqrt{\frac{1}{n}\sum_{t=1}^{n}(observed_t - predicted_t)^2}$$

$$MSE = \frac{1}{n}\sum_{t=1}^{n}(observed_t - predicted_t)^2 \qquad (9.1)$$

$$MAPE = \sum_{t=1}^{n}\left|\frac{observed_t - predicted_t}{observed_t}\right| \times \frac{100^2}{n}$$

9.1.3 树模型可视化方法

得到随机森林模型后，现在介绍怎么利用工具包对树模型进行可视化展示，首先需要安装 Graphviz 工具，其配置过程如下。

第①步：下载安装。

登录网站 https://graphviz.gitlab.io/_pages/Download/Download_windows.html，如图 9-3 所示。

下载 graphviz-2.38.msi，完成后双击这个 msi 文件，然后一直单击 next 按钮，即可安装 Graphviz 软件（注意：一定要记住安装路径，因为后面配置环境变量会用到路径信息，系统默认的安装路径是 C:\Program Files (x86)\Graphviz2.38）。
```

图 9-3　Graphviz 官网

第②步：配置环境变量。

将 Graphviz 安装目录下的 bin 文件夹添加到 Path 环境变量中。

用鼠标单击【控制面板】→【系统和安全】→【系统】命令，弹出如图 9-4 所示的对话框。

图 9-4　【系统】对话框

单击【高级系统设置】命令，弹出如图 9-5 所示的对话框。

图 9-5 【高级系统设置】对话框

单击【环境变量】按钮，将 Graphviz 软件的安装路径（默认是"C:\Program Files (x86)\Graphviz2.38\bin"）添加到【编辑系统变量】对话框中，如图 9-6 所示。

图 9-6 配置环境变量

第③步：验证安装。

进入 Windows 命令行界面，输入"dot–version"命令，然后按住 Enter 键，如果显示 Graphviz 的相关版本信息，则说明安装配置成功，如图 9-7 所示。

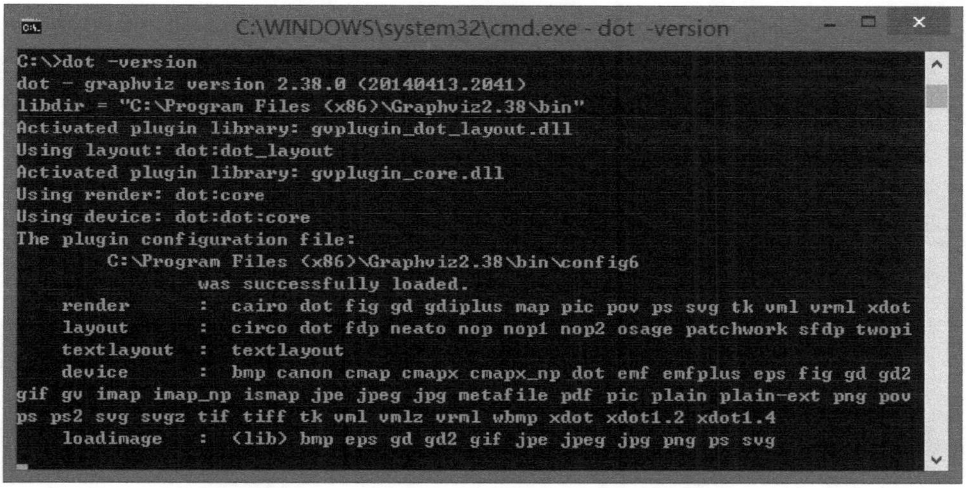

图 9-7　验证安装结果

最后还需安装 graphviz、pydot 和 pydotplus 插件，在命令行中输入相关命令即可，代码如下：

In	Pip install graphviz Pip install pydot Pip install pydotplus

上述工具包安装完成之后，就可以绘制决策树模型：

In	# 导入所需工具包
	from sklearn. tree import export_graphviz
	import pydot #pip install pydot
	# 拿到其中的一棵树
	tree = rf. estimators_[5]
	# 导出 dot 文件
	export_graphviz(tree, out_file = 'tree. dot', feature_names = feature_list, rounded = True, precision = 1)
	# 绘图
	(graph,) = pydot. graph_from_dot_file('tree. dot')
	# 展示
	graph. write_png('tree. png');

执行完上述代码，会在指定的目录下（如果只指定其名字，会在代码所在路径下）生成一个 tree.png 文件，这就是绘制好的一棵树的模型，如图 9-8 所示。树模型看起来有点太大，观察起来不太方便，可以使用参数限制决策树的规模，还记得剪枝策略吗？预剪枝方案在这里可以派上用场。

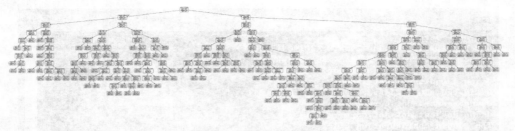

图 9-8　树模型可视化展示

| In | ```
# 限制一下树模型
rf_small = RandomForestRegressor(n_estimators=10, max_depth = 3, random_state=42)
rf_small.fit(train_features, train_labels)
# 提取一棵树
tree_small = rf_small.estimators_[5]
# 保存
export_graphviz(tree_small, out_file = 'small_tree.dot', feature_names = feature_list, rounded = True, precision = 1)
(graph, ) = pydot.graph_from_dot_file('small_tree.dot')
graph.write_png('small_tree.png');
``` |
|---|---|

图 9-9 对生成的树模型中各项指标的含义进行了标识，看起来还是比较好理解，其中非叶子节点中包括 4 项指标：所选特征与切分点、评估结果、此节点样本数量、节点预测结果（回归中就是平均）。

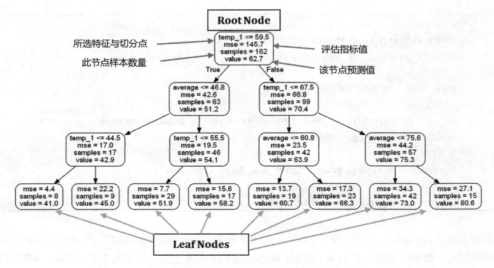

图 9-9　树模型可视化中各项指标含义
```

9.1.4 特征重要性

讲解随机森林算法的时候，曾提到使用集成算法很容易得到其特征重要性，在 sklearn 工具包中也有现成的函数，调用起来非常容易：

In	```# 得到特征重要性
	importances = list(rf.feature_importances_)
	# 转换格式
	feature_importances = [(feature, round(importance, 2)) for feature, importance in zip(feature_list, importances)]
	# 排序
	feature_importances = sorted(feature_importances, key = lambda x: x[1], reverse = True)
	# 对应进行打印
	[print('Variable: {:20} Importance: {}'.format(*pair)) for pair in feature_importances]```

Out	Variable: temp_1 Importance: 0.7 Variable: average Importance: 0.19 Variable: day Importance: 0.03 Variable: temp_2 Importance: 0.02 Variable: friend Importance: 0.02 Variable: month Importance: 0.01 Variable: year Importance: 0.0 Variable: week_Fri Importance: 0.0 Variable: week_Mon Importance: 0.0 Variable: week_Sat Importance: 0.0 Variable: week_Sun Importance: 0.0 Variable: week_Thurs Importance: 0.0 Variable: week_Tues Importance: 0.0 Variable: week_Wed Importance: 0.0

上述输出结果分别打印了当前特征及其所对应的特征重要性，绘制成图表分析起来更容易：

In	```# 转换成 list 格式
	x_values = list(range(len(importances)))
	# 绘图
	plt.bar(x_values, importances, orientation = 'vertical')
	# x 轴名字
	plt.xticks(x_values, feature_list, rotation='vertical')
	# 图题
	plt.ylabel('Importance'); plt.xlabel('Variable'); plt.title('Variable Importances')```

上述代码可以生成图 9-10 的输出，可以明显发现，temp_1 和 average 这两个特征的重要性占据总体的绝大部分，其他特征的重要性看起来微乎其微。那么，只用最厉害的特征来建模，其效果会不会更好呢？其实并不能保证效果一定更好，但是速度肯定更快，先来看一下结果：

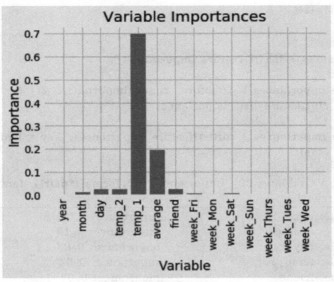

图 9-10 随机森林特征重要性

In	```# 选择最重要的两个特征来试
rf_most_important = RandomForestRegressor(n_estimators= 1000, random_state=42)
# 拿到这两个特征
important_indices = [feature_list.index('temp_1'), feature_list.index('average')]
train_important = train_features[:, important_indices]
test_important = test_features[:, important_indices]
# 重新训练模型
rf_most_important.fit(train_important, train_labels)
# 预测结果
predictions = rf_most_important.predict(test_important)
errors = abs(predictions - test_labels)
# 评估结果
print('Mean Absolute Error:', round(np.mean(errors), 2), 'degrees.')
mape = np.mean(100 * (errors / test_labels))
print('mape:', mape)```
Out	mape: 6.2035840065

　　从损失值上观察，并没有下降，反而上升了，说明其他特征还是有价值的，不能只凭特征重要性就否定部分特征数据，一切还要通过实验进行判断。

　　但是，当考虑时间效率的时候，就要好好斟酌一下是否应该剔除掉那些用处不大的特征以加快构建模型的速度。到目前为止，已经得到基本的随机森林模型，并可以进行预测，下面来看看模型的预测值与真实值之间的差异：

<table>
<tr><td rowspan="1">In</td><td>

```
# 日期数据
months = features[:, feature_list.index('month')]
days = features[:, feature_list.index('day')]
years = features[:, feature_list.index('year')]
# 转换日期格式
dates = [str(int(year)) + '-' + str(int(month)) + '-' + str(int(day)) for year,
month, day in zip(years, months, days)]
dates = [datetime.datetime.strptime(date, '%Y-%m-%d') for date in dates]
# 创建一个表格保存日期和其对应的标签数值
true_data = pd.DataFrame(data = {'date': dates, 'actual': labels})
# 同理，再创建一个表格保存日期和其对应的模型预测值
months = test_features[:, feature_list.index('month')]
days = test_features[:, feature_list.index('day')]
years = test_features[:, feature_list.index('year')]
test_dates = [str(int(year)) + '-' + str(int(month)) + '-' + str(int(day)) for
year, month, day in zip(years, months, days)]
test_dates = [datetime.datetime.strptime(date, '%Y-%m-%d') for date in test_
dates]
predictions_data = pd.DataFrame(data = {'date': test_dates, 'prediction':
predictions})
# 真实值
plt.plot(true_data['date'], true_data['actual'], 'b-', label = 'actual')
# 预测值
plt.plot(predictions_data['date'], predictions_data['prediction'], 'ro', label =
'prediction')
plt.xticks(rotation = '60');
plt.legend()
# 图名
plt.xlabel('Date'); plt.ylabel('Maximum Temperature (F)'); plt.title('Actual
and Predicted Values');
```
</td></tr>
</table>

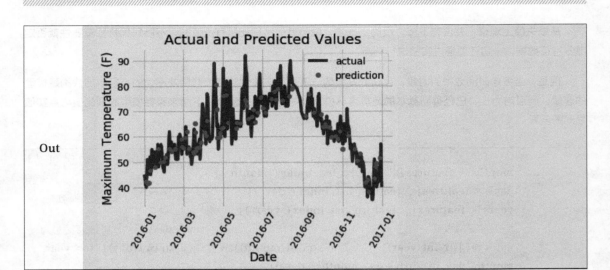

通过上述输出结果的走势可以看出，模型已经基本能够掌握天气变化情况，接下来还需要深入数据，考虑以下几个问题。

1. 如果可利用的数据量增大，会对结果产生什么影响呢？
2. 加入新的特征会改进模型效果吗？此时的时间效率又会怎样？

9.2　数据与特征对结果影响分析

带着上节提出的问题，重新读取规模更大的数据，任务还是保持不变，需要分别观察数据量和特征的选择对结果的影响。

| In | ```# 导入工具包
import pandas as pd
# 读取数据
features = pd.read_csv('data/temps_extended.csv')
features.head(5)``` |
|---|---|

		year	month	day	weekday	ws_1	prcp_1	snwd_1	temp_2	temp_1	average	actual	friend
Out	**0**	2011	1	1	Sat	4.92	0.00	0	36	37	45.6	40	40
	1	2011	1	2	Sun	5.37	0.00	0	37	40	45.7	39	50
	2	2011	1	3	Mon	6.26	0.00	0	40	39	45.8	42	42
	3	2011	1	4	Tues	5.59	0.00	0	39	42	45.9	38	59
	4	2011	1	5	Wed	3.80	0.03	0	42	38	46.0	45	39

In	print(' 数据规模 ', features. shape)
Out	数据规模 (2191, 12)

在新的数据中，数据规模发生了变化，数据量扩充到 2191 条，并且加入了以下 3 个新的天气特征。

- ws_1：前一天的风速。

- prcp_1：前一天的降水。

- snwd_1：前一天的积雪深度。

既然有了新的特征，就可绘图进行可视化展示。

| In | ```
# 设置整体布局
fig, ((ax1, ax2), (ax3, ax4)) = plt. subplots (nrows=2, ncols=2, figsize = (15, 10))
fig. autofmt_xdate (rotation = 45)
# 平均最高气温
ax1. plot (dates, features ['average'])
ax1. set_xlabel (''); ax1. set_ylabel ('Temperature (F) '); ax1. set_title ('Historical Avg Max Temp')
# 风速
ax2. plot (dates, features ['ws_1'], 'r-')
ax2. set_xlabel (''); ax2. set_ylabel ('Wind Speed (mph)'); ax2. set_title ('Prior Wind Speed')
# 降水
ax3. plot (dates, features ['prcp_1'], 'r-')
ax3. set_xlabel ('Date'); ax3. set_ylabel ('Precipitation (in)'); ax3. set_title ('Prior Precipitation')
# 积雪
ax4. plot (dates, features ['snwd_1'], 'ro')
ax4. set_xlabel ('Date'); ax4. set_ylabel ('Snow Depth (in)'); ax4. set_title ('Prior Snow Depth')

plt. tight_layout (pad=2)
``` |
|---|---|
```

Out

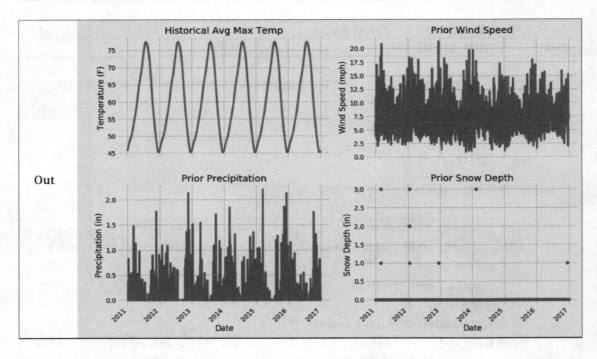

加入 3 项新的特征，看起来很好理解，可视化展示的目的一方面是观察特征情况，另一方面还需考虑其数值是否存在问题，因为通常拿到的数据并不是这么干净的，当然这个例子的数据还是非常友好的，直接使用即可。

9.2.1 特征工程

在数据分析和特征提取的过程中，出发点都是尽可能多地选择有价值的特征，因为初始阶段能得到的信息越多，建模时可以利用的信息也越多。随着大家做机器学习项目的深入，就会发现一个现象：建模之后，又想到一些可以利用的数据特征，再回过头来进行数据的预处理和体征提取，然后重新进行建模分析。

反复提取特征后，最常做的就是进行实验对比，但是如果数据量非常大，进行一次特征提取花费的时间就相对较多，所以，建议大家在开始阶段尽可能地完善预处理与特征提取工作，也可以多制定几套方案进行对比分析。

例如，在这份数据中有完整的日期特征，显然天气的变换与季节因素有关，但是，在原始数据集中，并没有体现出季节特征的指标，此时可以自己创建一个季节变量，将之当作新的特征，无论对建模还是分析都会起到帮助作用。

```
# 创建一个季节变量
seasons = []
for month in features['month']:
    if month in [1, 2, 12]:
        seasons.append('winter')
    elif month in [3, 4, 5]:
        seasons.append('spring')
    elif month in [6, 7, 8]:
        seasons.append('summer')
    elif month in [9, 10, 11]:
        seasons.append('fall')
# 有了季节特征就可以分析更多东西
reduced_features = features[['temp_1', 'prcp_1', 'average', 'actual']]
reduced_features['season'] = seasons
```

有了季节特征之后，如果想观察一下不同季节时上述各项特征的变化情况该怎么做呢？这里给大家推荐一个非常实用的绘图函数 pairplot()，需要先安装 seaborn 工具包（pip install seaborn），它相当于是在 Matplotlib 的基础上进行封装，用起来更简单方便：

```
# 导入 seaborn 工具包
import seaborn as sns
sns.set(style="ticks", color_codes=True);
# 选择你喜欢的颜色模板
palette = sns.xkcd_palette(['dark blue', 'dark green', 'gold', 'orange'])
# 绘制 pairplot
sns.pairplot(reduced_features, hue = 'season', diag_kind = 'kde', palette=
palette, plot_kws=dict(alpha=0.7), diag_kws=dict(shade=True))
```

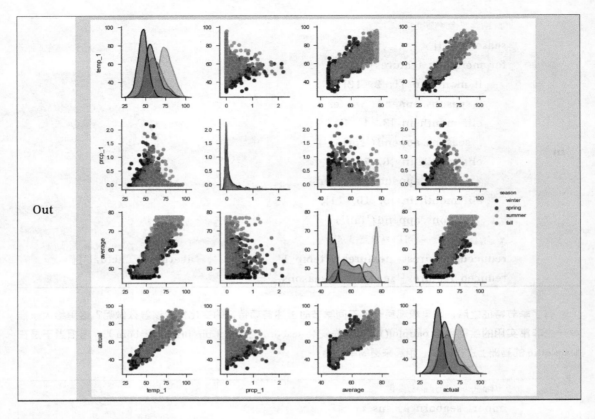

上述输出结果显示，x 轴和 y 轴都是 temp_1、prcp_1、average、actual 这 4 项指标，不同颜色的点表示不同的季节（通过 hue 参数来设置），在主对角线上 x 轴和 y 轴都是用相同特征表示其在不同季节时的数值分布情况，其他位置用散点图来表示两个特征之间的关系，例如左下角 temp_1 和 actual 就呈现出很强的相关性。

9.2.2 数据量对结果影响分析

接下来就要进行一系列对比实验，第一个问题就是当数据量增多时，使用同样的方法建模，结果会不会发生改变呢？还是先切分新的数据集吧：

In	```# 独热编码
	features = pd.get_dummies(features)
	# 提取特征和标签
	labels = features['actual']
	features = features.drop('actual', axis = 1)
	# 特征名字留着备用
	feature_list = list(features.columns)```

```
# 转换成所需格式
import numpy as np
features = np.array(features)
labels = np.array(labels)
# 数据集切分
from sklearn.model_selection import train_test_split
train_features, test_features, train_labels, test_labels = train_test_split
(features, labels, test_size = 0.25, random_state = 0)
print('训练集特征:', train_features.shape)
print('训练集标签:', train_labels.shape)
print('测试集特征:', test_features.shape)
print('测试集标签:', test_labels.shape)
```

Out	
	训练集特征: (1643, 17) 训练集标签: (1643,) 测试集特征: (548, 17) 测试集标签: (548,)

新的数据集由 1643 个训练样本和 548 个测试样本组成。为了进行对比实验，还需使用相同的测试集来对比结果，由于重新打开了一个新的 Notebook 代码片段，所以还需再对样本较少的老数据集再次执行相同的预处理：

In	
| | ```
# 工具包导入
import pandas as pd
# 为了剔除特征个数对结果的影响，这里的特征统一为只有老数据集中的特征
original_feature_indices = [feature_list.index(feature) for feature in
                            feature_list if feature not in
                            ['ws_1', 'prcp_1', 'snwd_1']]
# 读取老数据集
original_features = pd.read_csv('data/temps.csv')
original_features = pd.get_dummies(original_features)

import numpy as np
# 数据和标签转换
original_labels = np.array(original_features['actual'])
original_features= original_features.drop('actual', axis = 1)
original_feature_list = list(original_features.columns)
original_features = np.array(original_features)
# 数据集切分
from sklearn.model_selection import train_test_split
original_train_features, original_test_features, original_train_labels, original_
test_labels = train_test_split(original_features, original_labels, test_
size = 0.25, random_state = 42)
``` |
```

| In | ```python
# 同样的树模型进行建模
from sklearn.ensemble import RandomForestRegressor
# 同样的参数与随机种子
rf = RandomForestRegressor(n_estimators= 100, random_state=0)
# 这里的训练集使用的是老数据集
rf.fit(original_train_features, original_train_labels);
# 为了测试效果能够公平，统一使用一致的测试集，这里选择刚刚切分过的新数据集的测试集
（548 个样本）
predictions = rf.predict(test_features[:, original_feature_indices])
# 先计算温度平均误差
errors = abs(predictions - test_labels)
print(' 平均温度误差:', round(np.mean(errors), 2), 'degrees.')
# MAPE
mape = 100 * (errors / test_labels)
# 这里的 Accuracy 是为了方便观察，直接用 100 减去误差，目标自然希望这个值能够越大越好
accuracy = 100 - np.mean(mape)
print('Accuracy:', round(accuracy, 2), '%.')
``` |
| Out | 平均温度误差: 4.67 degrees.
Accuracy: 92.2 %. |

上述输出结果显示平均温度误差为 4.67，这是样本数量较少时的结果，再来看看样本数量增多时效果会提升吗：

| In | ```python
from sklearn.ensemble import RandomForestRegressor
# 剔除掉新的特征，保证数据特征是一致的
original_train_features = train_features[:, original_feature_indices]
original_test_features = test_features[:, original_feature_indices]
rf = RandomForestRegressor(n_estimators= 100 , random_state=0)
rf.fit(original_train_features, train_labels);
# 预测
baseline_predictions = rf.predict(original_test_features)
# 结果
baseline_errors = abs(baseline_predictions - test_labels)
print(' 平均温度误差:', round(np.mean(baseline_errors), 2), 'degrees.')
# (MAPE)
baseline_mape = 100 * np.mean((baseline_errors / test_labels))
# accuracy
baseline_accuracy = 100 - baseline_mape
print('Accuracy:', round(baseline_accuracy, 2), '%.')
``` |
| Out | 平均温度误差: 4.2 degrees.
Accuracy: 93.12 %. |

可以看到，当数据量增大之后，平均温度误差为 4.2，效果发生了一些提升，这也符合实际情况，在机器学习任务中，都是希望数据量能够越大越好，一方面能让机器学习得更充分，另一方面也会降低过拟合的风险。

9.2.3　特征数量对结果影响分析

下面对比一下特征数量对结果的影响，之前两次比较没有加入新的天气特征，这次把降水、风速、积雪 3 项特征加入数据集中，看看效果怎样：

| In | ```python
# 准备加入新的特征
from sklearn.ensemble import RandomForestRegressor
rf_exp = RandomForestRegressor(n_estimators= 100, random_state=0)
rf_exp.fit(train_features, train_labels)
# 同样的测试集
predictions = rf_exp.predict(test_features)
# 评估
errors = abs(predictions - test_labels)
print('平均温度误差:', round(np.mean(errors), 2), 'degrees.')
# (MAPE)
mape = np.mean(100 * (errors / test_labels))
# 看一下提升了多少
improvement_baseline = 100 * abs(mape - baseline_mape) / baseline_mape
print('特征增多后模型效果提升:', round(improvement_baseline, 2), '%.')
# accuracy
accuracy = 100 - mape
print('Accuracy:', round(accuracy, 2), '%.')
``` |
|---|---|
| Out | 平均温度误差: 4.05 degrees.
特征增多后模型效果提升: 3.32 %.
Accuracy: 93.35 %. |

迪哥说： 模型整体效果有了略微提升，可以发现在建模过程中，每一次改进都会使得结果发生部分提升，不要小看这些，累计起来就是大成绩。

继续研究特征重要性这个指标，虽说只供参考，但是业界也有经验值可供参考：

| In | ```python
# 特征名字
importances = list(rf_exp.feature_importances_)
# 名字，数值组合在一起
feature_importances = [(feature, round(importance, 2)) for feature, importance in zip(feature_list, importances)]
``` |
|---|---|

In	`# 排序`
	`feature_importances = sorted(feature_importances, key = lambda x: x[1], reverse = True)`
	`# 打印结果`
	`[print('Variable: {:20} Importance: {}'.format(*pair)) for pair in feature_importances]`

Out	特征：temp_1　　　　　重要性：0.85 特征：average　　　　　重要性：0.05 特征：ws_1　　　　　　重要性：0.02 特征：friend　　　　　重要性：0.02 特征：year　　　　　　重要性：0.01 特征：month　　　　　重要性：0.01 特征：day　　　　　　重要性：0.01 特征：prcp_1　　　　　重要性：0.01 特征：temp_2　　　　　重要性：0.01 特征：snwd_1　　　　　重要性：0.0 特征：weekday_Fri　　　重要性：0.0 特征：weekday_Mon　　重要性：0.0 特征：weekday_Sat　　　重要性：0.0 特征：weekday_Sun　　　重要性：0.0 特征：weekday_Thurs　　重要性：0.0 特征：weekday_Tues　　　重要性：0.0 特征：weekday_Wed　　重要性：0.0

对各个特征的重要性排序之后，打印出其各自结果，排在前面的依旧是 temp_1 和 average，风速 ws_1 虽然也上榜了，但是影响还是略小，好长一串数据看起来不方便，还是用图表显示更清晰明了。

In	`# 指定风格`
	`plt.style.use('fivethirtyeight')`
	`# 指定位置`
	`x_values = list(range(len(importances)))`
	`# 绘图`
	`plt.bar(x_values, importances, orientation = 'vertical', color = 'r', edgecolor = 'k', linewidth = 1.2)`
	`# x轴名字得竖着写`
	`plt.xticks(x_values, feature_list, rotation='vertical')`
	`# 图题`
	`plt.ylabel('Importance'); plt.xlabel('Variable'); plt.title ('Variable Importances');`

Out

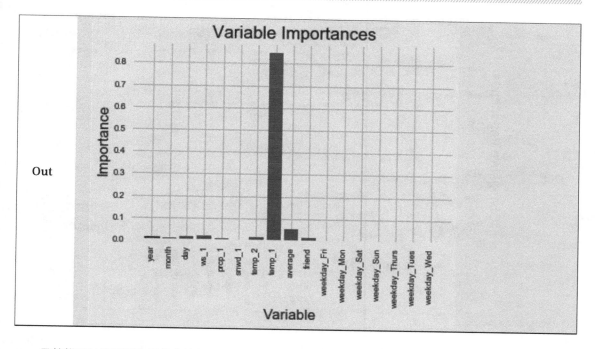

虽然能通过柱形图表示每个特征的重要程度，但是具体选择多少个特征来建模还是有些模糊。此时可以使用 cumsum() 函数，先把特征按照其重要性进行排序，再算其累计值，例如 cumsum([1,2,3,4]) 表示得到的结果就是其累加值 (1,3,6,10)。然后设置一个阈值，通常取 95%，看看需要多少个特征累加在一起之后，其特征重要性的累加值才能超过该阈值，就将它们当作筛选后的特征：

In

```python
# 对特征进行排序
sorted_importances = [importance[1] for importance in feature_importances]
sorted_features = [importance[0] for importance in feature_importances]
# 累计重要性
cumulative_importances = np.cumsum(sorted_importances)
# 绘制折线图
plt.plot(x_values, cumulative_importances, 'g-')
# 画一条 y=0.95 的红色虚线
plt.hlines(y = 0.95, xmin=0, xmax=len(sorted_importances), color = 'r', linestyles = 'dashed')
# X 轴
plt.xticks(x_values, sorted_features, rotation = 'vertical')
# Y 轴和图题
plt.xlabel('Variable'); plt.ylabel('Cumulative Importance')
plt.title('Cumulative Importances')
```

Out

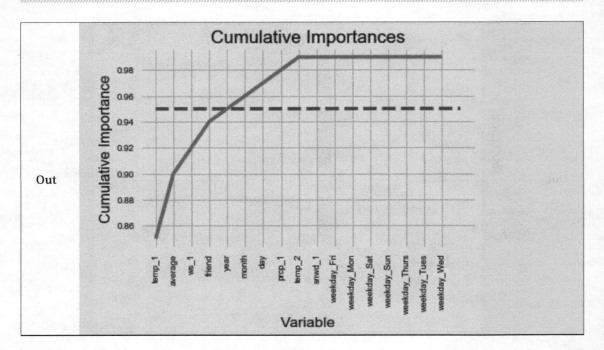

由输出结果可见，当第 5 个特征出现的时候，其总体的累加值超过 95%，那么接下来就可以进行对比实验了，如果只用这 5 个特征建模，结果会怎么样呢？时间效率又会怎样呢？

In

```python
# 选择这些特征
important_feature_names = [feature[0] for feature in feature_importances[0:5]]
# 找到它们的名字
important_indices = [feature_list.index(feature) for feature in important_feature_names]
# 重新创建训练集
important_train_features = train_features[:, important_indices]
important_test_features = test_features[:, important_indices]
# 数据维度
print('Important train features shape:', important_train_features.shape)
print('Important test features shape:', important_test_features.shape)
# 再训练模型
rf_exp.fit(important_train_features, train_labels)
# 同样的测试集
predictions = rf_exp.predict(important_test_features)
# 评估结果
errors = abs(predictions - test_labels)
```

| In | ```python
print(' 平均温度误差:', round(np.mean(errors), 2), 'degrees.')
mape = 100 * (errors / test_labels)
# accuracy
accuracy = 100 - np.mean(mape)
print('Accuracy:', round(accuracy, 2), '%.')
``` |
|---|---|
| Out | 平均温度误差: 4.12 degrees.
Accuracy: 93.28 %. |

看起来奇迹并没有出现，本以为效果可能会更好，但其实还是有一点点下降，可能是由于树模型本身具有特征选择的被动技能，也可能是剩下 5% 的特征确实有一定作用。虽然模型效果没有提升，还可以再看看在时间效率的层面上有没有进步：

| In | ```python
# 计算时间
import time
# 这次是用所有特征
all_features_time = []
# 算一次可能不太准，来 10 次取个平均
for _ in range(10):
    start_time = time.time()
    rf_exp.fit(train_features, train_labels)
    all_features_predictions = rf_exp.predict(test_features)
    end_time = time.time()
    all_features_time.append(end_time - start_time)

all_features_time = np.mean(all_features_time)
print(' 使用所有特征时建模与测试的平均时间消耗:', round(all_features_time, 2), ' 秒.')
``` |
|---|---|
| Out | 使用所有特征时建模与测试的平均时间消耗: 0.5 秒. |

当使用全部特征的时候，建模与测试用的总时间为 0.5 秒，由于机器性能不同，可能导致执行的速度不一样，在笔记本电脑上运行时间可能要稍微长一点。再来看看只选择高特征重要性数据的结果：

| In | ```python
# 这次是用部分重要的特征
reduced_features_time = []
# 算一次可能不太准，来 10 次取平均值
for _ in range(10):
    start_time = time.time()
    rf_exp.fit(important_train_features, train_labels)
    reduced_features_predictions = rf_exp.predict(important_test_features)
    end_time = time.time()
    reduced_features_time.append(end_time - start_time)
reduced_features_time = np.mean(reduced_features_time)
print(' 使用部分特征时建模与测试的平均时间消耗:', round(reduced_features_time, 2), ' 秒.')
``` |
|---|---|
```

| Out | 使用部分特征时建模与测试的平均时间消耗：0.29 秒. |

唯一改变的就是输入数据的规模，可以发现使用部分特征时试验的时间明显缩短，因为决策树需要遍历的特征少了很多。下面把对比情况展示在一起，更方便观察：

In	```python
	# 分别用预测值来计算评估结果
	all_accuracy = 100 * (1- np.mean(abs(all_features_predictions - test_labels) / test_labels))
	reduced_accuracy = 100 * (1- np.mean(abs(reduced_features_predictions - test_labels) / test_labels))
	
	# 创建一个 df 来保存结果
	comparison = pd.DataFrame({'features': ['all (17)', 'reduced (5)'],
	        'run_time':[round(all_features_time, 2), round(reduced_features_time, 2)],
	        'accuracy': [round(all_accuracy, 2), round(reduced_accuracy, 2)]})
	comparison[['features', 'accuracy', 'run_time']]```

Out	<table><tr><th></th><th>features</th><th>accuracy</th><th>run_time</th></tr><tr><td>0</td><td>all (17)</td><td>93.35</td><td>0.50</td></tr><tr><td>1</td><td>reduced (5)</td><td>93.28</td><td>0.29</td></tr></table>

这里的准确率只是为了观察方便自己定义的，用于对比分析，结果显示准确率基本没发生明显变化，但是在时间效率上却有明显差异。所以，当大家在选择算法与数据的同时，还需要根据实际业务具体分析，例如很多任务都需要实时进行响应，这时候时间效率可能会比准确率更优先考虑。可以通过具体数值看一下各自效果的提升：

In	```python relative_accuracy_decrease = 100 * (all_accuracy - reduced_accuracy) / all_accuracy print('相对 accuracy 提升:', round(relative_accuracy_decrease, 3), '%.') relative_runtime_decrease = 100 * (all_features_time - reduced_features_time) / all_features_time print('相对时间效率提升:', round(relative_runtime_decrease, 3), '%.')```
Out	相对 accuracy 下降：0.074 %. 相对时间效率提升：40.637 %.

实验结果显示，时间效率的提升相对更大，而且基本保证模型效果。最后把所有的实验结果汇总到一起进行对比：

In

```
# 设置总体布局，还是一整行看起来好一些
fig, (ax1, ax2, ax3) = plt.subplots(nrows=1, ncols=3, figsize = (16,5), sharex =
True)
# X 轴
x_values = [0, 1, 2]
labels = list(model_comparison['model'])
plt.xticks(x_values, labels)
# 字体大小
fontdict = {'fontsize': 18}
fontdict_yaxis = {'fontsize': 14}
# 预测温度和真实温度差异对比
ax1.bar(x_values, model_comparison['error (degrees)'], color = ['b', 'r', '
g'], edgecolor = 'k', linewidth = 1.5)
ax1.set_ylim(bottom = 3.5, top = 4.5)
ax1.set_ylabel('Error (degrees) (F)', fontdict = fontdict_yaxis);
ax1.set_title('Model Error Comparison', fontdict= fontdict)
# Accuracy 对比
ax2.bar(x_values, model_comparison['accuracy'], color = ['b', 'r', 'g'],
edgecolor = 'k', linewidth = 1.5)
ax2.set_ylim(bottom = 92, top = 94)
ax2.set_ylabel('Accuracy (%)', fontdict = fontdict_yaxis);
ax2.set_title('Model Accuracy Comparison', fontdict= fontdict)
# 时间效率对比
ax3.bar(x_values, model_comparison['run_time (s)'], color = ['b', 'r', 'g'],
edgecolor = 'k', linewidth = 1.5)
ax3.set_ylim(bottom = 0, top = 1)
ax3.set_ylabel('Run Time (sec)', fontdict = fontdict_yaxis);
ax3.set_title('Model Run-Time Comparison', fontdict= fontdict);
```

Out

其中，original 代表老数据，也就是数据量少且特征少的那部份；exp_all 代表完整的新数据；exp_reduced 代表按照 95% 阈值选择的部分重要特征数据集。结果很明显，数据量和特征越多，效果会提升一些，但是时间效率会有所下降。

 迪哥说: 最终模型的决策需要通过实际业务应用来判断，但是分析工作一定要做到位。

9.3 模型调参

之前对比分析的主要是数据和特征层面，还有另一部分非常重要的工作等着大家去做，就是模型调参问题，在实验的最后，看一下对于树模型来说，应当如何进行参数调节。

 迪哥说: 调参是机器学习必经的一步，很多方法和经验并不是某一个算法特有的，基本常规任务都可以用于参考。

先来打印看一下都有哪些参数可供选择：

In	`from sklearn.ensemble import RandomForestRegressor`
	`rf = RandomForestRegressor(random_state = 42)`
	`from pprint import pprint`
	`# 打印所有参数`
	`pprint(rf.get_params())`

Out	`{'bootstrap': True,`
	`'criterion': 'mse',`
	`'max_depth': None,`
	`'max_features': 'auto',`
	`'max_leaf_nodes': None,`
	`'min_impurity_decrease': 0.0,`
	`'min_impurity_split': None,`
	`'min_samples_leaf': 1,`
	`'min_samples_split': 2,`
	`'min_weight_fraction_leaf': 0.0,`
	`'n_estimators': 10,`
	`'n_jobs': 1,`
	`'oob_score': False,`
	`'random_state': 42,`
	`'verbose': 0,`
	`'warm_start': False}`

关于参数的解释，在决策树算法中已经作了介绍，当使用工具包完成任务的时候，最好先查看其 API 文档，每一个参数的意义和其输入数值类型一目了然，如图 9-11 所示。

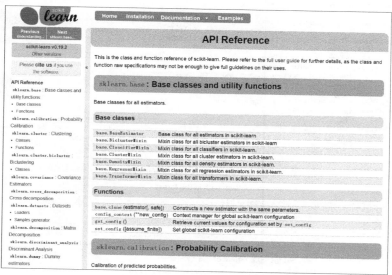

图 9-11　sklearn 文档

当大家需要查找某些说明的时候，可以直接按住 Ctrl+F 组合键在浏览器中搜索关键词，例如，要查找 RandomForestRegressor，找到其对应位置单击进去即可，如图 9-12 所示。这里不仅有算法涉及的每一个参数的说明，还有其可以调用的属性和方法，通常最后还会有一个小例子，以帮助初学者完成基本任务，如图 9-13 所示。

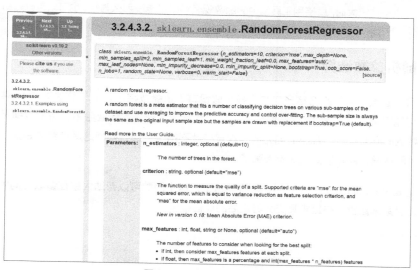

图 9-12　随机森林参数解释

Examples

```
>>> from sklearn.ensemble import RandomForestRegressor
>>> from sklearn.datasets import make_regression
>>>
>>> X, y = make_regression(n_features=4, n_informative=2,
...                        random_state=0, shuffle=False)
>>> regr = RandomForestRegressor(max_depth=2, random_state=0)
>>> regr.fit(X, y)
RandomForestRegressor(bootstrap=True, criterion='mse', max_depth=2,
        max_features='auto', max_leaf_nodes=None,
        min_impurity_decrease=0.0, min_impurity_split=None,
        min_samples_leaf=1, min_samples_split=2,
        min_weight_fraction_leaf=0.0, n_estimators=10, n_jobs=1,
        oob_score=False, random_state=0, verbose=0, warm_start=False)
>>> print(regr.feature_importances_)
[ 0.17339552  0.81594114  0.          0.01066333]
>>> print(regr.predict([[0, 0, 0, 0]]))
[-2.50699856]
```

Methods

apply (X)	Apply trees in the forest to X, return leaf indices.
decision_path (X)	Return the decision path in the forest
fit (X, y[, sample_weight])	Build a forest of trees from the training set (X, y).
get_params ([deep])	Get parameters for this estimator.
predict (X)	Predict regression target for X.
score (X, y[, sample_weight])	Returns the coefficient of determination R^2 of the prediction.
set_params (**params)	Set the parameters of this estimator.

图 9-13　随机森林示例代码

使用工具包之前，不要心急，首先应了解函数的输入和输出的数据格式，然后打印其示例代码中的输入观察一番，接下来要使用时，按照其规定制作数据即可。

迪哥说： 当数据量较大时，直接用工具包中的函数观察结果可能没那么直接，也可以自己先构造一个简单的输入来观察结果，确定无误后，再用完整数据执行。

9.3.1　随机参数选择

调参路漫漫，参数的可能组合结果实在太多，假设有 5 个参数待定，每个参数都有 10 种候选值，那么一共有多少种可能呢（可不是 5×10 这么简单）？这个数字很大吧，实际业务中，由于数据量较大，模型相对复杂，所花费的时间并不少，几小时能完成一次建模就不错了。那么如何选择参数才是更合适的呢？如果依次遍历所有可能情况，那恐怕要到地老天荒了。

首先登场的是 RandomizedSearchCV（见图 9-14），这个函数可以帮助大家在参数空间中，不断地随机选择一组合适的参数来建模，并且求其交叉验证后的评估结果。

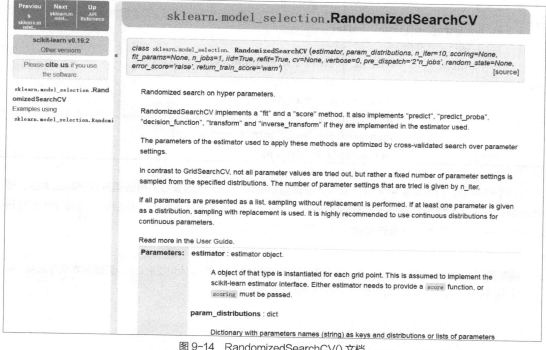

图 9-14 RandomizedSearchCV() 文档

为什么要随机选择呢？按顺序一个个来应该更靠谱，但是实在耗不起遍历寻找的时间，随机就变成一种策略。相当于对所有可能的参数随机进行测试，差不多能找到大致可行的位置，虽然感觉有点不靠谱，但也是无奈之举。该函数所需的所有参数解释都在 API 文档中有详细说明，准备好模型、数据和参数空间后，直接调用即可。

```
from sklearn.model_selection import RandomizedSearchCV
# 建立树的个数
n_estimators = [int(x) for x in np.linspace(start = 200, stop = 2000, num = 10)]
# 最大特征的选择方式
max_features = ['auto', 'sqrt']
# 树的最大深度
max_depth = [int(x) for x in np.linspace(10, 20, num = 2)]
max_depth.append(None)
# 节点最小分裂所需样本个数
min_samples_split = [2, 5, 10]
# 叶子节点最小样本数，任何分裂不能让其子节点样本数少于此值
min_samples_leaf = [1, 2, 4]
```

```
# 样本采样方法
bootstrap = [True, False]
# 随机参数空间
random_grid = {'n_estimators': n_estimators,
               'max_features': max_features,
               'max_depth': max_depth,
               'min_samples_split': min_samples_split,
               'min_samples_leaf': min_samples_leaf,
               'bootstrap': bootstrap}
```

In

在这个任务中，只给大家举例进行说明，考虑到篇幅问题，所选的参数的候选值并没有给出太多。值得注意的是，每一个参数的取值范围都需要好好把控，因为如果参数范围不恰当，最后的结果肯定也不会好。可以参考一些经验值或者不断通过实验结果来调整合适的参数空间。

 迪哥说： 调参也是一个反复的过程，并不是说机器学习建模任务就是从前往后进行，实验结果确定之后，需要再回过头来反复对比不同的参数、不同的预处理方案。

In

```
# 随机选择最合适的参数组合
rf = RandomForestRegressor()

rf_random = RandomizedSearchCV(estimator=rf, param_distributions=random_grid,
                               n_iter = 100, scoring='neg_mean_absolute_error',
                               cv = 3, verbose=2, random_state=42, n_jobs=-1)
# 执行寻找操作
rf_random.fit(train_features, train_labels)
```

Out

```
Fitting 3 folds for each of 100 candidates, totalling 300 fits
[Parallel(n_jobs=-1)]: Done  17 tasks       | elapsed:    7.8s
[Parallel(n_jobs=-1)]: Done 138 tasks       | elapsed:   39.4s
[Parallel(n_jobs=-1)]: Done 300 out of 300  | elapsed:  1.4min finished

RandomizedSearchCV(cv=3, error_score='raise',
          estimator=RandomForestRegressor(bootstrap=True, criterion='mse', max_depth=None,
           max_features='auto', max_leaf_nodes=None,
           min_impurity_decrease=0.0, min_impurity_split=None,
           min_samples_leaf=1, min_samples_split=2,
           min_weight_fraction_leaf=0.0, n_estimators=10, n_jobs=1,
           oob_score=False, random_state=None, verbose=0, warm_start=False),
          fit_params=None, iid=True, n_iter=100, n_jobs=-1,
          param_distributions={'n_estimators': [200, 400, 600, 800, 1000, 1200, 1400, 1600, 1800, 2000], 'max_features': ['auto', 'sqr
t'], 'max_depth': [10, 20, None], 'min_samples_split': [2, 5, 10], 'min_samples_leaf': [1, 2, 4], 'bootstrap': [True, False]},
          pre_dispatch='2*n_jobs', random_state=42, refit=True,
          return_train_score='warn', scoring='neg_mean_absolute_error',
          verbose=2)
```

这里先给大家解释一下 RandomizedSearchCV 中常用的参数，API 文档中给出详细的说明，建议大家养成查阅文档的习惯。

- estimator：RandomizedSearchCV 是一个通用的、并不是专为随机森林设计的函数，所以需要指定选择的算法模型是什么。

- distributions：参数的候选空间，上述代码中已经用字典格式给出了所需的参数分布。

- n_iter：随机寻找参数组合的个数，例如，n_iter=100，代表接下来要随机找 100 组参数的组合，在其中找到最好的。

- scoring：评估方法，按照该方法去找最好的参数组合。

- cv：交叉验证，之前已经介绍过。

- verbose：打印信息的数量，根据自己的需求。

- random_state：随机种子，为了使得结果能够一致，排除掉随机成分的干扰，一般都会指定成一个值，用你自己的幸运数字就好。

- n_jobs：多线程来跑这个程序，如果是 –1，就会用所有的，但是可能会有点卡。即便把 n_jobs 设置成 –1，程序运行得还是有点慢，因为要建立 100 次模型来选择参数，并且带有 3 折交叉验证，那就相当于 300 个任务。

RandomizedSearch 结果中显示了任务执行过程中时间和当前的次数，如果数据较大，需要等待一段时间，只需简单了解中间的结果即可，最后直接调用 rf_random.best_params_，就可以得到在这 100 次随机选择中效果最好的那一组参数：

In	rf_random. best_params_
Out	{'bootstrap': True, 'max_depth': 10, 'max_features': 'auto', 'min_samples_leaf': 4, 'min_samples_split': 10, 'n_estimators': 1400}

完成 100 次随机选择后，还可以得到其他实验结果，在其 API 文档中给出了说明，这里就不一一演示了，喜欢动手的读者可以自己试一试。

接下来，对比经过随机调参后的结果和用默认参数结果的差异，所有默认参数在 API 中都有说明，例如 n_estimators：integer, optional (default=10)，表示在随机森林模型中，默认要建立树的个数是 10。

 迪哥说：一般情况下，参数都会有默认值，并不是没有给出参数就不需要它，而是代码中使用其默认值。

既然要进行对比分析，还是先给出评估标准，这与之前的实验一致：

| In | ```def evaluate(model, test_features, test_labels):
    predictions = model.predict(test_features)
    errors = abs(predictions - test_labels)
    mape = 100 * np.mean(errors / test_labels)
    accuracy = 100 - mape
    print('平均气温误差.', np.mean(errors))
    print('Accuracy = {:0.2f}%.'.format(accuracy))
# 默认参数结果：
base_model = RandomForestRegressor(random_state = 42)
base_model.fit(train_features, train_labels)
evaluate(base_model, test_features, test_labels)``` |
|---|---|
| Out | 平均气温误差. 3.91989051095
Accuracy = 93.36%. |
| In | # 经过调参的新配方结果
best_random = rf_random.best_estimator_
evaluate(best_random, test_features, test_labels) |
| Out | 平均气温误差. 3.71143985958
Accuracy = 93.74%. |

从上述对比实验中可以看到模型的效果提升了一些，原来误差为 3.92，调参后的误差下降到 3.71。但是这是上限吗？还有没有进步空间呢？之前讲解的时候，也曾说到随机参数选择是找到一个大致的方向，但肯定还没有做到完美，就像是警察抓捕犯罪嫌疑人，首先得到其大概位置，然后就要进行地毯式搜索。

9.3.2 网络参数搜索

接下来介绍下一位参赛选手——GridSearchCV()，它要做的事情就跟其名字一样，进行网络搜索，也就是一个一个地遍历，不能放过任何一个可能的参数组合。就像之前说的组合有多少种，就全部走一遍，使用方法与 RandomizedSearchCV() 基本一致，只不过名字不同罢了。

```
from sklearn.model_selection import GridSearchCV
# 网络搜索的候选参数空间
param_grid = {
    'bootstrap': [True],
    'max_depth': [8, 10, 12],
    'max_features': ['auto'],
    'min_samples_leaf': [2, 3, 4, 5, 6],
    'min_samples_split': [3, 5, 7],
    'n_estimators': [800, 900, 1000, 1200]
```

In	```
	}
	# 选择基本算法模型
	rf = RandomForestRegressor()
	# 网络搜索
	grid_search = GridSearchCV(estimator = rf, param_grid = param_grid,
	                           scoring = 'neg_mean_absolute_error', cv = 3,
	                           n_jobs = -1, verbose = 2)
	# 执行搜索
	grid_search.fit(train_features, train_labels)
	``

Out	```
	Fitting 3 folds for each of 180 candidates, totalling 540 fits
	[Parallel(n_jobs=-1)]: Done 17 tasks
		elapsed: 5.6s
		[Parallel(n_jobs=-1)]: Done 138 tasks
			elapsed: 31.4s
			[Parallel(n_jobs=-1)]: Done 341 tasks
				elapsed: 1.3min
				[Parallel(n_jobs=-1)]: Done 540 out of 540
					elapsed: 2.1min finished
					
					GridSearchCV(cv=3, error_score='raise',
					       estimator=RandomForestRegressor(bootstrap=True, criterion='mse', max_depth=None,
					           max_features='auto', max_leaf_nodes=None,
					           min_impurity_decrease=0.0, min_impurity_split=None,
					           min_samples_leaf=1, min_samples_split=2,
					           min_weight_fraction_leaf=0.0, n_estimators=10, n_jobs=1,
					           oob_score=False, random_state=None, verbose=0, warm_start=False),
					       fit_params=None, iid=True, n_jobs=-1,
					       param_grid={'bootstrap': [True], 'max_depth': [8, 10, 12], 'max_features': ['auto'], 'min_samples_leaf': [2, 3, 4, 5, 6], 'min_s
					amples_split': [3, 5, 7], 'n_estimators': [800, 900, 1000, 1200]},
					       pre_dispatch='2*n_jobs', refit=True, return_train_score='warn',
					       scoring='neg_mean_absolute_error', verbose=2)
					``

在使用网络搜索的时候，值得注意的就是参数空间的选择，是按照经验值还是猜测选择参数呢？之前已经有了一组随机参数选择的结果，相当于已经在大范围的参数空间中得到了大致的方向，接下来的网络搜索也应当基于前面的实验继续进行，把随机参数选择的结果当作接下来进行网络搜索的依据。相当于此时已经掌握了犯罪嫌疑人（最佳模型参数）的大致活动区域，要展开地毯式的抓捕了。

 迪哥说： 当数据量较大，没办法直接进行网络搜索调参时，也可以考虑交替使用随机和网络搜索策略来简化所需对比实验的次数。

In	``` grid_search.best_params_: ```
Out	``` {'bootstrap': True, 'max_depth': 12, 'max_features': 'auto', 'min_samples_leaf': 6, 'min_samples_split': 7, 'n_estimators': 900} ```
In	``` best_grid = grid_search.best_estimator_ evaluate(best_grid, test_features, test_labels) ```

Out	平均气温误差．3.6838716214 Accuracy = 93.78%.

经过再调整之后，算法模型的效果又有了一点提升，虽然只是一小点，但是把每一小步累计在一起就是一个大成绩。在用网络搜索的时候，如果参数空间较大，则遍历的次数太多，通常并不把所有的可能性都放进去，而是分成不同的小组分别执行，就像是抓捕工作很难地毯式全部搜索到，但是分成几个小组守在重要路口也是可以的。

下面再来看看另外一组网络搜索的参赛选手，相当于每一组候选参数的侧重点会略微有些不同：

| In | ```
param_grid = {
    'bootstrap': [True],
    'max_depth': [12, 15, None],
    'max_features': [3, 4, 'auto'],
    'min_samples_leaf': [5, 6, 7],
    'min_samples_split': [7, 10, 13],
    'n_estimators': [900, 1000, 1200]
}
# 选择算法模型
rf = RandomForestRegressor()
# 继续寻找
grid_search_ad = GridSearchCV(estimator = rf, param_grid = param_grid,
                    scoring = 'neg_mean_absolute_error', cv = 3,
                    n_jobs = -1, verbose = 2)
grid_search_ad.fit(train_features, train_labels)
``` |
|---|---|
| Out | ```
Fitting 3 folds for each of 243 candidates, totalling 729 fits
[Parallel(n_jobs=-1)]: Done  17 tasks      | elapsed:    5.0s
[Parallel(n_jobs=-1)]: Done 138 tasks      | elapsed:   26.2s
[Parallel(n_jobs=-1)]: Done 341 tasks      | elapsed:  1.1min
[Parallel(n_jobs=-1)]: Done 624 tasks      | elapsed:  2.1min
[Parallel(n_jobs=-1)]: Done 729 out of 729 | elapsed:  2.5min finished

GridSearchCV(cv=3, error_score='raise',
       estimator=RandomForestRegressor(bootstrap=True, criterion='mse', max_depth=None,
           max_features='auto', max_leaf_nodes=None,
           min_impurity_decrease=0.0, min_impurity_split=None,
           min_samples_leaf=1, min_samples_split=2,
           min_weight_fraction_leaf=0.0, n_estimators=10, n_jobs=1,
           oob_score=False, random_state=None, verbose=0, warm_start=False),
       fit_params=None, iid=True, n_jobs=-1,
       param_grid={'bootstrap': [True], 'max_depth': [12, 15, None], 'max_features': [3, 4, 'auto'], 'min_samples_leaf': [5, 6, 7], 'min_samples_split': [7, 10, 13], 'n_estimators': [900, 1000, 1200]},
       pre_dispatch='2*n_jobs', refit=True, return_train_score='warn',
       scoring='neg_mean_absolute_error', verbose=2)
``` |
| In | grid_search_ad.best_params_: |
| Out | {'bootstrap': True,
 'max_depth': 15,
 'max_features': 4,
 'min_samples_leaf': 6,
 'min_samples_split': 10,
 'n_estimators': 1000} |

In	best_grid_ad = grid_search_ad.best_estimator_ evaluate (best_grid_ad, test_features, test_labels)
Out	平均气温误差．3.66263669806 Accuracy = 93.82%.

看起来第二组选手要比第一组厉害一点，经过这一番折腾之后，可以把最终选定的所有参数都列出来，平均气温误差为 3.66 相当于到此最优的一个结果：

In	print (' 最终模型参数 :\n') pprint (best_grid_ad.get_params ())
Out	最终模型参数 : {'bootstrap': True, 　'criterion': 'mse', 　'max_depth': 15, 　'max_features': 4, 　'max_leaf_nodes': None, 　'min_impurity_decrease': 0.0, 　'min_impurity_split': None, 　'min_samples_leaf': 6, 　'min_samples_split': 10, 　'min_weight_fraction_leaf': 0.0, 　'n_estimators': 1000, 　'n_jobs': 1, 　'oob_score': False, 　'random_state': None, 　'verbose': 0, 　'warm_start': False}

在上述输出结果中，不仅有刚才调整的参数，而且使用默认值的参数也一并显示出来，方便大家进行分析工作，最后总结一下机器学习中的调参任务。

1. 参数空间是非常重要的，它会对结果产生决定性的影响，所以在任务开始之前，需要选择一个大致合适的区间，可以参考一些相同任务论文中的经验值。

2. 随机搜索相对更节约时间，尤其是在任务开始阶段，并不知道参数在哪一个位置，效果可能更好时，可以把参数间隔设置得稍微大一些，用随机方法确定一个大致的位置。

3. 网络搜索相当于地毯式搜索，需要遍历参数空间中每一种可能的组合，相对速度更慢，可以搭配随机搜索一起使用。

4. 调参的方法还有很多，例如贝叶斯优化，这个还是很有意思的，跟大家简单说一下，试想之前的调参方式，是不是每一个都是独立地进行，不会对之后的结果产生任何影响？贝叶斯优化的基本思想在于，每一个优化都是在不断积累经验，这样会慢慢得到最终的解应当在的位置，相当于前一步结果会对后面产生影响，如果大家对贝叶斯优化感兴趣，可以参考 Hyperopt 工具包，用起来很简便（见图 9-15）。

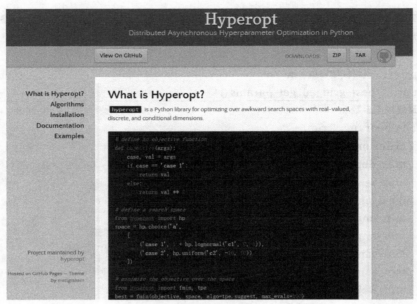

图 9-15　Hyperopt 工具包

项目总结

在基于随机森林的气温预测实战任务中，将整体模块分为 3 部分进行解读，首先讲解了基本随机森林模型构建与可视化方法。然后，对比数据量和特征个数对结果的影响，建议在任务开始阶段就尽可能多地选择数据特征和处理方案，方便后续进行对比实验和分析。最后，调参过程也是机器学习中必不可少的一部分，可以根据业务需求和实际数据量选择合适的策略。接下来趁热打铁，拿起 Notebook 代码，自己动手实战一番吧。

第 10 章
特征工程

  特征工程是整个机器学习中非常重要的一部分，如何对数据进行特征提取对最终结果的影响非常大。在建模过程中，一般会优先考虑算法和参数，但是数据特征才决定了整体结果的上限，而算法和参数只决定了如何逼近这个上限。特征工程其实就是要从原始数据中找到最有价值的信息，并转换成计算机所能读懂的形式。本章结合数值数据与文本数据来分别阐述如何进行数值特征与文本特征的提取。

10.1 数值特征

实际数据中，最常见的就是数值特征，本节介绍几种常用的数值特征提取方法与函数。首先还是读取一份数据集，并取其中的部分特征来做实验，不用考虑数据特征的具体含义，只进行特征操作即可。

In	`vg_df = pd. read_csv ('datasets/vgsales.csv', encoding = "ISO-8859-1")` `vg_df[['Name', 'Platform', 'Year', 'Genre', 'Publisher']]. iloc[1:7]`
Out	

	Name	Platform	Year	Genre	Publisher
1	Super Mario Bros.	NES	1985.0	Platform	Nintendo
2	Mario Kart Wii	Wii	2008.0	Racing	Nintendo
3	Wii Sports Resort	Wii	2009.0	Sports	Nintendo
4	Pokemon Red/Pokemon Blue	GB	1996.0	Role-Playing	Nintendo
5	Tetris	GB	1989.0	Puzzle	Nintendo
6	New Super Mario Bros.	DS	2006.0	Platform	Nintendo

10.1.1 字符串编码

上述代码生成的数据中很多特征指标都是字符串，首先假设 Genre 列是最终的分类结果标签，但是计算机可不认识这些字符串，此时就需要将字符转换成数值。

In	`# 找到其中所有唯一的属性值` `genres = np. unique (vg_df['Genre'])`

Out	`array (['Action', 'Adventure', 'Fighting', 'Misc', 'Platform', 'Puzzle',`
	`'Racing', 'Role-Playing', 'Shooter', 'Simulation', 'Sports', 'Strategy'],`
	`dtype=object)`

读入数据后，最常见的情况就是很多特征并不是数值类型，而是用字符串来描述的，打印结果后发现，Genre 列一共有 12 个不同的属性值，将其转换成数值即可，最简单的方法就是用数字进行映射：

In	`from sklearn. preprocessing import LabelEncoder`
	`gle = LabelEncoder ()`
	`genre_labels = gle. fit_transform (vg_df['Genre'])`
	`genre_mappings = {index: label for index, label in enumerate (gle. classes_)}`

Out	{0: 'Action', 1: 'Adventure', 2: 'Fighting', 3: 'Misc', 4: 'Platform', 5: 'Puzzle', 6: 'Racing', 7: 'Role-Playing', 8: 'Shooter', 9: 'Simulation', 10: 'Sports', 11: 'Strategy'}

使用 sklearn 工具包中的 LabelEncoder() 函数可以快速地完成映射工作，默认是从数值 0 开始，fit_transform() 是实际执行的操作，自动对属性特征进行映射操作。变换完成之后，可以将新得到的结果加入原始 DataFrame 中对比一下：

In	`vg_df['GenreLabel'] = genre_labels` `vg_df[['Name', 'Platform', 'Year', 'Genre', 'GenreLabel']].iloc[1:7]`
Out	

	Name	Platform	Year	Genre	GenreLabel
1	Super Mario Bros.	NES	1985.0	Platform	4
2	Mario Kart Wii	Wii	2008.0	Racing	6
3	Wii Sports Resort	Wii	2009.0	Sports	10
4	Pokemon Red/Pokemon Blue	GB	1996.0	Role-Playing	7
5	Tetris	GB	1989.0	Puzzle	5
6	New Super Mario Bros.	DS	2006.0	Platform	4

此时所有的字符型特征就转换成相应的数值，也可以自定义一份映射。

In	`poke_df = pd.read_csv('datasets/Pokemon.csv', encoding='utf-8')` `poke_df.head()`
Out	

Name	Type 1	Type 2	Total	HP	Attack	Defense	Sp. Atk	Sp. Def	Speed	Generation	Legendary
Bulbasaur	Grass	Poison	318	45	49	49	65	65	45	Gen 1	False
Ivysaur	Grass	Poison	405	60	62	63	80	80	60	Gen 1	False
Venusaur	Grass	Poison	525	80	82	83	100	100	80	Gen 1	False
VenusaurMega Venusaur	Grass	Poison	625	80	100	123	122	120	80	Gen 1	False
Charmander	Fire	NaN	309	39	52	43	60	50	65	Gen 1	False

In	`poke_df = poke_df.sample(random_state=1, frac=1).reset_index(drop=True)` `np.unique(poke_df['Generation'])`
Out	`array(['Gen 1', 'Gen 2', 'Gen 3', 'Gen 4', 'Gen 5', 'Gen 6'], dtype= object)`

这份数据集中同样有多个属性值需要映射，也可以自己动手写一个 map 函数，对应数值就从 1 开始吧：

In	`gen_ord_map = {'Gen 1': 1, 'Gen 2': 2, 'Gen 3': 3,`
	`             'Gen 4': 4, 'Gen 5': 5, 'Gen 6': 6}`
	
	`poke_df['GenerationLabel'] = poke_df['Generation'].map(gen_ord_map)`
	`poke_df[['Name', 'Generation', 'GenerationLabel']].iloc[4:10]`

Out	<table><tr><th></th><th>Name</th><th>Generation</th><th>GenerationLabel</th></tr><tr><td>4</td><td>Octillery</td><td>Gen 2</td><td>2</td></tr><tr><td>5</td><td>Helioptile</td><td>Gen 6</td><td>6</td></tr><tr><td>6</td><td>Dialga</td><td>Gen 4</td><td>4</td></tr><tr><td>7</td><td>DeoxysDefense Forme</td><td>Gen 3</td><td>3</td></tr><tr><td>8</td><td>Rapidash</td><td>Gen 1</td><td>1</td></tr><tr><td>9</td><td>Swanna</td><td>Gen 5</td><td>5</td></tr></table>

对于简单的映射操作，无论自己完成还是使用工具包中现成的命令都非常容易，但是更多的时候，对这种属性特征可以选择独热编码，虽然操作稍微复杂些，但从结果上观察更清晰：

| In | ```
from sklearn.preprocessing import OneHotEncoder, LabelEncoder

# 完成 LabelEncoder
gen_le = LabelEncoder()
gen_labels = gen_le.fit_transform(poke_df['Generation'])
poke_df['Gen_Label'] = gen_labels

poke_df_sub = poke_df[['Name', 'Generation', 'Gen_Label', 'Legendary']]

# 完成 OneHotEncoder
gen_ohe = OneHotEncoder()
gen_feature_arr = gen_ohe.fit_transform(poke_df[['Gen_Label']]).toarray()
gen_feature_labels = list(gen_le.classes_)
# 将转换好的特征组合到 dataframe 中
gen_features = pd.DataFrame(gen_feature_arr, columns=gen_feature_labels)
poke_df_ohe = pd.concat([poke_df_sub, gen_features], axis=1)
poke_df_ohe.head()
``` |
|---|---|
```

		Name	Generation	Gen_Label	Legendary	Gen 1	Gen 2	Gen 3	Gen 4	Gen 5	Gen 6
0	CharizardMega Charizard Y	Gen 1	0	False	1.0	0.0	0.0	0.0	0.0	0.0	
1	Abomasnow	Gen 4	3	False	0.0	0.0	0.0	1.0	0.0	0.0	
2	Sentret	Gen 2	1	False	0.0	1.0	0.0	0.0	0.0	0.0	
3	Litleo	Gen 6	5	False	0.0	0.0	0.0	0.0	0.0	1.0	
4	Octillery	Gen 2	1	False	0.0	1.0	0.0	0.0	0.0	0.0	

上述代码首先导入了 OneHotEncoder 工具包，对数据进行数值映射操作，又进行独热编码。输出结果显示，独热编码相当于先把所有可能情况进行展开，然后分别用 0 和 1 表示实际特征情况，0 代表不是当前列特征，1 代表是当前列特征。例如，当 Gen_Label=3 时，对应的独热编码就是，Gen4 为 1，其余位置都为 0（注意原索引从 0 开始，Gen_Label=3，相当于第 4 个位置）。

上述代码看起来有点麻烦，那么有没有更简单的方法呢？其实直接使用 Pandas 工具包更方便：

In
```
gen_onehot_features = pd.get_dummies(poke_df['Generation'])
pd.concat([poke_df[['Name', 'Generation']], gen_onehot_features], axis=1).iloc[4:10]
```

Out

	Name	Generation	Gen 1	Gen 2	Gen 3	Gen 4	Gen 5	Gen 6
4	Octillery	Gen 2	0	1	0	0	0	0
5	Helioptile	Gen 6	0	0	0	0	0	1
6	Dialga	Gen 4	0	0	0	1	0	0
7	DeoxysDefense Forme	Gen 3	0	0	1	0	0	0
8	Rapidash	Gen 1	1	0	0	0	0	0
9	Swanna	Gen 5	0	0	0	0	1	0

get_dummies() 函数可以完成独热编码的工作，当特征较多时，一个个命名太麻烦，此时可以直接指定一个前缀用于标识：

In
```
gen_onehot_features = pd.get_dummies(poke_df['Generation'], prefix = 'one-hot')
pd.concat([poke_df[['Name', 'Generation']], gen_onehot_features], axis=1).iloc[4:10]
```

Out

	Name	Generation	one-hot_Gen 1	one-hot_Gen 2	one-hot_Gen 3	one-hot_Gen 4	one-hot_Gen 5	one-hot_Gen 6
4	Octillery	Gen 2	0	1	0	0	0	0
5	Helioptile	Gen 6	0	0	0	0	0	1
6	Dialga	Gen 4	0	0	0	1	0	0
7	DeoxysDefense Forme	Gen 3	0	0	1	0	0	0
8	Rapidash	Gen 1	1	0	0	0	0	0
9	Swanna	Gen 5	0	0	0	0	1	0

现在所有执行独热编码的特征全部带上"one-hot"前缀了，对比发现还是 get_dummies() 函数更好用，1 行代码就能解决问题。

10.1.2 二值与多项式特征

接下来打开一份音乐数据集：

In	popsong_df = pd.read_csv('datasets/song_views.csv', encoding='utf-8') popsong_df.head(10)

Out		user_id	song_id	title	listen_count
	0	b6b799f34a204bd928ea014c243ddad6d0be4f8f	SOBONKR12A58A7A7E0	You're The One	2
	1	b41ead730ac14f6b6717b9cf8859d5579f3f8d4d	SOBONKR12A58A7A7E0	You're The One	0
	2	4c84359a164b161496d05282707cecbd50adbfc4	SOBONKR12A58A7A7E0	You're The One	0
	3	779b5908593756abb6ff7586177c966022668b06	SOBONKR12A58A7A7E0	You're The One	0
	4	dd88ea94f605a63d9fc37a214127e3f00e85e42d	SOBONKR12A58A7A7E0	You're The One	0
	5	68f0359a2f1cedb0d15c98d88017281db79f9bc6	SOBONKR12A58A7A7E0	You're The One	0
	6	116a4c95d63623a967edf2f3456c90ebbf964e6f	SOBONKR12A58A7A7E0	You're The One	17
	7	45544491ccfcdc0b0803c34f201a6287ed4e30f8	SOBONKR12A58A7A7E0	You're The One	0
	8	e701a24d9b6c59f5ac37ab28462ca82470e27cfb	SOBONKR12A58A7A7E0	You're The One	68
	9	edc8b7b1fd592a3b69c3d823a742e1a064abec95	SOBONKR12A58A7A7E0	You're The One	0

数据中包括不同用户对歌曲的播放量，可以发现很多歌曲的播放量都是 0，表示该用户还没有播放过此音乐，这个时候可以设置一个二值特征，以表示用户是否听过该歌曲：

| In | ```
# 拿到需要比较的特征
watched = np.array(popsong_df['listen_count'])
# 进行比较
watched[watched >= 1] = 1
# 结果返回到 dataframe 中
popsong_df['watched'] = watched
popsong_df.head(10)
``` |
|---|---|
```

		user_id	song_id	title	listen_count	watched
	0	b6b799f34a204bd928ea014c243ddad6d0be4f8f	SOBONKR12A58A7A7E0	You're The One	2	1
	1	b41ead730ac14f6b6717b9cf8859d5579f3f8d4d	SOBONKR12A58A7A7E0	You're The One	0	0
	2	4c84359a164b161496d05282707cecbd50adbfc4	SOBONKR12A58A7A7E0	You're The One	0	0
	3	779b5908593756abb6ff7586177c966022668b06	SOBONKR12A58A7A7E0	You're The One	0	0
Out	4	dd88ea94f605a63d9fc37a214127e3f00e85e42d	SOBONKR12A58A7A7E0	You're The One	0	0
	5	68f0359a2f1cedb0d15c98d88017281db79f9bc6	SOBONKR12A58A7A7E0	You're The One	0	0
	6	116a4c95d63623a967edf2f3456c90ebbf964e6f	SOBONKR12A58A7A7E0	You're The One	17	1
	7	45544491ccfcdc0b0803c34f201a6287ed4e30f8	SOBONKR12A58A7A7E0	You're The One	0	0
	8	e701a24d9b6c59f5ac37ab28462ca82470e27cfb	SOBONKR12A58A7A7E0	You're The One	68	1
	9	edc8b7b1fd592a3b69c3d823a742e1a064abec95	SOBONKR12A58A7A7E0	You're The One	0	0

新加入的 watched 特征表示歌曲是否被播放，同样也可以使用 sklearn 工具包中的 Binarizer 来完成二值特征：

| In | ```
from sklearn.preprocessing import Binarizer
# 需要我们自己指定合适判断阈值
bn = Binarizer(threshold=0.9)
pd_watched = bn.transform([popsong_df['listen_count']])[0]
popsong_df['pd_watched'] = pd_watched
popsong_df.head(10)
``` |
|---|---|

		user_id	song_id	title	listen_count	watched	pd_watched
	0	b6b799f34a204bd928ea014c243ddad6d0be4f8f	SOBONKR12A58A7A7E0	You're The One	2	1	1
	1	b41ead730ac14f6b6717b9cf8859d5579f3f8d4d	SOBONKR12A58A7A7E0	You're The One	0	0	0
	2	4c84359a164b161496d05282707cecbd50adbfc4	SOBONKR12A58A7A7E0	You're The One	0	0	0
	3	779b5908593756abb6ff7586177c966022668b06	SOBONKR12A58A7A7E0	You're The One	0	0	0
Out	4	dd88ea94f605a63d9fc37a214127e3f00e85e42d	SOBONKR12A58A7A7E0	You're The One	0	0	0
	5	68f0359a2f1cedb0d15c98d88017281db79f9bc6	SOBONKR12A58A7A7E0	You're The One	0	0	0
	6	116a4c95d63623a967edf2f3456c90ebbf964e6f	SOBONKR12A58A7A7E0	You're The One	17	1	1
	7	45544491ccfcdc0b0803c34f201a6287ed4e30f8	SOBONKR12A58A7A7E0	You're The One	0	0	0
	8	e701a24d9b6c59f5ac37ab28462ca82470e27cfb	SOBONKR12A58A7A7E0	You're The One	68	1	1
	9	edc8b7b1fd592a3b69c3d823a742e1a064abec95	SOBONKR12A58A7A7E0	You're The One	0	0	0

特征的变换方法还有很多，还可以对其进行各种组合。接下来登场的就是多项式特征，例如有 a、b 两个特征，那么它的 2 次多项式为（$1,a,b,a^2,ab,b^2$），下面通过 sklearn 工具包完成变换操作：

| In | ```
poke_df = pd.read_csv('datasets/Pokemon.csv', encoding='utf-8')
atk_def = poke_df[['Attack', 'Defense']]
atk_def.head()
``` |
|---|---|

Out		

Out table:

	Attack	Defense
0	49	49
1	62	63
2	82	83
3	100	123
4	52	43

In:
```
from sklearn.preprocessing import PolynomialFeatures

pf = PolynomialFeatures(degree=2, interaction_only=False, include_bias=False)
res = pf.fit_transform(atk_def)
res[:5]
```

Out:
```
array([[   49.,    49.,   2401.,   2401.,   2401.],
       [   62.,    63.,   3844.,   3906.,   3969.],
       [   82.,    83.,   6724.,   6806.,   6889.],
       [  100.,   123.,  10000.,  12300.,  15129.],
       [   52.,    43.,   2704.,   2236.,   1849.]])
```

PolynomialFeatures() 函数涉及以下 3 个参数。

- degree：控制多项式的度，如果设置的数值越大，特征结果也会越多。
- interaction_only：默认为 False。如果指定为 True，那么不会有特征自己和自己结合的项，例如上面的二次项中没有 a^2 和 b^2。
- include_bias：默认为 True。如果为 True 的话，那么会新增 1 列。

为了更清晰地展示，可以加上操作的列名：

In:
```
intr_features = pd.DataFrame(res, columns=['Attack', 'Defense', 'Attack^2', 'Attack x Defense', 'Defense^2'])
intr_features.head(5)
```

Out:

	Attack	Defense	Attack^2	Attack x Defense	Defense^2
0	49.0	49.0	2401.0	2401.0	2401.0
1	62.0	63.0	3844.0	3906.0	3969.0
2	82.0	83.0	6724.0	6806.0	6889.0
3	100.0	123.0	10000.0	12300.0	15129.0
4	52.0	43.0	2704.0	2236.0	1849.0

10.1.3 连续值离散化

连续值离散化的操作非常实用，很多时候都需要对连续值特征进行这样的处理，效果如何还得实际通过测试集来观察，但在特征工程构造的初始阶段，肯定还是希望可行的路线越多越好。

In	`fcc_survey_df= pd.read_csv('datasets/fcc_2016_coder_survey_subset.csv',`
	`encoding='utf-8')`
	`fcc_survey_df[['ID.x', 'EmploymentField', 'Age', 'Income']].head()`

Out	<table><tr><th></th><th>ID.x</th><th>EmploymentField</th><th>Age</th><th>Income</th></tr><tr><td>0</td><td>cef35615d61b202f1dc794ef2746df14</td><td>office and administrative support</td><td>28.0</td><td>32000.0</td></tr><tr><td>1</td><td>323e5a113644d18185c743c241407754</td><td>food and beverage</td><td>22.0</td><td>15000.0</td></tr><tr><td>2</td><td>b29a1027e5cd062e654a63764157461d</td><td>finance</td><td>19.0</td><td>48000.0</td></tr><tr><td>3</td><td>04a11e4bcb573a1261eb0d9948d32637</td><td>arts, entertainment, sports, or media</td><td>26.0</td><td>43000.0</td></tr><tr><td>4</td><td>9368291c93d5d5f5c8cdb1a575e18bec</td><td>education</td><td>20.0</td><td>6000.0</td></tr></table>

上述代码读取了一份带有年龄信息的数据集，接下来要对年龄特征进行离散化操作，也就是划分成一个个区间，实际操作之前，可以观察其分布情况：

In	`fig, ax = plt.subplots()`
	`fcc_survey_df['Age'].hist(color='#A9C5D3')`
	`ax.set_title('Developer Age Histogram', fontsize=12)`
	`ax.set_xlabel('Age', fontsize=12)`
	`ax.set_ylabel('Frequency', fontsize=12)`

Out	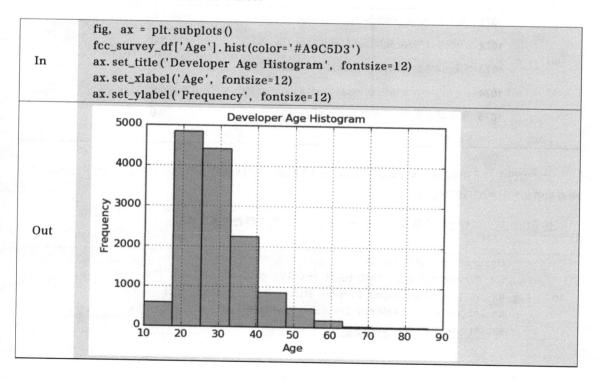

上述输出结果显示，年龄特征的取值范围在 10 ～ 90 之间。所谓离散化，就是将一段区间上的数据映射到一个组中，例如按照年龄大小可分成儿童、青年、中年、老年等。简单起见，这里直接按照相同间隔进行划分：

Out	Age Range: Bin ---------------- 0 - 9 : 0 10 - 19 : 1 20 - 29 : 2 30 - 39 : 3 40 - 49 : 4 50 - 59 : 5 60 - 69 : 6 ...
In	```fcc_survey_df['Age_bin_round'] = np.array(np.floor(np.array(fcc_survey_df['Age']) / 10.))``` ```fcc_survey_df[['ID.x', 'Age', 'Age_bin_round']].iloc[1071:1076]```

		ID.x	Age	Age_bin_round
Out	**1071**	6a02aa4618c99fdb3e24de522a099431	17.0	1.0
	1072	f0e5e47278c5f248fe861c5f7214c07a	38.0	3.0
	1073	6e14f6d0779b7e424fa3fdd9e4bd3bf9	21.0	2.0
	1074	c2654c07dc929cdf3dad4d1aec4ffbb3	53.0	5.0
	1075	f07449fc9339b2e57703ec7886232523	35.0	3.0

上述代码中，np.floor 表示向下取整，例如，对 3.3 取整后，得到的就是 3。这样就完成了连续值的离散化，所有数值都划分到对应的区间上。

还可以利用分位数进行分箱操作，换一个特征试试，先来看看收入的情况：

In	```fig, ax = plt.subplots()```
	```fcc_survey_df['Income'].hist(bins=30, color='#A9C5D3')```
	```ax.set_title('Developer Income Histogram', fontsize=12)```
	```ax.set_xlabel('Developer Income', fontsize=12)```
	```ax.set_ylabel('Frequency', fontsize=12)```

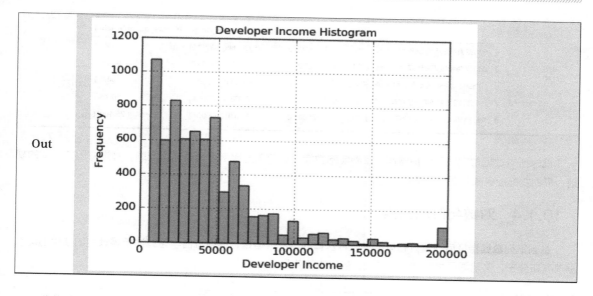

分位数就是按照比例来划分，也可以自定义合适的比例：

In	`quantile_list = [0, .25, .5, .75, 1.]` `quantiles = fcc_survey_df['Income'].quantile(quantile_list)`
Out	0.00 6000.0 0.25 20000.0 0.50 37000.0 0.75 60000.0 1.00 200000.0 Name: Income, dtype: float64

quantile 函数就是按照选择的比例得到对应的切分值，再应用到数据中进行离散化操作即可：

In	`quantile_labels = ['0-25Q', '25-50Q', '50-75Q', '75-100Q']`
	`fcc_survey_df['Income_quantile_range'] = pd.qcut(fcc_survey_df['Income'], q=quantile_list)`
	`fcc_survey_df['Income_quantile_label'] = pd.qcut(fcc_survey_df['Income'], q=quantile_list, labels=quantile_labels)`
	`fcc_survey_df[['ID.x', 'Age', 'Income', 'Income_quantile_range', 'Income_quantile_label']].iloc[4:9]`

		ID.x	Age	Income	Income_quantile_range	Income_quantile_label
Out	4	9368291c93d5d5f5c8cdb1a575e18bec	20.0	6000.0	(5999.999, 20000.0]	0-25Q
	5	dd0e77eab9270e4b67c19b0d6bbf621b	34.0	40000.0	(37000.0, 60000.0]	50-75Q
	6	7599c0aa0419b59fd11ffede98a3665d	23.0	32000.0	(20000.0, 37000.0]	25-50Q
	7	6dff182db452487f07a47596f314bddc	35.0	40000.0	(37000.0, 60000.0]	50-75Q
	8	9dc233f8ed1c6eb2432672ab4bb39249	33.0	80000.0	(60000.0, 200000.0]	75-100Q

此时所有数据都完成了分箱操作，拿到实际数据后如何指定比例就得看具体问题，并没有固定不变的规则，根据实际业务来判断才是最科学的。

10.1.4 对数与时间变换

拿到某列数据特征后，其分布可能是各种各样的情况，但是，很多机器学习算法希望预测的结果值能够呈现高斯分布，这就需要再对其进行变换，最直接的就是对数变换：

| **In** | ```python
# 对数变换，+1 是为了保证计算别出错
fcc_survey_df['Income_log'] = np.log((1+ fcc_survey_df['Income'])) income_log_mean = np.round(np.mean(fcc_survey_df['Income_log']), 2)
# 绘图展示
fig, ax = plt.subplots()
fcc_survey_df['Income_log'].hist(bins=30, color='#A9C5D3')
plt.axvline(income_log_mean, color='r')
ax.set_title('Developer Income Histogram after Log Transform', fontsize=12)
ax.set_xlabel('Developer Income (log scale)', fontsize=12)
ax.set_ylabel('Frequency', fontsize=12)
ax.text(11.5, 450, r'$\mu$='+str(income_log_mean), fontsize=10)
``` |
| **Out** | 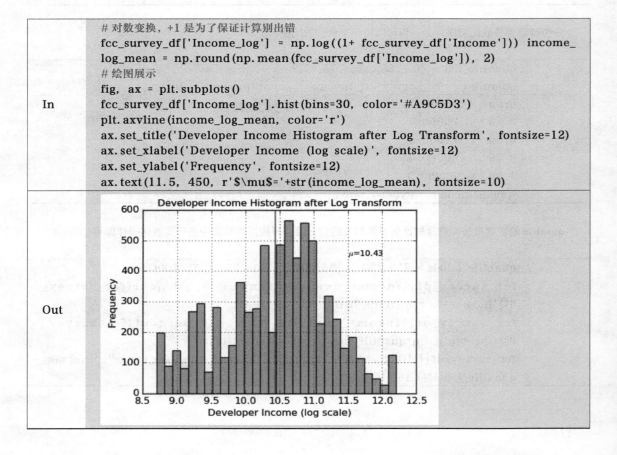 |
```

经过对数变换之后，特征分布更接近高斯分布，虽然还不够完美，但还是有些进步的，感兴趣的读者还可以进一步了解 cox-box 变换，目的都是相同的，只是在公式上有点区别。

时间相关数据也是可以提取出很多特征，例如年、月、日、小时等，甚至上旬、中旬、下旬、工作时间、下班时间等都可以当作算法的输入特征。

In	time_stamps = ['2015-03-08 10:30:00.360000+00:00', '2017-07-13 15:45:05.755000-07:00', '2012-01-20 22:30:00.254000+05:30', '2016-12-25 00:30:00.000000+10:00'] df = pd.DataFrame(time_stamps, columns=['Time'])
Out	**Time** **0** 2015-03-08 10:30:00.360000+00:00 **1** 2017-07-13 15:45:05.755000-07:00 **2** 2012-01-20 22:30:00.254000+05:30 **3** 2016-12-25 00:30:00.000000+10:00

接下来就要得到各种细致的时间特征，如果用的是标准格式的数据，也可以直接调用其属性，更方便一些：

| In | ```
ts_objs = np.array([pd.Timestamp(item) for item in np.array(df.Time)])
df['TS_obj'] = ts_objs
df['Year'] = df['TS_obj'].apply(lambda d: d.year)
df['Month'] = df['TS_obj'].apply(lambda d: d.month)
df['Day'] = df['TS_obj'].apply(lambda d: d.day)
df['DayOfWeek'] = df['TS_obj'].apply(lambda d: d.dayofweek)
df['DayName'] = df['TS_obj'].apply(lambda d: d.weekday_name)
df['DayOfYear'] = df['TS_obj'].apply(lambda d: d.dayofyear)
df['WeekOfYear'] = df['TS_obj'].apply(lambda d: d.weekofyear)
df['Quarter'] = df['TS_obj'].apply(lambda d: d.quarter)
df[['Time', 'Year', 'Month', 'Day', 'Quarter', 'DayOfWeek', 'DayName', 'DayOfYear', 'WeekOfYear']]
``` |
|---|---|
```

		Time	Year	Month	Day	Quarter	DayOfWeek	DayName	DayOfYear	WeekOfYear
Out	0	2015-03-08 10:30:00.360000+00:00	2015	3	8	1	6	Sunday	67	10
	1	2017-07-13 15:45:05.755000-07:00	2017	7	13	3	3	Thursday	194	28
	2	2012-01-20 22:30:00.254000+05:30	2012	1	20	1	4	Friday	20	3
	3	2016-12-25 00:30:00.000000+10:00	2016	12	25	4	6	Sunday	360	51

 迪哥说: 原始时间特征确定后,竟然分出这么多小特征。当拿到具体时间数据后,还可以整合一些相关信息,例如天气情况,气象台数据很轻松就可以拿到,对应的温度、降雨等指标也就都有了。

10.2 文本特征

文本特征经常在数据中出现, 一句话、一篇文章都是文本特征。还是同样的问题, 计算机依旧不认识它们, 所以首先要将其转换成数值, 也就是向量。关于文本特征的提取方式, 这里先做简单介绍, 在下一章的新闻分类任务中, 还会详细解释文本特征提取操作。

10.2.1 词袋模型

先来构造一个数据集, 简单起见就用英文表示, 如果是中文数据, 还需要先进行分词操作, 英文中默认就是分好词的结果:

```
corpus = ['The sky is blue and beautiful.',
          'Love this blue and beautiful sky!',
          'The quick brown fox jumps over the lazy dog.',
          'The brown fox is quick and the blue dog is lazy!',
          'The sky is very blue and the sky is very beautiful today',
          'The dog is lazy but the brown fox is quick!'
         ]
labels = ['weather', 'weather', 'animals', 'animals', 'weather', 'animals']
corpus = np.array(corpus)
corpus_df = pd.DataFrame({'Document': corpus,
                          'Category': labels})
corpus_df = corpus_df[['Document', 'Category']]
```
(In)

	Document	Category
0	The sky is blue and beautiful.	weather
1	Love this blue and beautiful sky!	weather
2	The quick brown fox jumps over the lazy dog.	animals
3	The brown fox is quick and the blue dog is lazy!	animals
4	The sky is very blue and the sky is very beaut...	weather
5	The dog is lazy but the brown fox is quick!	animals

Out

在自然语言处理中有一个非常实用的 NLTK 工具包，使用前需要先安装该工具包，但是，安装完之后，它相当于一个空架子，里面没有实际的功能，需要有选择地安装部分插件（见图 10-1）。

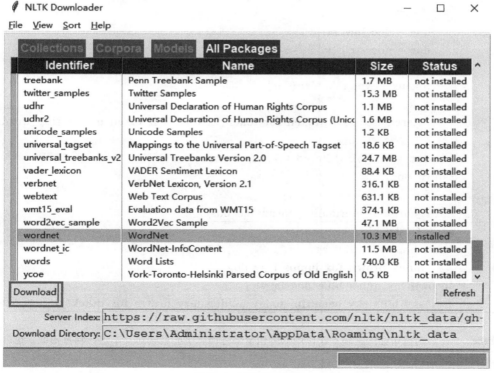

图 10-1 NLTK 工具包

执行 nltk.download() 会跳出安装界面，选择需要的功能进行安装即可。不仅如此，NLTK 工具包还提供了很多数据集供我们练习使用，功能还是非常强大的。

对于文本数据，第一步肯定要进行预处理操作，基本的套路就是去掉各种特殊字符，还有一些用处不大的停用词。

 迪哥说: 所谓停用词就是该词对最终结果影响不大，例如，"我们""今天""但是"等词语就属于停用词。

| In | ```
# 加载停用词
wpt = nltk.WordPunctTokenizer()
stop_words = nltk.corpus.stopwords.words('english')

def normalize_document(doc):
    # 去掉特殊字符
    doc = re.sub(r'[^a-zA-Z0-9\s]', '', doc, re.I)
    # 转换成小写
    doc = doc.lower()
    doc = doc.strip()
    # 分词
    tokens = wpt.tokenize(doc)
    # 去停用词
    filtered_tokens = [token for token in tokens if token not in stop_words]
    # 重新组合成文章
    doc = ' '.join(filtered_tokens)
    return doc

norm_corpus = normalize_corpus(corpus)
``` |
|---|---|
| Out | ```
array(['sky blue beautiful',
'love blue beautiful sky',
    'quick brown fox jumps lazy dog',
'brown fox quick blue dog lazy',
    'sky blue sky beautiful today', 'dog lazy brown fox quick'])
``` |

像 the、this 等对整句话的主题不起作用的词也全部去掉，下面就要对文本进行特征提取，也就是把每句话都转换成数值向量。

| In | ```python
from sklearn.feature_extraction.text import CountVectorizer
print (norm_corpus)
cv = CountVectorizer(min_df=0., max_df=1.)
cv.fit(norm_corpus)
print (cv.get_feature_names())
cv_matrix = cv.fit_transform(norm_corpus)
cv_matrix = cv_matrix.toarray()
``` |
| Out | `['sky blue beautiful' 'love blue beautiful sky'`
 `'quick brown fox jumps lazy dog' 'brown fox quick blue dog lazy'`
 `'sky blue sky beautiful today' 'dog lazy brown fox quick']`

`['beautiful', 'blue', 'brown', 'dog', 'fox', 'jumps', 'lazy', 'love', 'quick', 'sky', 'today']`

`array([[1, 1, 0, 0, 0, 0, 0, 0, 0, 1, 0],`
`       [1, 1, 0, 0, 0, 0, 0, 1, 0, 1, 0],`
`       [0, 0, 1, 1, 1, 1, 1, 0, 1, 0, 0],`
`       [0, 1, 1, 1, 1, 0, 1, 0, 1, 0, 0],`
`       [1, 1, 0, 0, 0, 0, 0, 0, 0, 2, 1],`
`       [0, 0, 1, 1, 1, 0, 1, 0, 1, 0, 0]], dtype=int64)` |
| In | ```python
vocab = cv.get_feature_names()
pd.DataFrame(cv_matrix, columns=vocab)
``` |
| Out | (see table below) |

	beautiful	blue	brown	dog	fox	jumps	lazy	love	quick	sky	today
0	1	1	0	0	0	0	0	0	0	1	0
1	1	1	0	0	0	0	0	1	0	1	0
2	0	0	1	1	1	1	1	0	1	0	0
3	0	1	1	1	1	0	1	0	1	0	0
4	1	1	0	0	0	0	0	0	0	2	1
5	0	0	1	1	1	0	1	0	1	0	0

　　文章中出现多少个不同的词，其向量的维度就是多大，再依照其出现的次数和位置，就可以把向量构造出来。上述代码只考虑单个词，其实还可以把词和词之间的组合考虑进来，原理还是一样的，接下来就要多考虑组合，从结果来看更直接：

| In | ```python
bv = CountVectorizer(ngram_range=(2,2))
bv_matrix = bv.fit_transform(norm_corpus)
bv_matrix = bv_matrix.toarray()
vocab = bv.get_feature_names()
pd.DataFrame(bv_matrix, columns=vocab)
``` |

	beautiful sky	beautiful today	blue beautiful	blue dog	blue sky	brown fox	dog lazy	fox jumps	fox quick	jumps lazy	lazy brown	lazy dog	love blue	quick blue	quick brown	sky beautiful	sky blue
0	0	0	1	0	0	0	0	0	0	0	0	0	0	0	0	0	1
1	1	0	1	0	0	0	0	0	0	0	0	0	1	0	0	0	0
2	0	0	0	0	0	0	1	0	1	0	1	0	0	0	1	0	0
3	0	0	0	1	0	1	1	0	0	0	0	0	1	0	0	0	0
4	0	1	0	0	1	0	0	0	0	0	0	0	0	0	0	1	1
5	0	0	0	0	0	0	0	1	0	1	0	1	0	1	0	0	0

上述代码设置了 ngram_range 参数，相当于要考虑词的上下文，此处只考虑两两组合的情况，大家也可以将 ngram_range 参数设置成 (1,2)，这样既包括一个词也包括两个词组合的情况。

词袋模型的原理和操作都十分简单，但是这样做出来的向量是没有灵魂的。无论是一句话还是一篇文章，都是有先后顺序的，但在词袋模型中，却只考虑词频，并且每个词的重要程度完全和其出现的次数相关，通常情况下，文章向量会是一个非常大的稀疏矩阵，并不利于计算。

词袋模型的问题看起来还是很多，其优点也是有的，简单方便。在实际建模任务中，还不能确定哪种特征提取方法效果更好，所以，各种方法都需要尝试。

10.2.2 常用文本特征构造方法

文本特征提取方法还很多，下面介绍一些常用的构造方法，在实际任务中，不仅可以选择常规套路，也可以组合使用一些野路子。

（1）TF-IDF 特征。虽然词袋模型只考虑了词频，没考虑词本身的含义，但在 TF-IDF 中，会考虑每个词的重要程度，后续再详细讲解 TF-IDF 关键词的提取方法，先来看看其能得到的结果：

| In | ```python
from sklearn.feature_extraction.text import TfidfVectorizer
tv = TfidfVectorizer(min_df=0., max_df=1., use_idf=True)
tv_matrix = tv.fit_transform(norm_corpus)
tv_matrix = tv_matrix.toarray()

vocab = tv.get_feature_names()
pd.DataFrame(np.round(tv_matrix, 2), columns=vocab)
``` |

	beautiful	blue	brown	dog	fox	jumps	lazy	love	quick	sky	today
0	0.60	0.52	0.00	0.00	0.00	0.00	0.00	0.00	0.00	0.60	0.00
1	0.46	0.39	0.00	0.00	0.00	0.00	0.00	0.66	0.00	0.46	0.00
2	0.00	0.00	0.38	0.38	0.38	0.54	0.38	0.00	0.38	0.00	0.00
3	0.00	0.36	0.42	0.42	0.42	0.00	0.42	0.00	0.42	0.00	0.00
4	0.36	0.31	0.00	0.00	0.00	0.00	0.00	0.00	0.00	0.72	0.52
5	0.00	0.00	0.45	0.45	0.45	0.00	0.45	0.00	0.45	0.00	0.00

上述输出结果显示，每个词都得到一个小数结果，并且有大小之分，表明其在该篇文章中的重要程度，下一章的新闻分类任务还会详细讨论。

（2）相似度特征。 只要确定了特征，并且全部转换成数值数据，才可以计算它们之间的相似性，计算方法也比较多，这里用余弦相似性来举例，sklearn 工具包中已经有实现好的功能，直接将上例中 TF-IDF 特征提取结果当作输入即可：

```
from sklearn.metrics.pairwise import cosine_similarity

similarity_matrix = cosine_similarity(tv_matrix)
similarity_df = pd.DataFrame(similarity_matrix)
```

	0	1	2	3	4	5
0	1.000000	0.753128	0.000000	0.185447	0.807539	0.000000
1	0.753128	1.000000	0.000000	0.139665	0.608181	0.000000
2	0.000000	0.000000	1.000000	0.784362	0.000000	0.839987
3	0.185447	0.139665	0.784362	1.000000	0.109653	0.933779
4	0.807539	0.608181	0.000000	0.109653	1.000000	0.000000
5	0.000000	0.000000	0.839987	0.933779	0.000000	1.000000

（3）聚类特征。 聚类就是把数据按堆划分，最后每堆给出一个实际的标签，需要先把数据转换成数值特征，然后计算其聚类结果，其结果也可以当作离散型特征（聚类算法会在第 16 章讲解）。

| In | ```
from sklearn.cluster import KMeans

km = KMeans(n_clusters=2)
km.fit_transform(similarity_df)
cluster_labels = km.labels_
cluster_labels = pd.DataFrame(cluster_labels, columns=['ClusterLabel'])
pd.concat([corpus_df, cluster_labels], axis=1)
``` |
| Out | <table><thead><tr><th></th><th>Document</th><th>Category</th><th>ClusterLabel</th></tr></thead><tbody><tr><td>0</td><td>The sky is blue and beautiful.</td><td>weather</td><td>0</td></tr><tr><td>1</td><td>Love this blue and beautiful sky!</td><td>weather</td><td>0</td></tr><tr><td>2</td><td>The quick brown fox jumps over the lazy dog.</td><td>animals</td><td>1</td></tr><tr><td>3</td><td>The brown fox is quick and the blue dog is lazy!</td><td>animals</td><td>1</td></tr><tr><td>4</td><td>The sky is very blue and the sky is very beaut...</td><td>weather</td><td>0</td></tr><tr><td>5</td><td>The dog is lazy but the brown fox is quick!</td><td>animals</td><td>1</td></tr></tbody></table> |

（4）**主题模型**。主题模型是无监督方法，输入就是处理好的语料库，可以得到主题类型以及其中每一个词的权重结果：

| In | ```
from sklearn.decomposition import LatentDirichletAllocation

lda = LatentDirichletAllocation(n_topics=2, max_iter=100, random_state=42)
dt_matrix = lda.fit_transform(tv_matrix)
features = pd.DataFrame(dt_matrix, columns=['T1', 'T2'])


tt_matrix = lda.components_
for topic_weights in tt_matrix:
    topic = [(token, weight) for token, weight in zip(vocab, topic_weights)]
    topic = sorted(topic, key=lambda x: -x[1])
    topic = [item for item in topic if item[1] > 0.6]
    print(topic)
``` |
| Out | [('fox', 1.7265536238698524), ('quick', 1.7264910761871224), ('dog', 1.7264019823624879), ('brown', 1.7263774760262807), ('lazy', 1.7263567668213813), ('jumps', 1.0326450363521607), ('blue', 0.7770158513472083)]

[('sky', 2.263185143458752), ('beautiful', 1.9057084998062579), ('blue', 1.7954559705805624), ('love', 1.1476805311187976), ('today', 1.0064979209198706)] |

上述代码设置 n_topics=2，相当于要得到两种主题，最后的结果就是各个主题不同关键词的权重，看起来这件事处理得还不错，使用无监督的方法，也能得到这么多关键的指标。笔者认为，LDA 主题模型并不是很实用，得到的效果通常也是一般，所以，并不建议大家用其进行特征处理或者建模任务，熟悉一下就好。

（5）词向量模型。前面介绍的几种特征提取方法还是比较容易理解的，再来看看词向量模型，也就是常说的 word2vec，其基本原理是基于神经网络的。先来通俗地解释一下，首先对每个词进行初始化操作，例如，每个词都是长度为 10 的一个随机向量。接下来，模型会对每个词及其上下文进行预测，例如输入是向量"回家"，输出就是"吃饭"，所有的输入数据和输出标签都是语料库中的上下文，所以标签并不需要特意指定。此时不只要通过优化算法选择合适的权重参数，例如梯度下降，输入的向量也会随之改变，也就是向量"回家"一开始是随机的，在每次迭代过程中都会不断改变，直到得到一个合适的结果。

词向量模型是现阶段自然语言处理中最常使用的方法，并赋予每个词实际的空间含义，回顾一下，使用前面讲述过的特征提取方法得到的向量都没有实际意义，只是数值，但在词向量模型中，每个词在空间中都是有实际意义的，例如，"喜欢"和"爱"这两个词在空间中比较接近，因为其表达的含义类似，但是它们和"手机"就离得比较远，因为关系不大。讲解完神经网络之后，在第 20 章的影评分类任务中有它的实际应用案例。当大家使用时，需首先将文本中每一个词的向量构造出来，最常用的工具包就是 Gensim，其中有语料库：

| In | ```
from gensim.models import word2vec

wpt = nltk.WordPunctTokenizer()
tokenized_corpus = [wpt.tokenize(document) for document in norm_corpus]
# 需要设置一些参数
feature_size = 10      # 词向量维度
window_context = 10    # 滑动窗口
min_word_count = 1     # 最小词频
w2v_model = word2vec.Word2Vec(tokenized_corpus, size=feature_size,
                    window=window_context, min_count = min_word_count)
w2v_model.wv['sky']
``` |
|---|---|
| Out | ```
array([-0.04816568,  0.04963122,  0.00874943,  0.00916125,  0.033251
54, 0.00704319,  0.02488039,  0.00937579, -0.02120486,  0.0023412 ],
dtype=float32)
``` |

输出结果就是输入预料中的每一个词都转换成向量，词向量的应用十分广泛，现阶段通常都是将其和神经网络结合在一起来搭配使用（后续案例就会看到其强大的战斗力）。

10.3　论文与 benchmark

在数据挖掘任务中，特征工程尤为重要，数据的字段中可能包含各种各样的信息，如何提取出最有价值的特征呢？大家第一个想到的可能是经验方法，回顾一下之前处理其他数据的方法或者一些通用的套路，但肯定都不确定方法是否得当，而且要把每个想法都实践一遍也不太现实。这里给大家推荐一个套路，结合论文与 benchmark 来找解决方案，相信会事半功倍。

最好的方法就是从论文入手，大家也可以把论文当作是一个实际任务的解决方案，对于较复杂的任务，你可能没有深入研究过，但是前人已经探索过其中的方法，论文就是他们对好的思路、实验结果以及其中遇到各种问题的总结。如果把他们的方法加以研究和改进，再应用到实际任务中，是不是看起来很棒？

但是，如何找到合适的论文作为参考呢？如果不是专门做某一领域，可能对这些资源并不是很熟悉，这里给大家推荐 benchmark，翻译过来叫作"基准"。其实它就是一个数据库，里面有某一领域的数据集，并且收录很多该领域的论文，还有测试结果。

图 10-2 所示为笔者曾经做过实验的 benchmark，首页就是它的整体介绍。例如，对于一个人体关键点的图像识别任务，其中不仅提供了一份人体姿态的数据集，还收录很多篇相关论文，通常能被 benchmark 收录进来的论文都是被证明过效果非常不错的。

图 10-2　MPII 人体姿态识别 benchmark

图 10-3 中截取了其收录的一部分论文，从 2013—2018 年的姿态识别经典论文都可以在此找到。如果大家熟悉计算机视觉领域，就能看出这些论文的发表级别非常高，右侧有其实验结果，包括头部、肩膀、各个关节的识别效果。可以发现，随着年份的增加，效果逐步提升，现在做得已经很成熟了。

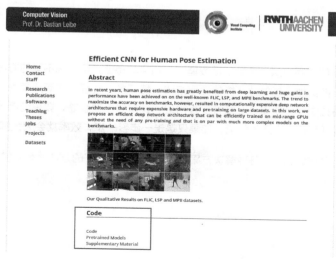

图 10-3　收录论文结果

迪哥说: 对于不会选择合适论文的同学，还是看经典论文吧，直接搜索出来的论文可能价值一般，benchmark 推荐的论文都是经典且有学习价值的。

benchmark 还有一个特点，就是其收录的论文很多都是有公开代码的。图 10-4、图 10-5 就是打开的论文主页，不仅有实验的源码，还提供了训练好的模型，无论是实际完成任务还是学习阶段，都对大家有很大的帮助。假设你需要做一个人体姿态识别的任务，这时候你不只手里有一份当下效果最好的识别代码，还有原作者训练好的模型，直接部署到服务器，不出一天你就可以说：任务基本完成了，目前来看没有比这个效果更好的了（这为我们的工作提供了一条捷径）。

图 10-4　论文公开源码（1）

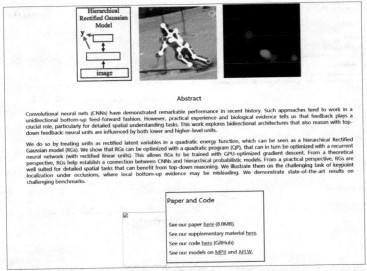

图 10-5　论文公开源码（2）

在初学阶段最好将理论与实践结合在一起，论文当然就是指导思想，告诉大家一步步该怎么做，其提供的代码就是实践方法。笔者认为没有源码的学习是非常痛苦的，因为论文当中很多细节都简化了，估计很多同学也是这样的想法，看代码反而能更直接地理解论文的思想。

迪哥说： 如何应用源码呢？通常拿到的工作都是比较复杂的，直接看一行行代码，估计都挺费劲，最好的办法就是一步步 debug，看看其中每一步完成了什么，再结合论文就好理解了。

本章总结

本章介绍了特征提取的常用方法，主要包括数值特征和文本特征，可以说不同的方法各有其优缺点。在任务起始阶段，应当尽可能多地尝试各种可能的提取方法，特征多不要紧，实际建模的时候，可以通过实验来筛选，但是少了就没有办法了，所以，在特征工程阶段，还是要多动脑筋，要提前考虑建模方案。因为一旦涉及海量数据，提取特征可是一个漫长的活，如果只是走一步看一步，效率就会大大降低。

做任务的时候，一定要结合论文，各种解决方案都要进行尝试，最好的方法就是先学学别人是怎么做的，再应用到自己的实际任务中。

第 11 章
贝叶斯算法项目实战——新闻分类

　　本章介绍机器学习中非常经典的算法——贝叶斯算法，相信大家都听说过贝叶斯这个伟大的数学家，接下来看一下贝叶斯算法究竟能解决什么问题。在分类任务中，数值特征可以直接用算法来建立模型，如果数据是文本数据该怎么办呢？本章结合贝叶斯算法通过新闻数据集的分类任务来探索其中每一步细节。

11.1 贝叶斯算法

贝叶斯 (Thomas Bayes，1701—1761 年)，英国数学家。所谓的贝叶斯定理源于他生前为解决一个"逆概"问题而写的一篇文章。先通过一个小例子来理解一下什么是正向和逆向概率。假设你的口袋里面有 N 个白球、M 个黑球，你伸手进去随便拿一个球，问拿出黑球的概率是多大？

这个问题可以轻松地解决，但是，如果把这个问题反过来还那么容易吗？如果事先并不知道袋子里面黑白球的比例，而是闭着眼睛摸出一个（或好几个）球，观察这些取出来的球的颜色之后，要对袋子里面的黑白球的比例作推测。好像有一点绕，这就是逆向概率问题。接下来就由一个小例子带大家走进贝叶斯算法。

11.1.1 贝叶斯公式

直接看贝叶斯公式可能有点难以理解，先通过一个实际的任务来看看贝叶斯公式的来历，假设一个学校中男生占总数的 60%，女生占总数的 40%。并且男生总是穿长裤，女生则一半穿长裤、一半穿裙子，接下来请听题（见图 11-1）。

图 11-1 贝叶斯公式场景实例

1. 正向概率。随机选取一个学生，他（她）穿长裤和穿裙子的概率是多大？这就简单了，题目中已经告诉大家男生和女生对于穿着的概率。

2. 逆向概率。迎面走来一个穿长裤的学生，你只看得见他（她）穿的是否是长裤，而无法确定他（她）的性别，你能够推断出他（她）是女生的概率有多大吗？这个问题似乎有点难度，好像没办法直接计算出来，但是是否可以间接求解呢？来试一试吧。

下面通过计算这个小任务推导贝叶斯算法，首先，假设学校里面的总人数为 U，这个时候大家可能有疑问，原始条件中，并没有告诉学校的总人数，只告诉了男生和女生的比例，没关系，可以先进行假设，一会能不能用上还不一定呢。

此时穿长裤的男生的个数为:

$$U \times P(\text{Boy}) \times P(\text{Pants} \mid \text{Boy})$$

(11.1)

式中,$P(\text{Boy})$ 为男生的概率,根据已知条件,其值为 60%;$P(\text{Pants|Boy})$ 为条件概率,即在男生这个条件下穿长裤的概率是多大,根据已知条件,所有男生都穿长裤,因此其值是 100%。条件都已知,所以穿长裤的男生数量是可求的。

同理,穿长裤的女生个数为:

$$U \times P(\text{Girl}) \times P(\text{Pants} \mid \text{Girl})$$

(11.2)

式中,$P(\text{girl})$ 为女生的概率,根据已知条件,其值为 40%;$P(\text{Pants|Girl})$ 为条件概率,即在女生这个条件下穿长裤的概率是多大,根据已知条件,女生一半穿长裤、一半穿裙子,因此其值是 50%,所以穿长裤的女生数量也是可求的。

下面再来分析一下要求解的问题:迎面走来一个穿长裤的学生,你只看得见他(她)穿的是长裤,而无法确定他(她)的性别,你能够推断出他(她)是女生的概率是多大吗?这个问题概括起来就是,首先是一个穿长裤的学生,这是第一个限定条件,接下来这个人还得是女生,也就是第二个条件。总结起来就是:穿长裤的人里面有多少是女生。

为了求解上述问题,首先需计算穿长裤的学生总数,应该是穿长裤的男生和穿长裤的女生总数之和:

$$U \times P(\text{Boy}) \times P(\text{Pants|Boy}) + U \times P(\text{Girl}) \times P(\text{Pants} \mid \text{Girl})$$

(11.3)

迪哥说: 此例类别只有两种,所以只需考虑男生和女生即可,二分类这么计算,多分类也是如此,举一反三也是必备的基本功。

要想知道穿长裤的人里面有多少女生,可以用穿长裤的女生人数占穿长裤学生总数的比例确定:

$$P(\text{Girl|Pants}) = U \times P(\text{Girl}) \times P(\text{Pants} \mid \text{Girl}) / \text{穿长裤总数}$$

(11.4)

其中穿长裤总数在式(11.3)中已经确定,合并可得:

$$\frac{U \times P(\text{Girl}) \times P(\text{Pants|Girl})}{U \times P(\text{Boy}) \times P(\text{Pants|Boy}) + U \times P(\text{Girl}) \times P(\text{Pants|Girl})}$$

(11.5)

回到最开始的假设问题中,这个计算结果与总人数有关吗?观察式(11.5),可以发现分子和分母都含有总人数 U,因此可以消去,说明计算结果与校园内学生的总数无关。因此,穿长裤的人里面有多少女生的结果可以由下式得到:

$$P(\text{Girl|Pants}) = \frac{P(\text{Girl}) \times P(\text{Pants} \mid \text{Girl})}{P(\text{Boy}) \times P(\text{Pants|Boy}) + P(\text{Girl}) \times P(\text{Pants|Girl})}$$

(11.6)

分母表示男生中穿长裤的人数和女生中穿长裤的人数的总和，由于原始问题中，只有男生和女生两种类别，既然已经把它们都考虑进来，再去掉总数 U 对结果的影响，就是穿长裤的概率，可得：

$$P(\text{Girl}|\text{Pants}) = P(\text{Girl}) \times P(\text{Pants}\,|\,\text{Girl}) / P(\text{Pants}) \tag{11.7}$$

现在这个问题似乎解决了，不需要计算具体的结果，只需观察公式的表达即可，上面的例子中可以把穿长裤用 A 表示，女生用 B 表示。这就得到贝叶斯公式的推导过程，最终公式可以概括为：

$$P(B|A) = P(B) \times P(A\,|\,B) / P(A) \tag{11.8}$$

估计贝叶斯公式给大家的印象是，只要把要求解的问题调换了一下位置，就能解决实际问题，但真的有这么神奇吗？还是通过两个实际任务分析一下吧。

11.1.2 拼写纠错实例

贝叶斯公式能解决哪类问题呢？下面就以一个日常生活中经常遇到的问题为例，我们打字的时候是不是经常出现拼写错误（见图 11-2），但是程序依旧会返回正确拼写的字或者语句，这时候程序就会猜测："这个用户真正想输入的单词是什么呢？"

图 11-2　打字时的拼写错误

例如，用户本来想输入"the"，但是由于打字错误，输成"tha"，那么程序能否猜出他到底想输入哪个单词呢？可以用下式表示：

$$P(\text{ 猜测他想输入的单词 }|\text{ 他实际输入的单词 }) \tag{11.9}$$

例如，用户实际输入的单词记为 D（D 代表一个具体的输入，即观测数据），那么可以有很多种猜测：猜测 1，$P(h_1|D)$；猜测 2，$P(h_2|D)$；猜测 3，$P(h_3|D)$ 等。例如 h_1 可能是 the，h_2 可能是 than，h_3 可能是 then，到底是哪一个呢？也就是要比较它们各自的概率值大小，哪个可能性最高就是哪个。

先把上面的猜想统一为 $P(h|D)$，然后进行分析。直接求解这个公式好像难度有些大，有点无从下手，但是刚刚不是得到贝叶斯公式吗？转换一下能否好解一些呢？先来试试看：

$$P(h|D) = P(h) \times P(D|h) / P(D)$$ （11.10）

此时该如何理解这个公式呢？实际计算中，需要分别得出分子和分母的具体数值，才能比较最终结果的大小，对于不同的猜测 h_1、h_2、h_3……，分母 D 的概率 $P(D)$ 相同，因为都是相同的输入数据，由于只是比较最终结果的大小，而不是具体的值，所以这里可以不考虑分母，也就是最终的结果只和分子成正比的关系，化简可得：

$$P(h|D) \propto P(h) \times P(D|h)$$ （11.11）

 迪哥说：很多机器学习算法在求解过程中都是只关心极值点位置，而与最终结果的具体数值无关，这个套路会一直使用下去。

对于给定观测数据，一个猜测出现可能性的高低取决于以下两部分。

- $P(h)$：表示先验概率，它的大小可以认为是事先已经计算好了的，比如有一个非常大的语料库，里面都是各种文章、新闻等，可以基于海量的文本进行词频统计。

图 11-3 用词云展示了一些词语，其中每个词的大小就是根据其词频大小进行设定。例如，给定的语料库中，单词一共有 10000 个，其中候选词 h_1 出现 500 次，候选词 h_2 出现 1000 次，则其先验概率分别为 500/10000、1000/10000。可以看到先验概率对结果具有较大的影响。

图 11-3 词频统计

在贝叶斯算法中，一直强调先验的重要性，例如，连续抛硬币 100 次都是正面朝上，按照之前似然函数的思想，参数是由数据决定的，控制正反的参数此时就已经确定，下一次抛硬币时，就会有 100% 的信心认为也是正面朝上。但是，贝叶斯算法中就不能这么做，由于在先验概率中认为正反的比例 1∶1 是公平的，所以，在下一次抛硬币的时候，也不会得到 100% 的信心。

- $P(D|h)$：表示这个猜测生成观测数据的可能性大小，听起来有点抽象，还是举一个例子。例如猜想的这个词 h 需要通过几次增删改查能得到观测结果 D，这里可以认为通过一次操作的概率值要高于两次，毕竟你写错一个字母的可能性高一些，一次写错两个就是不可能的。

最后把它们组合在一起，就是最终的结果。例如，用户输入"tlp"（观测数据 D），那他到底输入的是"top"（猜想 h_1）还是"tip"（猜想 h_2）呢？也就是：已知 h_1=top，h_2=tip，D=tlp，求 $P(\text{top}|\text{tlp})$ 和 $P(\text{tip}|\text{tlp})$ 到底哪个概率大。经过贝叶斯公式展开可得：

$$P(\text{top}|\text{tlp}) = P(\text{top}) \times P(\text{tlp} \mid \text{top})$$
$$P(\text{tip}|\text{tlp}) = P(\text{tip}) \times P(\text{tlp} \mid \text{tip})$$

（11.12）

这个时候，看起来都是写错了一个词，假设这种情况下，它们生成观测数据的可能性相同，即 $P(\text{tlp}|\text{top})=P(\text{tlp}|\text{tip})$，那么最终结果完全由 $P(\text{tip})$ 和 $P(\text{top})$ 决定，也就是之前讨论的先验概率。一般情况下，文本数据中 top 出现的可能性更高，所以其先验概率更大，最终的结果就是 h_1:top。

讲完这个例子之后，相信大家应该对贝叶斯算法有了一定的了解，其中比较突出的一项就是先验概率，这好像与之前讲过的算法有些不同，以前得到的结果完全是由数据决定其中的参数，在这里先验概率也会对结果产生决定性的影响。

▎11.1.3 垃圾邮件分类

接下来再看一个日常生活中的实例——垃圾邮件分类问题。这里不只要跟大家说明其处理问题的算法流程，还要解释另一个关键词——朴素贝叶斯。贝叶斯究竟是怎么个朴素法呢？从实际问题出发还是很好理解的。

当邮箱接收一封邮件时，如何判断它是一封正常的邮件还是垃圾邮件呢？在机器学习任务中就是一个经典的二分类问题（见图 11-4）。

图 11-4　邮件判断

本例中用 D 表示收到的这封邮件，注意 D 并不是一个大邮件，而是由 N 个单词组成的一个整体。用 $h+$ 表示垃圾邮件，$h-$ 表示正常邮件。当收到一封邮件后，只需分别计算它是垃圾邮件和正常邮件可能性是多少即可，也就是 $P(h+|D)$ 和 $P(h-|D)$。

根据贝叶斯公式可得：

$$P(h+|D) = P(h+) \times P(D|h+) / P(D)$$
$$P(h-|D) = P(h-) \times P(D|h-) / P(D)$$

（11.13）

$P(D)$ 同样是这封邮件，同理，既然分母都是一样的，比较分子就可以。

其中 $P(h)$ 依旧是先验概率，$P(h+)$ 表示一封邮件是垃圾邮件的概率，$P(h-)$ 表示一封邮件是正常邮件的概率。这两个先验概率都是很容易求出来的，只需要在一个庞大的邮件库里面计算垃圾邮件和正常邮件的比例即可。例如邮件库中包含 1000 封邮件，其中 100 封是垃圾邮件，剩下的 900 封是正常邮件，则 $P(h+)=100/1000=10\%$，$P(h-)=900/1000=90\%$。

$P(D|h+)$ 表示这封邮件是垃圾邮件的前提下恰好由 D 组成的概率，而 $P(D|h-)$ 表示正常邮件恰好由 D 组成的概率。感觉似乎与刚刚说过的拼写纠错任务差不多，但是这里需要对 D 再深入分析一下，因为邮件中的 D 并不是一个单词，而是由很多单词按顺序组成的一个整体。

D 既然是一封邮件，当然是文本语言，也就有先后顺序之分。例如，其中含有 N 个单词 $d_1, d_2 \cdots d_n$，注意其中的顺序不能改变，就像我们不能倒着说话一样，因此：

$$P(D|h+) = P(d_1, d_2, \cdots, d_n | h+)$$

（11.14）

式中，$P(d_1, d_2, \cdots, d_n|h+)$ 为在垃圾邮件当中出现的与目前这封邮件一模一样的概率是多大。这个公式涉及这么多单词，看起来有点棘手，需要对其再展开一下：

$$P(d_1, d_2, \cdots, d_n|h+) = P(d_1|h+) \times P(d_2|d_1, h+) \times P(d_3|d_2, d_1, h+) \cdots$$

（11.15）

式（11.15）表示在垃圾邮件中，第一个词是 d_1；恰好在第一个词是 d_1 的前提下，第二个词是 d_2；又恰好在第一个词是 d_1，第二个词是 d_2 的前提下，第三个词是 d_3，以此类推。这样的问题看起来比较难以解决，因为需要考虑的实在太多，那么该如何求解呢？

这里有一个关键问题，就是需要考虑前后之间的关系，例如，对于 d_2，要考虑它前面有 d_1，正因为如此，才使得问题变得如此烦琐。为了简化起见，如果 d_i 与 d_{i-1} 是相互独立的，就不用考虑这么多，此时 d_1 这个词出现与否与 d_2 没什么关系。特征之间（词和词之间）相互独立，互不影响，此时 $P(d_2|d_1,h+)=P(d_2|h+)$。

这个时候在原有的问题上加上一层独立的假设，就是朴素贝叶斯，其实理解起来还是很简单的，它强调了特征之间的相互独立，因此式（11.15）可以化简为：

$$P(d_1,d_2,\cdots,d_n|h+) = P(d_1|h+)\times P(d_2|h+)\times P(d_3|h+)\times\cdots\times P(d_n|h+) \qquad (11.16)$$

对于式（11.16），只需统计 d_i 在垃圾邮件中出现的频率即可。统计词频很容易，但是一定要注意，词频的统计是在垃圾邮件库中，并不在所有的邮件库中。例如 $P(d_1|h+)$ 和 $P(d_1|h-)$ 就要分别计算 d_1 在垃圾邮件中的词频和在正常邮件中的词频，其值是不同的。像"销售""培训"这样的词在垃圾邮件中的词频会很高，贝叶斯算法也是基于此进行分类任务。计算完这些概率之后，代入式（11.16）即可，通过其概率值大小，就可以判断一封邮件是否属于垃圾邮件。

11.2 新闻分类任务

下面要做一个新闻分类任务，也就是根据新闻的内容来判断它属于哪一个类别，先来看一下数据：

In	`df_news = pd.read_table('./data/data.txt',names=['category','theme','URL','content'],encoding='utf-8')`
	`df_news = df_news.dropna()`
	`df_news.head()`

Out	

由于原始数据都是由爬虫爬下来的，所以看起来有些不整洁，需要清洗一番。这里有几个字段特征：

- Category: 当前新闻所属的类别，一会要进行分类任务，这就是标签。
- Theme: 新闻的主题，这个暂时不用，大家在练习的时候，也可以把它当作特征。

- Content: 新闻的内容，也就是一篇文章，内容很丰富。

前 5 条数据都是与财经有关，我们再来看看后 5 条数据（见图 11-5）。

	category	theme	content
0	汽车	新辉腾 ４.２ Ｖ８ ４座加长 Ｉｎｄｉｖｉｄｕａｌ版 ２０１１款 最新报价	经销商 电话 试驾／订车Ｕ慢杭州滨江区江陵路１７８０号４００８－１１２２３３转５８６４＃保常
1	汽车	９１８ Ｓｐｙｄｅｒ概念车	呼叫热线 ４００８－１００－３００ 服务邮箱 ｋｆ＠ｐｅｏｐｌｅｄａｉｌｙ.ｃｏｍ.ｃｎ
2	汽车	日内瓦亮相 ＭＩＮＩ性能版／概念车－１.６Ｔ引擎	ＭＩＮＩ品牌在二月曾经公布了最新的ＭＩＮＩ新概念车Ｃｌｕｂｖａｎ效果图，不过现在在日内瓦展...
3	汽车	清仓大甩卖—汽夏利Ｎ５威志Ｖ２低至３.３９万	清仓大甩卖！一汽夏利Ｎ５、威志Ｖ２低至３.３９万＝日，启新中国一汽强势推出一汽夏利Ｎ５、威志...
4	汽车	大众敞篷家族新成员 高尔夫敞篷版实拍	在今年３月的日内瓦车展上，我们见到了高尔夫家族的新成员，高尔夫敞篷版，这款全新敞篷车受到了众...

图 11-5　时尚类别新闻

这些都与另一个主题——汽车相关，任务已经很明确，根据文章的内容进行类别的划分。那么如何做呢？之前看到的数据都是数值型，直接传入算法中求解参数即可。这份数据显得有些特别，都是文本，计算机可不认识这些文字，所以，首先需要把这些文字转换成特征，例如将一篇文章转换成一个向量，这样计算机就能识别了。

11.2.1　数据清洗

对于一篇文章来说，里面的内容很丰富，对于中文数据来说，通常的做法是先把文章进行分词，然后在词的层面上去构建文章向量。下面先选一篇文章，然后进行分词：

In	```# 将每一篇文章转换成一个 list
content = df_news.content.values.tolist ()
# 随便选择一个看看
print (content[1000])```
Out	阿里巴巴集团昨日宣布,将在集团管理层面设立首席数据官岗位(Ｃｈｉｅｆ Ｄａｔａ Ｏｆｆｉｃｅｒ)，阿里巴巴Ｂ２Ｂ公司ＣＥＯ陆兆禧将会出任上述职务，向集团ＣＥＯ马云直接汇报。■■ 和６月初的首席风险官职务任命相同，首席数据官亦为阿里巴巴集团在完成与雅虎股权谈判，推进"ｏｎｅ ｃｏｍｐａｎｙ"目标后，在集团决策层面新增的管理岗位。■■■团昨日表示，"变成一家真正意义上的数据公司"已是战略共识。记者刘夏＃

这里选择使用结巴分词工具包完成这个分词任务（Python 中经常用的分词工具），首先直接在命令行中输入"pip install jieba"完成安装。结巴工具包还是很实用的，主要用来分词，其实它还可以做一些自然语言处理相关的任务，想具体了解的同学可以参考其 GitHub 文档。

迪哥说：分词的基本原理也是机器学习算法，感兴趣的同学可以了解一下 HMM 隐马尔可夫模型。

| In | ```
content_S = []
for line in content:
    # 对每一篇文章进行分词
    current_segment = jieba.lcut(line)

    if len(current_segment) > 1 and current_segment != '\r\n':
        # 保存分词的结果
        content_S.append(current_segment)
``` |
|---|---|
| Out | ```
In [6]: content_S[1000]
Out[6]: ['阿里巴巴',
 '集团',
 '昨日',
 '宣布',
 '，',
 '将',
 '在',
 '集团',
 '管理',
 '层面',
 '设立',
 '首席',
 '数据',
 '官',
 '岗位',
``` |

在结果中可以看到将原来的一句话变成了一个 list 结构，里面每一个元素就是分词后的结果，这份数据规模还是比较小的，只有 5000 条，分词很快就可以完成。

| In | ```
# 专门展示分词后的结果
df_content=pd.DataFrame({'content_S':content_S})
df_content.head()
``` |
|---|---|
| Out | |

	content_S
0	[经销商, , 电话, , 试驾, /, 订车, U, 憬, 杭州, 滨江区, 江陵,...
1	[呼叫, 热线, , 4, 0, 0, 8, -, 1, 0, 0, -, 3, 0, 0...
2	[M, I, N, I, 品牌, 在, 二月, 曾经, 公布, 了, 最新, 的, M, I...
3	[清仓, 大, 甩卖, !, 一汽, 夏利, N, 5, 、, 威志, V, 2, 低至,...
4	[在, 今年, 3, 月, 的, 日内瓦, 车展, 上, ,, 我们, 见到, 了, 高尔夫...

完成分词任务之后，要处理的对象就是其中每一个词，我们知道一篇文章的主题应该由其内容中的一些关键词决定，例如"订车""一汽""车展"等，一看就知道与汽车相关。但是另一类词，例如"今年""在""3月"等，似乎既可以在汽车相关的文章中使用，也可以在其他文章中使用，它们称作停用词，也就是要过滤的目标。

首先需要选择一个合适的停用词库，网上有很多现成的，但是都没有那么完整，所以，当大家进行数据清洗任务的时候，还需要自己添加一些，停用词如图 11-6 所示。
```

图 11-6　停用词表

图 11-6 中只截取停用词表中的一部分，都是一些没有实际主题色彩的词，如果想把清洗的任务做得更完善，还是需要往停用词表中加入更多待过滤的词语，数据清洗干净，才能用得舒服。如果添加停用词的任务量实在太大，一个简单的办法就是基于词频进行统计，普遍情况下高频词都是停用词。

迪哥说： 对于文本任务来说，数据清洗非常重要，因为其中每一个词都会对结果产生影响，在开始阶段，还是希望尽可能多地去掉这些停用词。

过滤掉停用词的方法很简单，只需要遍历数据集，剔除掉那些出现在停用词表中的词即可，下面看一下对比结果。

- 原始数据：[在，今年，3，月，的，日内瓦，车展，上，我们，见到，了，高尔夫……]

- 过滤停用词之后：[日内瓦，车展，见到，高尔夫，家族，新，成员，高尔夫，敞篷版，款，全新……]

显然，这份停用词表做得并不十分完善，但是可以基本完成清洗的任务，大家可以酌情完善这份词表，根据实际数据情况，可以选择停用词的指定方法。

中间来一个小插曲，在文本分析中，现在经常会看到各种各样的词云，用起来还是比较有意思的。在

Python 中可以用 wordcloud 工具包来做（见图 11-7），已经介绍过好几个 Python 的实用工具包了，后续还会用到更多的，建议大家使用这些工具包的时候，不要先百度搜索一些文档，因为这些可能已经过时，工具包都会经常进行更新升级，可以先参考其 github 文档。

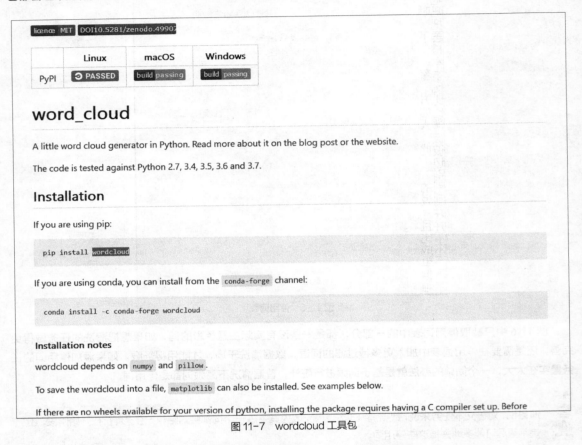

图 11-7　wordcloud 工具包

不只有安装方法，还有实例演示，最简单的学习方法就是按照官方文档走一遍。

在词云工具包中，不仅可以按照词频大小来绘图每个词的大小，还可以指定自己喜欢的样式进行展示，功能还是有很多，这些在其文档中均有示例代码，遇到不懂的参数先查 API 文档，里面都有详细解释（见图 11-8）。

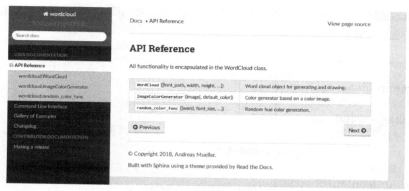

图 11-8　词云 API 文档

11.2.2　TF-IDF 关键词提取

在文本分析中，经常会涉及打标签和特征提取，TF-IDF 是经常用到的套路。在一篇文章中，经过清洗之后，剩下的都是稍微有价值的词，但是这些词的重要程度相同吗？如何从一篇文章中找出最有价值的几个词呢？如果只按照词频进行统计，得到的结果并不会太好，因为词频高的可能都是一些套话，并不是主题，这时候 TF-IDF 就派上用场了。

这里借用一个经典的例子——一篇文章《中国的蜜蜂养殖》。

当进行词频统计的时候，发现在这篇文章中，"中国""蜜蜂""养殖"这 3 个词出现的次数是一样的，假设都是 10 次，这个时候如何判断其各自的重要性呢？这篇文章讲述的应该是与蜜蜂和养殖相关的技术，所以"蜜蜂"和"养殖"这两个词应当是重点。而"中国"这个词，既可以说中国的蜜蜂，还可以说中国的篮球、中国的大熊猫，能派上用场的地方简直太多了，并不专门针对某一个主题，所以，在这篇文章的类别划分中，它应当不是那么重要。

这样就可以给出一个合理的定义，如果一个词在整个语料库中（可以当作是在所有文章中）出现的次数都很高（这篇文章有它，另一篇还有这个词），那么这个词的重要程度就不高，因为它更像一个通用词。如果另一个词在整体的语料库中的词频很低，但是在这一篇文章中却大量出现，就有理由认为它在这篇文章中很重要。例如，"蜜蜂"这个词，在篮球、大熊猫相关的文章中基本不可能出现，在这篇文章中却大量出现。TF-IDF 计算公式如下：

$$TF - IDF = 词频(TF) \times 逆文档频率(IDF) \tag{11.17}$$

其中：

$$词频(TF) = \frac{某个词在文章中出现的次数}{文章的总词数}$$

$$逆文档频率(IDF) = \log\left(\frac{语料库的文档总数}{包含该词的文档数 + 1}\right)$$

词频这个概念很好理解，逆文档频率就看这个词是不是哪儿都出现，出现得越多，其值就越低。掌握 TF-IDF 之后，下面以一篇文章试试效果：

In	```python
	# 工具包
	import jieba.analyse
	# 随便找一篇文章就行
	index = 2400
	# 把分词的结果组合在一起，形成一个句子
	content_S_str = "".join(content_S[index])
	# 打印这个句子
	print (content_S_str)
	# 选出来 5 个核心词
	print (" ".join(jieba.analyse.extract_tags(content_S_str, topK=5, withWeight=False)))
	``

Out	文章内容：法国 VS 西班牙、里贝里 VS 哈维，北京时间 6 月 24 日凌晨一场的大战举世瞩目，而这场胜利不仅仅关乎两支顶级强队的命运，同时也是他们背后的球衣赞助商耐克和阿迪达斯之间的一次角逐。T 谌胙"窘炫分薇的 16 支球队之中，阿迪达斯和耐克的势力范围也是几乎旗鼓相当：其中有 5 家球衣由耐克提供，而阿迪达斯则赞助了 6 家，此外茵宝有 3 家，而剩下的两家则由彪马赞助。而当比赛进行到现在，率先挺进四强的两支球队分别被耐克支持的葡萄牙和阿迪达斯支持的德国占据，而由于最后一场 1/4 决赛是茵宝（英格兰）和彪马（意大利）的对决，这也意味着明天凌晨西班牙同法国这场阿迪达斯和耐克在 1/4 决赛的唯一一次直接交手将直接决定两家体育巨头在此次欧洲杯上的胜负。8 据评估，在 2012 年足球商品的销售额总共超过 40 亿欧元，而单单是不足一个月的欧洲杯就有高达 5 亿的销售额，也就是说在欧洲杯期间将有 700 万件球衣被抢购一空。根据市场评估，两大巨头阿迪达斯和耐克的市场占有率也是并驾齐驱，其中前者占据 38%，而后者占据 36%。体育权利顾问奥利弗－米歇尔在接受《队报》采访时说："欧洲杯是耐克通过法国翻身的一个绝佳机会！"C 仔尔接着谈到两大赞助商的经营策略："竞技体育的成功会燃起球衣购买的热情，不过即便是水平相当，不同国家之间的欧洲杯效应却存在不同。在德国就很出色，大约 1/4 的德国人通过电视观看了比赛，而在西班牙效果则差很多，加泰罗尼亚地区只关注巴萨和巴萨的球衣，他们对西班牙国家队根本没什么兴趣。"因此尽管西班牙接连拿下欧洲杯和世界杯，但是阿迪达斯只为西班牙足协支付每年 2600 万的赞助费#相比之下尽管最近两届大赛表现糟糕，法国足协将从耐克手中每年可以得到 4000 万欧元。米歇尔解释道："法国创纪录的 4000 万欧元赞助费得益于阿迪达斯和耐克竞逐未来 15 年欧洲市场的竞争。耐克需要笼络一个大国来打赢这场欧洲大陆的战争，而尽管德国拿到的赞助费并不太高，但是他们却显然牢牢掌握在民族品牌阿迪达斯手中。从长期投资来看，耐克给法国的赞助并不算过高。"

关键词结果：耐克、阿迪达斯、欧洲杯、球衣、西班牙。

简单过一遍文章可以发现，讲的大概就是足球比赛赞助商各自的发展策略，得到的关键词也与文章的主题差不多。关键词提取方法还是很实用的，想一想大家每天使用各种 APP 都能看到很多广告，不同的用户收到的广告应该不同，例如笔者看到的广告基本都与游戏相关，因为平时的关注点就在于此，可能这些 APP 已经给笔者打上的标签是：王者荣耀、篮球等。接下来还需将重点放回分类任务中，先来看一下标签都有哪些类别：

In	df_train.label.unique()
Out	array(['汽车', '财经', '科技', '健康', '体育', '教育', '文化', '军事', '娱乐', '时尚'], dtype=object) # 一共 10 种类别，也就是一个十分类的任务，需要先将标签中的类别转换成数值，这样计算机才能认识它
In	label_mapping = {"汽车": 1, "财经": 2, "科技": 3, "健康": 4, "体育":5, "教育": 6, "文化": 7, "军事": 8, "娱乐": 9, "时尚": 0} df_train['label'] = df_train['label'].map(label_mapping) # 构建一个映射方法 # 最简单的方法就是做这样一个映射，把名字转换成一个数字即可，为了建模后能进行评估，还需进行数据集的切分：
In	from sklearn.model_selection import train_test_split x_train, x_test, y_train, y_test = train_test_split(df_train['contents_clean'].values, df_train['label'].values, random_state=1)

到目前为止，已经处理了标签，切分了数据集，接下来就要提取文本特征了，这里通过一个小例子给大家介绍最简单的词袋模型。

In	```
	from sklearn.feature_extraction.text import CountVectorizer
	# 为了简化起见，这里就将 4 句话当作 4 篇文章
	texts=["dog cat fish","dog cat cat","fish bird", 'bird']
	# 词频统计
	cv = CountVectorizer()
	# 转换数据
	cv_fit=cv.fit_transform(texts)
	print(cv.get_feature_names())
	print(cv_fit.toarray())
	``

Out	['bird', 'cat', 'dog', 'fish'] [[0 1 1 1] [0 2 1 0] [1 0 0 1] [1 0 0 0]]

向 sklearn 中的 feature_extraction.text 模块导入 CountVectorizer，也就是词袋模型要用的模块，这里还有很丰富的文本处理方法，感兴趣的读者也可以尝试一下其他方法。为了简单起见，构造了 4 个句子，暂且当作 4 篇文章就好。观察发现，这 4 篇文章中总共包含 4 个不同的词："bird""cat""dog""fish"。所以词袋模型的向量长度就是 4，在结果中打印 get_feature_names() 可以得到特征中各个位置的含义，例如，

从第一个句子"dog cat fish"得到的向量为 [0 1 1 1]，它的意思就是首先看第一个位置 'bird' 在这句话中有没有出现，出现了几次，结果为 0；接下来同样看"cat"，发现出现了 1 次，那么向量的第二个位置就为 1；同理"dog""fish"在这句话中也各出现了 1 次，最终的结果也就得到了。

词袋模型是自然语言处理中最基础的一种特征提取方法，直白地说，它就是看每一个词出现几次，统计词频即可，再把所有出现的词组成特征的名字，依次统计其个数就能够得到文本特征。感觉有点过于简单，只考虑词频，而不考虑词出现的位置以及先后顺序，能不能稍微改进一些呢？还可以通过设置 ngram_range 来控制特征的复杂度，例如，不仅可以考虑单单一个词，还可以考虑两个词连在一起，甚至更多的词连在一起的组合。

| In | ```
from sklearn.feature_extraction.text import CountVectorizer
texts=["dog cat fish","dog cat cat","fish bird", 'bird']
# 设置 ngram 参数，让结果不仅包含一个词，还有 2 个、3 个的组合
cv = CountVectorizer(ngram_range=(1,4))
cv_fit=cv.fit_transform(texts)
print(cv.get_feature_names())
print(cv_fit.toarray())
``` |
|---|---|
| Out | ```
['bird', 'cat', 'cat cat', 'cat fish', 'dog', 'dog cat', 'dog cat cat', 'dog cat fish', 'fish', 'fish bird']
[[0 1 0 1 1 1 0 1 1 0]
 [0 2 1 0 1 1 1 0 0 0]
 [1 0 0 0 0 0 0 0 1 1]
 [1 0 0 0 0 0 0 0 0 0]]
``` |

这里只加入 ngram_range=(1,4) 参数，其他保持不变，观察结果中的特征名字可以发现，此时不仅是一个词，还有两两组合或三个组合在一起的情况。例如，"cat cat"表示文本中出现"cat"词后面又跟了一个"cat"词出现的个数。与之前的单个词来对比，这次得到的特征更复杂，特征的长度明显变多。可以考虑上下文的前后关系，在这个简单的小例子中看起来没什么问题。如果实际文本中出现不同词的个数成千上万呢？那使用 ngram_range=(1,4) 参数，得到的向量长度就太大了，用起来就很麻烦。所以，通常情况下，ngram 参数一般设置为 2，如果大于 2，计算起来就成累赘了。接下来对所有文本数据构建词袋模型：

| In | ```
vec = CountVectorizer(analyzer='word', max_features=4000, lowercase = False)
feature = vec.fit_transform(words)
feature.shape
``` |
|---|---|
| Out | (3750, 4000) |

在构建过程中，还额外加入了一个限制条件 max_features=4000，表示得到的特征最大长度为 4000，这就会自动过滤掉一些词频较小的词语。如果不进行限制，大家也可以去掉这个参数观察，会使得特征长度过大，最终得到的向量长度为 85093，而且里面很多都是词频很低的词语，导致特征过于稀疏，这些对建模来说都是
```

不利的，所以，还是非常有必要加上这样一个限制参数，特征确定之后，剩下的任务就交给贝叶斯模型吧：

In	``` # 贝叶斯模型 from sklearn.naive_bayes import MultinomialNB classifier = MultinomialNB() classifier.fit(feature, y_train) classifier.score(vec.transform(test_words), y_test) ```
Out	0.804

贝叶斯模型中导入了 MultinomialNB 模块，还额外做了一些平滑处理，主要目的是在求解先验概率和条件概率的时候避免其值为 0。词袋模型的效果看起来还凑合，能不能改进一些呢？在这份特征中，公平地对待每一个词，也就是看这个词出现的个数，而不管它重要与否，但看起来还是有点问题。因为对于不同主题来说，有些词可能更重要，有些词就没有什么太大价值。还记得老朋友 TF-IDF 吧，能不能将其应用在特征之中呢？当然是可以的，下面通过一个小例子来看一下吧：

In	```
	from sklearn.feature_extraction.text import TfidfVectorizer
	
	X_test = ['卡尔 敌法师 蓝胖子 小小 ','卡尔 敌法师 蓝胖子 痛苦女王']
	tfidf=TfidfVectorizer()
	weight=tfidf.fit_transform(X_test).toarray()
	word=tfidf.get_feature_names()
	print(weight)
	for i in range(len(weight)):
	    print(u"第", i, u"篇文章的 tf-idf 权重特征")
	    for j in range(len(word)):
	        print(word[j], weight[i][j])
	``

Out	``` [[0.44832087 0.63009934 0.44832087 0. 0.44832087] [0.44832087 0. 0.44832087 0.63009934 0.44832087]] 第 0 篇文章的 tf-idf 权重特征 卡尔 0.448320873199 小小 0.630099344518 敌法师 0.448320873199 痛苦女王 0.0 蓝胖子 0.448320873199 第 1 篇文章的 tf-idf 权重特征 卡尔 0.448320873199 小小 0.0 敌法师 0.448320873199 痛苦女王 0.630099344518 蓝胖子 0.448320873199 ```

简单写了两句话，就是要分别构建它们的特征。一共出现 5 个词，所以特征的长度依旧为 5，这和词袋模型是一样的，接下来得到的特征就是每一个词的 TF-IDF 权重值，把它们组合在一起，就形成了特征矩阵。观察发现，在两篇文章当中，唯一不同的就是"小小"和"痛苦女王"，其他词都是一致的，所以要论重要程度，还是它们更有价值，其权重值自然更大。在结果中分别进行了打印，方便大家观察。

TfidfVectorizer() 函数中可以加入很多参数来控制特征（见图 11-9），比如过滤停用词，最大特征个数、词频最大、最小比例限制等，这些都会对结果产生不同的影响，建议大家使用的时候，还是先参考其 API 文档，价值还是蛮大的，并且还有示例代码。

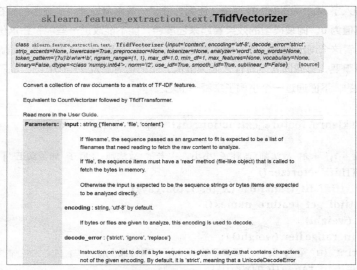

图 11-9　TfidfVectorizer 函数

最后还是用同样的模型对比一下两种特征提取方法的结果差异：

In	`from sklearn.feature_extraction.text import TfidfVectorizer`
	
	`vectorizer = TfidfVectorizer(analyzer='word', max_features=4000, lowercase = False)`
	`vectorizer.fit(words)`
	`from sklearn.naive_bayes import MultinomialNB`
	`classifier = MultinomialNB()`
	`classifier.fit(vectorizer.transform(words), y_train)`
	`classifier.score(vectorizer.transform(test_words), y_test)`

Out	0.815

效果比之前的词袋模型有所提高，这也在预料之中，那么，还有没有其他更好的特征提取方法呢？上一章中

曾提到 word2vec 词向量模型，这里当然也可以使用，只不过难点在于如何将词向量转换成文章向量，传统机器学习算法在处理时间序列相关特征时，效果还是有所欠缺，等弄懂神经网络之后，再向大家展示如何应用词向量特征，感兴趣的同学可以先预习 gensim 工具包，自然语言处理任务肯定会用上它（见图 11-10）。

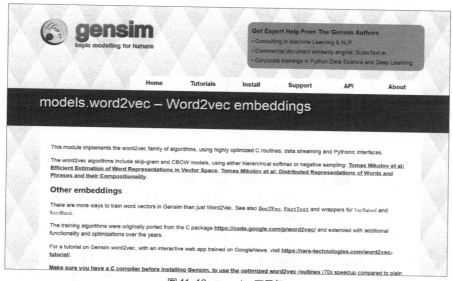

图 11-10　gensim 工具包

迪哥说： gensim 工具包不只有 word2vec 模块，主题模型，文章向量等都有具体的实现和示例代码，学习价值还是很大的。

项目总结

　　本章首先讲解了贝叶斯算法，通过两个小例子，拼写纠错和垃圾邮件分类任务概述了贝叶斯算法求解实际问题的流程。以新闻文本数据集为例，从分词、数据清洗以及特征提取开始一步步完成文本分类任务。建议大家在学习过程中先弄清楚每一步的流程和目的，然后再完成核心代码操作，机器学习的难点不只在建模中，数据清洗和预处理依旧是一个难题，尤其是在自然语言处理中。

第 12 章
支持向量机

在机器学习中，支持向量机（Support Vector Machine，SVM）是最经典的算法之一，应用领域也非常广，其效果自然也是很厉害的。本章对支持向量机算法进行解读，详细分析其每一步流程及其参数对结果的影响。

12.1　支持向量机工作原理

前面已经给大家讲解了一些机器学习算法，有没有发现其中的一些套路呢？它们都是从一个要解决的问题出发，然后将实际问题转换成数学问题，接下来优化求解即可。支持向量机涉及的数学内容比较多，下面还是从问题开始一步步解决。

12.1.1　支持向量机要解决的问题

现在由一个小例子来引入支持向量机，图 12-1 中有两类数据点，目标就是找到一个最好的决策方程将它们区分开。

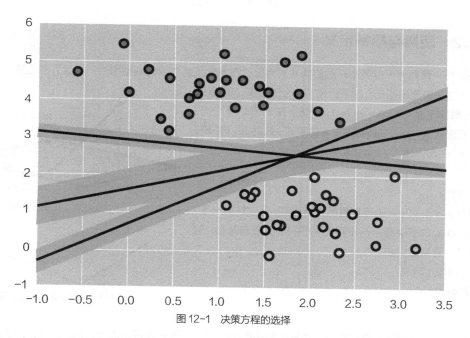

图 12-1　决策方程的选择

图 12-1 中有 3 条直线都能将两类数据点区分开，那么，这 3 条线的效果相同吗？肯定是有所区别的。大家在做事情的时候，肯定希望能够做到最好，支持向量机也是如此，不只要做这件事，还要达到最好的效果，那么这 3 条线中哪条线的效果最好呢？现在放大划分的细节进行观察，如图 12-2 所示。

由图可见，最明显的一个区别，就是左边的决策边界看起来窄一点，而右边的宽一点。假设现在有一个大部队在道路上前进，左边埋着地雷，右边埋伏敌人，为了大部队能够最安全地前进，肯定希望选择的道路能够避开这些危险，也就是离左右两边都尽可能越远越好。

想法已经很明确，回到刚才的数据点中，选择更宽的决策边界更佳，因为这样才能离这些雷更远，中间部分可以看作隔离带，这样容忍错误能力更强，效果自然要比窄的好。

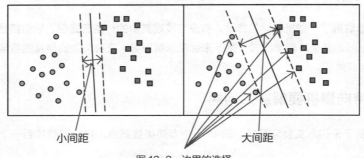

图 12-2　边界的选择

12.1.2　距离与标签定义

上一小节一直强调一定要避开危险的左右雷区，在数学上首先要明确指出离"雷区"的距离，也就是一个点（雷）到决策面的距离，然后才能继续优化目标。还是举一个例子，假设平面方程为 $w^Tx+b=0$，平面上有 x' 和 x'' 两个点，W 为平面的法向量，要求 x 点到平面 h 的距离，如图 12-3 所示。既然 x' 和 x'' 都在平面上，因此满足：

$$w^Tx'+b=0,\ \ w^Tx''+b=0 \quad\quad（12.1）$$

直接计算 x 点到平面的距离看起来有点难，可以转换一下，如果得到 x 到 x' 的距离后，再投影到平面的法向量方向上，就容易求解了，距离定义如下：

$$\mathrm{Distance}(x,h)=\left|\frac{w^T}{\|w\|}(x-x')\right|=\frac{1}{\|w\|}\left|w^Tx+b\right| \quad\quad（12.2）$$

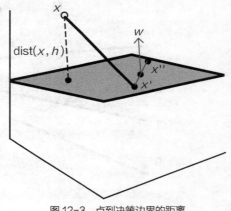

图 12-3　点到决策边界的距离

其中，$\dfrac{w^T}{\|w\|}$ 为平面法向量的方向，也就是要投影的方向，由于只是投影而已，所以只需得到投影方向的单位方向向量即可；$(x-x')$ 为间接地通过 x 和 x' 计算距离；又由于 x' 在平面上，w^Tx' 就等于 $-b$。这样就有了距离的计算方法。

接下来开始定义数据集：$(X_1,Y_1)(X_2,Y_2)\dots(X_n,Y_n)$，其中，$X_n$ 为数据的特征，Y_n 为样本的标签。当 X_n 为正例时候，$Y_n=+1$；当 X_n 为负例时候，$Y_n=-1$。这样定义是为了之后的化简做准备，前面提到过，逻辑回归中定义的类别编号 0 和 1 也是为了化简。

最终的决策方程如下：

$$y(x) = w^{\mathrm{T}} \varphi(x) + b \tag{12.3}$$

这个方程看起来很熟悉,其中 x 和 y 是已知的(数据中给出,有监督问题),目标就是要求解其中的参数,但是 x 怎么有点特别呢? 其中 $\varphi(x)$ 表示对数据进行了某种变换,这里可以先不管它,依旧把它当作数据即可。

对于任意输入样本数据 x,有:

$$y(x_i) > 0 \Leftrightarrow y_i = +1$$
$$y(x_i) < 0 \Leftrightarrow y_i = -1 \tag{12.4}$$

因此可得:

$$y_i y(x_i) > 0 \tag{12.5}$$

现在相信大家已经发现标签 Y 定义成 ±1 的目的了,式(12.5)中的这个条件主要用于完成化简工作。

12.1.3 目标函数

再来明确一下已知的信息和要完成的任务,根据前面介绍可知,目标就是找到一个最好的决策方程(也就是 w 和 b 的值),并且已知数据点到决策边界的距离计算方法。下面就要给出目标函数,大家都知道,机器学习的思想都是由一个实际的任务出发,将之转换成数学表达,再得到目标函数,最后去优化求解。

这里要优化的目标就是使得离决策方程最近的点(雷)能够越远越好,这句话看似简单,其实只要理解了以下两点,支持向量机已经弄懂一半了,再来解释一下。

1. 为什么要选择离决策方程最近的点呢? 可以这么想,如果你踩到了最近的"雷",还需要验证更远的"雷"吗? 也就是危险是由最近的"雷"带来的,只要避开它,其他的构不成威胁。

2. 为什么越宽越好呢? 因为在选择决策方程的时候,肯定是要找最宽的边界,越远离边界才能越安全。

 迪哥说: 目标函数非常重要,所有机器学习问题都可以归结为通过目标函数选择合适的方法并进行优化。

式(12.2)中已经给出了点到边界距离的定义,只不过是带有绝对值的,用起来好像有点麻烦,需要再对它进行简化。通过定义数据标签已经有结论,即 $y_i y(x_i) > 0$。其中的 $y(x_i)$ 就是 $\left| w^{\mathrm{T}} x + b \right|$,由于标签值只能是 ±1,所以乘以它不会改变结果,但可以直接把绝对值去掉,用起来就方便多了,新的距离公式如下:

$$\mathrm{Distance}(x,h) = \frac{y_i(w^{\mathrm{T}} \varphi(x_i) + b)}{\|w\|} \tag{12.6}$$

按照之前目标函数的想法,可以定义为:

$$\underset{w,b}{\mathrm{argmax}}\left\{\frac{1}{\|w\|}\min_{i}\left[y_i(w^{\mathrm{T}}\varphi(x_i)+b)\right]\right\} \tag{12.7}$$

 迪哥说： 遇到一个复杂的数学公式，可以尝试从里向外一步步观察。

式（12.7）看起来有点复杂，其实与之前的解释完全一致，首先 min 要求的就是距离，目的是找到离边界最近的样本点（雷）。然后再求 $\underset{w,b}{\mathrm{argmax}}$，也就是要找到最合适的决策边界（ w 和 b ），使其离这个样本点（雷）的距离越大越好。

式（12.7）虽然给出了优化的目标，但看起来还是比较复杂，为了方便求解，还需对它进行一番化简，已知 $y_i y(x_i) > 0$，现在可以通过放缩变换把要求变得更严格，即 $y_i(w^{\mathrm{T}}\varphi(x_i)+b) \geqslant 1$，可得 $\min_{i}\left[y_i\left(w^{\mathrm{T}}\varphi(x_i)+b\right)\right]$ 的最小值就是 1。

因此只需考虑 $\underset{w,b}{\mathrm{argmax}}\left\{\dfrac{1}{\|w\|}\right\}$ 即可，现在得到了新的目标函数。但是，不要忘记它是有条件的。

概况如下：

$$\begin{cases} \underset{w,b}{\mathrm{argmax}}\left\{\dfrac{1}{\|w\|}\right\} \\ \mathrm{st.} \quad y_i(w^{\mathrm{T}}\varphi(x_i)+b) \geqslant 1 \end{cases} \tag{12.8}$$

式（12.8）是一个求极大值的问题，机器学习中常规套路就是转换成求极小值问题，因此可以转化为：

$$\begin{cases} \underset{w,b}{\mathrm{argmin}}\{\dfrac{1}{2}\|w\|^2\} \\ \mathrm{st.} \quad y_i(w^{\mathrm{T}}\varphi(x_i)+b) \geqslant 1 \end{cases} \tag{12.9}$$

式（12.9）中，求一个数的最大值等同于求其倒数的极小值，条件依旧不变。求解过程中，关注的是极值点（也就是 w 和 b 取什么值），而非具体的极值大小，所以，对公式加入常数项或进行某些函数变换，只要保证极值点不变即可。现在有了要求解的目标，并且带有约束条件，接下来就是如何求解了。

12.1.4 拉格朗日乘子法

拉格朗日乘子法用于计算有约束条件下函数的极值优化问题，计算式如下：

$$\begin{cases} \underset{x}{\min}\, f_0(x) \\ \mathrm{subject\ to}\, f_i(x) \leqslant 0, i=1,\cdots,m, h_i(x)=0, i=1,\cdots,q \end{cases} \tag{12.10}$$

式（12.10）可以转化为：

$$\min L(x, \lambda, \nu) = f_0(x) + \sum_{i=1}^{m} \lambda_i f_i(x) + \sum_{i=1}^{q} \nu_i h_i(x) \tag{12.11}$$

回顾下式（12.9）给出的标函数和约束条件，是不是恰好满足拉格朗日乘子法的要求呢？接下来直接套用即可，注意约束条件只有一个：

$$L(w, b, \alpha) = \frac{1}{2} \|w\|^2 - \sum_{i=1}^{n} \alpha_i (y_i(w^T \varphi(x_i) + b) - 1) \tag{12.12}$$

有些同学可能对拉格朗日乘子法不是特别熟悉，式（12.12）中引入了一个乘子 α，概述起来就像是原始要求解的 w 和 b 参数在约束条件下比较难解，能不能把问题转换一下呢？如果可以找到 w 和 b 分别与 α 的关系，接下来得到每一个合适的 α 值，自然也就可以求出最终 w 和 b 的值。

此处还有其中一个细节就是 KKT 条件，3 个科学家做了对偶性质的证明，此处先不建议大家深入 KKT 细节，对初学者来说，就是从入门到放弃，先记住有这事即可，等从整体上掌握支持向量机之后，可以再做深入研究，暂且默认有一个定理可以帮我们把问题进行转化：

$$\min_{w,b} \max_{\alpha} L(w, \ b, \ \alpha) \rightarrow \max_{\alpha} \min_{w, b} L(w, \ b, \ \alpha) \tag{12.13}$$

既然是要求解 w 和 b 以得到 极值，需要对式（12.12）中 w, b 求偏导，并令其偏导等于 0，可得：

$$\frac{\partial L}{\partial w} = 0 \Rightarrow w = \sum_{i=1}^{n} \alpha_i y_i \varphi(x_i)$$

$$\frac{\partial L}{\partial b} = 0 \Rightarrow 0 = \sum_{i=1}^{n} \alpha_i y_i \tag{12.14}$$

现在似乎把求解 w 和 b 的过程转换成与 α 相关的问题，此处虽然没有直接得到 b 和 α 的关系，但是，在化简过程中，仍可基于 $0 = \sum_{i=1}^{n} \alpha_i y_i$ 对 b 参数进行化简。

接下来把上面的计算结果代入式（12.12），相当于把 w 和 b 全部替换成与 α 的关系，化简如下：

$$\begin{aligned}
L(w, b, \alpha) &= \frac{1}{2} \|w\|^2 - \sum_{i=1}^{n} \alpha_i (y_i(w^T \varphi(x_i) + b) - 1) \\
&= \frac{1}{2} w^T w - w^T \sum_{i=1}^{n} \alpha_i y_i \varphi(x_i) - b \sum_{i=1}^{n} \alpha_i y_i + \sum_{i=1}^{n} \alpha_i \\
&= \sum_{i=1}^{n} \alpha_i - \frac{1}{2} \sum_{i,j=1}^{n} \alpha_i \alpha_j y_i y_j \varphi^T(x_i) \varphi(x_j)
\end{aligned} \tag{12.15}$$

此时目标就是 α 值为多少时，式（12.15）中 $L（w，b，\alpha）$ 的值最大，这又是一个求极大值的问题，所以按照套路还是要转换成求极小值问题，相当于求其相反数的极小值：

$$\begin{cases} \min_{\alpha} \dfrac{1}{2}\sum_{i,j=1}^{n}\alpha_i\alpha_j y_i y_j \phi^{\mathrm{T}}(x_i)\phi(x_j) - \sum_{i=1}^{n}\alpha_i \\ \text{st.} \quad \sum_{i=1}^{n}\alpha_i y_i = 0, \alpha_i \geqslant 0 \end{cases} \tag{12.16}$$

约束条件中，$\sum_{i=1}^{n}\alpha_i y_i = 0$ 是对 b 求偏导得到的，$\alpha_i \geqslant 0$ 是拉格朗日乘子法自身的限制条件，它们非常重要。到此为止，我们完成了支持向量机中的基本数学推导，剩下的就是如何求解。

12.2　支持向量的作用

大家是否对支持向量基这个概念的来源有过疑问，在求解参数之前先向大家介绍支持向量的定义及其作用。

12.2.1　支持向量机求解

式（12.16）中已经给出了要求解的目标，为了更直白地理解支持向量的含义，下述实例中，只取 3 个样本数据点，便于计算和化简。

假设现在有 3 个数据，其中正例样本为 $X_1(3,3)$，$X_2(4,3)$；负例为 $X_3(1,1)$，如图 12-4 所示。

首先，将 3 个样本数据点（x 和 y 已知）代入式（12.16），可得：

$$\begin{cases} \min_{\alpha} \dfrac{1}{2}\sum_{i,j=1}^{n}\alpha_i\alpha_j y_i y_j \varphi^{\mathrm{T}}(x_i)\varphi(x_j) - \sum_{i=1}^{n}\alpha_i \\ \text{st.} \sum_{i=1}^{n}\alpha_i y_i = 0, \alpha_i \geqslant 0 \end{cases}$$

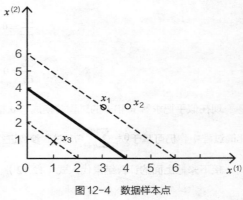

图 12-4　数据样本点

由于只有 3 个样本数据点，并且样本的标签已知，可得：

$$\begin{cases} \min_{\alpha} \dfrac{1}{2}\sum_{i,j=1}^{3}\alpha_i\alpha_j y_i y_j (x_i \cdot x_j) - \sum_{i=1}^{3}\alpha_i \\ \text{st.} \quad \alpha_1 + \alpha_2 - \alpha_3 = 0, \alpha_i \geqslant 0，i=1,2,3 \end{cases} \tag{12.17}$$

暂且认为 $\varphi(x) = x$，其中 $(x_i \cdot x_j)$ 是求内积的意思，将 3 个样本数据点和条件 $\alpha_1 + \alpha_2 - \alpha_3 = 0$ 代入式（12.17）可得：

$$\frac{1}{2}(18\alpha_1^2 + 25\alpha_2^2 + 2\alpha_3^2 + 42\alpha_1\alpha_2 - 12\alpha_1\alpha_3 - 14\alpha_2\alpha_3) - \alpha_1 - \alpha_2 - \alpha_3 4\alpha_1^2 + \frac{13}{2}\alpha_2^2 + 10\alpha_1\alpha_2 - 2\alpha_1 - 2\alpha_2 \quad （12.18）$$

既然要求极小值，对式（12.18）中 α_1、α_2 分别计算偏导，并令偏导等于零，可得：$\alpha_1 = 1.5$，$\alpha_2 = -1$，然而这两个结果并不满足给定的约束条件 $\alpha_i \geqslant 0$。因此需要考虑边界上的情况，即 $\alpha_1 = 0$ 或者 $\alpha_2 = 0$。分别将这两个值代入上式，可得：

$$\begin{cases} \alpha_1 = 0, \quad \alpha_2 = \dfrac{2}{13} \\ \alpha_1 = 0.25, \quad \alpha_2 = 0 \end{cases} \quad （12.19）$$

将式（12.19）结果分别代入公式 $s = 4\alpha_1^2 + \dfrac{13}{2}\alpha_2^2 + 10\alpha_1\alpha_2 - 2\alpha_1 - 2\alpha_2$，通过对比可知，$S(0.25,0)$ 时取得最小值，即 $\alpha_1 = 0.25$，$\alpha_2 = 0$ 符合条件，此时 $\alpha_3 = \alpha_1 + \alpha_2 = 0.25$。

由于之前已经得到 w 与 α 的关系，求解出来全部的 α 值之后，就可以计算 w 和 b，可得：

$$\begin{cases} w = \displaystyle\sum_{i=1}^{n} \alpha_i y_i \varphi(x_i) = \frac{1}{4} \times 1 \times (3,3) + \frac{1}{4} \times (-1) \times (1,1) = \left(\frac{1}{2}, \frac{1}{2}\right) \\ b = y_i - \displaystyle\sum_{i=1}^{3} \alpha_i y_i (x_i x_j) = 1 - \left(\frac{1}{4} \times 1 \times 18 + \frac{1}{4} \times (-1) \times 6\right) = -2 \end{cases} \quad （12.20）$$

 迪哥说： 求解 b 参数的时候，选择用其中一个样本点数据计算其结果，但是，该样本的选择必须为支持向量。

计算出所有参数之后，只需代入决策方程即可，最终的结果为：

$$0.5x_1 + 0.5x_2 - 2 = 0 \quad （12.21）$$

这也是图 12-4 中所画直线，这个例子中 α 值可以直接求解，这是由于只选了 3 个样本数据点，但是，如果数据点继续增多，就很难直接求解，现阶段主要依靠 SMO 算法及其升级版本进行求解，其基本思想就是对 α 参数两两代入求解，感兴趣的读者可以找一份 SMO 求解代码，自己一行一行 debug 观察求解方法。

12.2.2 支持向量的作用

在上述求解过程中，可以发现权重参数 w 的结果由 α，x，y 决定，其中 x，y 分别是数据和标签，这些都是固定不变的。如果求解出 $\alpha_i = 0$，意味着当前这个数据点不会对结果产生影响，因为它和 x，y 相乘后的值还为 0。只有 $\alpha_i \neq 0$ 时，对应的数据点才会对结果产生作用。

由图 12-5 可知，最终只有 x_1 和 x_3 参与到计算中，x_2 并没有起到任何作用。细心的读者可能还会发现 x_1
和 x_3 都是边界上的数据点，而 x_2 与 x_1 相比，就是非边界
上的数据点。这些边界上的点，就是最开始的时候解释的
离决策方程最近的"雷"，只有它们会对结果产生影响，
而非边界上的点只是凑热闹罢了。

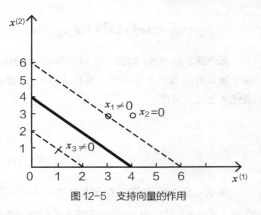

图 12-5　支持向量的作用

到此揭开了支持向量机名字的含义，对于边界上的数
据点，例如 x_1 和 x_3 就叫作支持向量，它们把整个框架支
撑起来。对于非边界上的点，自然就是非支持向量，它们
不会对结果产生任何影响。

图 12-6 展示了支持向量对结果的影响。图 12-6（a）
选择 60 个数据点，其中圈起来的就是支持向量。图 12-6（b）
选择 120 个数据点，但仍然保持支持向量不变，使用同样的算法和参数来建模，得到的结果完全相同。这与
刚刚得到的结论一致，只要不改变支持向量，增加部分数据对结果没有任何影响。

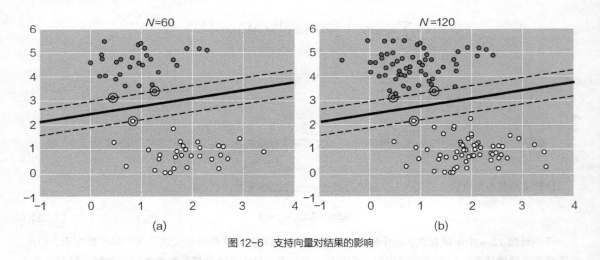

图 12-6　支持向量对结果的影响

12.3　支持向量机涉及参数

在建模过程中，肯定会涉及调参问题，那么在支持向量机中都有哪些参数呢？其中必不可缺的就是软间
隔和核函数，本节向大家解释其作用。

12.3.1　软间隔参数的选择

在机器学习任务中，经常会遇到过拟合问题，之前在定义目标函数的时候给出了非常严格的标准，就是

要在满足能把两类数据点完全分得开的情况下，再考虑让决策边界越宽越好，但是，这么做一定能得到最好的结果吗？

假设有两类数据点分别为○和×，如果没有左上角的○，看起来这条虚线做得很不错，但是，如果把这个可能是异常或者离群的数据点考虑进去，结果就会发生较大变化，此时为了满足一个点的要求，只能用实线进行区分，决策边界一下子窄了好多，如图12-7所示。

总而言之，模型为了能够满足个别数据点做出了较大的牺牲，而这些数据点很可能是离群点、异常点等。如果还要严格要求模型必须做到完全分类正确，结果可能会适得其反。

如果在一定程度上放低对模型的要求，可以解决过拟合问题，先来看看定义方法：

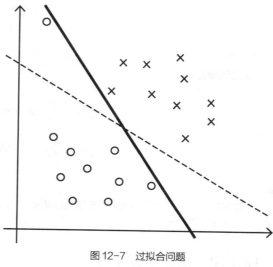

图 12-7　过拟合问题

$$y_i(wx_i + b) \geq 1 - \xi_i \tag{12.22}$$

观察发现，原来的约束条件中，要求 $y_i(wx_i + b) \geq 1$，现在加入一个松弛因子 ξ_i，就相当于放低要求了。

此时，新的目标函数定义为：$\min \frac{1}{2}\|w\|^2 + C\sum\limits_{i=1}^{n}\xi_i$。在目标函数中，引入了一个新项 $C\sum\limits_{i=1}^{n}\xi_i$，它与正则化惩罚的原理类似，用控制参数 C 表示严格程度。目标与之前一致，还是要求极小值，下面用两个较极端的例子看一下 C 参数的作用。

1. 当 C 趋近于无穷大时，只有让 ξ_i 非常小，才能使得整体得到极小值。这是由于 C 参数比较大，如果 ξ_i 再大一些的话，就没法得到极小值，这意味着与之前的要求差不多，还是要让分类十分严格，不能产生错误。

2. 当 C 趋近于无穷小时，即便 ξ_i 大一些也没关系，意味着模型可以有更大的错误容忍度，要求就没那么高，错几个数据点也没关系。

虽然目标函数发生了变换，求解过程依旧与之前的方法相同，下面直接列出来，了解一下即可。

$$L(w, b, \xi, \alpha, \mu) = \frac{1}{2}\|w\|^2 + C\sum_{i=1}^{n}\xi_i - \sum_{i=1}^{n}\alpha_i\left(y_i(w^{\mathrm{T}}x_i + b) - 1 + \xi_i\right) - \sum_{i=1}^{n}\mu_i\xi_i \tag{12.23}$$

此时约束定义为：

$$
\begin{cases}
\displaystyle\sum_{i=1}^{n} \alpha_i y_i = 0 \\
C - \alpha_i - \mu_i = 0 \\
\alpha_i \geqslant 0, \mu_i \geqslant 0
\end{cases}
\tag{12.24}
$$

经过化简可得最终解：

$$
\begin{cases}
\displaystyle\min_{\alpha} \frac{1}{2} \sum_{i,j=1}^{n} \alpha_i \alpha_j y_i y_j \varphi^{\mathrm{T}}(x_i)\varphi(x_j) - \sum_{i=1}^{n} \alpha_i \\
\text{st.} \quad \displaystyle\sum_{i=1}^{n} \alpha_i y_i = 0, 0 \leqslant \alpha_i \leqslant C
\end{cases}
\tag{12.25}
$$

 迪哥说： 支持向量机中的松弛因子比较重要，过拟合的模型通常没什么用，后续实验过程，就能看到它的强大了。

12.3.2 核函数的作用

还记得式（12.3）中的 $\varphi(x)$ 吗？它就是核函数。下面就来研究一下它对数据做了什么。大家知道可以对高维数据降维来提取主要信息，降维的目的就是找到更好的代表特征。那么数据能不能升维呢？低维的数据信息有点少，能不能用高维的数据信息来解决低维中不好解决的问题呢？这就是核函数要完成的任务。

假设有两类数据点，在低维空间中进行分类任务有些麻烦，但是，如果能找到一种变换方法，将低维空间的数据映射到高维空间中，这个问题看起来很容易解决，如图 12-8 所示。

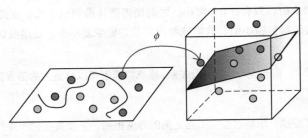

Input Space   Feature Space

图 12-8 核函数作用

如何进行升维呢？先来看一个小例子，了解一下核函数的变换过程。需要大家考虑的另外一个问题是，如果数据维度大幅提升，对计算的要求自然更苛刻，在之前的求解的过程中可以发现，计算时需要考虑所有样本，因此计算内积十分麻烦，这是否大大增加求解难度呢？

假设有两个数据点：$x = (x_1, x_2, x_3)$，$y = (y_1, y_2, y_3)$，注意它们都是数据。假设在三维空间中已经不能对它们进行线性划分，既然提到高维的概念，那就使用一种函数变换，将这些数据映射到更高维的空间，例如映射到九维空间，假设映射函数如下：

$$F(x) = (x_1 x_1, x_2 x_2, x_1 x_3, x_2 x_1, x_2 x_2, x_2 x_3, x_3 x_1, x_3 x_2, x_3 x_3) \tag{12.26}$$

已知数据点 $x = (1,2,3)$，$y = (4,5,6)$，代入式（12.26）可得 $F(x) = (1,2,3,2,4,5,3,6,9)$，$f(y) = (16,20,24,20,25,36,24,30,36)$。求解过程中主要计算量就在内积运算上，则 $\langle F(x), f(y) \rangle = 16+40+72+40+100+180+72+180+324 = 1024$。

这个计算看着很简单，但是，当数据样本很多并且数据维度也很大的时候，就会非常麻烦，因为要考虑所有数据样本点两两之间的内积。那么，能不能巧妙点解决这个问题呢？我们试着先在低维空间中进行内积计算，再把结果映射到高维当中，得到的数值竟然和在高维中进行内积计算的结果相同，其计算式为：

$$K(x, y) = (\langle x, y \rangle)^2 = (4+10+18)^2 = 1024 \tag{12.27}$$

由此可得：$K(x, y) = (\langle x, y \rangle)^2 = \langle F(x), F(y) \rangle$。但是，$K(x, y)$ 的运算却比 $\langle F(x), F(y) \rangle$ 简单得多。也就是说，只需在低维空间进行计算，再把结果映射到高维空间中即可。虽然通过核函数变换得到了更多的特征信息，但是计算复杂度却没有发生本质的改变。这一巧合也成全了支持向量机，使得其可以处理绝大多数问题，而不受计算复杂度的限制。

通常说将数据投影到高维空间中，在高维上解决低维不可分问题实际只是做了一个假设，真正的计算依旧在低维当中，只需要把结果映射到高维即可。

在实际应用支持向量机的过程中，经常使用的核函数是高斯核函数，公式如下：

$$k(x_1, x_2) = \langle \varphi(x_1), \varphi(x_2) \rangle = \exp\left(-\frac{\|x_1 - x_2\|^2}{2\sigma^2} \right) \tag{12.28}$$

对于高斯核函数，其本身的数学内容比较复杂，直白些的理解是拿到原始数据后，先计算其两两样本之间的相似程度，然后用距离的度量表示数据的特征。如果数据很相似，那结果就是 1。如果数据相差很大，结果就是 0，表示不相似。如果对其进行泰勒展开，可以发现理论上高斯核函数可以把数据映射到无限多维。

 迪哥说： 还有一些核函数也能完成高维数据映射，但现阶段通用的还是高斯核函数，大家在应用过程中选择它即可。

如果做了核函数变换，能对结果产生什么影响呢？构建了一个线性不可分的数据集，如图 12-9（a）所示。如果使用线性核函数（相当于不对数据做任何变换，直接用原始数据来建模），得到的结果并不尽如人意，实际效果很差。如果保持其他参数不变，加入高斯核函数进行数据变换，得到的结果如图 12-9（b）所示，效果发生明显变化，原本很复杂的数据集就被完美地分开。

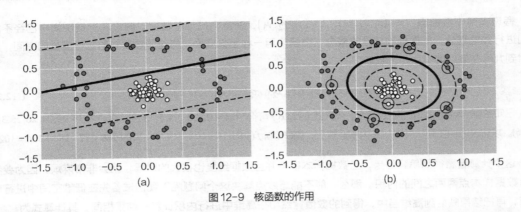

图 12-9　核函数的作用

在高斯核函数中，还可以通过控制参数 σ 来决定数据变换的复杂程度，这对结果也会产生明显的影响，接下来开始完成这些实验，亲自动手体验一下支持向量机中参数对结果的影响。

12.4　案例：参数对结果的影响

上一节列举了支持向量机中的松弛因子和核函数对结果的影响，本节就来实际动手看看其效果如何。首先使用 sklearn 工具包制作一份简易数据集，并完成分类任务。

12.4.1　SVM 基本模型

基于 SVM 的核心概念以及推导公式，下面完成建模任务，首先导入所需的工具包：

| In | ```
# 为了在 Notebook 中画图展示
%matplotlib inline
import numpy as np
import matplotlib.pyplot as plt
from scipy import stats
import seaborn as sns; sns.set()
``` |
| --- | --- |

接下来为了方便实验观察，利用 sklearn 工具包中的 datasets 模块生成一些数据集，当然大家也可以使用自己手头的数据：

| In | ```
# 随机来点数据
# 其中 cluster_std 是数据的离散程度
from sklearn.datasets.samples_generator import make_blobs
X, y = make_blobs(n_samples=50, centers=2,
                  random_state=0, cluster_std=0.60)
plt.scatter(X[:, 0], X[:, 1], c=y, s=50, cmap='autumn')
``` |
| --- | --- |

Out

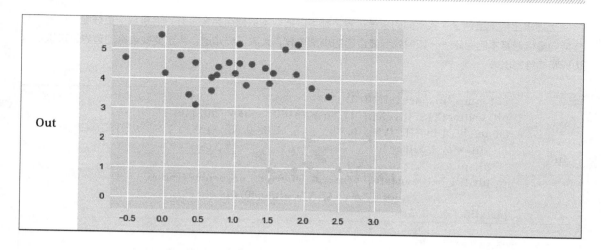

datasets.samples_generator 是 sklearn 工具包中的数据生成器函数，可以定义生成数据的结构。make_blobs 是其中另一个函数，使用该函数时，只需指定样本数目 n_samples、数据簇的个数 centers、随机状态 random_state 以及其离散程度 cluster_std 等。

上述代码一共构建 50 个数据点，要进行二分类任务。从输出结果可以明显看出，这两类数据点非常容易分开，在中间随意画一条分割线就能完成任务。

In

```
# 随便画几条分割线，哪个好?
xfit = np.linspace(-1, 3.5)
plt.scatter(X[:, 0], X[:, 1], c=y, s=50, cmap='autumn')

for m, b in [(1, 0.65), (0.5, 1.6), (-0.2, 2.9)]:
    plt.plot(xfit, m * xfit + b, '-k')
# 限制一下 X 的取值范围
plt.xlim(-1, 3.5)
```

Out

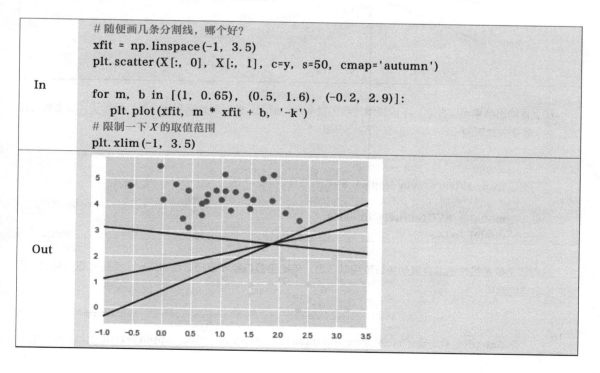

上述输出结果绘制了 3 条不同的决策边界，都可以把两类数据点完全分开，但是哪个更好呢？这就回到支持向量机最基本的问题——如何找到最合适的决策边界，大家已经知道，肯定要找最宽的边界，可以把其边界距离绘制出来：

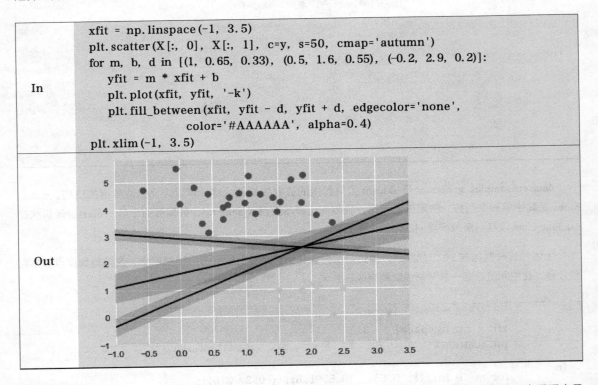

```
In          xfit = np.linspace(-1, 3.5)
            plt.scatter(X[:, 0], X[:, 1], c=y, s=50, cmap='autumn')
            for m, b, d in [(1, 0.65, 0.33), (0.5, 1.6, 0.55), (-0.2, 2.9, 0.2)]:
                yfit = m * xfit + b
                plt.plot(xfit, yfit, '-k')
                plt.fill_between(xfit, yfit - d, yfit + d, edgecolor='none',
                        color='#AAAAAA', alpha=0.4)
            plt.xlim(-1, 3.5)
```

从上述输出结果可以发现，不同决策方程的宽窄差别很大，此时就轮到支持向量机登场了，来看看它是怎么决定最宽的边界的：

```
In          # 分类任务
            from sklearn.svm import SVC
            # 线性核函数 相当于不对数据进行变换
            model = SVC(kernel='linear')
            model.fit(X, y)
```

选择核函数是线性函数，其他参数暂用默认值，借助工具包能够很轻松地建立一个支持向量机模型，下面来绘制它的结果：

```
In          # 绘图函数
            def plot_svc_decision_function(model, ax=None, plot_support=True):
```

```
    if ax is None:
        ax = plt.gca()
    xlim = ax.get_xlim()
    ylim = ax.get_ylim()

    # 用 SVM 自带的 decision_function 函数来绘制
    x = np.linspace(xlim[0], xlim[1], 30)
    y = np.linspace(ylim[0], ylim[1], 30)
    Y, X = np.meshgrid(y, x)
    xy = np.vstack([X.ravel(), Y.ravel()]).T
    P = model.decision_function(xy).reshape(X.shape)
    # 绘制决策边界
    ax.contour(X, Y, P, colors='k',
                levels=[-1, 0, 1], alpha=0.5,
                linestyles=['--', '-', '--'])
    # 绘制支持向量
    if plot_support:
        ax.scatter(model.support_vectors_[:, 0],
                    model.support_vectors_[:, 1],
                    s=300, linewidth=1, facecolors='none');
    ax.set_xlim(xlim)
    ax.set_ylim(ylim)
# 接下来把数据点和决策边界一起绘制出来
plt.scatter(X[:, 0], X[:, 1], c=y, s=50, cmap='autumn')
plot_svc_decision_function(model)
```

Out

上述代码生成了 SVM 建模结果，预料之中，这里选到一个最宽的决策边界。其中被圈起来的就是支持向量，在 sklearn 中它们存储在 support_vectors_ 属性下，可以使用下面代码进行查看：

In	model. support_vectors_

Out:	array([[0.44359863, 3.11530945],
	       [2.33812285, 3.43116792],
	       [2.06156753, 1.96918596]])

接下来分别使用 60 个和 120 个数据点进行实验，保持支持向量不变，看看决策边界会不会发生变化：

| In | ```
def plot_svm(N=10, ax=None):
    X, y = make_blobs(n_samples=200, centers=2,
                      random_state=0, cluster_std=0.60)
    X = X[:N]
    y = y[:N]
    model = SVC(kernel='linear', C=1E10)
    model.fit(X, y)

    ax = ax or plt.gca()
    ax.scatter(X[:, 0], X[:, 1], c=y, s=50, cmap='autumn')
    ax.set_xlim(-1, 4)
    ax.set_ylim(-1, 6)
    plot_svc_decision_function(model, ax)
# 分别对不同的数据点进行绘制
fig, ax = plt.subplots(1, 2, figsize=(16, 6))
fig.subplots_adjust(left=0.0625, right=0.95, wspace=0.1)
for axi, N in zip(ax, [60, 120]):
    plot_svm(N, axi)
    axi.set_title('N = {0}'.format(N))
``` |
| Out | 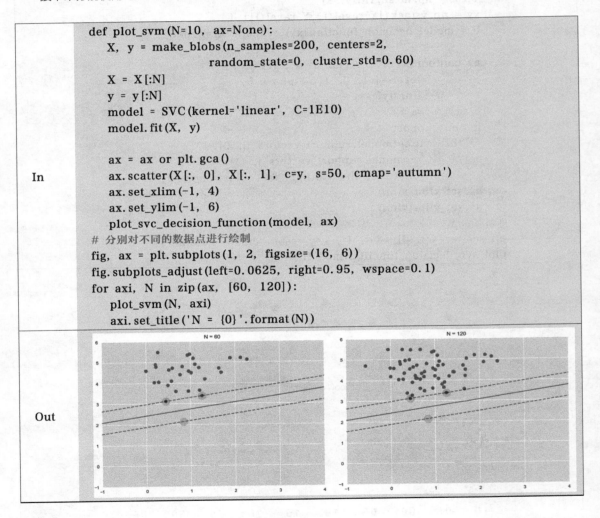 |
```

从上述输出结果可以看出，左边是 60 个数据点的建模结果，右边的是 120 个数据点的建模结果。它与原理推导时得到的答案一致，只有支持向量会对结果产生影响。

12.4.2 核函数变换

接下来感受一下核函数的效果，同样使用 datasets.samples_generator 产生模拟数据，但是这次使用 make_circles 函数，随机产生环形数据集，加大了游戏难度，先来看看线性 SVM 能不能解决：

In	```
	from sklearn.datasets.samples_generator import make_circles
	# 绘制另外一种数据集
	X, y = make_circles(100, factor=.1, noise=.1)
	# 看看这回线性和函数能否解决
	clf = SVC(kernel='linear').fit(X, y)
	
	plt.scatter(X[:, 0], X[:, 1], c=y, s=50, cmap='autumn')
	plot_svc_decision_function(clf, plot_support=False);
	``

Out	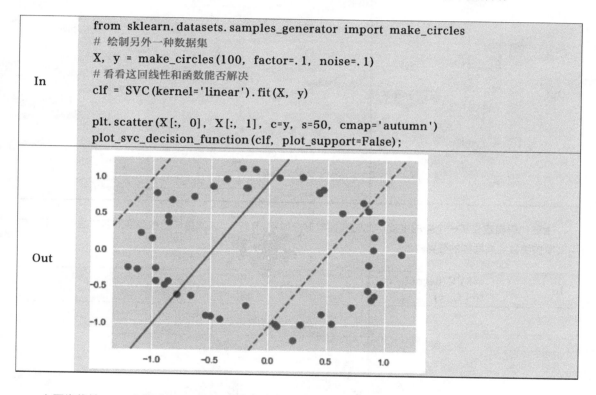

上图为线性 SVM 在解决环绕形数据集时得到的效果，有些差强人意。虽然在二维特征空间中做得不好，但如果映射到高维空间中，效果会不会好一些呢？可以想象一下三维空间中的效果：

In	```
	# 加入新的维度 r
	from mpl_toolkits import mplot3d
	r = np.exp(-(X ** 2).sum(1))
	# 可以想象一下在三维中把环形数据集进行上下拉伸
	def plot_3D(elev=30, azim=30, X=X, y=y):
	    ax = plt.subplot(projection='3d')
	    ax.scatter3D(X[:, 0], X[:, 1], r, c=y, s=50, cmap='autumn')
	``

```
        ax.view_init(elev=elev, azim=azim)
        ax.set_xlabel('x')
        ax.set_ylabel('y')
        ax.set_zlabel('r')

plot_3D(elev=45, azim=45, X=X, y=y)
```

Out

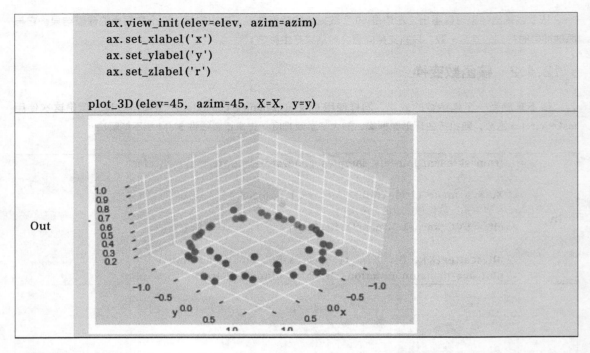

　　上述代码自定义了一个新的维度，此时两类数据点很容易分开，这就是核函数变换的基本思想，下面使用高斯核函数完成同样的任务：

In
```
clf = SVC(kernel='rbf')
clf.fit(X, y)
```

Out

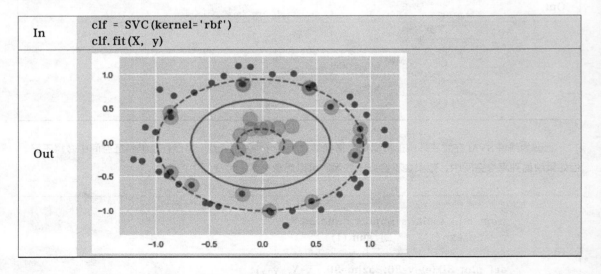

　　核函数参数选择常用的高斯核函数 'rbf'，其他参数保持不变。从上述输出结果可以看出，划分的结果发生了巨大的变化，看起来很轻松地解决了线性不可分问题，这就是支持向量机的强大之处。

12.4.3 SVM 参数选择

（1）**松弛因子的选择**。讲解支持向量机的原理时，曾提到过拟合问题，也就是软间隔（Soft Margin），其中松弛因子 C 用于控制标准有多严格。当 C 趋近于无穷大时，这意味着分类要求严格，不能有错误；当 C 趋近于无穷小时，意味着可以容忍一些错误。下面通过数据集实例验证其参数的大小对最终支持向量机模型的影响。首先生成一个模拟数据集，代码如下：

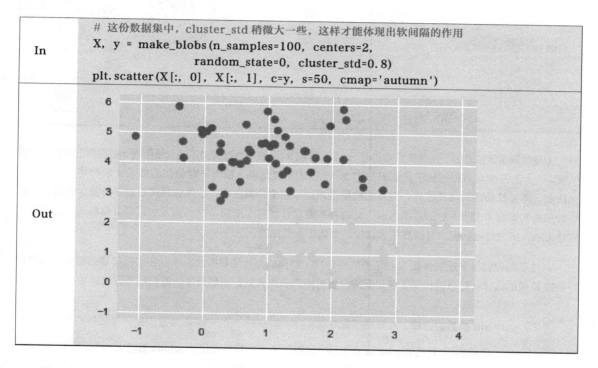

| In | `# 这份数据集中，cluster_std 稍微大一些，这样才能体现出软间隔的作用`
`X, y = make_blobs(n_samples=100, centers=2,`
`                   random_state=0, cluster_std=0.8)`
`plt.scatter(X[:, 0], X[:, 1], c=y, s=50, cmap='autumn')` |

进一步加大游戏难度，来看一下松弛因子 C 可以发挥的作用：

| In | ```
X, y = make_blobs(n_samples=100, centers=2,
                   random_state=0, cluster_std=0.8)

fig, ax = plt.subplots(1, 2, figsize=(16, 6))
fig.subplots_adjust(left=0.0625, right=0.95, wspace=0.1)
# 选择两个松弛因子 C 进行对比实验，分别为 10 和 0.1
for axi, C in zip(ax, [10.0, 0.1]):
    model = SVC(kernel='linear', C=C).fit(X, y)
    axi.scatter(X[:, 0], X[:, 1], c=y, s=50, cmap='autumn')
    plot_svc_decision_function(model, axi)
``` |
```

In	`axi.scatter(model.support_vectors_[:, 0],`
	`                    model.support_vectors_[:, 1],`
	`                    s=300, lw=1, facecolors='none');`
	`axi.set_title('C = {0:.1f}'.format(C), size=14)`

Out	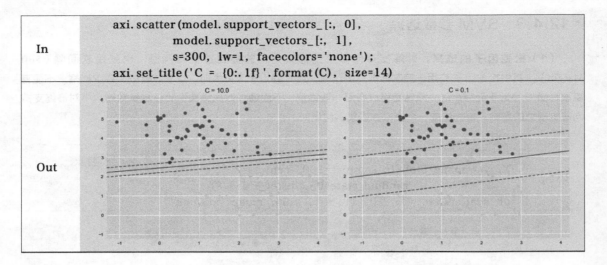

上述代码设定松弛因子控制参数 C 的值分别为 10 和 0.1，其他参数保持不变，使用同一数据集训练支持向量机模型。上面左图对应松弛因子控制参数 C 为 10 时的建模结果，相当于对分类的要求比较严格，以分类对为前提，再去找最宽的决策边界，得到的结果虽然能够完全分类正确，但是边界实在是不够宽。右图对应松弛因子控制参数 C 为 0.1 时的建模结果，此时并不要求分类完全正确，有点错误也是可以容忍的，此时得到的结果中，虽然有些数据点"越界"了，但是整体还是很宽的。

对比不同松弛因子控制参数 C 对结果的影响后，结果的差异还是很大，所以在实际建模的时候，需要好好把控 C 值的选择，可以说松弛因子是支持向量机中的必调参数，当然具体的数值需要通过实验判断。

（2）gamma 参数的选择。高斯核函数 $k(x_1, x_2) = \exp\left(-\dfrac{\|x_1 - x_2\|^2}{2\sigma^2}\right)$ 可以通过改变 σ 值进行不同的数据变换，在 sklearn 工具包中，σ 对应着 gamma 参数值，以控制模型的复杂程度。gamma 值越大，模型复杂度越高；而 gamma 值越小，则模型复杂度越低。先进行实验，看一下其具体效果：

In	`X, y = make_blobs(n_samples=100, centers=2,`
	`                    random_state=0, cluster_std=1.1)`
	`fig, ax = plt.subplots(1, 2, figsize=(16, 6))`
	`fig.subplots_adjust(left=0.0625, right=0.95, wspace=0.1)`
	`# 选择不同的 gamma 值来观察建模效果`
	`for axi, gamma in zip(ax, [10.0, 0.1]):`
	`    model = SVC(kernel='rbf', gamma=gamma).fit(X, y)`
	`    axi.scatter(X[:, 0], X[:, 1], c=y, s=50, cmap='autumn')`
	`    plot_svc_decision_function(model, axi)`
	`    axi.scatter(model.support_vectors_[:, 0],`
	`                    model.support_vectors_[:, 1],`

In	s=300, lw=1, facecolors='none'); axi. set_title (' gamma = {0:. 1f}' . format (gamma), size=14)
Out	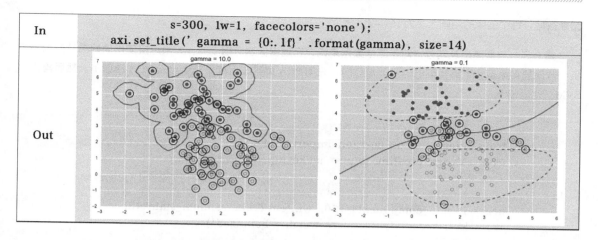

上述代码设置 gamma 值分别为 10 和 0.1，以观察建模的结果。上面左图为 gamma 取 10 时的输出结果，训练后得到的模型非常复杂，虽然可以把所有的数据点都分类正确，但是一看其决策边界，就知道这样的模型过拟合风险非常大。右图为 gamma 取 0.1 时的输出结果，模型并不复杂，有些数据样本分类结果出现错误，但是整体决策边界比较平稳。那么，究竟哪个参数好呢？一般情况下，需要通过交叉验证进行对比分析，但是，在机器学习任务中，还是希望模型别太复杂，泛化能力强一些，才能更好地处理实际任务，因此，相对而言，右图中模型更有价值。

12.4.4　SVM 人脸识别实例

sklearn 工具包提供了丰富的实例，其中有一个比较有意思，就是人脸识别任务，但当拿到一张人脸图像后，看一下究竟是谁，属于图像分类任务。

第①步：数据读入。数据源可以使用 sklearn 库直接下载，它还提供很多实验用的数据集，感兴趣的读者可以参考一下其 API 文档，代码如下：

In	``` # 读取数据集 from sklearn. datasets import fetch_lfw_people faces = fetch_lfw_people (min_faces_per_person=60) # 看一下数据的规模 print (faces. target_names) print (faces. images. shape) ```
Out	``` ['Ariel Sharon' 'Colin Powell' 'Donald Rumsfeld' 'George W Bush' 'Gerhard Schroeder' 'Hugo Chavez' 'Junichiro Koizumi' 'Tony Blair'] (1348, 62, 47) ```

为了使得数据集中每一个人的样本都不至于太少，限制了每个人的样本数至少为 60，因此得到 1348 张

图像数据，每个图像的矩阵大小为 [62,47]。

第②步：数据降维及划分。对于图像数据来说，它是由像素点组成的，如果直接使用原始图片数据，特征个数就显得太多，训练模型的时候非常耗时，先用 PCA 降维（后续章节会涉及 PCA 原理），然后再执行 SVM，代码如下：

| In | ```python
from sklearn.svm import SVC
from sklearn.decomposition import PCA
from sklearn.pipeline import make_pipeline

# 降维到 150 维
pca = PCA(n_components=150, whiten=True, random_state=42)
svc = SVC(kernel='rbf', class_weight='balanced')
# 先降维然后 SVM
model = make_pipeline(pca, svc)
``` |
|---|---|

数据降到 150 维就差不多了，先把基本模型实例化，接下来可以进行实际建模，因为还要进行模型评估，需要先对数据集进行划分：

| In | ```python
from sklearn.model_selection import train_test_split
Xtrain, Xtest, ytrain, ytest = train_test_split(faces.data, faces.target, random_state=40)
``` |
|---|---|

第③步：SVM 模型训练。SVM 中有两个非常重要的参数——C 和 gamma，这个任务比较简单，可以用网络搜索寻找比较合适的参数，这里只是举例，大家在实际应用的时候，应当更仔细地选择参数空间：

| In | ```python
from sklearn.model_selection import GridSearchCV
param_grid = {'svc__C': [1, 5, 10],
              'svc__gamma': [0.0001, 0.0005, 0.001]}
grid = GridSearchCV(model, param_grid)
%time grid.fit(Xtrain, ytrain)
print(grid.best_params_)
``` |
|---|---|
| Out: | `{'svc__C': 5, 'svc__gamma': 0.0005}` |

第④步：结果预测。模型已经建立完成，来看看实际应用效果：

| In | ```python
model = grid.best_estimator_
yfit = model.predict(Xtest)
yfit.shape
fig, ax = plt.subplots(4, 6)
``` |
|---|---|

| In | ```
for i, axi in enumerate(ax.flat):
    axi.imshow(Xtest[i].reshape(62, 47), cmap='bone')
    axi.set(xticks=[], yticks=[])
    axi.set_ylabel(faces.target_names[yfit[i]].split()[-1],
                   color='black' if yfit[i] == ytest[i] else 'red')
fig.suptitle('Predicted Names; Incorrect Labels in Red', size=14);
``` |
|----|----|

如果想得到各项具体评估指标，在 sklearn 工具包中有一个非常方便的函数，可以一次将它们全搞定：

| In | ```
from sklearn.metrics import classification_report
print(classification_report(ytest, yfit, target_names=faces.target_names))
``` |
|----|----|

Out		precision	recall	f1-score	support
	Ariel Sharon	0.81	0.71	0.76	24
	Colin Powell	0.71	0.81	0.76	54
	Donald Rumsfeld	0.75	0.80	0.77	30
	George W Bush	0.91	0.83	0.87	119
	Gerhard chroeder	0.78	0.91	0.84	34
	Junichiro Koizumi	0.86	0.86	0.86	14
	Tony Blair	0.86	0.80	0.83	45
	avg/total	0.83	0.82	0.82	320

只需要把预测结果和标签值传进来即可，任务中每一个人就相当于一个类别，F1 指标还没有用过，它是将精度和召回率综合在一起的结果，公式如下。

$$F1 = 2 \times 精度召回率 / (精度 + 召回率)$$

其中，精度（precision）= 正确预测的个数（TP）/ 被预测正确的个数（TP+FP），召回率（recall）= 正确预测的个数（TP）/ 预测个数（TP+FN）。

整体效果看起来还可以，如果想具体分析哪些人容易被错认成别的人，使用混淆矩阵观察会更方便，同样，sklearn 工具包中已经提供好方法。

| In | ```
from sklearn.metrics import confusion_matrix
mat = confusion_matrix(ytest, yfit)
sns.heatmap(mat.T, square=True, annot=True, fmt='d', cbar=False,
            xticklabels=faces.target_names,
            yticklabels=faces.target_names)
plt.xlabel('true label')
plt.ylabel('predicted label');
``` |
|----|----|
```

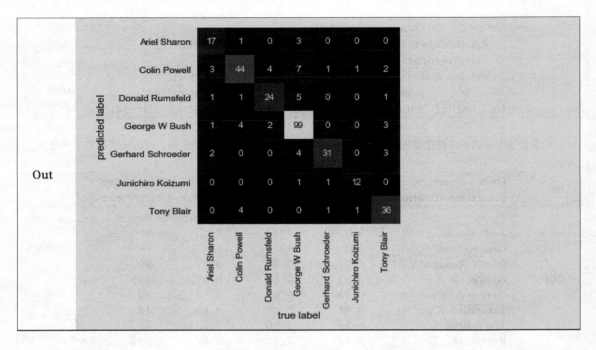

对角线上的数值表示将一个人正确预测成他自己的样本个数。例如第一列是 Ariel Sharon，测试集中包含他 24 个图像数据，其中 17 个正确分类，3 个被分类成 Colin Powell，1 个被分类成 Donald Rumsfeld，1 个被分类成 George W Bush，2 个被分类成 Gerhard Schroeder。通过混淆矩阵可以更清晰地观察哪些样本类别容易混淆在一起。

本章总结

本章首先讲解了支持向量机算法的基本工作原理，大家在学习过程中，应首先明确目标函数及其作用，接下来就是优化求解的过程。支持向量机不仅可以进行线性决策，也可以借助核函数完成难度更大的数据集划分工作。接下来，通过实验案例对比分析了支持向量机中最常调节的松弛因子 C 和参数 gamma，对于核函数的选择，最常用的就是高斯核函数，但一定要把过拟合问题考虑进来，即使训练集中做得再好，也可能没有实际的用武之地，所以参数选择还是比较重要的。

第 13 章
推荐系统

　　大数据与人工智能时代，互联网产品发展迅速，竞争也越来越激烈，而推荐系统在其中发挥了决定性的作用。例如，某人观看抖音的时候，特别喜欢看篮球和游戏的短视频，只要打开 APP，就都是熟悉的旋律，系统会推荐各种精彩的篮球和游戏集锦，根本不用自己动手搜索。广告与新闻等产品也是如此，都会抓住用户的喜好，对症下药才能将收益最大化，这都归功于推荐系统，本章向大家介绍推荐系统中的常用算法。

13.1 推荐系统的应用

在大数据时代，每分钟都在发生各种各样的事情，其对应的结果也都通过数据保存下来，如何将数据转换成价值，就是推荐系统要探索的目标（见图 13-1）。

图 13-1 互联网数据量

推荐系统在生活中随处可见，购物、休闲、娱乐等 APP 更是必不可缺的法宝，在双十一购物时，估计大家都发现了，只要是搜索过或者浏览过类似商品，都会再次出现在各种广告位上。

你可能喜欢的电影，你可能喜欢的音乐，你可能喜欢的……这些大家再熟悉不过，系统都会根据用户的点击、浏览、购买记录进行个性化推荐，如图 13-2 所示。图 13-2（b）是用笔者的京东账号登录时的专属排行榜，全是啤酒，因为之前搜索过几次啤酒关键词却没有买，系统自然会认为正在犹豫买不买呢。

（a）豆瓣 （b）京东

图 13-2 推荐系统场景

　　图 13-3 是亚马逊、京东、今日头条 3 个平台的推荐系统的数据，几个关键指标都显示了其价值所在，那么怎么进行推荐呢？首先要有各项数据，才能做这件事。例如，你在抖音中观看某些视频的停留时间较长，账号上就会打上一些标签。例如，笔者喜欢看篮球和打游戏，那么标签可能就是篮球、王者荣耀、游戏迷……这些标签仅仅为了优化用户体验吗？自己使用较多的 APP 推荐的广告是否都是常关注的领域呢？

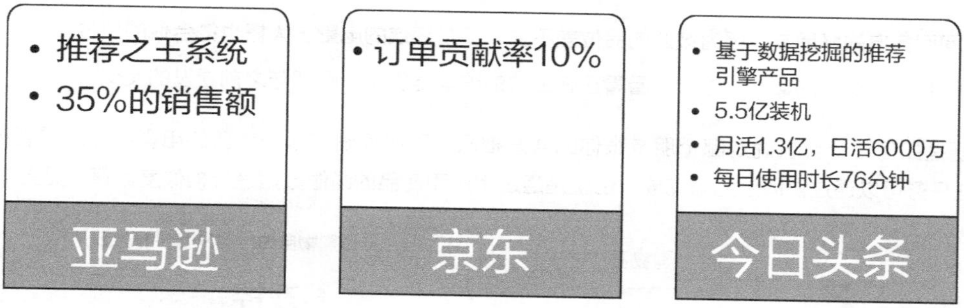

- 推荐之王系统
- 35%的销售额

亚马逊

- 订单贡献率10%

京东

- 基于数据挖掘的推荐引擎产品
- 5.5亿装机
- 月活1.3亿，日活6000万
- 每日使用时长76分钟

今日头条

图 13-3　推荐系统的价值

　　当大家使用产品时，无形之中早已被打上各种标签，这就是用户画像，并不需要知道你的模样，只要知道你的爱好，投其所好能够吸引大家就足够了（见图 13-4）。

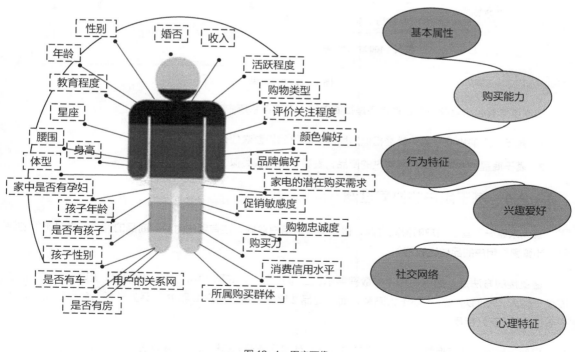

图 13-4　用户画像

13.2　协同过滤算法

如果大家想邀请朋友去看一场电影，你的首选对象是谁？应该是自己的好朋友吧，因为你们有共同的爱好。现在有几部电影同时上映，实在拿不定主意选哪一部，该怎么办呢？这时可能会有两种方案。

1. 问问各自的好朋友，因为彼此的品位差不多，朋友喜欢的电影，大概也符合你的口位。

2. 回忆一下看过的喜欢的电影，看看正在上映的这些电影中，哪部与之前看过的类似。

问题是如何让计算机确定哪个朋友跟你的喜好相同呢？如何确定哪一部新的电影与你之前看过的类似呢？这些任务可以通过协同过滤来完成，也就是通过用户和商品的画像数据进行相似度计算（见图 13-5 ）。

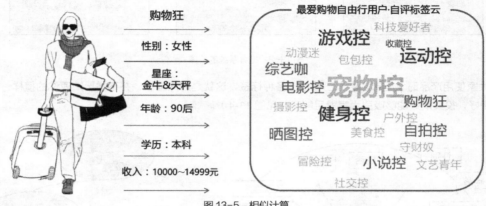

图 13-5　相似计算

协同过滤看起来复杂，做起事来还是很简单的，在推荐系统中主要有两种方案。

1. 基于用户的协同过滤：找最相似的朋友，看看他们喜欢什么。

2. 基于商品的协同过滤：找看过的商品，看看哪些比较类似。

13.2.1　基于用户的协同过滤

首先来看一下基于用户的协同过滤，假设有 5 组用户数据，还有用户对两种商品的评分，通过不同的评分，计算哪些用户的品位比较相似。

最直接的方法是，把用户和评分数据展示在二维平面上，如图 13-6 所示。很明显，用户 A、C、D 应该是一类人，他们对商品 1 都不太满意，而对商品 2 比较满意。用户 E 和 B 是另外一类，他们的喜好与用户 A、C、D 正好相反。

只要有数据，计算相似度的方法比较多，下面列出几种常见的相似度计算方法：

商品号 用户名	商品1	商品2
用户A	3.3	6.5
用户B	5.8	2.6
用户C	3.6	6.3
用户D	3.4	5.8
用户E	5.2	3.1

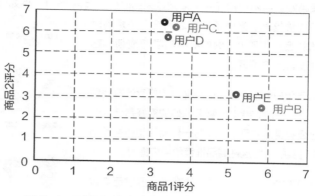

图 13-6 用户相似度

- 欧几里得距离（Euclidean Distance）

$$d(x,y) = \sqrt{\sum (x_i - y_i)^2}, sim(x,y) = \frac{1}{1+d(x,y)}$$

- 皮尔逊相关系数（Pearson Correlation Coefficient）

$$p(x,y) = \frac{\sum x_i y_i - n\overline{x}\overline{y}}{(n-1)s_x s_y} = \frac{n\sum x_i y_i - \sum x_i \sum y_i}{\sqrt{n\sum x_i^2 - \left(\sum x_i\right)^2}\sqrt{n\sum y_i^2 - \left(\sum y_i\right)^2}}$$

$$\rho_{X,Y} = \text{corr}(X,Y) = \frac{\text{cov}(X,Y)}{\sigma_X \sigma_Y} = \frac{E\left[(X-\mu_X)(Y-\mu_Y)\right]}{\sigma_X \sigma_Y}$$

- 余弦相似度（Cosine Similarity）

$$T(x,y) = \frac{xy}{\|x\|^2 \times \|y\|^2} = \frac{\sum x_i y_i}{\sqrt{\sum x_i^2}\sqrt{\sum y_i^2}}$$

- 协方差

$$\text{cov}(X,Y) = \frac{\sum_{i=1}^{n}(X_i - \overline{X})(Y_i - \overline{Y})}{n-1}$$

　　相似度的计算方法还有很多，对于不同任务，大家都可以参考使用，其中欧几里得距离早已家喻户晓，基本所有涉及距离计算的算法中都会看到它的影子。皮尔逊相关系数也是一种常见的衡量指标，即用协方差除以两个变量的标准差得到的结果，其结果的取值范围在 [- 1,+1] 之间。图 13-7 展示了不同分布的数据所对应的皮尔逊相关系数结果。

　　由图可见，当两项指标非常相似的时候，其值为 +1，例如学习时长和学习成绩的关系，学习时间越长，学习成绩越好。当两项指标完全颠倒过来的时候，其值为– 1，例如游戏时长和学习成绩的关系，游戏时间越长，学习成绩越差。当两项指标之间没有关系的时候，其值就会接近于 0，例如身高和学习成绩，它们之间并没有直接关系。

在基于用户的推荐中，一旦通过相似度计算找到那些最相近的用户，就可以看看他们的喜好是什么，如果在已经购买的商品中，还有一件商品是待推荐用户还没有购买的，把这件商品推荐给用户即可。

假设系统向用户 A 推荐一款商品，通过历史数据得知，其已经购买商品 A 和 C，还没有购买商品 B 和 D，此时系统会认为接下来他可能要在商品 B 和 D 中选一个。那给他推荐商品 B 还是商品 D 呢？按照协同过滤的想法，首先要找到和他最相似的用户，通过对比发现，用户 A 和用户 C 的购买情况十分类似，都购买了商品 A 和 C，此时可以认为用户 C 和用户 A 的品位相似，而用户 C 已经购买了商品

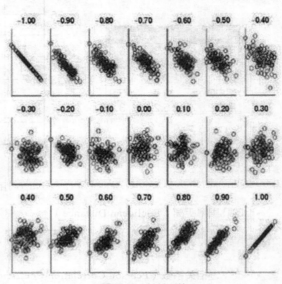

图 13-7　相关系数

D，所以最终给用户 A 推荐了商品 D，这就是最简单的基于用户的协同过滤（见图 13-8）。

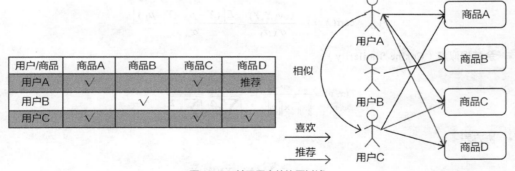

用户/商品	商品A	商品B	商品C	商品D
用户A	√		√	推荐
用户B		√		
用户C	√		√	√

图 13-8　基于用户的协同过滤

基于用户的协同过滤做起来虽然很简单，但是也会遇到以下问题。

1. 对于新用户，很难计算其与其他用户的相似度。这也是经常讨论的用户冷启动问题，最简单的办法就是用排行榜来替代推荐。

2. 当用户群体非常庞大的时候，计算量就非常大。

3. 最不可控的因素是人的喜好是变化的，每一个时间段的需求和喜好可能都不相同，并且购买很大程度上都是冲动行为，这些都会影响推荐的结果。

综上所述，基于用户的协同过滤并不常见，一般用在用户较少而商品较多的情况下，但是中国市场恰恰相反，用户群体十分庞大，商品类别相对更少。

13.2.2　基于商品的协同过滤

基于商品的协同过滤在原理上和基于用户的基本一致，只不过变成要计算商品之间的相似度。

假设购买商品 A 的用户大概率都会购买商品 C，那么商品 A 和 C 可能就是一套搭配的产品，例如相同牌子不同口味的冰淇淋，或者是啤酒和尿布的故事……接下来如果用户 C 购买了商品 A，肯定要向他推荐商品 C 了（见图 13-9）。

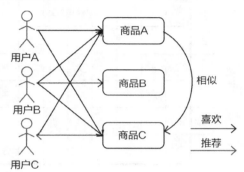

图 13-9　基于商品的协同过滤

再来看一个实际的例子，如图 13-10 所示，有 12 个用户，6 部电影，可以把它们当作一个矩阵，其中的数值表示用户对电影的评分。空着的地方表示用户还没有看过这些电影，其实做推荐就是要估算出这些空值都可能是什么，如果某一处得到较高的值，意味着用户很可能对这个电影感兴趣，那就给他推荐这个电影。

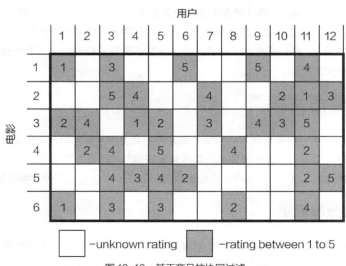

图 13-10　基于商品的协同过滤

此时任务已经下达，要对 5 号用户进行推荐，也就是要分别计算该用户对所有未看过电影的可能评分，以其中一部电影的计算方法为例，其他位置的计算方法相同。例如想求 5 号用户对 1 号电影的喜好程度，假设已经通过某种相似度计算方法得到 1 号电影和其他电影的相似度（例如通过比对电影类型、主演、上映时间等信息），由于 5 号用户之前看过 3 号电影和 6 号电影（相似度为负分的暂时不考虑），所以需要分别考虑这两部电影和 1 号电影的相似度，计算方法如图 13-11 所示。

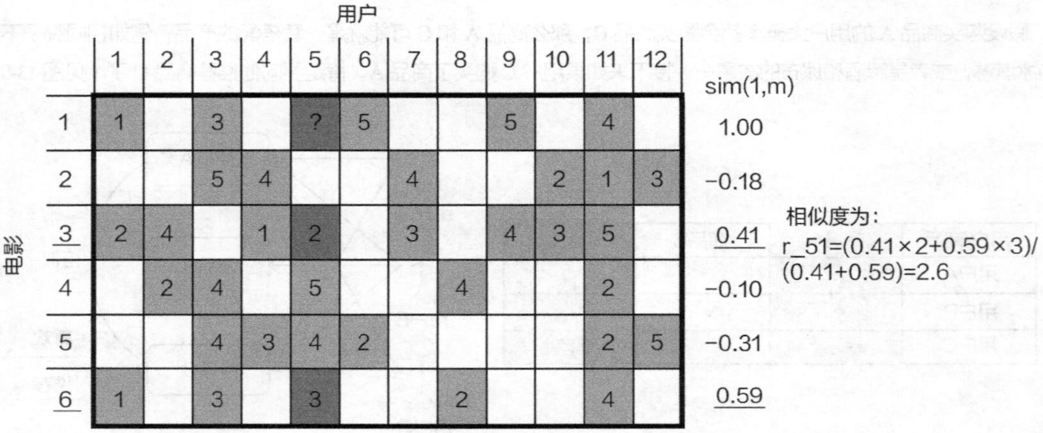

用户

电影	1	2	3	4	5	6	7	8	9	10	11	12	sim(1,m)
1	1		3		?	5			5		4		1.00
2			5	4			4			2	1	3	−0.18
3	2	4		1	2		3		4	3	5		0.41
4		2	4		5			4			2		−0.10
5			4	3	4	2					2	5	−0.31
6	1		3		3			2			4		0.59

相似度为：
$r\_51=(0.41×2+0.59×3)/(0.41+0.59)=2.6$

图 13-11 推荐指数计算

这里可以把相似度看作权重项，相似度越高，起到的作用越大，最后再进行归一化处理即可。最终求得 5 号用户对 1 号电影的评分值为 2.6，看来他可能不喜欢 1 号电影。

关于相似度的计算和最终结果的估计，还需具体问题具体分析，因为不同数据所需计算方式的差别还是很大。与基于用户的协同过滤相比，基于商品的协同过滤最大的优势就是用户的数量可能远大于商品的数量，计算起来更容易；而且商品的属性基本都是固定的，并不会因为人的情感而发生变化，就像鼠标怎么也变不成键盘。在非常庞大的用户 - 商品矩阵中，计算推荐涉及的计算量十分庞大，由于商品标签相对固定，可以不用像基于用户的那样频繁更新。

13.3 隐语义模型

协同过滤方法虽然简单，但是其最大的问题就是计算的复杂度，如果用户 - 商品矩阵十分庞大，这个计算量可能是难以忍受的，而实际情况也是如此，基本需要做推荐的产品都面临庞大的用户群体。如何解决计算问题，就是接下来的主要目标，使用隐语义模型的思想可以在一定程度上巧妙地解决这些庞大的计算问题。

13.3.1 矩阵分解思想

真实数据集中，用户和商品数据会构成一个非常稀疏的矩阵，假设在数以万计的商品中，一个用户可能购买的商品只有几种，那么其他商品位置上的数值自然就为 0（见图 13-12）。

	商品1	商品2	商品3	商品4	商品5	……	商品1000
用户1	0	0	5	0	0	……	0
用户2	4	0	5	0	0	……	0
⋮	⋮	⋮	⋮	⋮			
用户n	0	3	0	0	0	……	0

图 13-12 稀疏矩阵

稀疏矩阵的问题在于考虑的是每一个用户和每一个商品之间的联系，那么，能否换一种思路呢？假设有 10 万个用户和 10 万个商品，先不考虑它们之间直接的联系，而是引进"中介"，每个"中介"可以服务 1000 个商品和 1000 个用户，那么，只需要 100 个"中介"就可以完成任务。此时就将原始的用户 - 商品问题转换成用户 - 中介和中介 - 商品问题，也就是把原本的一个庞大的矩阵转换成两个小矩阵。

 迪哥说： 矩阵分解的目的就是希望其规模能够缩减，更方便计算，现阶段推荐系统基本都是基于矩阵分解实现的。

这里可以简单来计算一下，按照之前的假设，用户 - 商品数据集矩阵为 $10^5×10^5=1×10^{10}$，非常吓人的一个数字。加入中介之后，用户 - 中介矩阵为 $10^5×1000$，中介 - 商品矩阵为 $1000×10^5$，分别为 $1×10^7$，在数值上差了几个数量级。

图 13-13 是矩阵分解的示意图，也就是通过引入一个"中介"来转换原始问题，目的就是为了降低计算复杂度，这里可以把用户数 n 和商品数 m 都当作非常庞大的数值，而"中介" k 却是一个相对较小的值。

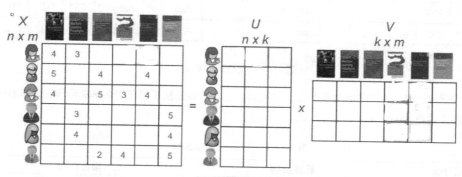

图 13-13 矩阵分解

通常把"中介" k 定义为隐含因子，隐含因子把数据进行了间接的组合，小小的改变却解决了实际中的大问题。在推荐系统中，普遍使用矩阵分解的方法进行简化计算，其中最常用的手段就是 SVD 矩阵分解，在下一章的实战中，你就会见到它的影子。

13.3.2 隐语义模型求解

如何求解隐语义模型呢？其实在推荐系统中，想得到的结果就是稀疏矩阵中那些为 0 的值可能是什么，也就是想看一下用户没有买哪些商品。首先计算出其购买各种商品的可能性大小，然后依照规则选出最有潜力的商品即可。

其中的难点在于如何构建合适的隐含因子来帮助化简矩阵，如图 13-14 所示，F 是要求解的隐含因子，只需要把它和用户与商品各自的联系弄清楚即可。

Rating Matrix ($N×M$)			User Feature Matrix ($F×N$)			Movie Feature Matrix ($F×M$)		
5	3	5	f_1 1	−4	1	f_1 −1	0	−2
4	2	1	f_2 −2	0	−3	f_2 4	−4	1
0	3	3	f_3 0	−5	1	f_3 0	2	2

图 13-14 隐含因子

R 矩阵可以分解成 P 矩阵和 Q 矩阵的乘积，如图 13-15 所示。此时只需分别求解出 P 和 Q，自然就可以还原回 R 矩阵：

$$R_{UI} = P_U Q_I = \sum_{K=1}^{K} P_{U,K} Q_{K,I} \tag{13.1}$$

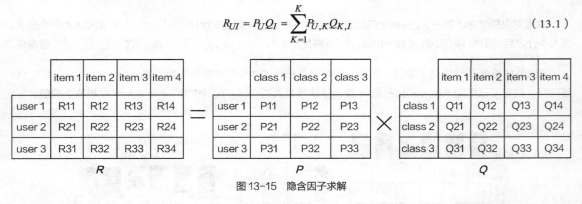

图 13-15 隐含因子求解

这里还需要考虑显性和隐性反馈的问题，也就是数据集决定了接下来该怎么解决问题，先来看一下显性和隐性的区别（见表 13-1）。

表 13-1 显性与隐性反馈

网站分类	显性反馈	隐性反馈
视频网站	用户对视频的评分	用户观看视频的日志、浏览视频页面的日志
电子商务网站	用户对商品的评分	购买日志、浏览日志
门户网站	用户对新闻的评分	阅读新闻的日志
音乐网站	用户对音乐 / 歌手 / 专辑的评分	听歌的日志

常见的带有评分的数据集属于显性反馈，只有行为没有具体评估指标的就是隐形反馈。并不是所有数据集都是理想的，有时需要自己定义一下负样本。通常情况下，对于一个用户，没有购买行为的商品就是负样本，关于负样本的选择方法还有很多，可以根据实际情况来定义。在商品集 $K(u,i)$ 中，如果 (u, i) 是正样本，则 $r_{ui} = 1$；如果（u, i）是负样本，则 $r_{ui} = 0$。

按照机器学习的思想，可以把隐含因子当作要求解的参数，依旧还是这个老问题，什么样的参数能够更符合实际的数据，先指定一个目标函数：

$$C = \sum_{(U,\,D \in K)} (R_{UI} - \hat{R}_{UI})^2 = \sum_{(U,\,D \in K)} \left(R_{UI} - \sum_{K=1}^{K} P_{U,\,K} Q_{K,\,I}\right)^2 + \lambda \|P_U\|^2 + \lambda \|Q_I\|^2 \tag{13.2}$$

看起来与回归中的最小二乘法有点类似，计算由隐含因子还原回来的矩阵与原始矩阵的差异程度，并且加入正则化惩罚项。

按照之前回归中的求解思路，此时可以利用梯度下降进行迭代优化，首先计算梯度方向：

$$\begin{aligned}
\frac{\partial C}{\partial P_{UK}} &= -2\left(R_{UI} - \sum_{K=1}^{K} P_{U,K} Q_{K,\,I}\right) Q_{KI} + 2\lambda P_{UK} \\
\frac{\partial C}{\partial Q_{KI}} &= -2\left(R_{UI} - \sum_{K=1}^{K} P_{U,K} Q_{K,\,I}\right) P_{UK} + 2\lambda Q_{KI}
\end{aligned} \tag{13.3}$$

接下来按照给定方向，选择合适的学习率进行更新即可：

$$\begin{aligned}
P_{UK} &= P_{UK} + \alpha\left(\left(R_{UI} - \sum_{K-1}^{K} P_{U,K} Q_{K,\,I}\right) Q_{KI} - \lambda P_{UK}\right) \\
Q_{KI} &= Q_{KI} + \alpha\left(\left(R_{UI} - \sum_{K-1}^{K} P_{U,K} Q_{K,\,I}\right) P_{UK} - \lambda Q_{KI}\right)
\end{aligned} \tag{13.4}$$

在建模过程中，需要考虑以下参数。

1. 隐含因子的个数或者当作隐分类的个数，需要给定一个合适的值。

2. 学习率 α 一直都是机器学习中最难搞定的。

3. 既然有正则化惩罚项，肯定会对结果产生影响。

4. 正负样本的比例也会有影响，对于每一个用户，尽量保持正负样本比例持平。

隐语义模型在一定程度上降低了计算的复杂度，使得有些根本没办法实现的矩阵计算变成可能。在协同过滤中，每一步操作都具有实际的意义，很清晰地表示在做什么，但是隐语义模型却很难进行解释，它与 PCA 降维得到的结果类似，依旧很难知道隐含因子代表什么，不过没关系，通常只关注最后的结果，中间过程究竟做什么，计算机自己知道就好。

13.3.3 评估方法

当建模完成之后，肯定要进行评估，在推荐系统中，可以评估的指标有很多，其中常用的均方根误差（Root Mean Squared Error，RMSE）和均方误差（Mean Square Error，MSE）分别定义为：

$$\text{RMSE} = \frac{\sqrt{\sum_{u,i \in T} (r_{ui} - \hat{r}_{ui})^2}}{|T|}$$

$$\text{MSE} = \frac{\sum_{u,i \in T} |r_{ui} - \hat{r}_{ui}|}{|T|}$$

（13.5）

在评估方法中，不只有这些传统的计算方式，还需要根据实际业务进行评估，例如覆盖率、多样性。这些指标能够保证系统推荐的商品不至于总是那些常见的。

假设系统的用户集合为 U，商品列表为 I，推荐系统给每个用户推荐一个长度为 N 的商品列表 $R(u)$，根据推荐出来的商品占总商品集合的比例计算其覆盖率：

$$\text{Coverage} = \frac{|U_{u \in U} R(u)|}{|I|}$$

（13.6）

多样性描述了推荐列表中物品两两之间的不相似性。假设 $s(i, j) \in [0,1]$ 定义了物品 i 和 j 之间的相似度，那么用户 u 的推荐列表 $R(u)$ 的多样性定义如下：

$$\text{Diversity}(R(u)) = 1 - \frac{\sum_{i,j \in R(u), i \neq j} s(i, j)}{\frac{1}{2}|R(u)|(|R(u)| - 1)}$$

（13.7）

推荐系统的整体多样性可以定义为所有用户推荐列表多样性的平均值：

$$\text{Diversity} = \frac{1}{|U|} \sum_{u \in U} \text{Diversity}(R(u))$$

（13.8）

这里给大家简单介绍了几种常见的评估方法，在实际应用中，需要考虑问题的角度还有很多，例如新颖性、惊喜度、信任度等，这些都需要在实际问题中酌情考虑。

本章总结

本章介绍了推荐系统中常用的两种方法：协同过滤与隐语义模型。相对而言，协同过滤方法更简单，但是，一旦数据量较大就比较难以处理，隐语义模型和矩阵分解方法都是现阶段比较常用的套路。下一章将带大家实际感受一下推荐系统的魅力。

第 14 章

推荐系统项目实战——打造音乐推荐系统

上一章介绍了推荐系统的基本原理，本章的目标就要从零开始打造一个音乐推荐系统，包括音乐数据集预处理、基于相似度进行推荐以及基于矩阵分解进行推荐。

14.1　数据集清洗

很多时候拿到手的数据集并不像想象中那么完美，基本都需要先把数据清洗一番才能使用，首先导入需要的 Python 工具包：

In	`import pandas as pd`
	`import numpy as np`
	`import time`
	`import sqlite3`
	`data_home = './'`

由于数据中有一部分是数据库文件，需要使用 sqlite3 工具包进行数据的读取，大家可以根据自己情况设置数据存放路径。

先来看一下数据的规模，对于不同格式的数据，read_csv() 函数中有很多参数可以选择，例如分隔符与列名：

In	`triplet_dataset = pd.read_csv(filepath_or_buffer=data_home+'train_triplets.txt',`
	`                sep='\t', header=None, names=['user', 'song', 'play_count'])`
	`triplet_dataset.shape`

Out	48373586, 3

输出结果显示共 48373586 个样本，每个样本有 3 个指标特征。

如果想更详细地了解数据的情况，可以打印其 info 信息，下面观察不同列的类型以及整体占用内存：

In	`triplet_dataset.info()`

Out	`<class 'pandas.core.frame.DataFrame'>`
	`RangeIndex: 48373586 entries, 0 to 48373585`
	`Data columns (total 3 columns):`
	`user          object`
	`song          object`
	`play_count    int64`
	`dtypes: int64(1), object(2)`
	`memory usage: 1.1+ GB`

打印前 10 条数据：

In	`triplet_dataset.head(n=10)`

	user	song	play_count
0	b80344d063b5ccb3212f76538f3d9e43d87dca9e	SOAKIMP12A8C130995	1
1	b80344d063b5ccb3212f76538f3d9e43d87dca9e	SOAPDEY12A81C210A9	1
2	b80344d063b5ccb3212f76538f3d9e43d87dca9e	SOBBMDR12A8C13253B	2
3	b80344d063b5ccb3212f76538f3d9e43d87dca9e	SOBFNSP12AF72A0E22	1
4	b80344d063b5ccb3212f76538f3d9e43d87dca9e	SOBFOVM12A58A7D494	1
5	b80344d063b5ccb3212f76538f3d9e43d87dca9e	SOBNZDC12A6D4FC103	1
6	b80344d063b5ccb3212f76538f3d9e43d87dca9e	SOBSUJE12A6D4F8CF5	2
7	b80344d063b5ccb3212f76538f3d9e43d87dca9e	SOBVFZR12A6D4F8AE3	1
8	b80344d063b5ccb3212f76538f3d9e43d87dca9e	SOBXALG12A8C13C108	1
9	b80344d063b5ccb3212f76538f3d9e43d87dca9e	SOBXHDL12A81C204C0	1

（表格左侧标注：Out）

数据中包括用户的编号、歌曲编号以及用户对该歌曲播放的次数。

14.1.1　统计分析

掌握数据整体情况之后，下一步统计出关于用户与歌曲的各项指标，例如对每一个用户，分别统计他的播放总量，代码如下：

（代码左侧标注：In）

```python
output_dict = {}
with open(data_home+'train_triplets.txt') as f:
    for line_number, line in enumerate(f):
        # 找到当前的用户
        user = line.split('\t')[0]
        # 得到其播放量数据
        play_count = int(line.split('\t')[2])
        # 如果字典中已经有该用户信息，在其基础上增加当前的播放量
        if user in output_dict:
            play_count +=output_dict[user]
            output_dict.update({user:play_count})
        output_dict.update({user:play_count})
# 统计 用户 - 总播放量
output_list = [{'user':k, 'play_count':v} for k,v in output_dict.items()]
# 转换成 DF 格式
play_count_df = pd.DataFrame(output_list)
# 排序
play_count_df = play_count_df.sort_values(by = 'play_count', ascending = False)
```

构建一个字典结构，统计不同用户分别播放的总数，需要把数据集遍历一遍。当数据集比较庞大的

时候，每一步操作都可能花费较长时间。后续操作中，如果稍有不慎，可能还得从头再来一遍。这就得不偿失，最好把中间结果保存下来。既然已经把结果转换成 df 格式，直接使用 to_csv() 函数，就可以完成保存操作。

In	```play_count_df.to_csv(path_or_buf='user_playcount_df.csv', index = False)```

 迪哥说: 在实验阶段,最好把费了好大功夫处理出来的数据保存到本地,免得一个不小心又得重跑一遍,令人头疼。

对于每一首歌，可以分别统计其播放总量，代码如下:

| In | ```
# 统计方法跟上述类似
output_dict = {}
with open(data_home+'train_triplets.txt') as f:
    for line_number, line in enumerate(f):
        # 找到当前歌曲
        song = line.split('\t')[1]
        # 找到当前播放次数
        play_count = int(line.split('\t')[2])
        # 统计每首歌曲被播放的总次数
        if song in output_dict:
            play_count +=output_dict[song]
            output_dict.update({song:play_count})
        output_dict.update({song:play_count})
output_list = [{'song':k, 'play_count':v} for k,v in output_dict.items()]
# 转换成 df 格式
song_count_df = pd.DataFrame(output_list)
song_count_df = song_count_df.sort_values(by = 'play_count', ascending = False)
# 保存当前结果
song_count_df.to_csv(path_or_buf='song_playcount_df.csv', index = False)
``` |
| --- | --- |

下面来看看排序后的统计结果:

| In | ```
play_count_df = pd.read_csv(filepath_or_buffer='user_playcount_df.csv')
play_count_df.head(n =10)
``` |
| --- | --- |

	play_count	user
Out		
0	13132	093cb74eb3c517c5179ae24caf0ebec51b24d2a2
1	9884	119b7c88d58d0c6eb051365c103da5caf817bea6
2	8210	3fa44653315697f42410a30cb766a4eb102080bb
3	7015	a2679496cd0af9779a92a13ff7c6af5c81ea8c7b
4	6494	d7d2d888ae04d16e994d6964214a1de81392ee04
5	6472	4ae01afa8f2430ea0704d502bc7b57fb52164882
6	6150	b7c24f770be6b802805ac0e2106624a517643c17
7	5656	113255a012b2affeab62607563d03fbdf31b08e7
8	5620	6d625c6557df84b60d90426c0116138b617b9449
9	5602	99ac3d883681e21ea68071019dba828ce76fe94d

上述输出结果显示，最忠实的粉丝有 13132 次播放。

In	`song_count_df = pd.read_csv(filepath_or_buffer='song_playcount_df.csv')` `song_count_df.head(10)`

	play_count	song
Out		
0	726885	SOBONKR12A58A7A7E0
1	648239	SOAUWYT12A81C206F1
2	527893	SOSXLTC12AF72A7F54
3	425463	SOFRQTD12A81C233C0
4	389880	SOEGIYH12A6D4FC0E3
5	356533	SOAXGDH12A8C13F8A1
6	292642	SONYKOW12AB01849C9
7	274627	SOPUCYA12A8C13A694
8	268353	SOUFTBI12AB0183F65
9	244730	SOVDSJC12A58A7A271

上述输出结果显示，最受欢迎的一首歌曲有 726885 次播放。

由于该音乐数据集十分庞大，考虑执行过程的时间消耗以及矩阵稀疏性问题，依据播放量指标对数据集进行了截取。因为有些注册用户可能只是关注了一下，之后就不再登录平台，这些用户对后续建模不会起促进作用，反而增大矩阵的稀疏性。对于歌曲也是同理，可能有些歌曲根本无人问津。由于之前已经对用户与歌曲播放情况进行了排序，所以分别选择其中按播放量排名的前 10 万名用户和 3 万首歌曲，关于截取的合适比例，大家也可以通过观察选择数据的播放量占总体的比例来设置。

In	# 前 10 万名用户的播放量占总体的比例
	total_play_count = sum(song_count_df.play_count)
	print ((float(play_count_df.head(n=100000).play_count.sum())/total_play_count)*100)

Out	40.8807280501

输出结果显示，前 10 万名最多使用平台的用户的播放量占到总播放量的 40.88%

In	(float(song_count_df.head(n=30000).play_count.sum())/total_play_count)*100
Out	78.39315366645269

输出结果显示，前 3 万首歌的播放量占到总播放量的 78.39%。

接下来就要对原始数据集进行过滤清洗，也就是在原始数据集中，剔除掉不包含这 10 万名忠实用户以及 3 万首经典歌曲的数据。

In	# 首先拿到这些用户和歌曲
	user_subset = list(play_count_subset.user)
	song_subset = list(song_count_subset.song)
	
	# 读取原始数据集
	triplet_dataset = pd.read_csv(filepath_or_buffer=data_home+'train_triplets.txt', sep='\t',
	                header=None, names=['user', 'song', 'play_count'])
	# 只保留这 10 万名用户的数据，其余过滤掉
	triplet_dataset_sub = triplet_dataset[triplet_dataset.user.isin(user_subset)]
	del(triplet_dataset)
	# 只保留有这 3 万首歌曲的数据，其余也过滤掉
	triplet_dataset_sub_song = triplet_dataset_sub[triplet_dataset_sub.song.isin(song_subset)]
	del(triplet_dataset_sub)
	# 过滤工作要一一进行比对，还是比较花费时间的，别忘了把中间结果保存下来
	triplet_dataset_sub_song.to_csv(path_or_buf=data_home+'triplet_dataset_sub_song.csv', index=False)

再来看一下过滤后的数据规模：

In	triplet_dataset_sub_song.shape
Out	(10774558, 3)

　　虽然过滤后的数据样本个数不到原来的 1/4，但是过滤掉的样本都是稀疏数据，不利于建模，所以，当拿到数据之后，对数据进行清洗和预处理工作还是非常有必要的，它不仅能提升计算的速度，还会影响最终的结果。

14.1.2　数据集整合

　　目前拿到的音乐数据只有播放次数，可利用的信息实在太少，对每首歌曲来说，正常情况下，都应该有一份详细信息，例如歌手、发布时间、主题等，这些信息都存在一份数据库格式文件中，接下来通过 sqlite 工具包读取这些数据：

In	`conn = sqlite3.connect(data_home+'track_metadata.db')`
	`cur = conn.cursor()`
	`cur.execute("SELECT name FROM sqlite_master WHERE type='table'")`
	`cur.fetchall()`
	
	`track_metadata_df = pd.read_sql(con=conn, sql='select * from songs')`
	`track_metadata_df_sub = track_metadata_df[track_metadata_df.song_id.isin(song_subset)]`
	`# 还是 CSV 数据操作起来方便一些，将读取的数据保存成 CSV 格式`
	`track_metadata_df_sub.to_csv(path_or_buf=data_home+'track_metadata_df_sub.csv', index=False)`

　　这里并不需要大家熟练掌握 sqlite 工具包的使用方法，只是在读取 .db 文件时，用它更方便一些，大家也可以直接读取保存好的 .csv 文件。

In	`track_metadata_df_sub=pd.read_csv(filepath_or_buffer=data_home+'track_metadata_df_sub.csv', encoding = "ISO-8859-1")` `track_metadata_df_sub.head()`
Out	

	track_id	title	song_id	release	artist_id	artist_mbid	artist_name	duration	artist_familiarity	artist_
0	TRMMGCB128E079651D	Get Along (Feat: Pace Won) (Instrumental)	SOHNWIM12A67ADF7D9	Charango	ARU3C671187FB3F71B	067102ea-9519-4622-9077-57ca4164cfbb	Morcheeba	227.47383	0.819087	
1	TRMMGTX128F92FB4D9	Viejo	SOECFIW12A8C144546	Caraluna	ARPAAPH1187FB3601B	f69d655c-ffd6-4bee-8c2a-3086b2be2fc6	Bacilos	307.51302	0.595554	
2	TRMMGDP128F933E59A	I Say A Little Prayer	SOGWEOB12AB018A4D0	The Legendary Hi Records Albums_ Volume 3: Ful...	ARNNRN31187B9AE7B7	fb7272ba-f130-4f0a-934d-6eeea4c18c9a	Al Green	133.58975	0.779490	
3	TRMMHBF12903CF6E59	At the Ball That's All	SOJGCRL12A8C144187	Best of Laurel & Hardy - The Lonesome Pine	AR1FEUF1187B9AF3E3	4a8ae4fd-ad6f-4912-851f-093f12ee3572	Laurel & Hardy	123.71546	0.438709	
4	TRMMHKG12903CDB1B5	Black Gold	SOHNFBA12AB018CD1D	Total Life Forever	ARVXV1J1187FB5BF88	6a65d878-fcd0-42cf-aff9-ca1d636a8bcc	Foals	386.32444	0.842578	

这回就有了一份详细的音乐作品清单，该份数据一共有 14 个指标，只选择需要的特征信息来利用：

```
# 去掉无用的信息
del(track_metadata_df_sub['track_id'])
del(track_metadata_df_sub['artist_mbid'])
# 去掉重复的信息
track_metadata_df_sub = track_metadata_df_sub.drop_duplicates(['song_id'])
# 将这份音乐信息数据和我们之前的播放数据整合到一起
triplet_dataset_sub_song_merged = pd.merge(triplet_dataset_sub_song, track_metadata_df_sub, how='left', left_on='song', right_on='song_id')
# 可以自己改变列名
triplet_dataset_sub_song_merged.rename(columns={'play_count':'listen_count'}, inplace=True)
# 去掉不需要的指标
del(triplet_dataset_sub_song_merged['song_id'])
del(triplet_dataset_sub_song_merged['artist_id'])
del(triplet_dataset_sub_song_merged['duration'])
del(triplet_dataset_sub_song_merged['artist_familiarity'])
del(triplet_dataset_sub_song_merged['artist_hotttnesss'])
del(triplet_dataset_sub_song_merged['track_7digitalid'])
del(triplet_dataset_sub_song_merged['shs_perf'])
del(triplet_dataset_sub_song_merged['shs_work'])
```

上述代码去掉数据中不需要的一些特征，并且把这份音乐数据和之前的音乐播放次数数据整合在一起，现在再来看看这些数据：

In: `triplet_dataset_sub_song_merged.head(n=10)`

	user	song	listen_count	title	release	artist_name	year
0	d6589314c0a9bcbca4fee0c93b14bc402363afea	SOADQPP12A67020C82	12	You And Me Jesus	Tribute To Jake Hess	Jake Hess	2004
1	d6589314c0a9bcbca4fee0c93b14bc402363afea	SOAFTRR12AF72A8D4D	1	Harder Better Faster Stronger	Discovery	Daft Punk	2007
2	d6589314c0a9bcbca4fee0c93b14bc402363afea	SOANQFY12AB0183239	1	Uprising	Uprising	Muse	0
3	d6589314c0a9bcbca4fee0c93b14bc402363afea	SOAYATB12A6701FD50	1	Breakfast At Tiffany's	Home	Deep Blue Something	1993
4	d6589314c0a9bcbca4fee0c93b14bc402363afea	SOBOAFP12A8C131F36	7	Lucky (Album Version)	We Sing. We Dance. We Steal Things.	Jason Mraz & Colbie Caillat	0
5	d6589314c0a9bcbca4fee0c93b14bc402363afea	SOBONKR12A58A7A7E0	26	You're The One	If There Was A Way	Dwight Yoakam	1990
6	d6589314c0a9bcbca4fee0c93b14bc402363afea	SOBZZDU12A6310D8A3	7	Don't Dream It's Over	Recurring Dream_ Best Of Crowded House (Domest...	Crowded House	1986
7	d6589314c0a9bcbca4fee0c93b14bc402363afea	SOCAHRT12A8C13A1A4	5	S.O.S.	SOS	Jonas Brothers	2007
8	d6589314c0a9bcbca4fee0c93b14bc402363afea	SODASIJ12A6D4F5D89	1	The Invisible Man	The Invisible Man	Michael Cretu	1985
9	d6589314c0a9bcbca4fee0c93b14bc402363afea	SODEAWL12AB0187032	8	American Idiot [feat. Green Day & The Cast Of ...	The Original Broadway Cast Recording 'American...	Green Day	0

数据经处理后看起来工整多了，不只有用户对某个音乐作品的播放量，还有该音乐作品的名字和所属专辑名称，以及歌手的名字和发布时间。

　　现在只是大体了解了数据中各个指标的含义，对其具体内容还没有加以分析，推荐系统还可能会遇到过冷启动问题，也就是一个新用户来了，不知道给他推荐什么好，这时候就可以利用排行榜单，统计最受欢迎的歌曲和歌手：

| **In** | ```python
import matplotlib.pyplot as plt; plt.rcdefaults()
import numpy as np
import matplotlib.pyplot as plt
# 按歌曲名字来统计其播放量的总数
popular_songs=triplet_dataset_sub_song_merged[['title','listen_count']].groupby('title').sum().reset_index()
# 对结果进行排序
popular_songs_top_20=popular_songs.sort_values('listen_count',ascending= False).head(n=20)

# 转换成 list 格式方便画图
objects = (list(popular_songs_top_20['title']))
# 设置位置
y_pos = np.arange(len(objects))
# 对应结果值
performance = list(popular_songs_top_20['listen_count'])
# 绘图
plt.bar(y_pos, performance, align='center', alpha=0.5)
plt.xticks(y_pos, objects, rotation='vertical')
plt.ylabel('Item count')
plt.title('Most popular songs')
plt.show()
``` |
| **Out** | 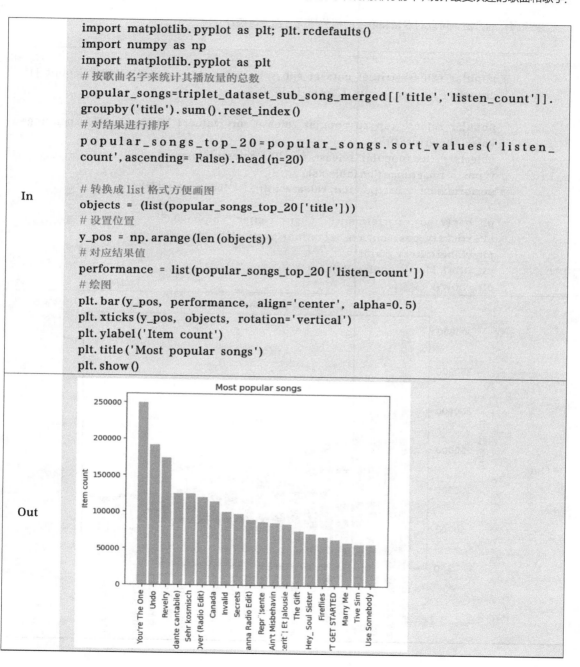 |
```

使用 groupby 函数可以很方便地统计每首歌曲的播放情况，也就是播放量。这份排行数据可以当作最受欢迎的歌曲推荐给用户，把大家都喜欢的推荐出去，也是大概率受欢迎的。

采用同样的方法，可以对专辑和歌手的播放情况分别进行统计：

| In | ```python
# 按专辑名字来统计总播放量
popular_release=triplet_dataset_sub_song_merged[['release', 'listen_count']].groupby('release').sum().reset_index()
# 排序
popular_release_top_20=popular_release.sort_values('listen_count',ascending=False).head(n=20)
objects = (list(popular_release_top_20['release']))
y_pos = np.arange(len(objects))
performance = list(popular_release_top_20['listen_count'])
# 绘图
plt.bar(y_pos, performance, align='center', alpha=0.5)
plt.xticks(y_pos, objects, rotation='vertical')
plt.ylabel('Item count')
plt.title('Most popular Release')
plt.show()
``` |
| Out | 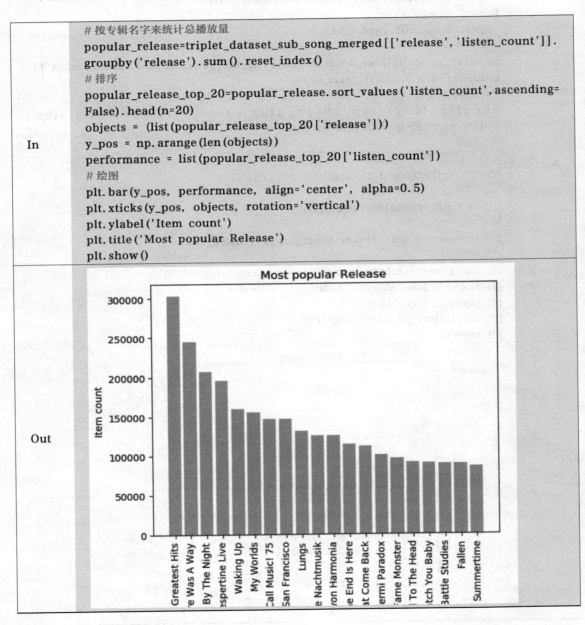 |
```

| In | ```python
# 按歌手来统计总播放量
popular_artist=triplet_dataset_sub_song_merged[['artist_name', 'listen_count']].
groupby('artist_name').sum().reset_index()
# 排序
popular_artist_top_20=popular_artist.sort_values('listen_count', ascending=False).
head(n=20)
objects = (list(popular_artist_top_20['artist_name']))
y_pos = np.arange(len(objects))
performance = list(popular_artist_top_20['listen_count'])
# 绘图
plt.bar(y_pos, performance, align='center', alpha=0.5)
plt.xticks(y_pos, objects, rotation='vertical')
plt.ylabel('Item count')
plt.title('Most popular Artists')
plt.show()
``` |
| Out | 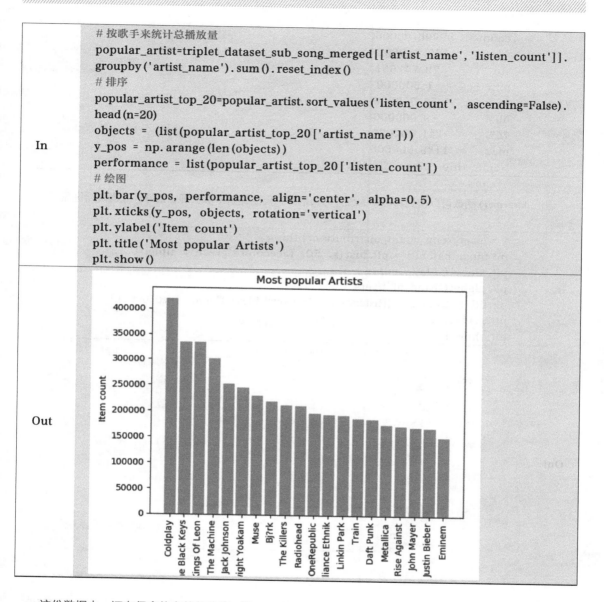 |

这份数据中，还有很多信息值得关注，这里只举例进行分析，实际任务中还是要把所有潜在的信息全部考虑进来，再来看一下该平台用户播放的分布情况：

| In | ```python
user_song_count_distribution=triplet_dataset_sub_song_merged[['user', 'title']].
groupby('user').count().reset_index().sort_values(by='title', ascending = False)
user_song_count_distribution.title.describe()
``` |

Out	count	99996.000000
	mean	107.749890
	std	79.742561
	min	1.000000
	25%	53.000000
	50%	89.000000
	75%	141.000000
	max	1189.000000
	Name: title, dtype: float64	

通过 describe() 函数可以得到其具体的统计分布指标，但这样看不够直观，最好还是通过绘图展示：

| In | ```
x = user_song_count_distribution.title
n, bins, patches = plt.hist(x, 50, facecolor='green', alpha=0.75)
plt.xlabel('Play Counts')
plt.ylabel('Num of Users')
plt.title(r'$\mathrm{Histogram\ of\ User\ Play\ Count\ Distribution}\ $')
plt.grid(True)
plt.show()
``` |
|---|---|
| Out | 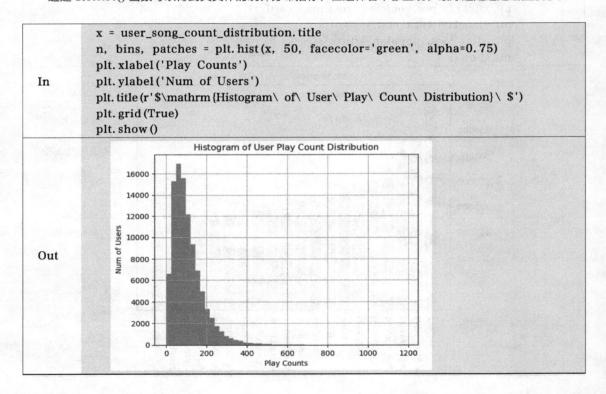 |

输出结果显示绝大多数用户播放 100 首歌曲左右，一部分用户只是听一听，特别忠实的粉丝占比较少。现在已经做好数据的处理和整合，接下来就是构建一个能实际进行推荐的程序。

14.2 基于相似度的推荐

如何推荐一首歌曲呢？最直接的想法就是推荐大众都认可的或者基于相似度来猜测他们的口味。
```

14.2.1 排行榜推荐

最简单的推荐方式就是排行榜单，这里创建了一个函数，需要传入原始数据、用户列名、待统计的指标（例如按歌曲名字、歌手名字、专辑名字，也就是选择使用哪些指标得到排行榜单）：

| In | ```python
def create_popularity_recommendation(train_data, user_id, item_id):
    # 根据指定的特征来统计其播放情况，可以选择歌曲名、专辑名、歌手名
    train_data_grouped=train_data.groupby([item_id]).agg({user_id: 'count'}).reset_index()
    # 为了直观展示，用得分表示其结果
    train_data_grouped.rename(columns = {user_id: 'score'},inplace=True)
    # 排行榜单需要排序
    train_data_sort = train_data_grouped.sort_values(['score', item_id], ascending = [0,1])
    # 加入一项排行等级，表示其推荐的优先级
    train_data_sort['Rank'] = train_data_sort['score'].rank(ascending=0, method='first')
    # 返回指定个数的推荐结果
    popularity_recommendations = train_data_sort.head(20)
    return popularity_recommendations

recommendations=create_popularity_recommendation(triplet_dataset_sub_song_merged, 'user', 'title')
``` |
Out			title	score	Rank
19601	Sehr kosmisch	18626	1.0
5797	Dog Days Are Over (Radio Edit)	17635	2.0
27332	You're The One	16085	3.0
19563	Secrets	15138	4.0
18653	Revelry	14945	5.0
25087	Undo	14687	6.0
7547	Fireflies	13085	7.0
9659	Hey_ Soul Sister	12993	8.0
25233	Use Somebody	12793	9.0
9940	Horn Concerto No. 4 in E flat K495: II. Romanc...	12346	10.0
24308	Tive Sim	11831	11.0
3647	Canada	11598	12.0
23485	The Scientist	11529	13.0
4211	Clocks	11357	14.0
12152	Just Dance	11058	15.0
26992	Yellow	10919	16.0
16455	OMG	10818	17.0
9863	Home	10512	18.0
3312	Bulletproof	10383	19.0
4777	Creep (Explicit)	10246	20.0	
```

上述代码返回一份前 20 名的歌曲排行榜单，对于其中的得分，这里只是进行了简单的播放计算，在设计的时候，也可以综合考虑更多的指标，例如综合计算歌曲发布年份、歌手的流行程度等。

14.2.2　基于歌曲相似度的推荐

另一种方案就要使用相似度计算推荐歌曲，为了加快代码的运行速度，选择其中一部分数据进行实验。

In	song_count_subset = song_count_df. head (n=5000) user_subset = list (play_count_subset. user) song_subset = list (song_count_subset. song) triplet_dataset_sub_song_merged_sub=triplet_dataset_sub_song_merged [triplet_ dataset_sub_song_merged. song. isin (song_subset)]

 迪哥说: 实验阶段，可以先用部分数据来测试，确定代码无误后，再用全部数据跑一遍，这样比较节约时间，毕竟代码都是不断通过实验来修正的。

下面执行相似度计算:

In	import Recommenders as Recommenders train_data, test_data = train_test_split (triplet_dataset_sub_song_merged_ sub, test_size = 0. 30, random_state=0) is_model = Recommenders. item_similarity_recommender_py () is_model. create (train_data, 'user', 'title') user_id = list (train_data. user) [7] user_items = is_model. get_user_items (user_id) is_model. recommend (user_id)

细心的读者应该观察到了，首先导入 Recommenders，它类似于一个自定义的工具包，包括接下来要使用的所有函数。由于要计算的代码量较大，直接在 Notebook 中进行展示比较麻烦，所以需要写一个 .py 文件，所有实际计算操作都在这里完成。

大家在实践这份代码的时候，可以选择一个合适的 IDE，因为 Notebook 并不支持 debug 操作。拿到一份陌生的代码而且量又比较大的时候，最好先通过 debug 方式一行代码一行代码地执行，这样才可以更清晰地熟悉整个函数做了什么。

 迪哥说: 对于初学者来说，直接看整体代码可能有些难度，建议大家选择一个合适的 IDE，例如 pycharm、eclipse 等都是不错的选择。

is_model.create(train_data, 'user', 'title') 表示该函数需要传入原始数据、用户 ID 和歌曲信息，相当于得到所需数据，源码如下：

| In | ```
def create(self, train_data, user_id, item_id):
    self.train_data = train_data
    self.user_id = user_id
    self.item_id = item_id
``` |
|----|---|

user_id = list(train_data.user)[7] 表示这里需要选择一个用户，哪个用户都可以，基于他进行推荐。

is_model.get_user_items(user_id) 表示得到该用户听过的所有歌曲，源码如下：

| In | ```
def get_user_items(self, user):
    user_data = self.train_data[self.train_data[self.user_id] == user]
    user_items = list(user_data[self.item_id].unique())
    return user_items
``` |
|----|---|

is_model.recommend(user_id) 表示全部的核心计算，首先展示其流程，然后再分别解释其细节：

| In | ```
# 执行相似度推荐
def recommend(self, user):
    #1. 得到该用户所有的歌曲
    user_songs = self.get_user_items(user)
    print("No. of unique songs for the user: %d" % len(user_songs))
    #2. 得到训练集中所有的歌曲
    all_songs = self.get_all_items_train_data()
    print("no. of unique songs in the training set: %d" % len(all_songs))
    #3. 计算相似矩阵
    #len(user_songs) X len(songs)
    cooccurence_matrix = self.construct_cooccurence_matrix(user_songs, all_songs)
    #4. 得出最终的推荐结果
    df_recommendations=self.generate_top_recommendations(user, cooccurence_matrix, all_songs, user_songs)

    return df_recommendations
``` |
|----|---|

上述代码的关键点就是第 3 步计算相似矩阵了。其中 cooccurence_matrix = self.construct_cooccurence_matrix(user_songs, all_songs) 表示需要传入该用户听过哪些歌曲，以及全部数据集中有多少歌曲。下面通过源码解读一下其计算流程：
```

In

```
def construct_cooccurence_matrix(self, user_songs, all_songs):
    # 现在要计算的是给选中的测试用户推荐什么
    # 流程如下：
    #1. 先把选中测试用户所听过的歌曲都拿到
    #2. 找出这些歌曲中每一个歌曲都被哪些其他用户听过
    #3. 在整个歌曲集中遍历每一个歌曲，计算它与选中测试用户中每一个听过歌曲的 Jaccard
相似系数
    # 通过听歌人的交集与并集情况来计算
    user_songs_users = []
    for i in range(0, len(user_songs)):
        user_songs_users.append(self.get_item_users(user_songs[i]))
    # 构建矩阵的规模 =len(user_songs) X len(songs)
    cooccurence_matrix = np.matrix(np.zeros(shape=(len(user_songs),
len(all_songs))), float)
    # 计算相似度
    for i in range(0, len(all_songs)):
        #Calculate unique listeners (users) of song (item) i
        #print (all_songs[i])
        songs_i_data = self.train_data[self.train_data[self.item_id] == all_
songs[i]] # 当前这首歌所有的信息
        users_i = set(songs_i_data[self.user_id].unique()) # 跟这首歌有关的用户
        for j in range(0, len(user_songs)):
            users_j = user_songs_users[j] # 听这首歌的所有用户
            users_intersection = users_i.intersection(users_j) # 算一下听数据集
[i] 歌曲的人数和当前选中测试用户所听这首歌曲的人数 [j] 中的交集
            if len(users_intersection) != 0:
                #Calculate union of listeners of songs i and j
                users_union = users_i.union(users_j) # 并集
                cooccurence_matrix[j, i] = float(len(users_intersection)) /
float(len(users_union)) #Jaccard 相似系数来衡量
            else:
                cooccurence_matrix[j, i] = 0
    return cooccurence_matrix
```

　　整体代码量较多，先从整体上介绍这段代码做了什么，大家 debug 一遍，效果会更好。首先，想要针对某个用户进行推荐，需要先知道他听过哪些歌曲，将已被听过的歌曲与整个数据集中的歌曲进行对比，看哪些歌曲与用户已听过的歌曲相似，就推荐这些相似的歌曲。

　　如何计算呢？例如，当前用户听过 66 首歌曲，整个数据集有 4879 首歌曲，那么，可以构建一个 [66,4879] 矩阵，表示用户听过的每一个歌曲和数据集中每一个歌曲的相似度。这里使用 Jaccard 相似系数，矩阵 $[i,j]$ 中，i 表示用户听过的第 i 首歌曲被多少人听过，例如被 3000 人听过；j 表示 j 这首歌曲被多少人听过，例如被

5000 人听过。Jaccard 相似系数计算式为：

$$\text{Jaccard} = \frac{\text{交集(听过} i \text{歌曲的3000人和听过} j \text{歌曲的5000人)}}{\text{并集(听过} i \text{歌曲的3000人和听过} j \text{歌曲的5000人)}}$$

如果两个歌曲相似，其受众应当一致，Jaccard 相似系数的值应该比较大。如果两个歌曲没什么相关性，其值应当比较小。

最后推荐的时候，还应当注意：对于数据集中每一首待推荐的歌曲，都需要与该用户所有听过的歌曲合在一起计算 Jaccard 值。例如，歌曲 j 需要与用户听过的 66 首歌曲合在一起计算 Jaccard 值，还要处理最终是否推荐的得分值，即把这 66 个值加在一起，最终求一个平均值，代表该歌曲的平均推荐得分。也就是说，给用户推荐歌曲时，不能单凭一首歌进行推荐，需要考虑所有用户听过的所有歌曲。

对于每一位用户来说，通过相似度计算，可以得到数据集中每一首歌曲的得分值以及排名，然后可以向每一个用户推荐其可能喜欢的歌曲，推荐的最终结果如图 14-1 所示。

	user_id	song	score	rank
0	a974fc428825ed071281302d6976f59bfa95fe7e	Put Your Head On My Shoulder (Album Version)	0.026334	1
1	a974fc428825ed071281302d6976f59bfa95fe7e	The Strength To Go On	0.025176	2
2	a974fc428825ed071281302d6976f59bfa95fe7e	Come Fly With Me (Album Version)	0.024447	3
3	a974fc428825ed071281302d6976f59bfa95fe7e	Moondance (Album Version)	0.024118	4
4	a974fc428825ed071281302d6976f59bfa95fe7e	Kotov Syndrome	0.023311	5
5	a974fc428825ed071281302d6976f59bfa95fe7e	Use Somebody	0.023104	6
6	a974fc428825ed071281302d6976f59bfa95fe7e	Lucky (Album Version)	0.022930	7
7	a974fc428825ed071281302d6976f59bfa95fe7e	Secrets	0.022889	8
8	a974fc428825ed071281302d6976f59bfa95fe7e	Clocks	0.022562	9
9	a974fc428825ed071281302d6976f59bfa95fe7e	Sway (Album Version)	0.022359	10

图 14-1 推荐的最终结果

14.3 基于矩阵分解的推荐

相似度计算的方法看起来比较简单，很容易就能实现，但是，当数据较大的时候，计算的开销实在太大，对每一个用户都需要多次遍历整个数据集进行计算，这很难实现。矩阵分解可以更快速地得到结果，也是当下比较热门的方法。

14.3.1 奇异值分解

奇异值分解（Singular Value Decomposition，SVD）是矩阵分解中一个经典方法，接下来的推荐就可以使用 SVD 进行计算，它的基本出发点与隐语义模型类似，都是将大矩阵转换成小矩阵的组合，它的最基本形式如图 14-2 所示。

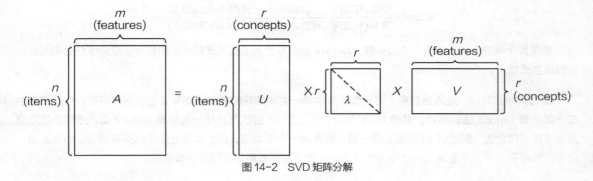

图 14-2 SVD 矩阵分解

其中 n 和 m 都是比较大的数值，代表原始数据；r 是较小的数值，表示矩阵分解后的结果可以用较小的矩阵组合来近似替代。下面借用一个经典的小例子，看一下 SVD 如何应用在推荐系统中（见图 14-3）。

item \ 用户名	Ben	Tom	John	Fred
Season 1	5	5	0	5
Season 2	5	0	3	4
Season 3	3	4	0	3
Season 4	0	0	5	3
Season 5	5	4	4	5
Season 6	5	4	5	5

图 14-3 用户评分矩阵

首先将数据转换成矩阵形式，如下所示：

$$A = \begin{bmatrix} 5 & 5 & 0 & 5 \\ 5 & 0 & 3 & 4 \\ 3 & 4 & 0 & 3 \\ 0 & 0 & 5 & 3 \\ 5 & 4 & 4 & 5 \\ 5 & 4 & 5 & 5 \end{bmatrix}$$

对上述矩阵执行 SVD 分解，结果如下：

```
[U, S, Vtranspose]=svd(A)
U =
  -0.4472   -0.5373   -0.0064   -0.5037   -0.3857   -0.3298
  -0.3586    0.2461    0.8622   -0.1458    0.0780    0.2002
  -0.2925   -0.4033   -0.2275   -0.1038    0.4360    0.7065
  -0.2078    0.6700   -0.3951   -0.5888    0.0260    0.0667
  -0.5099    0.0597   -0.1097    0.2869    0.5946   -0.5371
  -0.5316    0.1887   -0.1914    0.5341   -0.5485    0.2429

S =
  17.7139         0         0         0
        0    6.3917         0         0
        0         0    3.0980         0
        0         0         0    1.3290
        0         0         0         0
        0         0         0         0

Vtranspose =
  -0.5710   -0.2228    0.6749    0.4109
  -0.4275   -0.5172   -0.6929    0.2637
  -0.3846    0.8246   -0.2532    0.3286
  -0.5859    0.0532    0.0140   -0.8085
```

依照 SVD 计算公式：

$$A = USV^T \tag{14.1}$$

其中，U、S 和 V 分别为分解后的小矩阵，通常更关注 S 矩阵，S 矩阵的每一个值都代表该位置的重要性指标，它与降维算法中的特征值和特征向量的关系类似。

如果只在 S 矩阵中选择一部分比较重要的特征值，相应的 U 和 V 矩阵也会发生改变，例如只保留 2 个特征值。

U	
-0.4472	0.5373
-0.3586	-0.2461
-0.2925	0.4033
-0.2078	-0.6700
-0.5099	-0.0597
-0.5316	-0.1887

S	
17.7139	0.0000
0.0000	6.3917

V.transpose	
-0.5710	0.2228
-0.4275	0.5172
-0.3846	-0.8246
-0.5859	-0.0532

再把上面 3 个矩阵相乘，即 $A2=USV^T$，结果如下：

$$A2 = \begin{bmatrix} 5.2885 & 5.1627 & 0.2149 & 4.4591 \\ 3.2768 & 1.9021 & 3.7400 & 3.8058 \\ 3.5324 & 3.5479 & -0.1332 & 2.8984 \\ 1.1475 & -0.6417 & 4.9472 & 2.3846 \\ 5.0727 & 3.6640 & 3.7887 & 5.3130 \\ 5.1086 & 3.4019 & 4.6166 & 5.5822 \end{bmatrix}$$

对比矩阵 $A2$ 和矩阵 A，可以发现二者之间的数值很接近。如果将 U 矩阵的第一列当成 x 值，第二列当成 y 值，也就是把 U 矩阵的每一行在二维空间中进行展示。同理 V 矩阵也是相同操作，可以得到一个有趣的结果。

SVD 矩阵分解后的意义如图 14-4 所示，可以看出用户之间以及商品之间的相似性关系，假设现在有一个名叫 Flower 的新用户，已知该用户对各个商品的评分向量为 [5 5 0 0 0 5]，需要向这个用户进行商品的推荐，也就是根据这个用户的评分向量寻找与该用户相似的用户，进行如下计算：

$$\text{Flower}_{2D} = \text{Flower}^T U_2 S_2$$

$$= \begin{bmatrix} 5 5 0 0 0 5 \end{bmatrix} \begin{bmatrix} -0.4472 & 0.5373 \\ -0.3586 & -0.2461 \\ -0.2925 & -0.4033 \\ -0.2078 & -0.6700 \\ -0.5099 & -0.0597 \\ -0.5316 & -0.1187 \end{bmatrix} \begin{bmatrix} 17.7139 & 0 \\ 0 & 6.3917 \end{bmatrix}$$

$$= \begin{bmatrix} -0.3775 & 0.0802 \end{bmatrix}$$

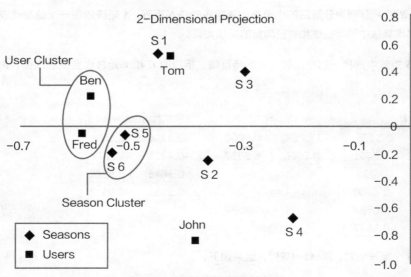

图 14-4　SVD 矩阵分解后的意义

现在可以在上述的二维坐标中寻找这个坐标点，然后看这个点与其他点的相似度，根据相似程度进行推荐。

14.3.2　使用 SVD 算法进行音乐推荐

在 SVD 中所需的数据是用户对商品的打分，但在现在的数据集中，只有用户播放歌曲的情况，并没有实际的打分值，所以，需要定义用户对每首歌曲的评分值。如果一个用户喜欢某首歌曲，他应该经常播放这首歌曲；相反，如果不喜欢某首歌曲，播放次数肯定比较少。

 迪哥说： 在建模过程中，使用工具包非常方便，但是一定要知道输入的是什么数据，倒推也是不错的思路，先知道想要输入什么，然后再对数据进行处理操作。

用户对歌曲的打分值，定义为用户播放该歌曲数量 / 该用户播放总量。代码如下：

In	``` triplet_dataset_sub_song_merged_sum_df=triplet_dataset_sub_song_merged[['user', 'listen_count']].groupby('user').sum().reset_index() triplet_dataset_sub_song_merged_sum_df.rename(columns={'listen_count':'total_listen_count'},inplace=True) triplet_dataset_sub_song_merged=pd.merge(triplet_dataset_sub_song_merged, triplet_dataset_sub_song_merged_sum_df) triplet_dataset_sub_song_merged.head() # 计算比例 triplet_dataset_sub_song_merged['fractional_play_count']=triplet_dataset_sub_song_merged['listen_count']/triplet_dataset_sub_song_merged['total_listen_count'] ```
Out	<table><tr><th></th><th>user</th><th>song</th><th>listen_count</th><th>fractional_play_count</th></tr><tr><td>0</td><td>d6589314c0a9bcbca4fee0c93b14bc402363afea</td><td>SOADQPP12A67020C82</td><td>12</td><td>0.036474</td></tr><tr><td>1</td><td>d6589314c0a9bcbca4fee0c93b14bc402363afea</td><td>SOAFTRR12AF72A8D4D</td><td>1</td><td>0.003040</td></tr><tr><td>2</td><td>d6589314c0a9bcbca4fee0c93b14bc402363afea</td><td>SOANQFY12AB0183239</td><td>1</td><td>0.003040</td></tr><tr><td>3</td><td>d6589314c0a9bcbca4fee0c93b14bc402363afea</td><td>SOAYATB12A6701FD50</td><td>1</td><td>0.003040</td></tr><tr><td>4</td><td>d6589314c0a9bcbca4fee0c93b14bc402363afea</td><td>SOBOAFP12A8C131F36</td><td>7</td><td>0.021277</td></tr></table>

上述代码先根据用户进行分组，计算每个用户的总播放量，然后用每首歌曲的播放量除以该用户的总播放量。最后一列特征 fractional_play_count 就是用户对每首歌曲的评分值。

评分值确定之后，就可以构建矩阵了，这里有一些小问题需要处理，原始数据中，无论是用户 ID 还是歌曲 ID 都是很长一串，表达起来不太方便，需要重新对其制作索引。

In	user_codes[user_codes.user =='2a2f776cbac6df64d6cb505e7e834e01684673b6']

Out		user_index	user
	27516	2981434	2a2f776cbac6df64d6cb505e7e834e01684673b6

在矩阵中，知道用户 ID、歌曲 ID、评分值就足够了，需要去掉其他指标（见图 14-5）。由于数据集比较稀疏，为了计算、存储的高效，可以用索引和评分表示需要的数值，其他位置均为 0。

```
coo_matrix [0,0]0.0364741641337
(0，1) 0.00303951367781
(0，2) 0.00303951367781
(0，3) 0.00303951367781
(0，4) 0.0212765957447
(0，5) 0.0790273556231
(0，6) 0.0212765957447
(0，7) 0.0151975683891
(0，8) 0.00303951367781
(0，9) 0.0243161097225
(0，10) 0.0243161094225
(0，11) 0.012158054112
```

图 14-5 评分矩阵

整体实现代码如下：

| In | ```
from scipy.sparse import coo_matrix
small_set = triplet_dataset_sub_song_merged
user_codes = small_set.user.drop_duplicates().reset_index()
song_codes = small_set.song.drop_duplicates().reset_index()
user_codes.rename(columns={'index':'user_index'}, inplace=True)
song_codes.rename(columns={'index':'song_index'}, inplace=True)
song_codes['so_index_value'] = list(song_codes.index)
user_codes['us_index_value'] = list(user_codes.index)
small_set = pd.merge(small_set, song_codes, how='left')
small_set = pd.merge(small_set, user_codes, how='left')
mat_candidate = small_set[['us_index_value','so_index_value','fractional_
play_count']]
data_array = mat_candidate.fractional_play_count.values
row_array = mat_candidate.us_index_value.values
col_array = mat_candidate.so_index_value.values
``` |
|---|---|

矩阵构造好之后，就要执行 SVD 矩阵分解，这里还需要一些额外的工具包完成计算，scipy 就是其中一个好帮手，里面已经封装好 SVD 计算方法。
```

In	`import math as mt`
	`from scipy. sparse. linalg import * #used for matrix multiplication`
	`from scipy. sparse. linalg import svds`
	`from scipy. sparse import csc_matrix`

在执行 SVD 的时候，需要额外指定 K 值，其含义就是选择前多少个特征值来做近似代表，也就是 S 矩阵的维数。如果 K 值较大，整体的计算效率会慢一些，但是会更接近真实结果，这个值需要自己衡量。

In	`def compute_svd(urm, K):`
	`    U, s, Vt = svds(urm, K)`
	`    dim = (len(s), len(s))`
	`    S = np. zeros(dim, dtype=np. float32)`
	`    for i in range(0, len(s)):`
	`        S[i, i] = mt. sqrt(s[i])`
	`    U = csc_matrix(U, dtype=np. float32)`
	`    S = csc_matrix(S, dtype=np. float32)`
	`    Vt = csc_matrix(Vt, dtype=np. float32)`
	`    return U, S, Vt`

此处选择的 K 值等于 50，其中 PID 表示最开始选择的部分歌曲，UID 表示选择的部分用户。

In	`K=50`
	`urm = data_sparse`
	`MAX_PID = urm. shape[1]`
	`MAX_UID = urm. shape[0]`
	`U, S, Vt = compute_svd(urm, K)`

执行过程中，还可以打印出各个矩阵的大小，并进行观察分析。

迪哥说： 强烈建议大家将代码复制到 IDE 中，打上断点一行一行地走下去，观察其中每一个变量的值，这对理解整个流程非常有帮助。

接下来需要选择待测试用户：

In	`uTest = [4, 5, 6, 7, 8, 873, 23]`

随便选择一些用户就好，其中的数值表示用户的索引编号，接下来需要对每一个用户计算其对候选集中 3 万首歌曲的喜好程度，也就是估计他对这 3 万首歌的评分值应该等于多少，前面通过 SVD 矩阵分解已经计

算出所需的各个小矩阵，接下来把其还原回去即可：

| In | ```python
def compute_estimated_matrix(urm, U, S, Vt, uTest, K, test):
    rightTerm = S*Vt
    max_recommendation = 250
    estimatedRatings = np.zeros(shape=(MAX_UID, MAX_PID), dtype=np.float16)
    recomendRatings=np.zeros(shape=(MAX_UID, max_recommendation), dtype=np.float16)
    for userTest in uTest:
        prod = U[userTest, :]*rightTerm
        estimatedRatings[userTest, :] = prod.todense()
recomendRatings[userTest, :] = (-estimatedRatings[userTest, :]).argsort()[:max_recommendation]
return recomendRatings

uTest_recommended_items = compute_estimated_matrix(urm, U, S, Vt, uTest, K, True)
``` |

计算好推荐结果之后，可以进行打印展示：

| In | ```python
for user in uTest:
    print("Recommendation for user with user id {}".format(user))
    rank_value = 1
    for i in uTest_recommended_items[user, 0:10]:

song_details=small_set[small_set.so_index_value==i].drop_duplicates('so_index_value')[['title', 'artist_name']]
        print("The number {} recommended song is {} BY {}".format(rank_value, list(song_details['title'])[0], list(song_details['artist_name'])[0]))
        rank_value+=1
``` |
| Out | 当前待推荐用户编号 4
推荐编号： 1 推荐歌曲： Fireflies 作者： Charttraxx Karaoke
推荐编号： 2 推荐歌曲： Hey_ Soul Sister 作者： Train
推荐编号： 3 推荐歌曲： OMG 作者： Usher featuring will.i.am
推荐编号： 4 推荐歌曲： Lucky (Album Version) 作者： Jason Mraz & Colbie Caillat
推荐编号： 5 推荐歌曲： Vanilla Twilight 作者： Owl City
推荐编号： 6 推荐歌曲： Crumpshit 作者： Philippe Rochard
推荐编号： 7 推荐歌曲： Billionaire [feat. Bruno Mars] (Explicit Album Version) 作者： Travie McCoy
推荐编号： 8 推荐歌曲： Love Story 作者： Taylor Swift
推荐编号： 9 推荐歌曲： TULENLIEKKI 作者： M.A. Numminen |

　　　　推荐编号： 10 推荐歌曲： Use Somebody 作者： Kings Of Leon
　　当前待推荐用户编号 5
　　　　推荐编号： 1 推荐歌曲： Sehr kosmisch 作者： Harmonia
　　　　推荐编号： 2 推荐歌曲： Ain't Misbehavin 作者： Sam Cooke
　　　　推荐编号： 3 推荐歌曲： Dog Days Are Over (Radio Edit) 作者： Florence + The Machine
　　　　推荐编号： 4 推荐歌曲： Revelry 作者： Kings Of Leon
　　　　推荐编号： 5 推荐歌曲： Undo 作者： BjÃ¶rk
　　　　推荐编号： 6 推荐歌曲： Cosmic Love 作者： Florence + The Machine
　　　　推荐编号： 7 推荐歌曲： Home 作者： Edward Sharpe & The Magnetic Zeros
　　　　推荐编号： 8 推荐歌曲： You've Got The Love 作者： Florence + The Machine
　　　　推荐编号： 9 推荐歌曲： Bring Me To Life 作者： Evanescence
　　　　推荐编号： 10 推荐歌曲： Tighten Up 作者： The Black Keys
　　当前待推荐用户编号 6
　　　　推荐编号： 1 推荐歌曲： Crumpshit 作者： Philippe Rochard
　　　　推荐编号： 2 推荐歌曲： Marry Me 作者： Train
　　　　推荐编号： 3 推荐歌曲： Hey_ Soul Sister 作者： Train
　　　　推荐编号： 4 推荐歌曲： Lucky (Album Version) 作者： Jason Mraz & Colbie Caillat
　　　　推荐编号： 5 推荐歌曲： One On One 作者： the bird and the bee
　　　　推荐编号： 6 推荐歌曲： I Never Told You 作者： Colbie Caillat
Out　　推荐编号： 7 推荐歌曲： Canada 作者： Five Iron Frenzy
　　　　推荐编号： 8 推荐歌曲： Fireflies 作者： Charttraxx Karaoke
　　　　推荐编号： 9 推荐歌曲： TULENLIEKKI 作者： M. A. Numminen
　　　　推荐编号： 10 推荐歌曲： Bring Me To Life 作者： Evanescence
　　当前待推荐用户编号 7
　　　　推荐编号： 1 推荐歌曲： Behind The Sea [Live In Chicago] 作者： Panic At The Disco
　　　　推荐编号： 2 推荐歌曲： The City Is At War (Album Version) 作者： Cobra Starship
　　　　推荐编号： 3 推荐歌曲： Dead Souls 作者： Nine Inch Nails
　　　　推荐编号： 4 推荐歌曲： Una Confusion 作者： LU
　　　　推荐编号： 5 推荐歌曲： Home 作者： Edward Sharpe & The Magnetic Zeros
　　　　推荐编号： 6 推荐歌曲： Climbing Up The Walls 作者： Radiohead
　　　　推荐编号： 7 推荐歌曲： Tighten Up 作者： The Black Keys
　　　　推荐编号： 8 推荐歌曲： Tive Sim 作者： Cartola
　　　　推荐编号： 9 推荐歌曲： West One (Shine On Me) 作者： The Ruts
　　　　推荐编号： 10 推荐歌曲： Cosmic Love 作者： Florence + The Machine
　　当前待推荐用户编号 8
　　　　推荐编号： 1 推荐歌曲： Undo 作者： BjÃ¶rk
　　　　推荐编号： 2 推荐歌曲： Canada 作者： Five Iron Frenzy
　　　　推荐编号： 3 推荐歌曲： Better To Reign In Hell 作者： Cradle Of Filth
　　　　推荐编号： 4 推荐歌曲： Unite (2009 Digital Remaster) 作者： Beastie Boys
　　　　推荐编号： 5 推荐歌曲： Behind The Sea [Live In Chicago] 作者： Panic At The Disco

Out	推荐编号: 6 推荐歌曲: Rockin' Around The Christmas Tree 作者: Brenda Lee 推荐编号: 7 推荐歌曲: Devil's Slide 作者: Joe Satriani 推荐编号: 8 推荐歌曲: Revelry 作者: Kings Of Leon 推荐编号: 9 推荐歌曲: 16 Candles 作者: The Crests 推荐编号: 10 推荐歌曲: Catch You Baby (Steve Pitron & Max Sanna Radio Edit) 作者: Lonnie Gordon 当前待推荐用户编号 873 推荐编号: 1 推荐歌曲: The Scientist 作者: Coldplay 推荐编号: 2 推荐歌曲: Yellow 作者: Coldplay 推荐编号: 3 推荐歌曲: Clocks 作者: Coldplay 推荐编号: 4 推荐歌曲: Fix You 作者: Coldplay 推荐编号: 5 推荐歌曲: In My Place 作者: Coldplay 推荐编号: 6 推荐歌曲: Shiver 作者: Coldplay 推荐编号: 7 推荐歌曲: Speed Of Sound 作者: Coldplay 推荐编号: 8 推荐歌曲: Creep (Explicit) 作者: Radiohead 推荐编号: 9 推荐歌曲: Sparks 作者: Coldplay 推荐编号: 10 推荐歌曲: Use Somebody 作者: Kings Of Leon 当前待推荐用户编号 23 推荐编号: 1 推荐歌曲: Garden Of Eden 作者: Guns N' Roses 推荐编号: 2 推荐歌曲: Don't Speak 作者: John Dahlbäck 推荐编号: 3 推荐歌曲: Master Of Puppets 作者: Metallica 推荐编号: 4 推荐歌曲: TULENLIEKKI 作者: M. A. Numminen 推荐编号: 5 推荐歌曲: Bring Me To Life 作者: Evanescence 推荐编号: 6 推荐歌曲: Kryptonite 作者: 3 Doors Down 推荐编号: 7 推荐歌曲: Make Her Say 作者: Kid Cudi / Kanye West / Common 推荐编号: 8 推荐歌曲: Night Village 作者: Deep Forest 推荐编号: 9 推荐歌曲: Better To Reign In Hell 作者: Cradle Of Filth 推荐编号: 10 推荐歌曲: Xanadu 作者: Olivia Newton-John;Electric Light Orchestra

输出结果显示每一个用户都得到了与其对应的推荐结果，并且将结果按照得分值进行排序，也就完成了推荐工作。从整体效率上比较，还是优于相似度计算的方法。

项目总结

本章选择音乐数据集进行个性化推荐任务，首先对数据进行预处理和整合，并选择两种方法分别完成推荐任务。在相似度计算中，根据用户所听过的歌曲，在候选集中选择与其最相似的歌曲，存在的问题就是计算消耗太多，每一个用户都需要重新计算一遍，才能得出推荐结果。在 SVD 矩阵分解的方法中，首先构建评分矩阵，对其进行 SVD 分解，然后选择待推荐用户，还原得到其对所有歌曲的估测评分值，最后排序，返回结果即可。

第 15 章
降维算法

　　如果拿到的数据特征过于庞大，一方面会使得计算任务变得繁重；另一方面，如果数据特征还有问题，可能会对结果造成不利的影响。降维是机器学习领域中经常使用的数据处理方法，一般通过某种映射方法，将原始高维空间中的数据点映射到低维度的空间中，本章将从原理和实践的角度介绍两种经典的降维算法——线性判别分析和主成分分析。

15.1 线性判别分析

线性判别式分析（Linear Discriminant Analysis, LDA），也叫作 Fisher 线性判别（Fisher Linear Discriminant, FLD），最开始用于处理机器学习中的分类任务，但是由于其对数据特征进行了降维投影，使其成为一种经典的降维方法。

15.1.1 降维原理概述

线性判别分析属于有监督学习算法，也就是数据中必须要有明确的类别标签，它不仅能用来降维，还可以处理分类任务，不过，更多用于降维。下面通过一个小例子来感受下降维的作用。这个游戏需要通过不断地寻找最合适的投影面，来观察原始物体的形状，如图 15-1 所示。降维任务与之非常相似，也是通过找到最合适的投影方向，使得原始数据更容易被计算机理解并利用。

图 15-1 投影的意义

接下来，通过实例说明降维的过程。假设有两类数据点，如图 15-2 所示。由于数据点都是二维特征，需要将其降到一维，也就是需要找到一个最合适的投影方向把这些数据点全部映射过去。图 15-2（a）、（b）分别是选择两个投影方向后的结果，那么，究竟哪一个更好呢？

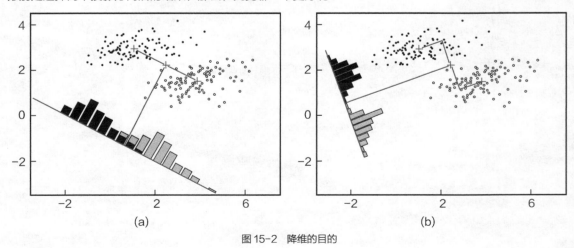

图 15-2 降维的目的

从投影结果上观察，图 15-2（a）中的数据点经过投影后依旧有一部分混在一起，区别效果有待提高。图 15-2（b）中的数据点经过投影后，没有混合，区别效果比图 15-2（a）更好一些。因此，我们当然会选择图 15-2（b）所示的降维方法，由此可见，降维不仅要压缩数据的特征，还需要寻找最合适的方向，使得压缩后的数据更有利用价值。

由图 15-2 可知，线性判别分析的原理可以这样理解：任务目标就是要找到最合适的投影方向，这个方向可以是多维的。

为了把降维任务做得更圆满，提出了两个目标。

1. 对于不同类别的数据点，希望其经过投影后能离得越远越好，也就是两类数据点区别得越明显越好，不要混在一起。

2. 对于同类别的数据点，希望它们能更集中，离组织的中心越近越好。

接下来的任务就是完成这两个目标，这也是线性判别分析的核心优化目标，降维任务就是找到能同时满足这两个目标的投影方向。

15.1.2　优化的目标

投影就是通过矩阵变换的方式把数据映射到最适合做分类的方向上：

$$y = w^T x \tag{15.1}$$

其中，x 表示当前数据所在空间，也就是原始数据；y 表示降维后的数据。最终的目标也很明显，就是找到最合适的变换方向，即求解出参数 W。除了降维任务中提出的两个目标，还需要定义一下距离这个概念，例如"扎堆"该怎么体现呢？这里用数据点的均值来表示其中心位置，如果每一个数据点都离中心很近，它们就"扎堆"在一起了。中心点位置计算方法如下：

$$\mu_i = \frac{1}{N_i} \sum_{x \in \omega_i} x \tag{15.2}$$

对于多分类问题，也可以得到各自类别的中心点，不同类别需要各自计算，这就是为什么要强调线性判别分析是一个有监督问题，因为需要各个类别分别进行计算，所以每一个数据点是什么类别，必须在标签中给出。

在降维算法中，其实我们更关心的并不是原始数据集中数据点的扎堆情况，而是降维后的结果，因此，可知投影后中心点位置为：

$$\tilde{\mu}_i = \frac{1}{N_i} \sum_{x \in w_i} w^T x = w^T \mu_i \tag{15.3}$$

由式（15.3）可以得到投影后的中心点计算方法，按照之前制定的目标，对于一个二分类任务来说，应当使得这两类数据点的中心离得越远越好，这样才能更好地区分它们：

$$J(w) = \left| \tilde{\mu}_1 - \tilde{\mu}_2 \right| = \left| w^T (\mu_1 - \mu_2) \right| \tag{15.4}$$

现在可以把$J(w)$当作目标函数，目标是希望其值能够越大越好，但是只让不同类别投影后的中心点越远可以达到我们期望的结果吗？

对于图 15-3 所示的样本数据，假设只能在x_1和x_2两方向进行投影，如果按照之前定义的$J(w)$，显然x_1方向更合适，但是投影后两类数据点依旧有很多重合在一起，而x_2方向上的投影结果是两类数据点重合较少；因此，x_2方向更好。

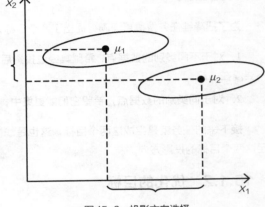

这个问题就涉及要优化的另一个目标，不仅要考虑不同类别之间要区分开，还要考虑同类样本点应当尽可能聚集在一起。显然在图 15-3 中，x_1方向不满足这个条件，因为在x_1方向上，同类样本变得更分散，不够集中。

图 15-3　投影方向选择

我们还可以使用另一个度量指标——散列值（scatter），表示同类数据样本点的离散程度，定义如下：

$$\tilde{s}_t^{\,2} = \sum_{y \in Y_i} (y - \tilde{\mu}_i)^2 \tag{15.5}$$

其中，y表示经过投影后的数据点，从式（15.5）中可以看出，散列值表示样本点的密集程度，其值越大，表示越分散；反之，则越集中。定义好要优化的两个目标后，接下来就是求解了。

15.1.3　线性判别分析求解

上一小节已经介绍了降维后想要得到的目标，现在把它们综合在一起，但是优化的目标有两个，那么如何才能整合它们呢？

既然要最大化不同类别之间的距离，那就把它当作分子；最小化同类样本之间的离散程度，那就把它当作分母，最终整体的$J(W)$依旧求其极大值即可。

$$J(w) = \frac{\left| \tilde{\mu}_1 - \tilde{\mu}_2 \right|^2}{\tilde{s}_1^{\,2} + \tilde{s}_2^{\,2}} \tag{15.6}$$

在公式推导过程中，牢记最终的要求依旧是寻找最合适的投影方向，先把散列值公式展开：

$$\widetilde{S_t}^2 = \sum_{y \in Y_i} (y - \mu_i)^2 = \sum_{y \in Y_i} (w^T x - w^T \mu_i)^2$$
$$= \sum_{y \in Y_i} w^T (x - \mu_i)(x - \mu_i)^T w \tag{15.7}$$

为了化简方便，则令：

$$S_i = \sum_{x \in X_i} (x - \mu_i)(x - \mu_i)^T \tag{15.8}$$

式（15.8）称为散布矩阵（scatter matrices）。

由此可以定义类内散布矩阵为：

$$S_w = S_1 + S_2 \tag{15.9}$$

将式（15.9）代入式（15.7），可得：

$$\tilde{s}_1^2 + \tilde{s}_2^2 = w^T S_w w \tag{15.10}$$

对式（15.6）分子进行展开可得：

$$(\tilde{\mu}_1 - \tilde{\mu}_2)^2 = (w^T \mu_1 - w^T \mu_2)^2 = w^T (\mu_1 - \mu_2)(\mu_1 - \mu_2)^T w = w^T S_B w \tag{15.11}$$

其中，S_B 为类间散布矩阵。

目标函数 $J(w)$ 最终可以表示为：

$$J(w) = \frac{w^T S_B w}{w^T S_w w} \tag{15.12}$$

对于散列矩阵 S_B 和 S_w，只要有数据和标签即可求解。但是如何求解最终的结果呢？如果对分子和分母同时求解，就会有无穷多解，通用的解决方案是先固定分母，经过放缩变换后，将其值限定为 1，则令：

$$w^T S_w w = 1 \tag{15.13}$$

在此条件下求 $w^T S_B w$ 的极大值点，利用拉格朗日乘子法可得：

$$c(w) = w^T S_B w - \lambda(w^T S_w w - 1)$$
$$\Rightarrow \frac{dc}{dw} = 2S_B w - 2\lambda S_w w = 0 \tag{15.14}$$
$$\Rightarrow S_B w = \lambda S_w w$$

既然目标是找投影方向，也就是 w，将式（15.14）左右两边同时乘以 S_w^{-1} 可得：

$$S_w^{-1} S_B w = \lambda w \tag{15.15}$$

观察一下式（15.15），它与线性代数中的特征向量有点像，如果把 $S_w^{-1}S_B$ 当作一个整体，那么 w 就是其特征向量，问题到此迎刃而解。在线性判别分析中，其实只需要得到类内和类间散布矩阵，然后求其特征向量，就可以得到投影方向，然后，只需要对数据执行相应的矩阵变换，就完成全部降维操作。

15.1.4 Python 实现线性判别分析降维

下面要在非常经典的"鸢尾花"数据集上使用线性判别分析完成降维任务。鸢尾花数据集可从该链接下载：https://archive.ics.uci.edu/ml/datasets/Iris，也可以从 sklearn 库内置的数据集中获取。数据集中含有 3 类、共 150 条鸢尾花基本数据，其中山鸢尾、变色鸢尾、维吉尼亚鸢尾各有 50 条数据，每条数据包括萼片长度（单位：厘米）、萼片宽度、花瓣长度、花瓣宽度 4 种特征。

首先读取数据集，代码如下：

In	```# 自己定义列名
feature_dict = {i:label for i, label in zip(
            range(4),
            ('sepal length in cm',
            'sepal width in cm',
            'petal length in cm',
            'petal width in cm',))}

import pandas as pd
# 数据读取，大家可以先下载后直接读取
df = pd.io.parsers.read_csv(
  filepath_or_buffer='https://archive.ics.uci.edu/ml/machine-learning-databases/iris/iris.data',
  header=None,
  sep=',',
)
# 指定列名
df.columns = [l for i,l in sorted(feature_dict.items())] + ['class label']
df.head()``` |

	sepal length in cm	sepal width in cm	petal length in cm	petal width in cm	class label
0	5.1	3.5	1.4	0.2	Iris-setosa
1	4.9	3.0	1.4	0.2	Iris-setosa
2	4.7	3.2	1.3	0.2	Iris-setosa
3	4.6	3.1	1.5	0.2	Iris-setosa
4	5.0	3.6	1.4	0.2	Iris-setosa

(Out)

Out	$$X = \begin{bmatrix} x_{1\text{sepal length}} & x_{1\text{sepal width}} & x_{1\text{petal length}} & x_{1\text{petal width}} \\ x_{2\text{sepal length}} & x_{2\text{sepal width}} & x_{2\text{petal length}} & x_{2\text{petal width}} \\ \cdots \\ x_{150\text{sepal length}} & x_{150\text{sepal width}} & x_{150\text{petal length}} & x_{150\text{petal width}} \end{bmatrix}, \quad y = \begin{bmatrix} \omega_{\text{setosa}} \\ \omega_{\text{setosa}} \\ \cdots \\ \omega_{\text{virginica}} \end{bmatrix}$$

数据集共有 150 条数据，每条数据有 4 个特征，现在需要将四维特征降成二维。观察输出结果可以发现，其特征已经是数值数据，不需要做额外处理，但是需要转换一下标签：

| In | ```
from sklearn.preprocessing import LabelEncoder

X = df[['sepal length in cm','sepal width in cm','petal length in cm','petal width in cm']].values
y = df['class label'].values
# 制作标签 {1: 'Setosa', 2: 'Versicolor', 3:'Virginica'}
enc = LabelEncoder()
label_encoder = enc.fit(y)
y = label_encoder.transform(y) + 1
``` |
|---|---|

上述代码使用了 sklearn 工具包中的 LabelEncoder 用于快速完成标签转换，可以发现基本上所有 sklearn 中的数据处理操作都是分两步走，先 fit 再 transform，变换结果如图 15-4 所示。

在计算过程中需要基于均值来判断距离，因此先要对数据中各个特征求均值，但是只求 4 个特征的均值能满足要求吗？不要忘记任务中还有 3 种花，相当于 3 个类别，所以也要对每种花分别求其各个特征的均值：

$$y = \begin{bmatrix} \text{setosa} \\ \text{setosa} \\ \cdots \\ \text{virginica} \end{bmatrix} \Rightarrow \begin{bmatrix} 1 \\ 1 \\ \cdots \\ 3 \end{bmatrix}$$

图 15-4 标签转换

$$m_i = \begin{bmatrix} \mu_{wi(\text{sepal length})} \\ \mu_{wi(\text{sepal width})} \\ \mu_{wi(\text{petal length})} \\ \mu_{wi(\text{petal width})} \end{bmatrix}, \text{ with } i = 1, 2, 3 \tag{15.16}$$

| In | ```
import numpy as np
# 设置小数点的位数
np.set_printoptions(precision=4)
# 这里会保存所有的均值
mean_vectors = []
# 要计算 3 个类别
for cl in range(1,4):
    # 求当前类别各个特征均值
    mean_vectors.append(np.mean(X[y==cl], axis=0))
    print('均值类别 %s: %s\n' %(cl, mean_vectors[cl-1]))
``` |
|---|---|

Out	均值类别 1: [5.006 3.418 1.464 0.244] 均值类别 2: [5.936 2.77 4.26 1.326] 均值类别 3: [6.588 2.974 5.552 2.026]

接下来计算类内散布矩阵:

$$S_W = \sum_{i=1}^{c} S_i$$

$$S_i = \sum_{z \in D_i}^{n} (x - m_i)(x - m_i)^{\mathrm{T}} \qquad (15.17)$$

$$m_i = \frac{1}{n_i} \sum_{x \in D_i}^{n} x_k$$

In	```python
	# 原始数据中有 4 个特征
	S_W = np.zeros((4, 4))
	# 要考虑不同类别，自己算自己的
	for cl, mv in zip(range(1, 4), mean_vectors):
	    class_sc_mat = np.zeros((4, 4))
	    # 选中属于当前类别的数据
	    for row in X[y == cl]:
	        # 这里相当于对各个特征分别进行计算，用矩阵的形式
	        row, mv = row.reshape(4, 1), mv.reshape(4, 1)
	        # 跟公式一样
	        class_sc_mat += (row-mv).dot((row-mv).T)
	    S_W += class_sc_mat
	print(' 类内散布矩阵:\n', S_W)
	``

Out	类内散布矩阵: [[38.9562 13.683 24.614 5.6556] [13.683 17.035 8.12 4.9132] [24.614 8.12 27.22 6.2536] [5.6556 4.9132 6.2536 6.1756]]

继续计算类间散布矩阵:

$$S_B = \sum_{i=1}^{c} N_i (m_i - m)(m_i - m)^{\mathrm{T}} \qquad (15.18)$$

式中，m 为全局均值；m_i 为各个类别的均值；N_i 为样本个数。

In	```python
	# 全局均值
	overall_mean = np.mean(X, axis=0)
	``

In	```python
	# 构建类间散布矩阵
	S_B = np.zeros((4,4))
	# 对各个类别进行计算
	for i,mean_vec in enumerate(mean_vectors):
	    # 当前类别的样本数
	    n = X[y==i+1,:].shape[0]
	    mean_vec = mean_vec.reshape(4,1)
	    overall_mean = overall_mean.reshape(4,1)
	    # 如上述公式进行计算
	    S_B += n * (mean_vec - overall_mean).dot((mean_vec - overall_mean).T)
	
	print('类间散布矩阵:\n', S_B)
	``

Out	类间散布矩阵:
	`[[  63.2121  -19.534    165.1647   71.3631]`
	` [ -19.534    10.9776  -56.0552  -22.4924]`
	` [ 165.1647  -56.0552  436.6437  186.9081]`
	` [  71.3631  -22.4924  186.9081   80.6041]]`

得到类内和类间散布矩阵后, 还需将它们组合在一起, 然后求解矩阵的特征向量:

In	```python
	# 求解矩阵特征值、特征向量
	eig_vals, eig_vecs = np.linalg.eig(np.linalg.inv(S_W).dot(S_B))
	# 得到每一个特征值和其所对应的特征向量
	for i in range(len(eig_vals)):
	    eigvec_sc = eig_vecs[:,i].reshape(4,1)
	    print('\n 特征向量 {}: \n{}'.format(i+1, eigvec_sc.real))
	    print(' 特征值 {:}: {:.2e}'.format(i+1, eig_vals[i].real))
	``

Out	特征向量 1: 特征向量 2: 特征向量 3: 特征向量 4: [[-0.2049] [[-0.009] [[-0.8844] [[-0.2234] [-0.3871] [-0.589] [0.2854] [-0.2523] [0.5465] [0.2543] [0.258] [-0.326] [0.7138]] [-0.767]] [0.2643]] [0.8833]] 特征值 1: 3.23e+01 特征值 2: 2.78e-01 特征值 3: 3.42e-15 特征值 4: 1.15e-14

输出结果得到 4 个特征值和其所对应的特征向量。特征向量直接观察起来比较麻烦, 因为投影方向在高维上很难理解; 特征值还是比较直观的, 这里可以认为特征值代表的是其所对应特征向量的重要程度, 也就是特征值越大, 其所对应的特征向量就越重要, 所以接下来可以对特征值按大小进行排序, 排在前面的越重要, 排在后面的就没那么重要了。

In	```python
	# 特征值和特征向量配对
	eig_pairs = [(np.abs(eig_vals[i]), eig_vecs[:,i]) for i in range(len(eig_vals))]
	``

| In | ```
# 按特征值大小进行排序
eig_pairs = sorted(eig_pairs, key=lambda k: k[0], reverse=True)
print(' 特征值排序结果:\n')
for i in eig_pairs:
    print(i[0])
``` |
| Out | ```
32.2719577997
0.27756686384
1.14833622793e-14
3.42245892085e-15
``` |
| In | ```
print(' 特征值占总体百分比:\n')
eigv_sum = sum(eig_vals)
for i,j in enumerate(eig_pairs):
    print(' 特征值 {0:}: {1:.2%}'.format(i+1, (j[0]/eigv_sum).real))
``` |
| Out | ```
特征值 1: 99.15%
特征值 2: 0.85%
特征值 3: 0.00%
特征值 4: 0.00%
``` |

可以看出，打印出来的结果差异很大，第一个特征值占据总体的 99.15%，第二个特征值只占 0.85%，第三和第四个特征值，看起来微不足道。这表示对鸢尾花数据进行降维时，可以把特征数据降到二维甚至一维，但没必要降到三维。

既然已经有结论，选择把数据降到二维，只需选择特征值 1、特征值 2 所对应的特征向量即可：

| In | ```
W = np.hstack((eig_pairs[0][1].reshape(4,1), eig_pairs[1][1].reshape(4,1)))
print(' 矩阵 W:\n', W.real)
``` |
| Out | ```
矩阵 W:
 [[-0.2049 -0.009 ]
 [-0.3871 -0.589 ]
 [ 0.5465  0.2543]
 [ 0.7138 -0.767 ]]
``` |

这也是最终所需的投影方向，只需和原始数据组合，就可以得到降维结果：

| In | ```
# 执行降维操作
X_lda = X.dot(W)
X_lda.shape
``` |
| Out | `(150, 2)` |

现在可以看到数据维度从原始的（150,4）降到（150,2），到此就完成全部的降维工作。接下来对比分析一下降维后结果，为了方便可视化展示，在原始四维数据集中随机选择两维进行绘图展示：
```

| In | ```python
from matplotlib import pyplot as plt
# 可视化展示
def plot_step_lda():
    ax = plt.subplot(111)
    for label, marker, color in zip(
        range(1, 4), ('^', 's', 'o'), ('blue', 'red', 'green')):
        plt.scatter(x=X[:, 0].real[y == label],
                y=X[:, 1].real[y == label],
                marker=marker,
                color=color,
                alpha=0.5,
                label=label_dict[label]
                )
    plt.xlabel('X[0]')
    plt.ylabel('X[1]')
    leg = plt.legend(loc='upper right', fancybox=True)
    leg.get_frame().set_alpha(0.5)
    plt.title('Original data')
    # 把边边角角隐藏起来
    plt.tick_params(axis="both", which="both", bottom="off", top="off",
        labelbottom="on", left="off", right="off", labelleft="on")
    # 为了看得清晰些，尽量简洁
    ax.spines["top"].set_visible(False)
    ax.spines["right"].set_visible(False)
    ax.spines["bottom"].set_visible(False)
    ax.spines["left"].set_visible(False)
    plt.grid()
    plt.tight_layout
    plt.show()
plot_step_lda()
``` |
| Out | |
```

从上述输出结果可以发现，如果对原始数据集随机取两维数据，数据集并不能按类别划分开，很多数据都堆叠在一起（尤其是图中方块和圆形数据点）。再来看看降维后的数据点分布，绘图代码保持不变，只需要传入降维后的两维数据即可，可以生成图 15-5 的输出。

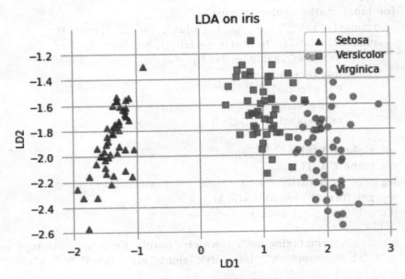

图 15-5　线性判别分析降维后数据点分布

可以明显看到，坐标轴变成 LD1 与 LD2，这就是降维后的结果，从数据点的分布来看，混杂在一起的数据不多，划分起来就更容易。这就是经过一步步计算得到的最终降维结果。

 迪哥说： 当拿到一份规模较大的数据集时，如何选定降维的维数呢？一方面可以通过观察特征值排序结果来决定，另一方面还是要通过实验来进行交叉验证。

我们肯定希望用更高效、稳定的方法来完成一个实际任务，再来看看 sklearn 工具包中如何调用线性判别分析进行降维：

| In | ```
from sklearn.discriminant_analysis import LinearDiscriminantAnalysis as LDA

# LDA
sklearn_lda = LDA(n_components=2)
X_lda_sklearn = sklearn_lda.fit_transform(X, y)
``` |
| --- | --- |

很简单，仅仅两步外加一个指定降维到两维的参数即可，上述代码可以生成图 15-6 的输出。
```

可以发现，使用 sklearn 工具包降维后的结果与自己一步步计算的结果完全一致。

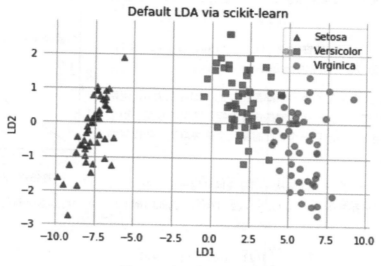

图 15-6　sklearn 工具包降维结果

15.2　主成分分析

主成分分析（Principal Component Analysis，PCA）是在降维中使用特别广泛的算法。在使用主成分分析降维的时候没有束缚，不像线性判别分析，必须要有数据标签，只要拿到数据，没有标签也可以用主成分分析进行降维。所以应该先有一个直观的认识，主成分分析本质上属于无监督算法，这也是它流行的主要原因。

15.2.1　PCA 降维基本知识点

既然不需要标签，就很难去分析类间与类内距离因素，那么该怎么办呢？PCA 的基本思想就是方差，可以想象一下哪些特征更有价值？应当是那些区别能力更强的特征。例如我们想比较两个游戏玩家的战斗力水平。第一个特征是其所在帮派等级：A 玩家，5 级帮派；B 玩家，4 级帮派，A、B 玩家的帮派等级看起来差别不大。第二个特征是其充值金额：A 玩家，10000；B 玩家，100。A、B 玩家的充值金额的差距好像有些大。通过这两个特征就可以预估一下哪个玩家战斗力更强，答案肯定是 A 玩家。

现在再来观察一下这两个特征，帮派等级似乎相差不大，不能拉开差距，但是充值金额的差异却很大。我们希望得到充值金额这种能把不同玩家区分开的特征。在数学上可以用方差来描述这种数据的离散程度，所以在主成分析中主要依靠方差。

为了让大家更好地理解主成分分析，下面介绍一些基本概念。

（1）向量的表示。 假设有向量（3，2），如图 15-7 所示。为什么向量可以表示为（3，2），这是在直角坐标系中的表示，如果坐标系变了，向量的表示形式也要发生变换。

实际上该向量可以表示成线性组合 $3 \cdot (1, 0)^T + 2 \cdot (0, 1)^T$，其中（1，0）和（0，1）就称为二维空间中的一组基。

（2）基变换。 大家常见的坐标系都是正交的，即内积为 0，两两相互垂直，并且线性无关。为什么基都是这样的呢？如果不垂直，那么肯定线性相关，能用一个表示另一个，此时基就会失去意义，所以基的出发点就是要正交。

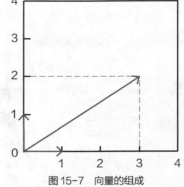

图 15-7　向量的组成

基也可以进行变换，将一个向量从一组基变换到另一组基中。例如新的坐标系的两个基分别是 $(1/\sqrt{2}, 1/\sqrt{2})$，$(-1/\sqrt{2}, 1/\sqrt{2})$，因此向量（3，2）映射到这个新的坐标系中，可以通过下面变换实现：

$$\begin{pmatrix} 1/\sqrt{2} & 1/\sqrt{2} \\ -1/\sqrt{2} & 1/\sqrt{2} \end{pmatrix} \begin{pmatrix} 3 \\ 2 \end{pmatrix} = \begin{pmatrix} 5/\sqrt{2} \\ -1/\sqrt{2} \end{pmatrix}$$

（3）方差和协方差。 方差（variance）相当于特征辨识度，其值越大越好。协方差（covariance）就是不同特征之间的相关程度，协方差的计算式式为：

$$\text{cov}(a,b) = \frac{1}{m-1} \sum_{i=1}^{m} (a_i - \mu)(b_i - v) \tag{15.19}$$

如果两个变量的变化趋势相同，例如随着身高的增长，体重也增长，此时它们的协方差值就会比较大，表示正相关。而方差又描述了各自的辨识能力，接下来就要把这些知识点穿插在一起。

15.2.2　PCA 优化目标求解

对于降维任务，无非就是将原始数据特征投影到一个更合适的空间，结合基的概念，这就相当于由一组基变换到另一组基，变换的过程要求特征变得更有价值，也就是方差能够更大。所以现在已经明确基本目标了：找到一组基，使得变换后的特征方差越大越好。

假设找到了第一个合适的投影方向，这个方向能够使得方差最大，对于降维任务来说，一般情况下并不是降到一维，接下来肯定要找方差第二大的方向。方差第二大的方向理论上应该与第一方向非常接近，甚至重合，这样才能保证方差最大，如图 15-8 所示。

在这种情况下，看似可以得到无数多个方差非常大的方向，但是想一想它们能组成想要的基吗？不能，因为没有满足基的最基本要求——线性无关，也就是相互垂直正交。所以在寻找方差最大的方向的同时，还要使得各个投影方向能够正交，即协方差应当等于 0，表示完全独立无关。所以在选择基的时候，一方面要尽可能地找方差的最大方向，另一方面要在其正交方向上继续寻找方差第二大的方向，以此类推。

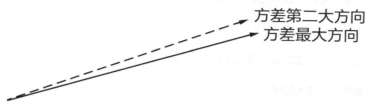

图 15-8 方差方向选择

解释 PCA 中要求解的目标后，接下来就是在数学上将它表达出来。先来看一下协方差矩阵，为了简便，可以把数据中各个特征的均值默认为 0，也可以认为数据已经进行过标准化处理。其计算式如下：

$$X = \begin{pmatrix} a_1 & a_2 & ... & a_m \\ b_1 & b_2 & ... & b_m \end{pmatrix}$$

（15.20）

其中，X 为实际的数据。包含 2 个特征 a 和 b，一共有 m 个样本。

此时协方差矩阵为：

$$\frac{1}{m}XX^{\mathrm{T}} = \begin{pmatrix} \frac{1}{m}\sum_{i=1}^{m}a_i^2 & \frac{1}{m}\sum_{i=1}^{m}a_ib_i \\ \frac{1}{m}\sum_{i=1}^{m}a_ib_i & \frac{1}{m}\sum_{i=1}^{m}b_i \end{pmatrix}$$

（15.21）

先观察一下协方差矩阵结果，其主对角线上的元素就是各个特征的方差（均值为 0 时），而非主对角线的上元素恰好是特征之间的协方差。按照目标函数的要求，首先应当使得方差越大越好，并且确保协方差为 0，这就需要对协方差矩阵做对角化。

从一个 n 行 n 列的实对称矩阵中一定可以找到 n 个单位正交特征向量 $E=(e_1, e_2, ..., e_n)$，以完成对角化的操作：

$$ECE^{\mathrm{T}} = \Lambda = \begin{pmatrix} \lambda_1 & & & \\ & \lambda_2 & & \\ & & \ddots & \\ & & & \lambda_n \end{pmatrix}$$

（15.22）

式（15.21）中的协方差矩阵恰好满足上述要求。假设需要将一组 N 维向量降为 K 维（K 大于 0，小于 N），目标是选择 K 个单位正交基，使原始数据变换到这组基上后，各字段两两间协方差为 0，各字段本身的方差尽可能大。当得到其协方差矩阵后，对其进行对角化操作，即可使得除主对角线上元素之外都为 0。

其中对角线上的元素就是矩阵的特征值，这与线性判别分析很像，还是先把特征值按从大到小的顺序进行排列，找到前 *K* 个最大特征值对应的特征向量，接下来就是进行投影变换。

按照给定 PCA 优化目标，基本流程如下。

第①步：数据预处理，只有数值数据才可以进行 PCA 降维。

第②步：计算样本数据的协方差矩阵。

第③步：求解协方差矩阵的特征值和特征向量。

第④步：将特征值按照从大到小的顺序排列，选择其中较大的 *K* 个，然后将其对应的 *K* 个特征向量组成投影矩阵。

第⑤步：将样本点投影计算，完成 PCA 降维任务。

15.2.3　Python 实现 PCA 降维

接下来通过一个实例介绍如何使用 PCA 处理实际问题，同样使用鸢尾花数据集，目的依旧是完成降维任务，下面就来看一下 PCA 是怎么实现的。

第①步：导入数据。

| In | ```python
import numpy as np
import pandas as pd
# 读取数据集
df = pd.read_csv('iris.data')
# 原始数据没有给定列名的时候需要我们自己加上
df.columns=['sepal_len', 'sepal_wid', 'petal_len', 'petal_wid', 'class']
df.head()
``` |
|---|---|
| Out | |

	sepal_len	sepal_wid	petal_len	petal_wid	class
0	4.9	3.0	1.4	0.2	Iris-setosa
1	4.7	3.2	1.3	0.2	Iris-setosa
2	4.6	3.1	1.5	0.2	Iris-setosa
3	5.0	3.6	1.4	0.2	Iris-setosa
4	5.4	3.9	1.7	0.4	Iris-setosa
```

第②步： 展示数据特征。

```
# 把数据分成特征和标签
X = df.iloc[:, 0:4].values
y = df.iloc[:, 4].values

from matplotlib import pyplot as plt

# 展示标签
label_dict = {1: 'Iris-Setosa',
              2: 'Iris-Versicolor',
              3: 'Iris-Virgnica'}
# 展示特征
feature_dict = {0: 'sepal length [cm]',
                1: 'sepal width [cm]',
                2: 'petal length [cm]',
                3: 'petal width [cm]'}
# 指定绘图区域大小
plt.figure(figsize=(8, 6))
for cnt in range(4):
    # 用子图来呈现 4 个特征
    plt.subplot(2, 2, cnt+1)
    for lab in ('Iris-setosa', 'Iris-versicolor', 'Iris-virginica'):
        plt.hist(X[y==lab, cnt],
                 label=lab,
                 bins=10,
                 alpha=0.3,)
    plt.xlabel(feature_dict[cnt])
    plt.legend(loc='upper right', fancybox=True, fontsize=8)
plt.tight_layout()
plt.show()
```

上述代码可以生成图 15-9 的输出。可以看出，有些特征区别能力较强，能把 3 种花各自呈现出来；有些特征区别能力较弱，部分特征数据样本混杂在一起。

第③步： 数据的标准化。一般情况下，在进行训练前，数据经常需要进行标准化处理，可以使用 sklearn 库中的 StandardScaler 方法进行标准化处理，代码如下：

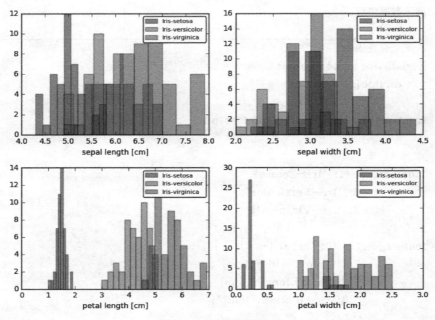

图 15-9　鸢尾花数据集特征

In	`from sklearn.preprocessing import StandardScaler` `X_std = StandardScaler().fit_transform(X)`

第④步：计算协方差矩阵。按照式（15.19）定义的协方差矩阵公式计算：

In	`mean_vec = np.mean(X_std, axis=0)`
	`cov_mat = (X_std - mean_vec).T.dot((X_std - mean_vec)) / (X_std.shape[0]-1)`
	`print(' 协方差矩阵 \n%s' %cov_mat)`

Out	协方差矩阵
	`[[ 1.00675676 -0.10448539  0.87716999  0.82249094]`
	`[-0.10448539  1.00675676 -0.41802325 -0.35310295]`
	`[ 0.87716999 -0.41802325  1.00675676  0.96881642]`
	`[ 0.82249094 -0.35310295  0.96881642  1.00675676]]`

或者可以直接使用 Numpy 工具包来计算协方差，结果是一样的：

In	`print('NumPy 计算协方差矩阵： \n%s' %np.cov(X_std.T))`
	NumPy 计算协方差矩阵：
	`[[ 1.00675676 -0.10448539  0.87716999  0.82249094]`

| Out | [-0.10448539 1.00675676 -0.41802325 -0.35310295]
[0.87716999 -0.41802325 1.00675676 0.96881642]
[0.82249094 -0.35310295 0.96881642 1.00675676]] |

第⑤步：求特征值与特征向量。

In	``` cov_mat = np.cov(X_std.T) eig_vals, eig_vecs = np.linalg.eig(cov_mat) print(' 特征值 \n%s' %eig_vecs) print('\n 特征向量 \n%s' %eig_vals) ```
Out	特征值 [[0.52308496 -0.36956962 -0.72154279 0.26301409] [-0.25956935 -0.92681168 0.2411952 -0.12437342] [0.58184289 -0.01912775 0.13962963 -0.80099722] [0.56609604 -0.06381646 0.63380158 0.52321917]] 特征向量 [2.92442837 0.93215233 0.14946373 0.02098259]

第⑥步：按照特征值大小进行排序。

In	```
	# 把特征值和特征向量对应起来
	eig_pairs = [(np.abs(eig_vals[i]), eig_vecs[:,i]) for i in range(len(eig_vals))]
	print (eig_pairs)
	print ('----------')
	# 把它们按照特征值大小进行排序
	eig_pairs.sort(key=lambda x: x[0], reverse=True)
	# 打印排序结果
	print(' 特征值由大到小排序结果:')
	for i in eig_pairs:
	print(i[0])
	``

Out	[(2.9244283691111126, array([0.52308496, -0.25956935, 0.58184289, 0.56609604])), (0.93215233025350719, array([-0.36956962, -0.92681168, -0.01912775, -0.06381646])), (0.14946373489813383, array([-0.72154279, 0.2411952 , 0.13962963, 0.63380158])), (0.020982592764270565, array([0.26301409, -0.12437342, -0.80099722, 0.52321917]))] ---------- 特征值由大到小排序结果: 2.92442836911 0.932152330254 0.149463734898 0.0209825927643

第⑦步：计算累加贡献率。同样可以用累加的方法，将特征向量累加起来，当其超过一定百分比时，就选择其为降维后的维度大小：

| In | ```
# 计算累加结果
tot = sum(eig_vals)
var_exp = [(i / tot)*100 for i in sorted(eig_vals, reverse=True)]
print (var_exp)
cum_var_exp = np.cumsum(var_exp)
cum_var_exp
``` |
|---|---|
| Out | `[72.620033326920336, 23.147406858644135, 3.7115155645845164,`
`0.52104424985101538]`
`array([ 72.62003333,  95.76744019,  99.47895575, 100.       ])` |

可以发现，使用前两个特征值时，其对应的累计贡献率已经超过 95%，所以选择降到二维。也可以通过画图的形式，这样更直接：

| In | ```
plt.figure(figsize=(6, 4))
plt.bar(range(4), var_exp, alpha=0.5, align='center',
        label='individual explained variance')
plt.step(range(4), cum_var_exp, where='mid',
         label='cumulative explained variance')
plt.ylabel('Explained variance ratio')
plt.xlabel('Principal components')
plt.legend(loc='best')
plt.tight_layout()
plt.show()
``` |
|---|---|

上述代码可以生成图 15-10 的输出。

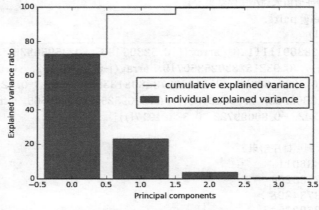

图 15-10 累加特征值

第⑧步： 完成 PCA 降维。接下来把特征向量组合起来完成降维工作：

| In | ```
matrix_w = np.hstack((eig_pairs[0][1].reshape(4, 1),
                       eig_pairs[1][1].reshape(4, 1)))
Y = X_std.dot(matrix_w)
``` |
|----|-----|
| Out | ```
array([[-2.10795032,  0.64427554],
       [-2.38797131,  0.30583307],
       [-2.32487909,  0.56292316],
       [-2.40508635, -0.687591  ],
       [-2.08320351, -1.53025171],
       [-2.4636848 , -0.08795413],
       [-2.25174963, -0.25964365],
       [-2.3645813 ,  1.08255676],
       [-2.20946338,  0.43707676],
       [-2.17862017, -1.08221046],
       [-2.34525657, -0.17122946],
       [-2.24590315,  0.6974389 ],
       [-2.66214582,  0.92447316],
       [-2.2050227 , -1.90150522],
       [-2.25993023, -2.73492274],
       [-2.21591283, -1.52588897],
       [-2.20705382, -0.52623535],
       [-1.9077081 , -1.4415791 ],
       [-2.35411558, -1.17088308],
       [-1.93202643, -0.44083479]
``` |

输出结果显示，使用 PCA 降维算法把原数据矩阵从 150×4 降到 150×2。

第⑨步： 可视化对比降维前后数据的分布。由于数据具有 4 个特征，无法在平面图中显示，因此只使用两维特征显示数据，代码如下：

| In | ```
plt.figure(figsize=(6, 4))
for lab, col, marker in zip(('Iris-setosa', 'Iris-versicolor', 'Iris-virginica'),
                            ('blue', 'red', 'green'), ('^', 's', 'o')):
    plt.scatter(X[y==lab, 0],
                X[y==lab, 1],
                marker=marker,
                label=lab,
                c=col)
plt.xlabel('sepal_len')
plt.ylabel('sepal_wid')
plt.legend(loc='best')
plt.tight_layout()
plt.show()
``` |
|----|-----|

上面代码只使用前两个特征显示 3 类数据，如图 15-11 所示，看起来 3 类鸢尾花相互交叠在一起，不容
```

易区分开。

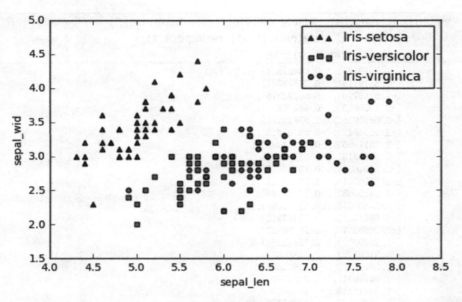

图 15-11　原始数据集数据样本分布

下面看看使用 PCA 降维后的情况，代码如下：

```
In

plt.figure(figsize=(6, 4))
for lab, col, marker in zip(('Iris-setosa', 'Iris-versicolor', 'Iris-virginica'),
                             ('blue', 'red', 'green'), ('^', 's', 'o')):
    plt.scatter(Y[y==lab, 0],
                Y[y==lab, 1],
                marker=marker,
                label=lab,
                c=col)
plt.xlabel('Principal Component 1')
plt.ylabel('Principal Component 2')
plt.legend(loc='lower center')
plt.tight_layout()
plt.show()
```

上述代码使用降维以后的二维特征作为 x,y 轴，显示如图 15-12 所示，对比这两个结果，可以看出经过 PCA 降维后的结果更容易区别。

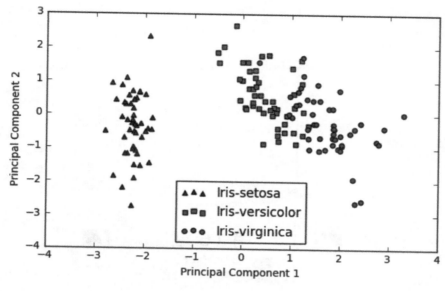

图 15-12　PCA 降维结果

本章总结

　　本章介绍了两种非常实用的降维方法：线性判别分析和主成分分析。其中线性判别分析是有监督算法，需要有标签才能计算；而主成分分析是无监督算法，无须标签，直接就可以对数据进行分析。那么，在实际建模任务中，到底用哪种降维方法呢？没有固定的模式，需要大家通过实验对比确定，例如，取得一份数据后可以分多步走，以对比不同策略的结果。

　　降维可以大大减少算法的计算量，加快程序执行的速度，遇到特征非常多的数据时就可以大显身手。但是降维算法本身最大的问题就是降维后得到结果的物理含义很难解释，只能说这就是计算机看来最好的降维特征，而不能具体化其含义。此时如果想进一步对结果进行分析就有些麻烦，因为其中每一个特征指标的含义都只是数值，而没有具体指代。

　　Python 案例中使用非常简单的鸢尾花数据集，按照原理推导的流程一步步完成了整个任务，大家在练习的时候也可以选用稍微复杂一点的数据集来复现算法。

第 16 章
聚类算法

分类和回归算法在推导过程中都需要数据标签，也就是有监督问题。那么，如果数据本身没有标签，如何把它们按堆进行划分呢？这时候聚类算法就派上用场了，本章选择聚类算法 K-means 与 DBSCAN 进行原理讲解与实例演示。

16.1 K-means 算法

K-means 是聚类算法中最经典、最实用，也是最简单的代表，它的基本思想直截了当，效果也不错。

16.1.1 聚类的基本特性

对于一份没有标签的数据，有监督算法就会无从下手，聚类算法能够将数据进行大致的划分，最终让每一个数据点都有一个固定的类别。

无监督数据集样本点分布如图 16-1 所示，这些数据样本点大概能分成 3 堆，使用聚类算法的目的就是把数据按堆进行划分，看起来不难，但实际中数据维度通常较高，这种样本点只能当作讲解时的理想情况，所以聚类算法通常解决问题的效果远不如有监督算法。

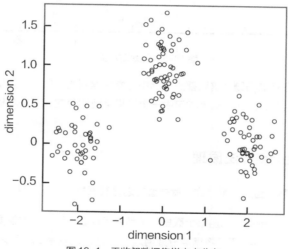

图 16-1 无监督数据集样本点分布

聚类的最终结果如图 16-2 所示，即给每一个样本数据打上一个标签，明确指明它是属于什么类别（这里用颜色深浅来表示）。

不同的聚类算法得到的结果差异会比较大，即便同一种算法，使用不同参数时的结果也是完全不同。由于本身的无监督性，使得结果评估也成为一个难题，最终可以得到每个样本点各自的划分，但是效果怎么样却很难解释，所以聚类还存在如何自圆其说的一个问题。

迪哥说： 一般情况下，当有数据标签的时候，还是老老实实地用有监督算法，实在没办法再选聚类。

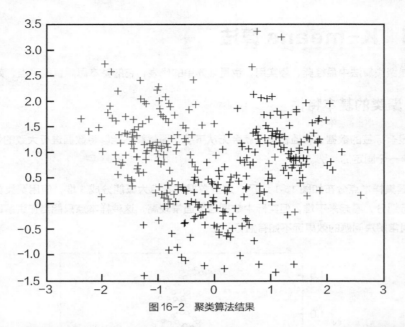

图 16-2 聚类算法结果

先提出一些聚类算法存在的问题，这些都是实际中必然会遇到的。但并不是所有数据都能漂漂亮亮带着标签呈现在大家面前，无监督算法还是机器学习中一个非常重要的分支，算法本身并没有优劣之分，还是依据实际任务进行选择。

16.1.2 K-means 算法原理

对 K-means 算法最直截了当的讲解方式，就是看它划分数据集的工作流程。

第①步：拿到数据集后，可能不知道每个数据样本都属于什么类别，此时需要指定一个 K 值，明确想要将数据划分成几堆。例如，图 16-3 所示数据点分成两堆，这时 K 值就是 2，但是，如果数据集比较复杂，K 值就难以确定，需要通过实验进行对比。本例假设给定 K 值等于 2，意味着想把数据点划分成两堆。

第②步：既然想划分成两堆，需要找两个能够代表每个堆的中心的点（也称质心，就是数据各个维度的均值坐标点），但是划分前并不知道每个堆的中心点在哪个位置，所以需要随机初始化两个坐标点，如图 16-4 所示。

第③步：选择两个中心点后，就要在所有数据样本中进行遍历，看看每个数据样本应当属于哪个堆。对每个数据点分别计算其到两个中心点之间的距离，离哪个中心点近，它就属于哪一堆，如图 16-5 所示。距离值可以自己定义，一般情况下使用欧氏距离。

第④步：第②步找的中心点是随机选择的，经过第③步，每一个数据都有各自的归属，由于中心点是每个堆的代表，所以此时需要更新两个堆各自的中心点。做法很简单，分别对不同归属的样本数据计算其中心位置，计算结果变成新的中心点，如图 16-6 所示。

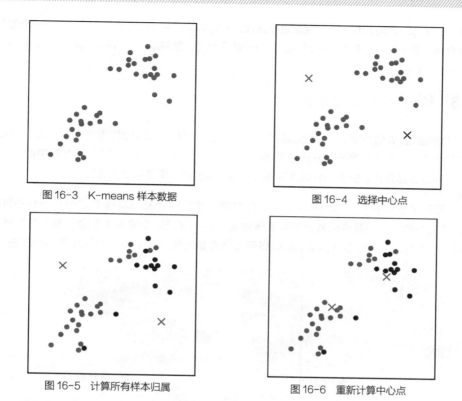

图 16-3 K-means 样本数据　　　　　　图 16-4 选择中心点

图 16-5 计算所有样本归属　　　　　　图 16-6 重新计算中心点

第⑤步：数据点究竟属于哪一堆？其衡量标准是看这些数据点离哪个中心点更近，第④步已经更新了中心点的位置，每个数据的所属也会发生变化，此时需要重新计算各个数据点的归属，计算距离方式相同，如图 16-7 所示。

第⑥步：至此，样本点归属再次发生变化，所以需要重新计算中心点，总之，只要数据所属发生变化，每一堆的中心点也会发生改变，如图 16-8 所示。

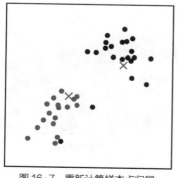

图 16-7 重新计算样本点归属

图 16-8 再次更新中心点

第⑦步：接下来就是重复性工作，反复进行迭代，不断求新的中心点位置，然后更新每一个数据点所属，最终，当中心点位置不变，也就是数据点所属类别固定下来时，就完成了 K-means 算法，也就得到每一个样本点的最终所属类别。

16.1.3　K-means 涉及参数

（1）**K 值的确定。** K 值决定了待分析的数据会被划分成几个簇。当 K=3 时，数据就会分成 3 个簇；K=4 时，数据就会被划分成 4 个簇（相当于在开始阶段随机初始化多少个中心点）。对于一份数据来说，需要明确地告诉算法，想要把数据分成多少份，即选择不同的 K 值，得到的结果是完全不同的。

图 16-9 展示了分别选择 K 值等于 3 和 4 时的结果，这也说明 K-means 算法中最核心的目的就是要将数据划分成几个堆，对于简单的数据可以直接给出合适的 K 值，但实际中的数据样本量和特征个数通常规模较大，很难确定具体的划分标准。所以如何选择 K 值始终是 K-means 算法中最难解决的一个问题。

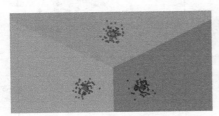
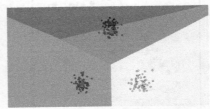

(a)K=3时聚类结果　　　　　　　　　(b)K=4时聚类结果

图 16-9　K 值对结果的影响

（2）**质心的选择。** 选择适当的初始质心是 K-means 算法的关键步骤，通常都是随机给出，那么如果初始时选择的质心不同，会对结果产生影响吗？或者说每一次执行 K-means 后的结果都相同吗？大部分情况下得到的结果都是一致的，但不能保证每次聚类的结果都相同，接下来通过一组对比实验观察 K-menas 建模效果。

第一次随机初始中心点聚类后结果如图 16-10 所示，此时看起来划分得还不错，下面重新来一次，选择不同的初始位置，再来看看结果是否一致。

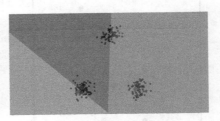

(a) 随机初始化中心点　　　　　　　　　(b) 计算样本点归属

图 16-10　K-means 算法迭代流程

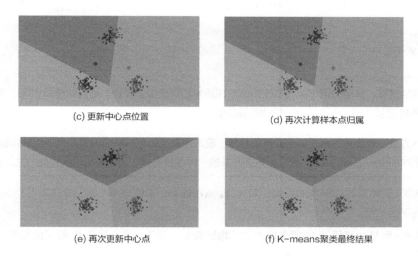

(c) 更新中心点位置

(d) 再次计算样本点归属

(e) 再次更新中心点

(f) K-means聚类最终结果

图 16-10　K-means 算法迭代流程（续）

不同初始点位置结果如图 16-11 所示，可以明显看出，这两次实验的结果相差非常大，由于最初质心选择不同，导致最终结果出现较大的差异，所以在 K-means 算法中，不一定每次的结果完全相同，也可能出现差异。

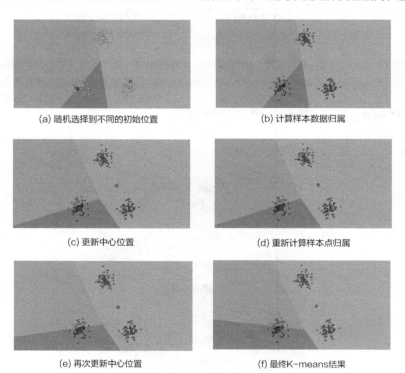

(a) 随机选择到不同的初始位置

(b) 计算样本数据归属

(c) 更新中心位置

(d) 重新计算样本点归属

(e) 再次更新中心位置

(f) 最终K-means结果

图 16-11　不同初始点位置结果

迪哥说: 由于初始位置会对结果产生影响, 所以, 只做一次实验是不够的。

（3）**距离的度量**。常用的距离度量方法包括欧氏距离和余弦相似度等。距离的选择也可以当作是 K-means 的一种参数，不同度量方式会对结果产生不同的影响。

（4）**评估方法**。聚类算法由于本身的无监督性，没法用交叉验证来评估结果，只能大致观察结果的分布情况。轮廓系数（Silhouette Coefficient）是聚类效果好坏的一种评价方式，也是最常用的评估方法，计算方法如下。

1. 计算样本 i 到同簇其他样本的平均距离 $a(i)$。$a(i)$ 越小，说明样本 i 越应该被聚类到该簇。将 $a(i)$ 称为样本 i 的簇内不相似度。

2. 计算样本 i 到其他某簇 C_j 的所有样本的平均距离 b_{ij}，称为样本 i 与簇 C_j 的不相似度。定义为样本 i 的簇间不相似度：$b(i)=\min\{b_{i1}, b_{i2}, ..., b_{ik}\}$。

3. 根据样本 i 的簇内不相似度 $a(i)$ 和簇间不相似度 $b(i)$，定义样本 i 的轮廓系数。

$$s(i)=\frac{b(i)-a(i)}{\max\{a(i),b(i)\}} \quad s(i)=\begin{cases} 1-\frac{a(i)}{b(i)}, & a(i)<b(i) \\ 0, a(i)=b(i) \\ \frac{b(i)}{a(i)}-1, & a(i)>b(i) \end{cases} \quad (16.1)$$

如果 $s(i)$ 接近 1，则说明样本 i 聚类合理；$s(i)$ 接近 -1，则说明样本 i 更应该分类到另外的簇；若 $s(i)$ 近似为 0，则说明样本 i 在两个簇的边界上。所有样本的 $s(i)$ 的均值称为聚类结果的轮廓系数，它是该聚类是否合理、有效的度量。

16.1.4　K-means 聚类效果与优缺点

K-means 算法对较为规则的数据集划分的效果还是不错的，如图 16-12 所示。

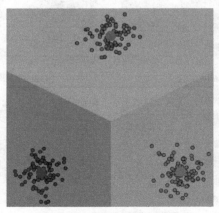

图 16-12　常规数据集划分结果

但如果数据集是非规则形状，做起来就比较困难，例如，笑脸和环绕形数据集用 K-means 很难划分正确（见图 16-13）。

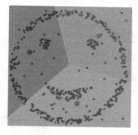

图 16-13　非常规数据集划分结果

K-means 算法虽然简单，但并不适用所有数据集，在无监督算法中想要发现问题十分困难，因为没有实际标签，使得评估任务很难进行，所以只能依靠实际情况具体分析。

最后，总结一下 K-means 算法的优缺点。

优点：

1．快速、简单，概括来说就是很通用的算法。

2．聚类效果通常还是不错的，可以自己指定划分的类别数。

3．可解释性较强，每一步做了什么都在掌控之中。

缺点：

1．在 K-means 算法中，K 是事先给定的，这个 K 值是非常难以估计的。很多时候，事先并不知道给定的数据集应该分成多少个类别才合适。

2．初始质心点的选择有待改进，可能会出现不同的结果。

3．在球形簇上表现效果非常好，但是其他类型簇中效果一般。

16.2　DBSCAN 聚类算法

在 K-means 算法中，需要自己指定 K 值，也就是确定最终要得到多少个类别，那么，能不能让算法自动决定数据集划分成多少个类别呢？那些不规则的簇该怎么解决呢？下面介绍的 DBSCAN 算法就能在一定程度上解决这些问题。

16.2.1　DBSCAN 算法概述

DBSCAN（Density-Based Spatial Clustering of Applications with Noise）算法常用于异常检测，它的注意力放在离群点上，所以，当大家在无监督问题中遇到检测任务的时候，它肯定是首选。

在介绍建模流程之前，需要了解它的一些基本概念，略微比 K-means 算法复杂。

（1）ε- 邻域：给定对象半径 r 内的邻域。K-means 算法是基于距离计算的，但是在 DBSCAN 中，最核心的参数是半径，会对结果产生较大影响。

（2）核心点：如果对象的 ε- 邻域至少包含一定数目的数据点，则称该数据点为核心对象，说明这个数据点周围比较密集。

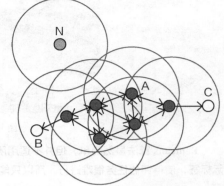

（3）边界点：边界点不是核心点，但落在某个核心点的邻域内，也就是在数据集中的边界位置。

（4）离群点：既不是核心点，也不是边界点的其他数据点，也就是数据点落单了。

直接从概念上理解这些点可能有些抽象，结合图 16-14，再想一想营销的概念，就容易理解了。

图 16-14　DBSCAN 数据样本点

已知每个圆的半径 r 相同。黑色点表示核心对象，周围比较密集，从每一个核心点发展出发都能将其他一部分数据点发展成为其营销对象（也就是其半径 r 邻域内圈到的数据点）。空心点表示边界点，这些点成为核心点的销售对象之后，不能再继续发展其他销售对象，所以到它们这里就结束了，成为边界。点 N 在另一边热火朝天地干着营销方案，附近啥动静都没有，没有数据点来发展它，它也不能发展其他数据点，就是离群点。

密度可达和直接密度可达是 DBSCAN 算法中经常用到的两个概念。对于一个数据点来说，它直接的销售对象就是直接密度可达，通过它的已销售下属间接发展的就是密度可达。大家在理解 DBSCAN 的时候，从营销的角度去看这些数据点就容易多了。

16.2.2　DBSCAN 工作流程

DBSCAN 算法的工作流程跟营销的模式类似，先来看看它的建模流程，如图 16-15 所示。

还是同样的数据集，算法首先会选择一个销售初始点，例如图中黑色部分的一个数据点，然后以 r 为半径开始画圆，凡是能被它及其下属圈到的数据点都是属于同一类别，如图 16-16 所示。

随着销售组织的壮大，越来越多的数据点被其同化成同一类别，不仅初始的数据点要发展销售对象，凡是被它发展的数据样本也要继续发展其他数据点。当这个地方被全部发展完之后，相当于这个组织已经成型，接下来算法会寻找下一个销售地点。

此时算法在新的位置上建立另一片销售地点，由于此处并不是由之前的组织发展过来的，所以它们不属于一个类别，新发展的这一片就是当前数据集中第二个类别，如图 16-17 所示。跟之前的做法一致，当这片销售地点全部发展完之后，还会寻找下一个地点。

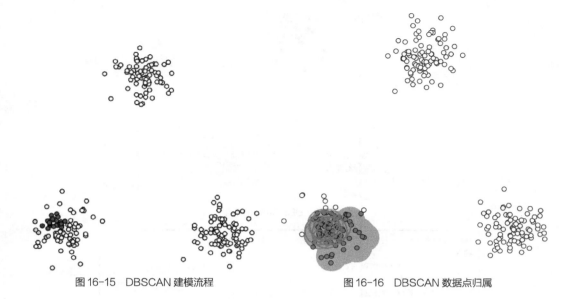

图 16-15　DBSCAN 建模流程　　　　　　　　　图 16-16　DBSCAN 数据点归属

　　此时正在进行的就是第 3 个类别，大家也应该发现，事前并没有给出最终想划分成多少个类别，而是由算法在数据集上实际执行的过程来决定，如图 16-18 所示。最终当所有数据点都被遍历一遍之后整个 DBSCAN 聚类算法就完成了。

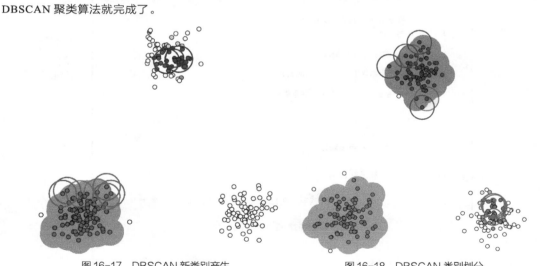

图 16-17　DBSCAN 新类别产生　　　　　　　　图 16-18　DBSCAN 类别划分

　　最后当所有能发展的基地与数据点都完成任务后，剩下的就是离群点了，这里用圆圈标注起来了，如图 16-19 所示。由于 DBSCAN 算法本身的代表就是检测任务，这些离群点就是任何组织都发展不了它们，它们也不会发展其他数据点。

　　下面总结一下 DBSCAN 算法的建模流程，如图 16-20 所示。

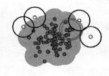

图 16-19   DBSCAN 离群点

算法：DBSCAN，一种基于密度的聚类算法
输入：
    D：一个包含 n 个对象的数据集
    ε：半径参数
    MinPts：领域密度阀值
输出：基于密度的簇的集合
方法：
    1. 标记所有对象为 unvisited;
    2. Do
    3. 随机选择一个 unvisited 对象 p;
    4. 标记 p 为 visited;
    5. If p 的 $\varepsilon-$领域至少有 MinPts 个对象
    6.   创建一个新簇 C，并把 p 添加到 C;
    7.   令 N 为 p 的 $\varepsilon-$领域 中的对象集合
    8.   For N 中每个点 $p^{'}$
    9.   If $p^{'}$ 是 unvisited;
    10.   标记 $p^{'}$ 为 visited;
    11.   If $p^{'}$ 的 $\varepsilon-$领域至少有 MinPts 个对象，把这些对象添加到 N;
    12.   如果 $p^{'}$ 还不是任何簇的成员，把 $p^{'}$ 添加到 C;
    13.   End for;
    14.   输出 C;
    15. Else 标记 p 为噪声;
    16. Until 没有标记为 unvisited 的对象;

图 16-20   DBSCAN 算法的建模流程

16.2.3 半径对结果的影响

在建模流程中，需要指定半径的大小 r，r 也是算法中对结果影响很大的参数，先来看看在使用不同半径时的差异，如图 16-21 所示。

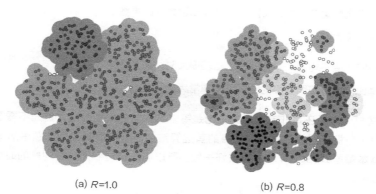

(a) R=1.0   (b) R=0.8

图 16-21 半径对聚类结果的影响

不同半径意味着发展销售对象时画圆的大小发生了变化，通常情况下，半径越大，能够发展的对象越多，整体的类别偏少，离群点也会偏少；而半径较小的时候，由于发展能力变弱，出现的类别就会偏多，离群点也会偏多。

可以明显看到，半径不同得到的结果相差非常大，尤其是在类别上，所以半径是影响 DBSCAN 算法建模效果的最直接因素。但是问题依旧是无监督所导致的，没办法用交叉验证来选择最合适的参数，只能依靠一些类似经验值的方法。

之前用 K-means 算法尝试划分了一个笑脸，得到的效果并不好，下面用 DBSCAN 算法试一试。

DBSCA 聚类结果如图 16-22 所示，看起来划分效果非常好，由于其原理是基于密度的营销方式，所以可以轻松解决这种环绕形数据，不仅如此，DBSCAN 还适用于任意形状的簇，无论多么特别，只要数据点能按密度扎堆就能搞定，如图 16-23 所示。

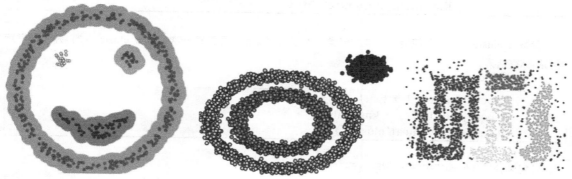

图 16-22 DBSCAN 聚类结果   图 16-23 DBSCAN 聚类不规则数据集

DBSCAN 聚类算法的主要优点如下：

1. 可以对任意形状的稠密数据集进行聚类，而 K-means 之类的聚类算法一般只适用于球状数据集；

2. 非常适合检测任务，寻找离群点；

3. 不需要手动指定聚类的堆数，实际中也很难知道大致的堆数。

DBSCAN 的主要缺点如下：

1. 如果样本集的密度不均匀、聚类间距差相差很大时，聚类效果较差；

2. 半径的选择比较难，不同半径的结果差异非常大。

DBSCAN 算法总体来说还是非常实用的，也是笔者很喜欢的聚类算法，首先不需要人为指定最终的结果，而且可以用来分析离群点，是检测任务的首选算法。笔者在很多实际问题中对比过不同的聚类算法，得出的结论基本都是 DBSCAN 算法要略好一些，所以当大家遇到无监督问题的时候，一定要来试试 DBSCAN 算法的效果。

16.3 聚类实例

下面给大家演示一个简单的小例子，根据啤酒中配料含量的不同进行聚类，以划分出不同品牌的啤酒。

首先读取数据，代码如下：

| In | ```
import pandas as pd
beer = pd.read_csv('data.txt', sep=' ')
X = beer[["calories","sodium","alcohol","cost"]]
# 当需要用 K-means 来做聚类时导入 KMeans 函数
from sklearn.cluster import KMeans
km = KMeans(n_clusters=3).fit(X)
km2 = KMeans(n_clusters=2).fit(X)
``` |
|---|---|

参数 n_clusters=3 表示使用 3 个堆做聚类，为了对比实验，再建模一次，令 n_clusters=2，并分别指定得到的标签结果。

| In | ```
beer['cluster'] = km.labels_
beer['cluster2'] = km2.labels_
beer.sort_values('cluster')
``` |
|---|---|

计算划分后各堆均值来统计分析，代码如下：

In	`from pandas.tools.plotting import scatter_matrix matplotlib inline`
	`cluster_centers = km.cluster_centers_`
	`cluster_centers_2 = km2.cluster_centers_`
	`beer.groupby("cluster").mean()`

Out	

cluster	calories	sodium	alcohol	cost	cluster2
0	150.00	17.0	4.521429	0.520714	1
1	102.75	10.0	4.075000	0.440000	0
2	70.00	10.5	2.600000	0.420000	0

通过均值可以查看哪些数据指标出现了差异，以便帮助分析，仅看数值不太直观，还是绘图比较好一些：

In	`# 设置中心点`
	`centers = beer.groupby("cluster").mean().reset_index()`
	`# 绘制 3 堆的聚类效果`
	`%matplotlib inline`
	`import matplotlib.pyplot as plt`
	`plt.rcParams['font.size'] = 14`
	`import numpy as np`
	`colors = np.array(['red', 'green', 'blue', 'yellow'])`
	`plt.scatter(beer["calories"], beer["alcohol"], c=colors[beer["cluster"]])`
	`plt.scatter(centers.calories, centers.alcohol, linewidths=3, marker='+', s=300, c='black')`
	`plt.xlabel("Calories")`
	`plt.ylabel("Alcohol")`

Out	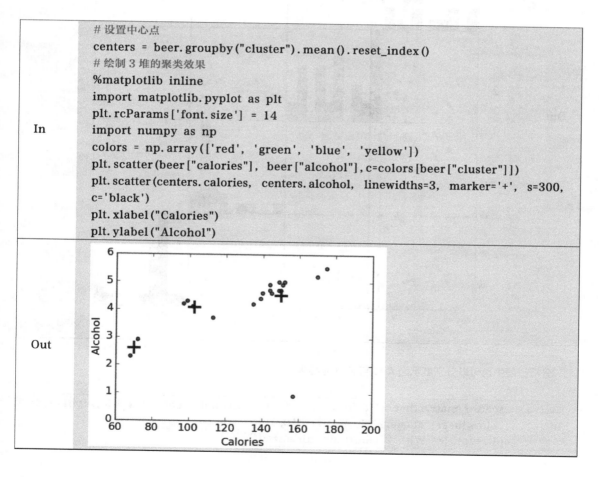

　　上述代码生成 Alcohol 和 Calories 两个维度上的聚类结果，看起来数据已经按堆进行了划分，但是数据集中有 4 个维度，还可以把聚类后两两特征的散点图分别进行绘制。

In	scatter_matrix(beer[["calories","sodium","alcohol","cost"]],s=100,alpha=1,c= colors[beer["cluster"]], figsize=(10,10)) plt.suptitle("With 3 centroids initialized")
Out	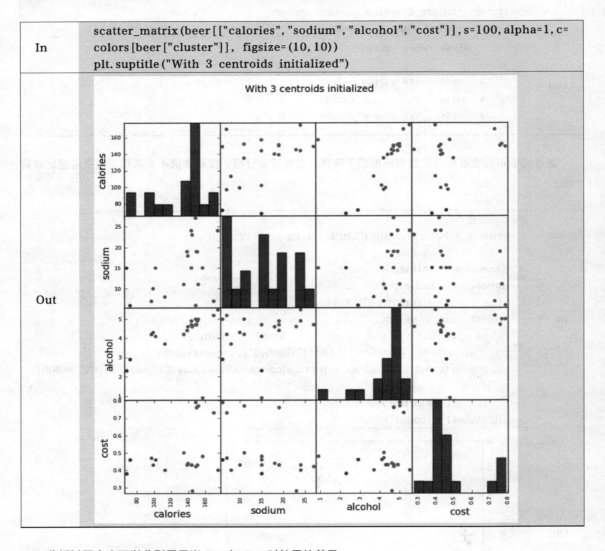

分析过程中也可以分别展示当 *K*=2 与 *K*=3 时结果的差异:

In	scatter_matrix(beer[["calories","sodium","alcohol","cost"]],s=100,alpha=1,c= colors[beer["cluster2"]], figsize=(10,10)) plt.suptitle("With 2 centroids initialized")

Out

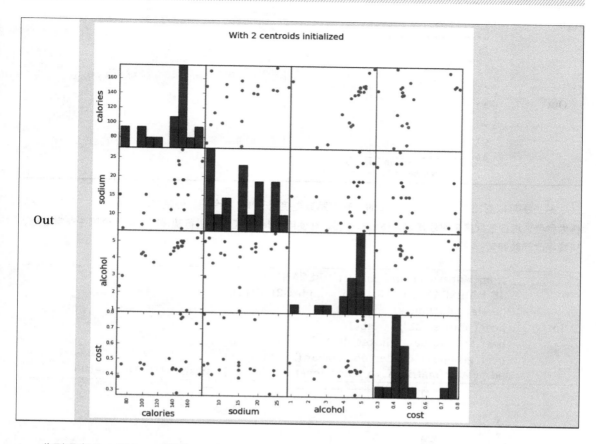

分别观察 $K=2$ 和 $K=3$ 时的结果，似乎不太容易分辨哪个效果更好，此时可以引入轮廓系数进行分析，这也是一种评价聚类效果好坏的方式。

In

```
from sklearn import metrics
score_scaled = metrics. silhouette_score (X, beer. scaled_cluster)
score = metrics. silhouette_score (X, beer. cluster)
print (score_scaled, score)
scores = []
for k in range (2, 20):
    labels = KMeans (n_clusters=k). fit (X). labels_
    score = metrics. silhouette_score (X, labels)
    scores. append (score)
plt. plot (list (range (2, 20)), scores)
plt. xlabel ("Number of Clusters Initialized")
plt. ylabel ("Sihouette Score")
```

Out

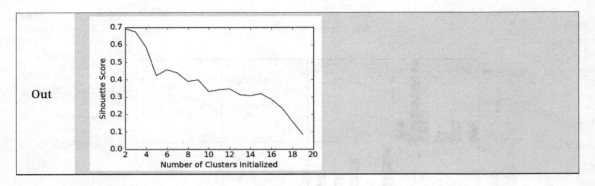

从上图可以看出，当 n_clusters=2 时，轮廓系数更接近于 1，更合适。但是在聚类算法中，评估方法只作为参考，真正数据集来时还是要具体分析一番。在使用 sklearn 工具包进行建模时，换一个算法非常便捷，只需更改函数即可：

In

```python
from sklearn.cluster import DBSCAN
db = DBSCAN(eps=10, min_samples=2).fit(X)
labels = db.labels_
beer['cluster_db'] = labels
beer.sort_values('cluster_db')
beer.groupby('cluster_db').mean()
pd.scatter_matrix(X, c=colors[beer.cluster_db], figsize=(10,10), s=100)
```

Out

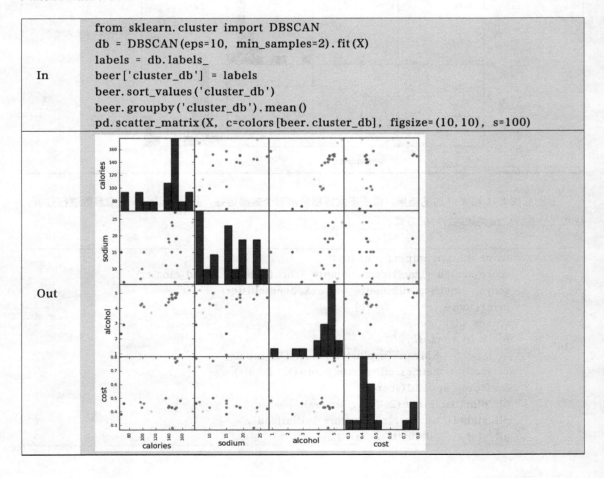

　　从上图可以看出 DBSCAN 建模结果存在一些问题，参数与数据预处理都会对结果产生影响，大家也可以看看不同半径对结果产生的影响。

本章总结

　　本章介绍了两种最常用的聚类算法——K-means 和 DBSCAN，其工作原理不同，在处理不同效果时也有一定差别。在使用时，需要先分析数据可能的分布形状，再选择合适的算法，因为它们在处理不同类型数据时各有优缺点。

　　比较麻烦就是选择参数，无论是 K 值还是半径都是令人十分头疼的问题，需要针对具体问题，选择可行的评估方法后进行实验对比分析。在建模过程中，如果大家遇到非常庞大的数据集，那么无论使用哪种算法，速度都比较慢。这里再给大家推荐另外一种算法——BIRCH 算法，其核心计算方式是增量的，它的计算速度比 K-means 和 DBSCAN 算法快很多，但是整体效果不如 K-means 和 DBSCAN，在优先考虑速度问题的时候可以尝试 BIRCH 算法，在 sklearn 中包括多种算法的实现和对比实验，图 16-24 所示的效果图就是各种算法最直观的对比，其官网就是最好的学习资源。

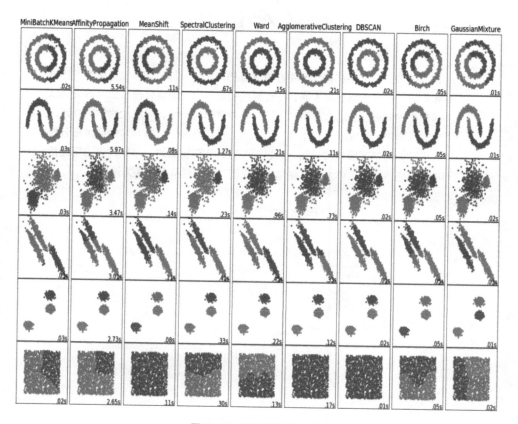

图 16-24　聚类算法效果对比

第 17 章
神经网络

本章介绍当下机器学习中非常火爆的算法——神经网络，深度学习的崛起更是让神经网络名声大振，在计算机视觉、自然语言处理和语音识别领域都有杰出的表现。这么厉害的算法肯定要来研究一番，可能大家觉得其原理会非常复杂，其实学习到本章，大家应该已经掌握了机器学习中绝大部分核心内容，再来理解神经网络，会发现在它其实没那么难。本章内容主要包括神经网络各模块工作细节、整体网络模型架构、过拟合解决方法。

17.1　神经网络必备基础

如果直接看整个神经网络，可能会觉得有些复杂，先挑一些重点知识点进行讲解，然后再把整个网络结构串在一起就容易理解了。

17.1.1　神经网络概述

神经网络其实是一个很古老的算法，那么，为什么现在才流行起来呢？一方面，神经网络算法需要大量的训练数据，现在正是大数据时代，可谓是应景而生。另一方面，不同于其他算法只需求解出几个参数就能完成建模任务，神经网络内部需要千万级别的参数来支撑，所以它面临的最大的问题就是计算的效率，想求解出这么多参数不是一件容易的事。随着计算能力的大幅度提升，这才使得神经网络重回舞台中央。

数据计算的过程通常都涉及与矩阵相关的计算，由于神经网络要处理的计算量非常大，仅靠 CPU 迭代起来会很慢，一般会使用 GPU 来加快计算速度，GPU 的处理速度比 CPU 至少快 100 倍。没有 GPU 的读者也不要担心，在学习阶段用 CPU 还是足够的，只要将数据集规模设置得小一些就能用（见图 17-1）。

图 17-1　GPU 计算

神经网络很像一个黑盒子，只要把数据交给它，并且告诉它最终要想达到的目标，整个网络就会开始学习过程，由于涉及参数过多，所以很难解释神经网络在内部究竟做了什么（见图 17-2）。

深度学习相当于对神经网络算法做了各种升级改进，使其应用在图像、文本、语音上的效果更突出。在机器学习任务中，特征工程是一个核心模块，在算法执行前，通常需要替它选出最好的且最有价值的特征，这一步通常也是最难的，但是这个过程似乎是人工去一步步解决问题，机器只是完成求解计算，这与人工智能看起来还有些距离。但在神经网络算法中，终于可以看到些人工智能的影子，只需把完整的数据交给网络，它会自己学习哪些特征是有用的，该怎么利用和组合特征，最终它会给我们交上一份答卷，所以神经网络才是现阶段与人工智能最接轨的算法（见图 17-3）。

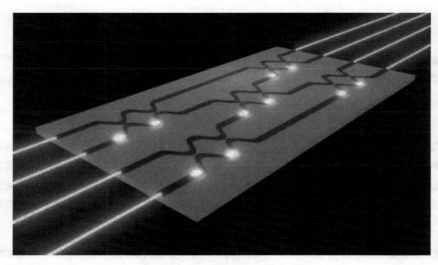

图 17-2 神经网络就像一个黑盒子

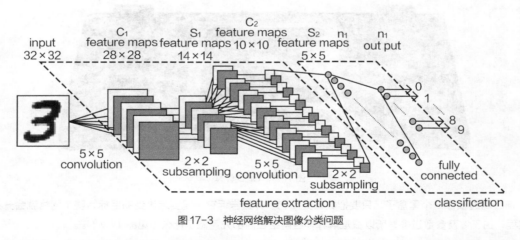

图 17-3 神经网络解决图像分类问题

笔者认为，基本上所有机器学习问题都能用神经网络来解决，但其中也会存在一些影响因素，那就是过拟合问题比较严重，所以还是那句话——能用逻辑回归解决的问题根本没有必要拿到神经网络中。神经网络的效果虽好，但是效率却不那么尽如人意，训练网络需要等待的时间也十分漫长，毕竟要求解几千万个参数，短时间内肯定完不成，所以还是需要看具体任务的要求来选择不同的算法。

与其把神经网络当作一个分类或者回归算法，不如将它当成一种特征提取器，其内部对数据做了各种各样的变换，虽然很难解释变换原理，但是目的都是一致的，就是让机器能够更好地读懂输入的数据。

下面步入神经网络的细节，看看它每一步都做了什么。

17.1.2 计算机眼中的图像

神经网络在计算机视觉领域有着非常不错的表现，现阶段图像识别的相关任务都用神经网络来做，下面将图像当作输入数据，通过一个基本的图像分类任务来看看神经网络一步步是怎么做的。

图 17-4 为一张小猫图像，大家可以清晰地看到小猫的样子，但是计算机可不是这么看的，图像在计算机中是以一个三维数组或者矩阵（例如 300×100×3）的形式存储在计算机中，其中 300×100 代表一张图片的长和宽，3 代表图像的颜色通道，例如经典的 RGB，此时图像就是一个彩色图。如果颜色通道数为 1，也就是 300×100×1，此时图像就是一个黑白图。数组中的每一个元素代表一个像素值，在 0（黑）～ 255（白）之间变化，像素值越大，该点的亮度也越大；像素值越小，该点越暗。

图 17-4　计算机眼中的图像

图像分类任务就是拿到一堆图像数据后，各有各的标签，要让计算机分辨出每张图像内容属于哪一个类别。看起来好像很容易，这不就是猫嘛，特征非常明显，但是实际数据集中可能会存在各种各样的问题，如照射角度、光照强度、形状改变、部分遮蔽、背景混入等因素（见图 17-5），都会影响分类的效果。

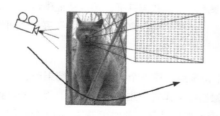

(a) 挑战：拍照角度

(b) 挑战：光照强度

图 17-5　图像识别任务的挑战

(c) 挑战：形状改变　　　(d) 挑战：部分遮蔽　　　　(e) 挑战：背景混入

图 17-5　图像识别任务的挑战（续）

如何解决这些问题呢？如果用传统算法，需要分析各种特征，实在是个苦活。选择神经网络算法就省事多了，这些问题都交给网络去学习即可，只要有数据和标签，选择合适的模型就能解决这些问题。

 迪哥说： 遮蔽现象是图像识别中常见的问题，例如在密集人群中进行人脸检测，最简单有效的方法就是把存在该现象的数据以及合适的标签交给神经网络进行学习，数据是最好的解决方案。

17.1.3　得分函数

下面准备完成图像分类的任务，如何才能确定一个输入属于哪个类别呢？需要神经网络最终输出一个结果（例如一个分值），以评估它属于各个类别的可能性，如图 17-6 所示。

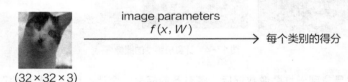

图 17-6　网络的输入和输出

为了更容易理解，先省略网络中复杂的过程，直接来看输入和输出，输入就是图像数据，输出就是分类的结果。那么如何才能得到最终的分值呢？既然图像是由很多个像素点组成的，最终它属于哪一个类别肯定也要和这些像素点联系在一起，可以把图像中的像素点当作数据特征。输入特征确定后，接下来需要明确的就是权重参数，它会结合图像中的每一个像素点进行计算，简单来说就是从图像每一个细节入手，看看每一个像素点对最终分类结果的贡献有多大。

假设输入数据是 32×32×3，一共就有 3072 个像素点，每一个都会对最终结果产生影响，但其各自的影响应当是不同的，例如猫的耳朵、眼睛部位会对最终结果是猫产生积极的影响，而一些背景因素可能会对最终结果产生负面的影响。这就需要分别对每个像素点加以计算，此时就需要 3072 个权重参数（和像素点个数一一对应）来控制其影响大小，如图 17-7 所示。

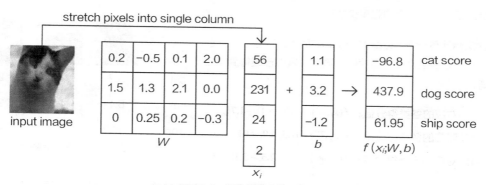

$$f(x, W) = W x \quad 3072 \times 1 \quad (+ b) \ 10 \times 1$$
$$10 \times 1 \quad 10 \times 3072$$

→ 每个类别的得分

[32 × 32 × 3]

图 17-7 得分函数

如果只想得到当前的输入属于某一个特定类别的得分，只需要一组权重参数（1×3072）就足够了。那么，如果想做的是十分类问题呢？此时就需要十组权重参数，例如还有狗、船、飞机等类别，每组参数用于控制当前类别下每个像素点对结果作用的大小。

不要忽略偏置参数 b，它相当于微调得到的结果，让输出能够更精确。所以最终结果主要由权重参数 w 来控制，偏置参数 b 只是进行微调。如果是十分类任务，各自类别都需要进行微调，也就是需要 10 个偏置参数。

接下来通过一个实际的例子看一下得分函数的计算流程（见图 17-8）。

stretch pixels into single column

0.2	−0.5	0.1	2.0		56		1.1		−96.8	cat score
1.5	1.3	2.1	0.0	+	231	+	3.2	→	437.9	dog score
0	0.25	0.2	−0.3		24		−1.2		61.95	ship score
					2					

input image

W x_i b $f(x_i; W, b)$

图 17-8 得分函数计算流程

输入还是这张猫的图像，简单起见就做一个三分类任务，最终得到当前输入属于每一个类别的得分值。观察可以发现，权重参数和像素点之间的关系是一一对应的，有些权重参数比较大，有些比较小，并且有正有负，这就是表示模型认为该像素点在当前类别的重要程度，如果权重参数为正且比较大，就意味着这个像素点很关键，对结果是当前类别起到促进作用。

那么怎么确定权重和偏置参数的数值呢？实际上需要神经网络通过迭代计算逐步更新，这与梯度下降中的参数更新道理是一样的，首先随机初始化一个值，然后不断进行修正即可。

从最终分类的得分结果上看，原始输入是一只小猫，但是模型却认为它属于猫这个类别的得分只有 −96.8，而属于其他类别的得分反而较高。这显然是有问题的，本质原因就是当前这组权重参数效果并不好，需要重新找到更好的参数组合。

▎ 17.1.4 损失函数

在上小节预测猫、狗、船的例子中，预测结果和真实情况的差异比较大，需要用一个具体的指标来评估当前模型效果的好坏，并且要用一个具体数值分辨好坏的程度，这就需要用损失函数来计算。

在有监督学习问题中，可以用损失函数来度量预测结果的好坏，评估预测值和真实结果之间的吻合度，即模型输出的预测值 $f(x_i, W)$ 与真实值 Y 之间不一致的程度。一般而言，损失值越小，预测结果越准确; 损失值越大，预测结果越不准确。通常情况下，训练数据 (x_i, y_i) 是固定的，可以通过调整模型参数 W 和 b 来改进模型效果。

损失函数的定义方法有很多种，根据不同的任务类型（分类或回归）和数据集情况，可以定义不同的损失函数，先来看一个简单的:

$$L_i = \sum_{j \neq y_i} \max(0, s_j - s_{y_i} + \Delta)$$

其中，L_i 为当前输入数据属于正确类别的得分值与其他所有错误类别得分值的差异总和。

当 $s_j - s_{y_i} + \Delta < 0$ 时，表示没有损失; 当 $s_j - s_{y_i} + \Delta > 0$ 时，表示开始计算损失，其中 Δ 表示容忍程度，或者说是至少正确的比错误的强多少才不计损失。

下面实际计算一下（见图 17-9）。数据有 3 个类别: 小猫、汽车和青蛙，分别选择 3 张图片作为输入，假设已经得到其各自得分值。

- 小猫对应的各类得分值: $f(x_1, W) = [3.2, 5.1, -1.7]$。
- 汽车对应的各类得分值: $f(x_2, W) = [1.3, 4.9, 2.0]$。
- 青蛙对应的各类得分值: $f(x_3, W) = [2.2, 2.5, -3.1]$。

cat	**3.2**	1.3	2.2
cat	5.1	**4.9**	2.5
frog	−1.7	2.0	**−3.1**

图 17-9 损失值计算

当 $\Delta = 1$ 时，表示正确类别需比错误类别得分高出至少 1 个数值才算合格，否则就会有损失值。

- $L_1 = \max(0, 5.1 - 3.2 + 1) + \max(0, -1.7 - 3.2 + 1) = 2.9$
- $L_2 = \max(0, 1.3 - 4.9 + 1) + \max(0, 2.0 - 4.9 + 1) = 0$
- $L_3 = \max(0, 2.2 - 3.1 + 1) + \max(0, 2.5 - 3.1 + 1) = 10.9$

从结果可以看出，第一张输入的小猫损失值为 2.9，意味着做得还不够好，因为没有把小猫和汽车这两个类别区分开。第二张输入的汽车损失值为 0，意味着此时模型做得还不错，成功预测到正确答案。最后一张青蛙对应的损失值为 10.9，这值非常大，意味着此时模型做得很差。

这里选择 3 张输入图像进行计算，得到的损失值各不相同，最终模型损失值的计算并不是由一张图像决定的，而是大量测试图像结果的平均值（例如一个 batch 数据）:

$$L = \frac{1}{N} \sum_{i=1}^{N} \sum_{j \neq y_i} \max(0, s_j - s_{y_i} + \Delta) \tag{17.1}$$

式（17.1）可以当作对回归任务也就是预测具体分数时的损失函数（损失函数的定义方法有很多，可以根据任务不同自己选择）。但对于分类任务来说，更希望得到一个概率值，可以借用 softmax 方法来完成分类任务。例如，当前的输入属于猫的概率为 80%，狗的概率为 20%，那么它的最终结果就是猫。

分类任务损失值计算流程如图 17-10 所示，先按流程走一遍，然后再看数学公式就好理解了。首先，假设一张小猫图像经过神经网络处理后得到其属于 3 个类别的得分值分别为（3.2,5.1,-1.7），只看得分值，感觉差异并不大，为了使得结果差异能够更明显，进行了映射（见图 17-11）。

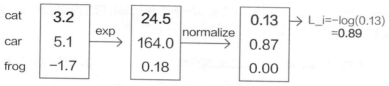

图 17-10　分类任务损失值计算流程

经过映射后，数值差异更明显，如果得分值是负数，基本就是不可能的类别，映射后也就更接近于 0。现在只是数值进行变换，如何才能转换成概率值呢？只需简单的归一化操作即可。

假设已经得到当前输入属于每一个类别的概率值，输入明明是一只小猫，但是结果显示猫的概率值只有 13%，看起来模型做得并不好，需要计算其损失值，这里还是借助对数函数，如图 17-12 所示。

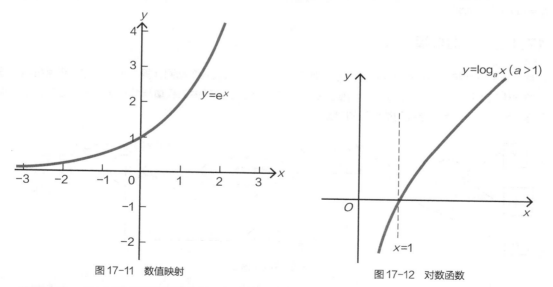

图 17-11　数值映射　　　　　图 17-12　对数函数

需要注意一点：对数函数的输入是当前输入图像属于正确类别的概率值，也就是上述例子中的 0.13，表示只关心它在正确类别上的分类效果，理想情况是它属于猫的概率为 100%。

通过对数函数可以发现，当输入的概率结果越接近于 1 时，函数值越接近 0，表示完全做对了（100%属于正确类别），不会产生损失。如果没有完全做对，效果越差（输入越接近于 0）时，对应的损失值也会越大（虽然是负的，取其相反数就会变成正的）。

解释过后，再把每一步的操作穿插在一起，就是分类任务中损失函数的定义：

$$L = \frac{1}{N} \sum_{i=1}^{N} \left(-\log \left(\frac{e^{s_{y_i}}}{\sum_j e^{s_j}} \right) \right) + \frac{1}{2} \lambda \sum_k \sum_n w_{k,n}^2 \qquad (17.2)$$

 迪哥说： 在损失函数中，还加入了正则化惩罚项，这一步也是必须的，因为神经网络实在太容易过拟合，后续就会看到，它的表现能力还是很惊人的。

假设输入图像属于猫、汽车、青蛙 3 个类别的得分值为 [3.2,5.1,−1.7]，计算过程如下。

1．求出各得分值的指数次幂，结果为$[e^{3.2}, e^{5.1}, e^{-1.7}]=[24.5,164.0,−1.7]$。

2．归一化处理，即计算出每类的$\frac{e^{s_{y_i}}}{\sum_j e^{s_j}}$，结果为 [0.13,0.87,0.00]，因为 0.87 较大，所以可以将该图片分类为汽车，显然，该结果是有误差的，所以要计算损失函数。

3．在求解损失函数时，只需要其属于正确类别的概率，本例中图片正确的分别为小猫，所以损失函数为$L_1 = -\log 0.13 = 0.89$。

17.1.5 反向传播

终于要揭开神经网络迭代计算的本质了，现在已经完成了从输入数据到计算损失的过程，通常把这部分叫作前向传播（见图 17-13）。但是网络模型最终的结果完全是由其中的权重与偏置参数来决定的，所以神经网络中最核心的任务就是找到最合适的参数。

图 17-13　前向传播过程

前面已经讲解过梯度下降方法，很多机器学习算法都是用这种优化的思想来迭代求解，神经网络也是如此。当确定损失函数之后，就转化成了下山问题。但是神经网络是层次结构，不能一次梯度下降就得到所有参数更新的方向，需要逐层完成更新参数工作（见图 17-14）。

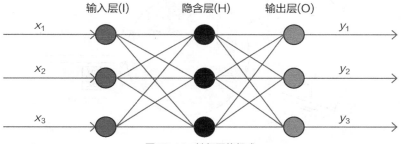

图 17-14 神经网络组成

由于网络层次的特性，在计算梯度的时候，需要遵循链式法则，也就是逐层计算梯度，并且梯度是可以传递的，如图 17-15 所示。

$$f(x,y,z) = (x+y)z$$
$$x = -2, y = 5, z = -4$$

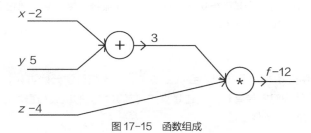

图 17-15 函数组成

既然要对参数进行更新，可以看一看不同的参数对模型的损失做了什么贡献。如果一个参数使得模型的损失增大，那就要削减它；如果一个参数能使得模型的损失减小，那就增大其作用。上述例子中，就是把 x,y,z 分别看成影响最终结果的 3 个因子，现在要求它们对结果的影响有多大：

$$\frac{\partial f}{\partial x}, \frac{\partial f}{\partial y}, \frac{\partial f}{\partial z} \qquad (17.3)$$

可以观察到，z 和结果是直接联系在一起的，但是 x 和 y 和最终的结果并没有直接关系，可以额外引入一项 q，令 $q=x+y$，这样 q 就直接和结果联系在一起，而 x 和 y 又分别与 q 直接联系在一起：

$$\frac{\partial f}{\partial x} = \frac{\partial f}{\partial q}\frac{\partial q}{\partial x} = z = -4, \quad \frac{\partial f}{\partial y} = \frac{\partial f}{\partial q}\frac{\partial q}{\partial y} = z = -4 \qquad (17.4)$$

通过计算可以看出，当计算 x 和 y 对结果的贡献时，不能直接进行计算，而是间接计算 q 对结果的贡献，再分别计算 x 和 y 对 q 的贡献。在神经网络中，并不是所有参数的梯度都能一步计算出来，要按照其位置顺序，一步步进行传递计算，这就是反向传播（见图 17-16）。

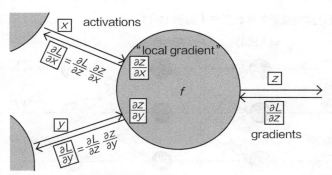

图 17-16　反向传播过程

从整体上来看，优化方法依旧是梯度下降法，只不过是逐层进行的。反向传播的计算求导相对比较复杂，建议大家先了解其工作原理，具体计算交给计算机和框架完成。

17.2　神经网络整体架构

上一节讲解了神经网络中每一个基础模块的原理及其工作流程，接下来要把它们组合成一个完整的神经网络，从整体上看神经网络到底做了什么。

迪哥说：有些书籍中介绍神经网络时，会从生物学、类人脑科学开始讲起，但是神经网路中真的有轴突、树突这些结构吗？笔者认为，还是直接看其数学上的组成最直截了当，描述越多，其实越加大理解它的难度。

17.2.1　整体框架

神经网络整体架构如图 17-17 所示，只要理解这张图，神经网络就能理解得差不多。可以看出，神经网络是一个层次结构，包括输入层、隐藏层和输出层。

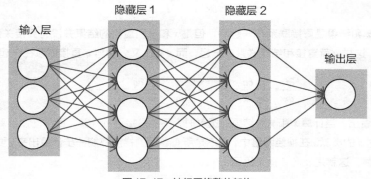

图 17-17　神经网络整体架构

（1）**输入层**。图 17-17 的输入层中画了 3 个圆，通常叫作 3 个神经元，即输入数据由 3 个特征或 3 个像素点组成。

（2）**隐藏层 1**。输入数据与隐藏层 1 连接在一起。神经网络的目标就是寻找让计算机能更好理解的特征，这里面画了 4 个圆（4 个神经元），可以当作通过对特征进行某种变换将原始 3 个特征转换成 4 个特征（这里的 3 和 4 都是假设，实际情况下，数据特征和隐层特征都是比较大的）。

原始数据是 3 个特征，这是由数据本身决定的，但是，隐藏层的 4 个特征表示什么意思呢？这个很难解释，神经网络会按照某种线性组合关系将所有特征重新进行组合，之前看到的权重参数矩阵中有正有负，有大有小，就意味着对特征进行何种组合方式。神经网络是黑盒子的原因也在于此，很难解释其中过程，只需关注其结果即可。

（3）**隐藏层 2**。在隐藏层 1 中已经对特征进行了组合变换，此时隐藏层 2 的输入就是隐藏层 1 变换后的结果，相当于之前已经进行了某种特征变换，但是还不够强大，可以继续对特征做变换处理，神经网络的强大之处就在于此。如果只有一层神经网络，与之前介绍的逻辑回归差不多，但是一旦有多层层次结构，整体网络的效果就会更强大。

（4）**输出层**。最终还是要得到结果的，就看要做的任务是分类还是回归，选择合适的输出结果和损失函数即可，这与传统机器学习算法一致。

神经网络中层和层之间都是全连接的操作，也就是隐层中每一个神经元（其中一个特征）都与前面所有神经元连接在一起，这也是神经网络的基本特性。全连接计算如图 17-18 所示，所谓的全连接，其实就是通过矩阵将数据或者特征进行变换。例如，输入层的数据是 [1,3]，表示一个本数据，3 个特征（也可以是一个 batch 数据）。通过权重参数矩阵 w_1：[3,4] 进行矩阵乘法操作，结果就是 [1,4]，相当于对原始输出特征进行转换，变成 4 个特征。接下来还需要通过 w_2、w_3 分别对中间特征进行转换计算，最终得到一个结果值，可以当作回归任务。如果是分类任务，例如十分类，输出层可以设计成 10 个神经元，也就是当前输入属于每一个类别的概率值，w_3 也相应地变成 [4,10]。

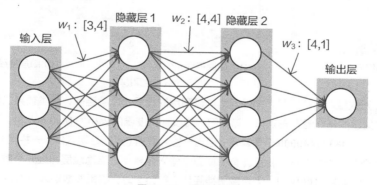

图 17-18 全连接计算

如果直接对输入数据依次计算，其经过式（17.5）和式（17.6）参考变换得到结果看起来是一种线性变换，但是神经网络能处理的问题肯定不止线性问题，所以，在实际构造中，还需引入非线性函数，例如 Sigmoid

函数,但是现阶段一般不用它,先来看一个更简单的函数:

$$f = w_2 \max(0, w_1 x) \qquad (17.5)$$

$\max(0, x)$ 函数看起来更直截了当,它是非常简单的非线性函数,暂且用它来当作对神经网络进行非线性变换的方法,需要把它放到每一次特征变换之后,也就是在基本的神经网络中,每一个矩阵相乘后都需要加上一个非线性变换函数。

再继续堆叠一层,计算方法相同:

$$f = w_3 \max(0, w_2 \max(0, w_1 x)) \qquad (17.6)$$

17.2.2　神经元的作用

概述神经网络的整体架构之后,最值得关注的就是特征转换中的神经元,可以将它理解成转换特征后的维度。例如,隐藏层有 4 个神经元,就相当于变换得到 4 个特征,神经元的数量可以自己设计,那么它会对结果产生多大影响呢?下面看一组对比实验。选择相同的数据集,在网络模型中,只改变隐藏层神经元个数,得到的结果如图 17-19 所示。数据集稍微有点难度,是一个环形。当隐藏层神经元个数只有 1 个时,好像是只切了一刀,并没有达到想要的结果,说明隐藏层只利用一个特征,还是太少了。当隐藏层神经元个数为 2 时,这回像是切了两刀,但还是差那么一点,没有完全分对,看起来还是特征多一点好。如果继续增加,隐藏层神经元个数为 3 时,终于达到目标,数据集能完全分开。

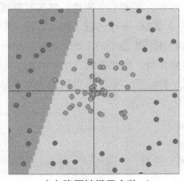
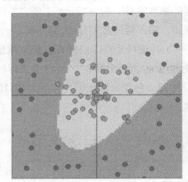
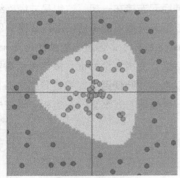

(a) 隐层神经元个数=1　　　　(b) 隐层神经元个数=2　　　　(c) 隐层神经元个数=3

图 17-19　神经元个数对结果影响

当隐藏层神经元数量增大的时候,神经网络可以利用的数据信息就更多,分类效果自然会提高,那么,是不是神经元的数量越多越好呢?先来算一笔账吧,假设一张图像的大小为 [800,600,3],这是常规的图像尺寸,其中一共有 800×600×3=1440000 个像素点,相当于输入数据(也就是输入层)一共有 1440000 个神经元,因此要画 1440000 个圆,给打个折,暂且算有 100 万个输入像素点。当隐藏层神经元个数为 1 时,输入层和隐藏层之间连接的矩阵就是 [100W,1]。当隐藏层神经元个数为 2 时,权重参数矩阵为 [100W,2]。增加一个隐藏层神经元时,参数不只增加一个,而是增加一组,相当于增加了 100W 个权重参数。

因此在设计神经网络时,不能只考虑最终模型的表现效果,还要考虑计算的可行性与模型的过拟合风险。

迪哥说： 神经网络为什么现阶段才登上舞台呢？这很大程度上是由于以前的计算机性能根本无法满足这么庞大的计算量，而且参数越多，过拟合也越严重。

图 17-19 所示的数据集可能有点简单，大家一看就知道支持向量机也能解决这类问题，下面换一个复杂的试试，如图 17-20 所示。

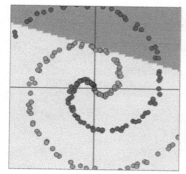 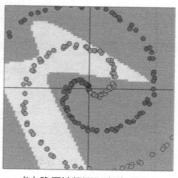 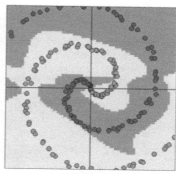

(a) 隐层神经源元个数=1   (b) 隐层神经源元个数=3   (c) 隐层神经源元个数=5

图 17-20　神经网络效果

这回找到一个有个性的数据集，此时 3 个神经元已经不能满足需求，当神经元个数增大至 5 时，才能完成这个任务。可以发现神经网络的效果还是比较强大的，只要神经元个数足够多，就能解决这些复杂问题。此时有一个大胆的想法，如果随机构建一个数据集，再让神经网络去学习其中的规律，它还能解决问题吗？

图 17-21 是使用相同的神经网络在随机创建的几份数据集上的效果。由于问题比较难，神经元数量增加到 15 个，结果真能把随机数据集完全切分开，现在给大家的感觉是不是神经网络已经足够强大了。机器学习的出发点是要寻找数据集中的规律，利用规律来解决实际问题，现在即便一份数据集是随机构成的，神经网络也能把每一个数据点完全分开。

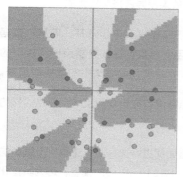 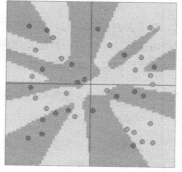 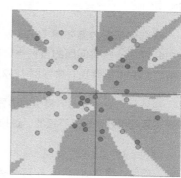

图 17-21　神经网络在随机数据集上的效果

神经网络虽然强大，但这只是在训练集上得到的效果，此时来看决策边界已经完全过拟合。如图 17-22 所示，被选中的数据点看起来可能是异常或者离群点。由于它的存在，使得整个模型不得不多划分出一个决策边界，实际应用时，如果再有数据点落在该点周围，就会被错误地预测成红色类别。

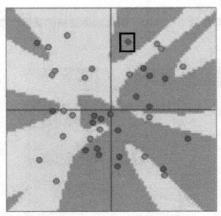

图 17-22　过拟合现象

这样的网络模型在实际测试中效果肯定不好，所以神经网络中最大的问题就是过拟合现象，需要额外进行处理。

17.2.3　正则化

神经网络效果虽然强大，但是过拟合风险实在是高，由于其参数过多，所以必须进行正则化处理，否则即便在训练集上效果再高，也很难应用到实际中。

最常见的正则化惩罚是 L2 范数，即 $R(W) = \sum_k \sum_n w_{k,n}^2$，它对权重参数中所有元素求平方和，显然，$R(W)$ 只与权重有关系，而和输入数据本身无关，只惩罚权重。

在计算正则化惩罚时，还需引入惩罚力度，也就是 λ，表示希望对权重参数惩罚的大小，还记得信用卡检测案例吗？它就是其中一个参数，选择不同的惩罚力度在神经网络中的效果差异还是比较大的。

正则化惩罚力度如图 17-23 所示，当惩罚力度较小时，模型能把所有数据点完全分开，但是，数据集中会存在一些有问题的数据点，可能由于标注错误或者其他异常原因所导致，这些数据点使得模型的决策边界变得很奇怪，就像图 17-23（a）所示那样，看起来都做对了，但是实际测试集中的效果却很差。

当惩罚力度较大时，模型的边界就会变得比较平稳，虽然有些数据点并没有完全划分正确，但是这样的模型实际应用效果还是不错的，过拟合风险较低。

通过上述对比可以发现，不同的惩罚力度得到的结果完全不同，那么如何进行选择呢？还是一个调参的问题，但是，通常情况下，宁可选择图 17-23（c）中的模型，也不选择图 17-23（a）中的模型，因为其泛化能力更强，效果稍微差一点还可以忍受，但是完全过拟合就没用了。

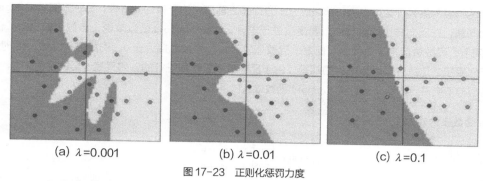

(a) $\lambda = 0.001$ (b) $\lambda = 0.01$ (c) $\lambda = 0.1$

图 17-23 正则化惩罚力度

17.2.4 激活函数

在神经网络的整体架构中,将数据输入后,一层层对特征进行变换,最后通过损失函数评估当前的效果,这就是前向传播。接下来选择合适的优化方法,再反向传播,从后往前走,逐层更新权重参数。

如果层和层之间都是线性变换,那么,只需要用一组权重参数代表其余所有的乘积就可以了。这样做显然不行,一方面神经网络要解决的不仅是线性问题,还有非线性问题;另一方面,需要对变换的特征加以筛选,让有价值的权重特征发挥更大的作用,这就需要激活函数。

常见的激活函数包括 Sigmoid 函数、tanh 函数和 ReLu 函数等,最早期的神经网络就是将 Sigmoid 函数当作其激活函数。数学表达式为:

$$f(x) = \frac{1}{1 + e^{-x}}$$

其图形如图 17-24 所示。

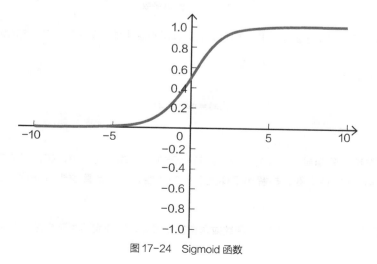

图 17-24 Sigmoid 函数

早期的神经网络为什么没有流行起来呢？一方面是之前所说的计算性能所限，另一方面就是 Sigmoid 函数自身的问题，在反向传播的过程中，要逐层进行求导，对于 Sigmoid 函数来说，当数值较小时（例如−5 到 +5 之间），导数看起来没有问题。但是一旦数值较大，其导数就接近于 0，例如取 +10 或−10 时，切线已经接近水平了。这就容易导致更大的问题，由于反向传播是逐层进行的，如果某一层的梯度为 0，它后面所有网络层都不会进行更新，这也是 Sigmoid 函数最大的问题。

tanh 函数表达式为：

$$\tanh x = \frac{\sinh x}{\cosh x} = \frac{e^x - e^{-x}}{e^x + e^{-x}}$$

其图形如图 17-25 所示。

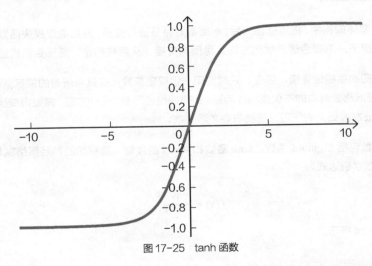

图 17-25　tanh 函数

tanh 函数的优点是它能关于原点对称，但是，它同样没有解决梯度消失的问题，因此被淘汰。

ReLu 函数表达式为：

$$f(x) = \max(0, x)$$

其图形如图 17-26 所示。

Relu 函数的作用十分简单，对于输入 x，当其小于 0 时，输出都是 0，在大于 0 的情况下，输出等于输入本身。同样是非线性函数，却解决了梯度消失的问题，而且计算也十分简便，加快了网络的迭代速度。

现阶段激活函数的选择基本都是 Relu 函数或是它的变形体，后续实验中还会再看到 Relu 函数。

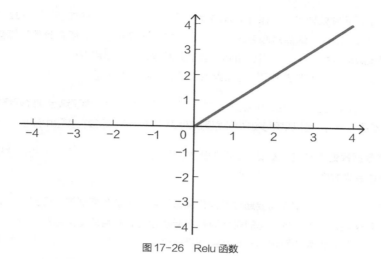

图 17-26　Relu 函数

17.3　网络调优细节

在设计神经网络过程中，每一个环节都会对最终结果产生影响，这就需要考虑所有可能的情况，那么是不是训练网络时，需要进行很多次实验才能选中一个合适的模型呢？其实也没有那么复杂，基本处理的方法还是通用的。

17.3.1　数据预处理

目前，神经网络是不是已经强大到对任何数据都能产生不错的效果呢？要想做得更好，数据预处理操作依然是非常核心的一步，如果数据更规范，网络学起来也会更容易。

对数值数据进行预处理最常用的就是标准化操作，如图 17-27 所示，首先各个特征减去其均值，相当于以原点对称，接下来再除以各自的标准差，让各个维度取值都统一在较小范围中。

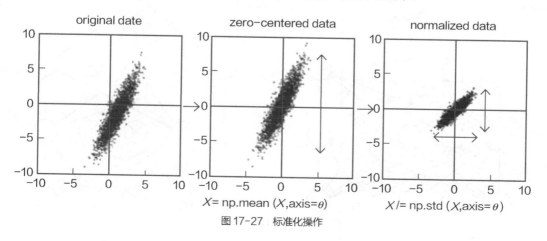

图 17-27　标准化操作

对图像数据也是需要预处理操作，保证输入的大小规模都是统一的，例如都是 32×32×3，如果各自大小不同，还需 resize 到统一规模，这点是必需的，因为在基本的神经网络中，所有参数计算都是矩阵相乘，如果输入不统一，就没法进行特征变换。不仅如此，通常图像数据的像素点取值范围是在 0 ～ 255 之间，看起来浮动比较大，可以使用归一化方法来把所有像素点值压缩到 0 ～ 1 之间。

文本数据更要进行预处理操作，最起码要把文本或者词语转换成向量。为了满足神经网络的输入，还需限制每一篇文本的长度都是统一的，可以采用多退少补原则来处理文本长度，后续在实验中还会详细解释其处理方法。

简单介绍几种数据预处理方法后发现，基本的出发点还是使数据尽可能规范一些，这样学习神经网络更容易，过拟合风险也会大大降低。

在神经网络中，每一个参数都是需要通过反向传播来不断进行迭代更新的，但是，开始的时候也需要有一个初始值，一般都是随机设置，最常见的就是随机高斯初始化，并且取值范围都应较小，在初始阶段，不希望某一个参数对结果起到太大的影响。一般都会选择一个较小的数值，例如在高斯初始化中，选择均值为 0 且标准差较小的方法。

17.3.2 Drop-Out

过拟合一直是神经网络面临的问题，Drop-Out 给人的感觉就像是七伤拳，它能解决一部分过拟合问题，但是也会使得网络效果有所下降，下面看一下它的结构设计。

过拟合问题源于在训练过程中，每层神经元个数较多，所以特征组合提取方式变得十分复杂，相当于用更多参数来拟合数据。如果在每一次训练迭代过程中随机杀死一部分神经元，如图 17-28 所示，就可以有效地降低过拟合风险。为了使得整体网络架构在实际应用时保持不变，强调每次迭代都进行随机选择，也就是对一个神经元来说，可能这次迭代没有带它玩，下次迭代就把它带上了。所以在测试阶段照样可以使用其完整架构，只是在训练阶段为了防止过拟合而加入的策略。

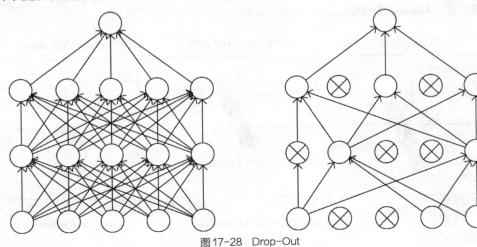

图 17-28 Drop-Out

Drop-Out 方法巧妙地将神经元的个数加以控制，已经成为现阶段神经网络中必不可少的一部分，通常每次迭代中会随机保留 40% ~ 60% 的神经元进行训练。

17.3.3 数据增强

神经网络是深度学习中的杰出代表，深度学习之所以能崛起还是依靠大量的数据，如图 17-29 所示。当数据量较少时，深度学习很难进行，最好用更快速便捷的传统机器学习算法。

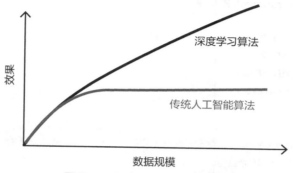

图 17-29 深度学习对数据量的要求

由于神经网络要在原始的输入数据中找到最合适的特征提取方法，所以数据量一定要够，通常都是以万为单位，越多越好。但是，如果在一项任务中，没有那么多数据该怎么办？此时也可以自己创作。

对于一张图像数据来说，经过平移、翻转、旋转等操作，就可以得到另外一张图像，这就是最常用的图像生成策略，可以让数据呈现爆炸式的增长，直接翻十倍都不成问题。opencv 工具包可以对图像执行各种操作，以完成数据增强任务，如图 17-30 所示。

图 17-30 数据增强

现在给大家推荐一个工具——keras 中的数据增强函数，简直太方便了。如果用 opencv 做变换，基本所有操作都需要自己完成，稍微有些麻烦，使用下面这个函数之后，等着收图就可以了，其原理也是一样的，按照参数进行设置，同时对图像执行平移、旋转等操作，详细内容可以查阅其 API 文档。

```
from keras.preprocessing.image import ImageDataGenerator
datagen = ImageDataGenerator(
        rotation_range=40,
        width_shift_range=0.2,
        height_shift_range=0.2,
        rescale=1./255,
        shear_range=0.2,
        zoom_range=0.2,
        horizontal_flip=True,
        fill_mode='nearest')
```

 迪哥说: 在进行图像增强的同时，不要忘记标签也要随之变化，如果是分类任务，还比较容易，但在回归任务中，还需得到标签变换后的新坐标。

在训练网络时，可能会遇到一些挑战，例如数据中各种潜在的问题（如图像中的遮蔽现象），最好的解决方案还是从数据入手，毕竟对数据做处理，比对网络进行调整更容易理解，所以，当大家进行实际任务遇到挑战时，可以尝试先从数据下手，效果更直接明了。

17.3.4 网络结构设计

神经网络模型可以做得比较复杂，需要大家进行详细的设计，例如神经元个数、网络层数等。这样做起来岂不是要做大量的实验？由于实际中训练一个任务要花费 2～3 天，所以效率会大大降低。最简单快速的方法就是使用经典网络模型，也就是大家公认的、效果比较不错的网络模型，在处理实际问题的时候，都是直接用经典模型进行实验研究，很少自己从头去尝试新的结构，如果要改进，也是在其基础上进行改进升级。所以，并不建议大家在处理实际任务的时候，脑洞大开来设计网络结构，还是老老实实用经典的，这也是最省事的。在解决问题的时候，最好先查阅相关论文，看看大牛们是怎么做的，如果问题类似，最好借助于别人的解决方案。

本章总结

本章向大家介绍了神经网络模型，先按照其工作流程分析每一步的原理和作用，最后将完整的网络模型结合在一起。对比不同实验效果，很容易观察到神经网络强大的原因在于它使用了大量参数来拟合数据。虽然效果较传统算法有很大提升，但是在计算效率和过拟合风险上都有需要额外考虑的问题。

　　对于图像数据来说，最大的问题可能就是其像素点特征比较丰富，如果使用全连接的方式进行计算，矩阵的规模实在过于庞大，如何改进呢？后续要讲到的卷积神经网络就是专门处理图像数据的。

　　在网络训练迭代过程中，每次传入的样本数据都是相互独立的，但是有些时候需要考虑时间序列，也就是前后关系的影响，看起来基本的神经网络模型已经满足不了此项需求，后续还要对网络进行改进，使其能处理时间序列数据，也就是递归神经网络。可以看出，神经网络只是一个基础模型，随着技术的发展，可以对其做各种各样的变换，以满足不同数据和任务的需求。

　　对于神经网络的理解，从其本质来讲，就是对数据特征进行各种变换组合，以达到目标函数的要求，所以，大家也可以把神经网络当作特征提取和处理的黑盒子，最终的分类和回归任务只是利用其特征来输出结果。

第 18 章
TensorFlow 实战

本章介绍深度学习框架——TensorFlow，可能大家还听过一些其他的神经网络框架，例如 Caffe、Torch，其实这些都是工具，以辅助完成网络模型搭建。现阶段由于 TensorFlow 更主流一些，能做的事情相对更多，所以还是选择使用更广泛的 TensorFlow 框架。首先概述其基本使用方法，接下来就是搭建一个完整的神经网络模型。

18.1 TensorFlow 基本操作

TensorFlow 是由谷歌开发和维护的一款深度学习框架，从 2015 年还没发布时就已经名声大振，经过近 4 年的发展，已经成为一款成熟的神经网络框架，可谓是深度学习界的首选。关于它的特征和性能，其官网已经给出各种优势，大家简单了解即可。

关于工具包的安装，可以先用命令行尝试运行"pip install tensorflow"命令。如果提示找不到合适的版本，可以自行登录：https://www.lfd.uci.edu/~gohlke/pythonlibs/ 来选择合适版本下载，如图 18-1 所示。注意现阶段 TensorFlow 只支持 Python 3 版本的运行。

TensorFlow, computation using data flow graphs for scalable machine learning.
Requires numpy+mkl and protobuf. The CUDA builds require CUDA 9.2 and CUDNN 9.2.
tensorflow-1.9.0-cp36-cp36m-win_amd64.whl
tensorflow-1.9.0-cp37-cp37m-win_amd64.whl

图 18-1 TensorFlow 工具包下载

18.1.1 TensorFlow 特性

（1）**高灵活性**：TensorFlow 不仅用于神经网络，而且只要计算过程可以表示为一个数据流图，就可以使用 TensorFlow。TensorFlow 提供了丰富的工具，以辅助组装算法模型，还可以自定义很多操作。如果熟悉 C++，也可以改底层，其核心代码都是由 C 组成的，Python 相当于接口。

（2）**可移植性**：TensorFlow 可以在 CPU 和 GPU 上运行，例如台式机、服务器、手机移动设备等，还可以在嵌入式设备以及 APP 或者云端服务与 Docker 中进行应用。

（3）**更新迭代迅速**：深度学习与神经网络发展迅速，经常会出现新的算法与模型结构，如果让大家自己优化算法与模型结构可能较为复杂，TensorFlow 随着更新会持续引进新的模型与结构，让代码更简单。

（4）**自动求微分**：基于梯度的机器学习算法会受益于 TensorFlow 自动求微分的能力。作为 TensorFlow 用户，只需要定义预测模型的结构，将这个结构和目标函数结合在一起。给定输入数据后，TensorFlow 将自动完成微分导数，相当于帮大家完成了最复杂的计算。

（5）**多语言支持**：TensorFlow 有一个合理的 C++ 使用界面，也有一个易用的 Python 使用界面来构建和训练网络模型。最简单实用的就是 Python 接口，也可以在交互式的 ipython 界面中用 TensorFlow 尝试某些想法，它可以帮你将笔记、代码、可视化等有条理地归置好。随着升级更新，后续还会加入 Go、Java、Lua、Javascript、R 等语言接口。

（6）**性能最优化**：TensorFlow 给线程、队列、异步操作等以最佳的支持，可以将硬件的计算潜能全部发挥出来，还可以自由地将 TensorFlow 图中的计算元素分配到不同设备上，并且帮你管理好这些不同副本。

迪哥说： 综上所述，使用 TensorFlow 时，用户只需完成网络模型设计，其他工作都可以放心地交给它来计算。感兴趣的读者还可以打开一些招聘网站，随便搜搜机器学习、深度学习相关的关键词，基本都会有一项要求，就是掌握 TensorFlow 框架，所以学习价值还是非常大的。

图 18-2 为 kaggle 竞赛社区在 2017 年进行的一项调查问卷，调查对象基本都是数据科学领域的工程师，这里截取其中两个问题，图 18-2（a）是"大家认为明年最火爆的技术是什么？"图 18-2（b）是"大家认为在机器学习领域明年最火的工具是什么？"

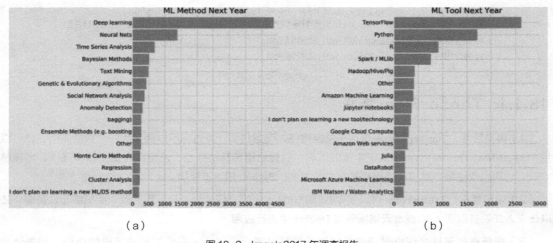

（a）   （b）

图 18-2　kaggle2017 年调查报告

调查结果显示：具有压倒性优势的技术便是深度学习和神经网络，由于计算机视觉和自然语言处理技术发展迅速，越来越多的人准备加入这个领域。图 18-2（b）中 TensorFlow 也是一路领先，这也是选择 TensorFlow 为主要实战工具的原因，同行们都在用，肯定值得学习。

Github 应当是程序员最熟悉的平台，图 18-3 展示了 2017 年 Github 上各种深度学习框架被大家点赞的情况，其他框架就不一一介绍了，很明显的趋势就是 TensorFlow 成为最受大家欢迎的神经网络框架。

最后向大家讲述笔者使用深度学习框架的感受：最开始使用的深度学习框架是 Caffe，用起来十分便捷，基本不需要写代码，直接按照配置文件、写好网络模型参数就可以训练网络模型。虽然 Caffe 使用起来很方便，但是所有功能必须是其框架已经实现好的，想要加入新功能就比较麻烦，而且 Caffe 基本上只能玩卷积网络，所以如果只做图像处理相关任务，可以考虑使用，对于自然语言处理，它就不适合了。

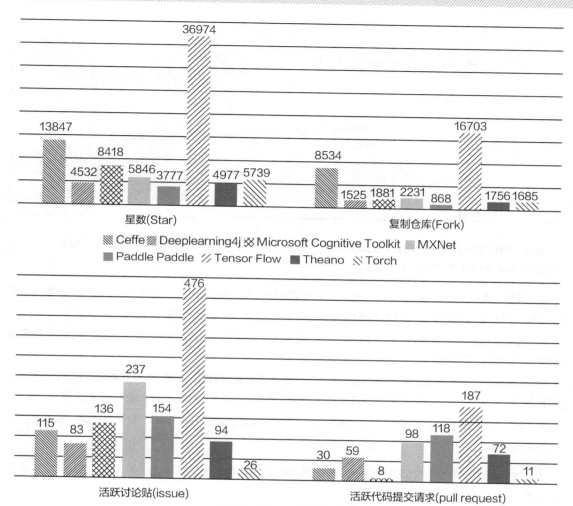

图 18-3　Github 各大框架关注度

TensorFlow 相当于已经实现了你能想到的所有操作，例如神经网络中不同功能层的定义、迭代计算、参数初始化等，所以大家需要做的就是按照流程将它们组合在一起即可。做了几个项目之后，就会发现无论做什么任务都是差不多的套路，很多模板都是可以复用的。初学者可能会觉得稍微有点麻烦，因为很多地方必须按照它的要求来做，熟练之后就会觉得按要求规范来做是最科学的。

18.1.2　TensorFlow 基本操作

简单介绍 TensorFlow 的各项优势后，下面来看其最基本的使用方法，然后再来介绍神经网络：

| In | ```
# 创建一个变量
w = tf.Variable([[0.5, 1.0]])
x = tf.Variable([[2.0], [1.0]])
# 创建一个操作
y = tf.matmul(w, x)
# 全局变量初始化
init_op = tf.global_variables_initializer()
with tf.Session() as sess:
# 实际执行
    sess.run(init_op)
    print (y.eval())
``` |
|---|---|
| Out | [[2.]] |

上述代码只想计算一个行向量与列向量相乘，但是本来一行就能解决的问题，这里却过于复杂，下面就是 TensorFlow 进行计算操作的基本要求。

1. 当想创建一个变量的时候似乎有些麻烦，需要调用 tf.Variable() 再传入实际的值，这是为了底层计算的高效性，所有数据结构都必须是 tensor 格式，所以先要对数据格式进行转换。

2. 接下来创建一个操作 $y = $ tf.matmul(w, x)，为什么是创建而不是实际执行呢？此时相当于先写好要做的任务流程，但还没有开始做。

3. 再准备进行全局变量的初始化，因为刚才只是设计了变量、操作的流程，还没有实际放入计算区域中，这好比告诉士兵打仗前怎么布阵，还没有把士兵投放到战场中，只有把士兵投放到战场中，才能实际发挥作用。

4. 创建 Session()，这相当于士兵进入实际执行任务的战场。最后 sess.run()，只有完成这一步，才能真正得到最终结果。

最初的打算只是要做一个矩阵乘法，却要按照 TensorFlow 的设计规范写这么多代码，估计大家的感受也是如此。

迪哥说： 等你完成一个实际项目的时候，就知道按照规范完成任务是多么舒服的事。

| In | ```
tf.zeros([3, 4], int32) ==> [[0, 0, 0, 0], [0, 0, 0, 0], [0, 0, 0, 0]]
tf.zeros_like(tensor) ==> [[0, 0, 0], [0, 0, 0]]
tf.ones([2, 3], int32) ==> [[1, 1, 1], [1, 1, 1]]
tf.ones_like(tensor) ==> [[1, 1, 1], [1, 1, 1]]
tensor = tf.constant([1, 2, 3, 4, 5, 6, 7]) => [1 2 3 4 5 6 7]
tensor = tf.constant(-1.0, shape=[2, 3]) => [[-1. -1. -1.] [-1. -1. -1.]]
``` |
|---|---|

	tf. linspace (10.0, 12.0, 3, name="linspace") => [10.0 11.0 12.0] tf. range (start, limit, delta) ==> [3, 6, 9, 12, 15]

可以看出在使用 TensorFlow 时，很多功能函数的定义与 Numpy 类似，只需熟悉即可，实际用的时候，它与 Python 工具包一样，前期基本上是现用现查。

接下来介绍 TensorFlow 中比较常用的函数功能，在变量初始化时，要随机生成一些符合某种分布的变量，或是拿到数据集后，要对数据进行洗牌的操作，现在这些都已经实现好了，直接调用即可。

In	# 生成的值服从具有指定平均值和标准偏差的正态分布
	norm = tf. random_normal ([2, 3], mean=-1, stddev=4)
	# 洗牌
	c = tf. constant ([[1, 2], [3, 4], [5, 6]])
	shuff = tf. random_shuffle (c)
	# 每一次执行结果都会不同
	sess = tf. Session ()
	print (sess. run (norm))
	print (sess. run (shuff))

Out	[[-5.58110332 0.84881377 7.51961231] [3.27404118 -7.22483826 7.70631599]] [[5 6] [1 2] [3 4]]

随机模块的使用方法很简单，但对于这些功能函数的使用方法来说，并不建议大家一口气先学个遍，通过实际的案例和任务边用边学就足够，其实这些只是工具而已，知道其所需参数的含义以及输出的结果即可。

下面这个函数可是有点厉害，需要重点认识一下，因为在后面的实战中，你都会见到它：

In	input1 = tf. placeholder (tf. float32) input2 = tf. placeholder (tf. float32) output = tf. multiply (input1, input2) with tf. Session () as sess: print (sess. run ([output], feed_dict={input1:[7.], input2:[2.]}))
Out	[array ([14.], dtype=float32)]

placeholder() 的意思是先把这个"坑"占住，然后再往里面填"萝卜"。想一想在梯度下降迭代过程中，每次都是选择其中一部分数据来计算，其中数据的规模都是一致的。例如，[64,10] 表示每次迭代都是选择 64 个样本数据，每个数据都有 10 个特征，所以在迭代时可以先指定好数据的规模，也就是把"坑"按照所需大小挖好，接下来填入大小正好的"萝卜"即可。

这里简单地说明，指定"坑"的数据类型是 float32 格式，接下来在 session() 中执行 output 操作，通过 feed_dict={} 来实际填充 input1 和 input2 的取值。

18.1.3 TensorFlow 实现回归任务

下面通过一个小例子说明 TensorFlow 处理回归任务的基本流程（其实分类也是同理），简单起见，自定义一份数据集：

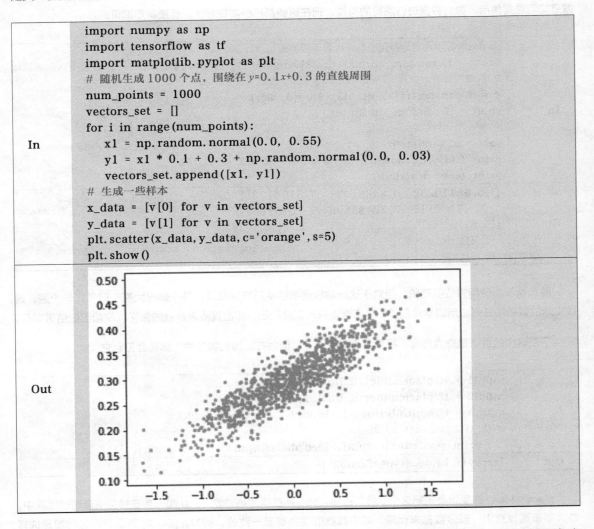

```
import numpy as np
import tensorflow as tf
import matplotlib.pyplot as plt
# 随机生成 1000 个点，围绕在 y=0.1x+0.3 的直线周围
num_points = 1000
vectors_set = []
for i in range(num_points):
    x1 = np.random.normal(0.0, 0.55)
    y1 = x1 * 0.1 + 0.3 + np.random.normal(0.0, 0.03)
    vectors_set.append([x1, y1])
# 生成一些样本
x_data = [v[0] for v in vectors_set]
y_data = [v[1] for v in vectors_set]
plt.scatter(x_data, y_data, c='orange', s=5)
plt.show()
```

上述代码选择了 1000 个样本数据点，在创建的时候围绕 $y1 = x1 \times 0.1 + 0.3$ 这条直线，并在其周围加上随机抖动，也就是实验数据集。

接下来要做的就是构建一个回归方程来拟合数据样本，首先假设不知道哪条直线能够最好地拟合数据，需要计算出 w 和 b。

在定义模型结构之前，先考虑第一个问题，x 作为输入数据是几维的？如果只看上图，可能很多读者会认为该数据集是二维的，但此时关注的仅仅是数据 x，y 表示标签而非数据，所以模型输入的数据是一维的，这点非常重要，因为要根据数据的维度来设计权重参数。

| In | ```
# 生成一维的 W 矩阵，取值是 [-1, 1] 之间的随机数
W = tf.Variable(tf.random_uniform([1], -1.0, 1.0), name='W')
# 生成 1 维的 b 矩阵，初始值是 0
b = tf.Variable(tf.zeros([1]), name='b')
``` |
|---|---|

首先要从最终求解的目标下手，回归任务就是要求出其中的权重参数 w 和偏置参数 b。既然数据是一维的，权重参数 w 必然也是一维的，它们需要一一对应起来。先对其进行初始化操作，tf.random_uniform([1], -1.0, 1.0) 表示随机初始化一个数，这里的 [1] 表示矩阵的维度，如果要创建一个 3 行 4 列的矩阵参数就是 [3,4]。-1.0 和 1.0 分别表示随机数值的取值范围，这样就完成权重参数 w 的初始化工作。偏置参数 b 的初始化方法类似，但是通常认为偏置对结果的影响较低，以常数 0 进行初始化即可。

迪哥说： 关于偏置参数 b 的维度，只需看结果的维度即可，此例中最后需要得到一个回归值，所以 b 就是一维的，如果要做三分类任务，就需要 3 个偏置参数。

| In | ```
# 经过计算得出预估值 y
y = W * x_data + b
# 以预估值 y 和实际值 y_data 之间的均方误差作为损失
loss = tf.reduce_mean(tf.square(y - y_data), name='loss')
``` |
|---|---|

模型参数确定之后，就能得到其估计值。此外，还需要用损失函数评估当前预测效果，tf.square(y - y_data) 表示损失函数计算方法，它与最小二乘法类似，tf.reduce_mean 表示对所选样本取平均来计算损失。

迪哥说： 损失函数的定义并没有限制，需要根据实际任务选择，其实最终要让神经网络做什么，完全由损失函数给出的目标决定。

| In | ```
# 采用梯度下降法来优化参数
optimizer = tf.train.GradientDescentOptimizer(0.5)
``` |
|---|---|
```

目标函数确定之后，接下来就要进行优化，选择梯度下降优化器——tf.train.GradientDescentOptimizer(0.5)，这里传入的 0.5 表示学习率。在 TensorFlow 中，优化方法不只有梯度下降优化器，还有 Adam 可以自适应调整学习率等策略，需要根据不同任务需求进行选择。

```
In
# 训练的过程就是最小化这个误差值
train = optimizer.minimize(loss, name='train')
```

接下来要做的就是让优化器朝着损失最小的目标去迭代更新参数，到这里就完成了回归任务中所有要执行的操作。

```
In
sess = tf.Session()
init = tf.global_variables_initializer()
sess.run(init)
# 初始化的 W 和 b 是多少
print ("W =", sess.run(W), "b =", "lossess.run(b)s =", sess.run(loss))
# 执行 20 次训练
for step in range(20):
    sess.run(train)
    # 输出训练好的 W 和 b
    print ("W =", sess.run(W), "b =", sess.run(b), "loss =", sess.run(loss))
```

迭代优化的逻辑写好之后，还需在 Session() 中执行，由于这项任务比较简单，执行 20 次迭代更新就可以，此过程中也可以打印想要观察的指标，例如，每一次迭代都会打印当前的权重参数 w，偏置参数 b 以及当前的损失值，结果如下：

```
Out
W = [ 0.13437319] b = [ 0.] loss = 0.0924028
W = [ 0.11916944] b = [ 0.30198491] loss = 0.000954884
W = [ 0.1130807] b = [ 0.30175075] loss = 0.000891524
W = [ 0.108776] b = [ 0.30165696] loss = 0.000859883
W = [ 0.10573373] b = [ 0.30159065] loss = 0.000844079
W = [ 0.10358365] b = [ 0.3015438] loss = 0.000836185
W = [ 0.10206412] b = [ 0.30151069] loss = 0.000832242
W = [ 0.10099021] b = [ 0.3014873] loss = 0.000830273
W = [ 0.10023125] b = [ 0.30147076] loss = 0.000829289
W = [ 0.09969486] b = [ 0.30145904] loss = 0.000828798
W = [ 0.09931577] b = [ 0.30145079] loss = 0.000828553
W = [ 0.09904785] b = [ 0.30144495] loss = 0.00082843
W = [ 0.09885851] b = [ 0.30144083] loss = 0.000828369
W = [ 0.0987247] b = [ 0.30143791] loss = 0.000828338
W = [ 0.09863013] b = [ 0.30143586] loss = 0.000828323
```

```
W = [ 0.09856329] b = [ 0.3014344] loss = 0.000828315
W = [ 0.09851605] b = [ 0.30143335] loss = 0.000828312
W = [ 0.09848267] b = [ 0.30143264] loss = 0.00082831
W = [ 0.09845907] b = [ 0.30143213] loss = 0.000828309
W = [ 0.0984424] b = [ 0.30143178] loss = 0.000828308
W = [ 0.09843062] b = [ 0.30143151] loss = 0.000828308
```

　　最开始 w 是随机赋值的，b 直接用 0 当作初始化，相对而言，损失值也较高。随着迭代的进行，参数开始发生变换，w 越来越接近于 0.1，b 越来越接近于 0.3，损失值也在逐步降低。创建数据集时就是在 $y1 = x1×0.1 + 0.3$ 附近选择数据点，最终求解出的结果也是非常类似，这就完成了最基本的回归任务。

18.2　搭建神经网络进行手写字体识别

　　下面向大家介绍经典的手写字体识别数据集——Mnist 数据集，如图 18-4 所示。数据集中包括 0~9 十个数字，我们要做的就是对图像进行分类，让神经网络能够区分这些手写字体。

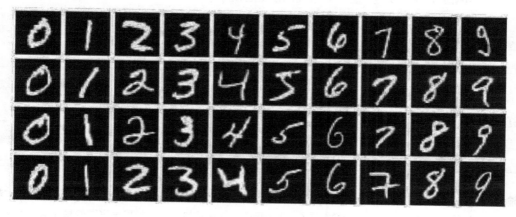

图 18-4　Mnist 数据集

　　选择这份数据集的原因是其规模较小（28×28×1），用笔记本电脑也能执行它，非常适合学习。通常情况下，数据大小（对图像数据来说，主要是长、宽、大、小）决定模型训练的时间，对于较大的数据集（例如 224×224×3），即便网络模型简化，还是非常慢。对于没有 GPU 的初学者来说，在图像处理任务中，Mnist 数据集就是主要练习对象。

In	import numpy as np import tensorflow as tf import matplotlib.pyplot as plt from tensorflow.examples.tutorials.mnist import input_data

Mnist 数据集有各种版本，最简单的就是用 TensorFlow 自带 API 下载。

In	``` print (" 下载中 ~ 别催了 ") mnist = input_data.read_data_sets('data/', one_hot=True) print (" 类型是 %s" % (type(mnist))) print (" 训练数据有 %d" % (mnist.train.num_examples)) print (" 测试数据有 %d" % (mnist.test.num_examples)) ```

下载速度通常稍微有点慢，完成后可以打印当前数据集中的各种信息：

In	``` trainimg = mnist.train.images trainlabel = mnist.train.labels testimg = mnist.test.images testlabel = mnist.test.labels # 28 * 28 * 1 print (" 数据类型 is %s" % (type(trainimg))) print (" 标签类型 %s" % (type(trainlabel))) print (" 训练集的 shape %s" % (trainimg.shape,)) print (" 训练集的标签的 shape %s" % (trainlabel.shape,)) print (" 测试集的 shape' is %s" % (testimg.shape,)) print (" 测试集的标签的 shape %s" % (testlabel.shape,)) ```
Out	``` 数据类型 is <class 'numpy.ndarray'> 标签类型 <class 'numpy.ndarray'> 训练集的 shape (55000, 784) 训练集的标签的 shape (55000, 10) 测试集的 shape' is (10000, 784) 测试集的标签的 shape (10000, 10) ```

输出结果显示，训练集一共有 55000 个样本，测试集有 10000 个样本，数量正好够用。每个样本都是 28×28×1，也就是 784 个像素点。每个数据带有 10 个标签，采用独热编码，如果一张图像是 3 这个数字，标签就是 [0,0,0,1,0,0,0,0,0,0]。

迪哥说： 在分类任务中，大家可能觉得网络最后的输出应是一个具体的数值，实际上对于一个十分类任务，得到的就是其属于每一个类别的概率值，所以输出层要得到 10 个结果。

如果想对其中的某条数据进行展示，可以将图像绘制出来：

In	```
	# 看看庐山真面目
	nsample = 5
	``

```
randidx = np.random.randint(trainimg.shape[0], size=nsample)
for i in randidx:
    curr_img   = np.reshape(trainimg[i, :], (28, 28)) # 28 by 28 matrix
    curr_label = np.argmax(trainlabel[i, :]) # Label
    plt.matshow(curr_img, cmap=plt.get_cmap('gray'))
    print("" + str(i) + "th 训练数据 "
        + "标签是 " + str(curr_label))
    plt.show()
```

Out

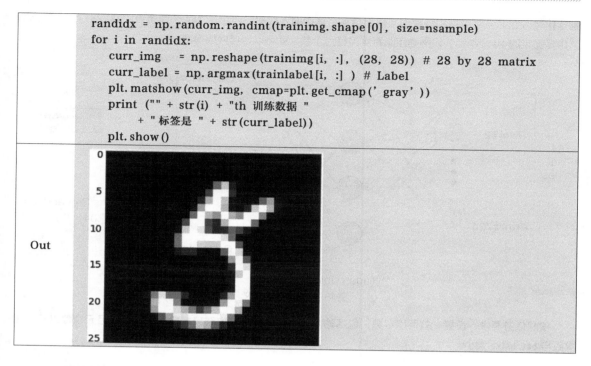

接下来就要构造一个神经网络模型来完成手写字体识别，先来梳理一下整体任务流程（见图 18-5）。

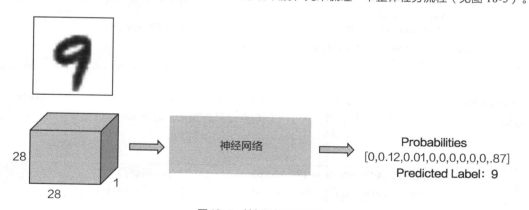

图 18-5　神经网络工作流程

通过 TensorFlow 加载进来的 Mnist 数据集已经制作成一个个 batch 数据，所以直接拿过来用就可以。最终的结果就是分类任务，可以得到当前输入属于每一个类别的概率值，需要动手完成的就是中间的网络结构部分。

网络结构定义如图 18-6 所示，首先定义一个简单的只有一层隐藏层的神经网络，需要两组权重参数分别连接输入数据与隐藏层和隐藏层与输出结果，其中输入数据已经给定 784 个像素点（28×28×1），输出结果也是固定的 10 个类别，只需确定隐藏层神经元个数，就可以搭建网络模型。

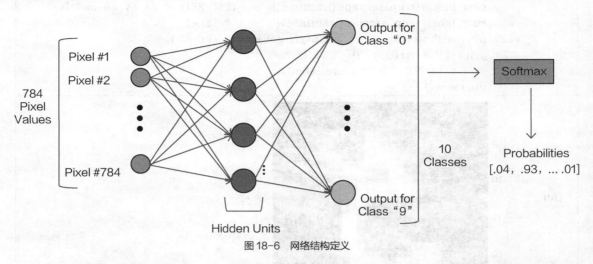

图 18-6　网络结构定义

按照任务要求，设置一些网络参数，包括输入数据的规模、输出结果规模、隐藏层神经元个数以及迭代次数与 batchsize 大小：

In	numClasses = 10 inputSize = 784 numHiddenUnits = 64 trainingIterations = 10000 batchSize = 64

numClasses 固定成 10，表示所有数据都是用于完成这个十分类任务。隐藏层神经元个数可以自由设置，在实际操作过程中，大家也可以动手调节其大小，以观察结果的变化，对于 Mnist 数据集来说，64 个就足够了。

In	X = tf.placeholder(tf.float32, shape = [None, inputSize]) y = tf.placeholder(tf.float32, shape = [None, numClasses])

既然输入、输出都是固定的，按照之前的讲解，需要使用 placeholder 来先占住这个"坑"。参数 shape 表示数据规模，其中的 None 表示不限制 batch 的大小，一次可以迭代多个数据，inputSize 已经指定成 784，表示每个输入数据大小都是一模一样的，这也是训练神经网络的基本前提，输入数据大小必须一致。对于输出结果 Y 来说也是一样。

接下来就是参数初始化，按照图 18-6 所示网络结构，首先，输入数据和中间隐层之间有联系，通过 W1

和 B1 完成计算；隐藏层又和输出层之间有联系，通过 W2 和 B2 完成计算。

In	W1 = tf. Variable (tf. truncated_normal ([inputSize, numHiddenUnits], stddev=0. 1)) B1 = tf. Variable (tf. constant (0. 1), [numHiddenUnits]) W2 = tf. Variable (tf. truncated_normal ([numHiddenUnits, numClasses], stddev=0. 1)) B2 = tf. Variable (tf. constant (0. 1), [numClasses])

这里对权重参数使用随机高斯初始化，并且控制其值在较小范围进行浮动，用 tf.truncated_normal 函数对随机结果进行限制，例如，当输入参数为 mean = 0，stddev =1 时，就不可能出现 [− 2,2] 以外的点，相当于截断标准是 2 倍的 stddev。对于偏置参数，用常数来赋值即可，注意其个数要与输出结果一致。

In	hiddenLayerOutput = tf. matmul (X, W1) + B1 hiddenLayerOutput = tf. nn. relu (hiddenLayerOutput) finalOutput = tf. matmul (hiddenLayerOutput, W2) + B2

定义好权重参数后，从前到后进行计算即可，也就是由输入数据经过一步步变换得到输出结果，这里需要注意的是，不要忘记加入激活函数，通常每一个带有参数的网络层后面都需要加上激活函数。

In	loss = tf. reduce_mean (tf. nn. softmax_cross_entropy_with_logits (labels = y, logits = finalOutput)) opt = tf. train. GradientDescentOptimizer (learning_rate = . 1). minimize (loss)

接下来就是指定损失函数，再由优化器计算梯度进行更新，这回要做的是分类任务，用对数损失函数计算损失。

In	correct_prediction = tf. equal (tf. argmax (finalOutput, 1), tf. argmax (y, 1)) accuracy = tf. reduce_mean (tf. cast (correct_prediction, "float"))

对于分类任务，只展示损失不太直观，还可以测试一下当前的准确率，先定义好计算方法，也就是看预测值中概率最大的位置和标签中概率最大的位置是否一致即可。

In	sess = tf. Session () init = tf. global_variables_initializer () sess. run (init) for i in range (trainingIterations): 　　batch = mnist. train. next_batch (batchSize) 　　batchInput = batch [0] 　　batchLabels = batch [1]

```
    _, trainingLoss = sess.run([opt, loss], feed_dict={X: batchInput, y: batchLabels})
    if i%1000 == 0:
        trainAccuracy = accuracy.eval(session=sess, feed_dict={X: batchInput, y: batchLabels})
        print ("step %d, training accuracy %g"%(i, trainAccuracy))
```

在 Session() 中实际执行迭代优化即可，指定的最大迭代次数为 1 万次，如果打印出 1 万个结果，那么看起来实在太多了，可以每隔 1000 次打印一下当前网络模型的效果。由于选择 batch 数据的方法已经实现好，这里可以直接调用，但是大家在用自己数据集实践的时候，还是需要指定好 batch 的选择方法。

 迪哥说: 获取 batch 数据可以在数据集中随机选择一部分, 也可以自己指定开始与结束索引, 从前到后遍历数据集中每一部分。

训练结果如下:

Out	step 0, training accuracy 0.13 step 1000, training accuracy 0.79 step 2000, training accuracy 0.83 step 3000, training accuracy 0.88 step 4000, training accuracy 0.91 step 5000, training accuracy 0.87 step 6000, training accuracy 0.89 step 7000, training accuracy 0.84 step 8000, training accuracy 0.89 step 9000, training accuracy 1

最开始随机初始化的参数，模型的准确率大概是 0.13，随着网络迭代的进行，准确率也在逐步上升。这就完成了一个最简单的神经网络模型，效果看起来还不错，那么，还有没有提升的余地呢？如果做一个具有两层隐藏层的神经网络，效果会不会好一些呢？方法还是类似的，只需要再叠加一层即可:

| In | ```
numHiddenUnitsLayer2 = 100
trainingIterations = 10000

X = tf.placeholder(tf.float32, shape = [None, inputSize])
y = tf.placeholder(tf.float32, shape = [None, numClasses])
W1 = tf.Variable(tf.random_normal([inputSize, numHiddenUnits], stddev=0.1))
B1 = tf.Variable(tf.constant(0.1), [numHiddenUnits])
``` |
|---|---|
```

```
In    W2 = tf.Variable(tf.random_normal([numHiddenUnits, numHiddenUnitsLayer
      2], stddev=0.1))
      B2 = tf.Variable(tf.constant(0.1), [numHiddenUnitsLayer2])
      W3 = tf.Variable(tf.random_normal([numHiddenUnitsLayer2, numClasses], s
      tddev=0.1))
      B3 = tf.Variable(tf.constant(0.1), [numClasses])
      hiddenLayerOutput = tf.matmul(X, W1) + B1
      hiddenLayerOutput = tf.nn.relu(hiddenLayerOutput)
      hiddenLayer2Output = tf.matmul(hiddenLayerOutput, W2) + B2
      hiddenLayer2Output = tf.nn.relu(hiddenLayer2Output)
      finalOutput = tf.matmul(hiddenLayer2Output, W3) + B3

      loss = tf.reduce_mean(tf.nn.softmax_cross_entropy_with_logits(labels = y, log
      its = finalOutput))
      opt = tf.train.GradientDescentOptimizer(learning_rate = .1).minimize(loss)

      correct_prediction = tf.equal(tf.argmax(finalOutput, 1), tf.argmax(y, 1))
      accuracy = tf.reduce_mean(tf.cast(correct_prediction, "float"))

      sess = tf.Session()
      init = tf.global_variables_initializer()
      sess.run(init)

      for i in range(trainingIterations):
          batch = mnist.train.next_batch(batchSize)
          batchInput = batch[0]
          batchLabels = batch[1]
          _, trainingLoss = sess.run([opt, loss], feed_dict={X: batchInput, y: batchLabels})
          if i%1000 == 0:
              train_accuracy = accuracy.eval(session=sess, feed_dict={X: batchInput,
      y: batchLabels})
              print("step %d, training accuracy %g"%(i, train_accuracy))

      testInputs = mnist.test.images
      testLabels = mnist.test.labels
      acc = accuracy.eval(session=sess, feed_dict = {X: testInputs, y: testLabels})
      print("testing accuracy: {}".format(acc))
```

上述代码设置第二个隐藏层神经元的个数为 100，建模方法相同，只是流程上多走一层，训练结果如下：

```
Out   step 0, training accuracy 0.1
      step 1000, training accuracy 0.97
```

Out	step 2000, training accuracy 0.98 step 3000, training accuracy 1 step 4000, training accuracy 0.99 step 5000, training accuracy 1 step 6000, training accuracy 0.99 step 7000, training accuracy 1 step 8000, training accuracy 0.99 step 9000, training accuracy 1 testing accuracy: 0.9700999855995178

可以看出，仅仅多了一层网络结构，效果提升还是很大，之前需要 5000 次才能达到 90% 以上的准确率，现在不到 1000 次就能完成。所以，适当增大网络的深度还是非常有必要的。

本章总结

本章选择 TensorFlow 框架来搭建神经网络模型，初次使用可能会觉得有一些麻烦，但习惯了就会觉得每一步流程都很规范。无论什么任务，核心都在于选择合适的目标函数与输入格式，网络模型和迭代优化通常都是差不多的。大家在学习过程中，还可以选择 Cifar 数据集来尝试分类任务，同样都是小规模（32×32×3）数据，非常适合练手（见图 18-7）。

图 18-7　Cifar-10 数据集

第 19 章
卷积神经网络

　　本章介绍现阶段神经网络中非常火的模型——卷积神经网络，它在计算机视觉中有着非常不错的效果。不仅如此，卷积神经网络在非图像数据中也有着不错的表现，各项任务都有用武之地，可谓在机器学习领域遍地开花。那么什么是卷积呢？网络的核心就在于此，本章将带大家一步步揭开卷积神经网络的奥秘。

19.1 卷积操作原理

卷积神经网络也是神经网络的一种，本质上来说都是对数据进行特征提取，只不过在图像数据中效果更好，整体的网络模型架构都是一样的，参数迭代更新也是类似，所以难度就在于卷积上，只需把它弄懂即可。

19.1.1 卷积神经网络应用

卷积神经网络既然这么火爆，肯定能完成一些实际任务，先来看一下它都能做什么。

图 19-1 是经典的图像分类任务，但是神经网络也能完成这个任务，那么，为什么说卷积神经网络在计算机视觉领域更胜一筹呢？想想之前遇到的问题，神经网络的矩阵计算方式所需参数过于庞大，一方面使得迭代速度很慢，另一方面过拟合问题比较严重，而卷积神经网络便可以更好地处理这个问题。

图 19-1 图像分类任务

图 19-2 是检测任务的示例，不仅需要找到物体的位置，还要区分物体属于哪个类别，也就是回归和分类任务结合在一起。现阶段物体检测任务随处可见，当下比较火的无人驾驶也需要各种检测任务。

图 19-2 检测任务

大家早就对人脸识别不陌生了，以前去机场，安检员都是拿着身份证来回比对，查看是不是冒牌的，现在直接对准摄像头，就会看到你的脸被框起来进行识别。

　　图像检索与推荐如图 19-3 所示，各大购物 APP 都有这样一个功能——拍照搜索，有时候我们看到一件心仪的商品，但是却不知道它的名称，直接上传一张照片，同款就都出来了。

图 19-3　检索与推荐

　　卷积网络的应用实在太广泛了，例如，医学上进行细胞分析、办公上进行拍照取字、摄像头进行各种识别任务，这些早已融入大家的生活当中（见图 19-4）。

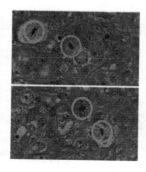

图 19-4　卷积网络广泛的应用

简单介绍卷积神经网络的应用后，再来探索一下其工作原理，卷积神经网络作为深度学习中的杰出代表肯定会让大家不虚此行。

◢ 19.1.2　卷积操作流程

接下来就要深入网络细节中，看看卷积究竟做了什么，首先观察一下卷积网络和传统神经网络的不同之处，如图 19-5 所示。

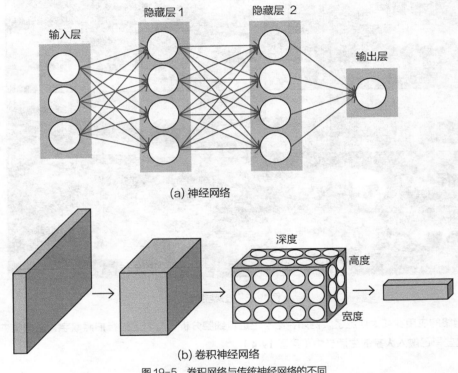

(a) 神经网络

(b) 卷积神经网络

图 19-5　卷积网络与传统神经网络的不同

传统的神经网络是一个平面，而卷积网络是一个三维立体的。不难发现，卷积神经网络中多了一个概念——深度。例如图像输入数据 $h×w×c$，其中颜色通道 c 就是输入的深度。

迪哥说: 在使用 TensorFlow 做神经网络的时候，首先将图像数据拉成像素点组成的特征，这样做相当于输入一行特征数据而非一个原始图像数据，而卷积中要操作的对象是一个整体，所以需要定义深度。

如果大家没有听过卷积这个词，把它想象成一种特征提取的方法就好，最终的目的还是要得到计算机更容易读懂的特征。下面解释一下卷积过程。

　　假设已有输入数据（32×32×3），如图 19-6 所示，此时想提取图像中的特征，以前是对每个像素点都进行变换处理，看起来是独立对待每一个像素点特征。但是图像中的像素点是有一定连续关系的。如果能把图像按照区域进行划分，再对各个区域进行特征提取应当更合理。

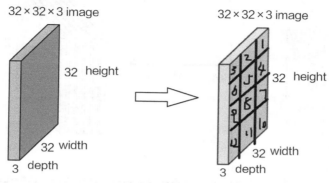

图 19-6　卷积操作

　　图 19-6 中假设把原始数据平均分成多个小块，接下来就要对每一小块进行特征提取，也可以说是从每一小部分中找出关键特征代表。

　　如何进行体征提取呢？这里需要借助一个帮手，暂时叫它 filter，它需要做的就是从其中每一小块区域选出一个特征值。假设 filter 的大小是 5×5×3，表示它要对输入的每个 5×5 的小区域都进行特征提取，并且要在 3 个颜色通道 (RGB) 上都进行特征提取再组合起来。

　　通过助手 filter 进行特征提取后，就得到图 19-7 所示的结果，看起来像两块板子，它们就是特征图，表示特征提取的结果，为什么是两个呢？这里在使用 filter 进行特征提取的时候，不仅可以用一种特征提取方法，也就是 filter 可以有多个，例如在不同的纹理、线条的层面上（只是举例，其实就是不同的权重参数）。

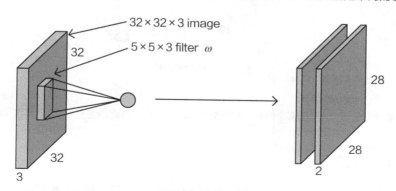

图 19-7　特征提取

　　例如，在同样的小块区域中，可以通过不同的方法来选择不同层次的特征，最终所有区域特征再组合成一个整体。先不用管 28×28×2 的特征图大小是怎么来的，最后会向大家介绍计算公式，现在先来理解它。

在一次特征提取的过程中，如果使用 6 种不同的 filter，那么肯定会得到 6 张特征图，再把它们堆叠在一起，就得到了 $h×w×6$ 的特征输出结果。这其实就是一次卷积操作，如图 19-8 所示。

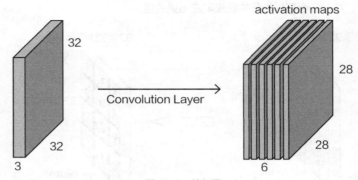

图 19-8　特征图

刚才从流程上解释了卷积操作的目的，那么是不是只能对输入数据执行卷积操作呢？并不是这样，我们得到的特征图是 28×28×6，感觉它与输入数据的格式差不多。此时第 3 个维度上，颜色通道数变成特征图个数，所以对特征图依旧可以进行卷积操作，相当于在提取出的特征上再进一步提取。

图 19-9 所示为卷积神经网络对输入图像数据进行特征提取，使用 3 个卷积提取特征，最终得到的结果就是特征图。

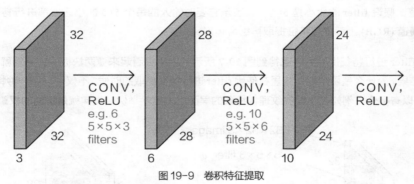

图 19-9　卷积特征提取

 迪哥说： 在基本神经网络中，用多个隐藏层进行特征提取，卷积神经网络也是如此，只不过用的是卷积层。

19.1.3　卷积计算方法

卷积的概念和作用已经很清晰，那么如何执行卷积计算操作呢？下面要深入其计算细节中。

假设输入数据的大小为 7×7×3（图像长度为 7；宽度为 7；颜色通道为 RGB），如图 19-10 所示。此例中选择的 filter 大小是 3×3×3（参数需要自己设计，卷积核长度为 3；宽度为 3；分别对应输入的 3 颜色通道），看起来输入数据的颜色通道数和 filter 一样，都是 3 个，这点是卷积操作中必须成立的，因为需要对应计算，如果不一致，那就完全不能计算。

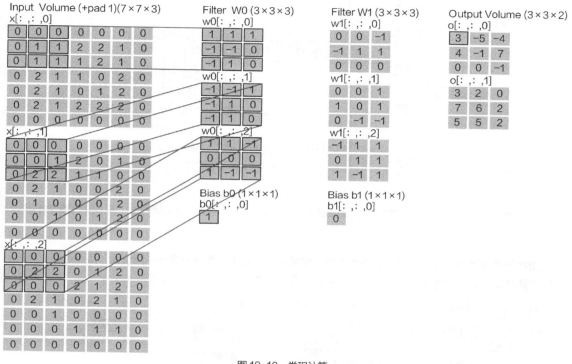

图 19-10 卷积计算

大家可以将输入数据中的数值当作图像中的像素点，但是 filter（卷积核）中的数值是什么意思呢？它与神经网络中的权重参数的概念一样，表示对特征进行变换的方法。初始值可以是随机初始化的，然后通过反向传播不断进行更新，最终要求解的就是 filter 中每个元素的值。

迪哥说： filter（卷积核）就是卷积神经网络中权重参数，最终特征提取的结果主要由它来决定，所以目标就是优化得到最合适的特征提取方式，相当于不断更新其数值。

特征值计算方法比较简单，每一个对应区域与 filter（卷积核）计算内积即可，最终得到的是一个结果值，表示该区域的特征值，如图 19-11 所示。但是，还需要考虑一点，图像中的区域并不是一个平面，而是一个带有颜色通道的三维数据，所以还需把所有颜色通道的结果分别计算，最终求和即可。

在图 19-10 的第一块区域中，各个颜色通道的计算结果累加在一起为 0+2+0 = 2，这样就可以计算得出卷积核中权重参数作用在输入数据上的结果，但是，不要忘记还有一个偏置项需要加起来：2+1=3，这样就得到在原始数据中第一个 3×3×3 小区域的特征代表，把它写到右侧的特征图第一个位置上。

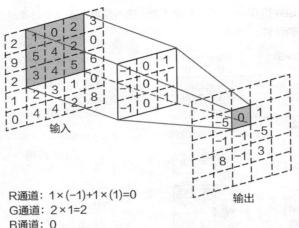

R通道：$1 \times (-1) + 1 \times (1) = 0$
G通道：$2 \times 1 = 2$
B通道：0

图 19-11 特征值计算方法

算完第一个区域，下一个计算区域应当在哪里呢？区域的选择与滑动窗口差不多，需要指定滑动的步长，以依次选择特征提取的区域位置。

滑动两个单元格（步长也是卷积中的参数，需要自己设置），区域选择到中间位置，接下来还是相同的内积计算方法，得到的特征值为 -5，同样写到特征图中相应位置，如图 19-12 所示。

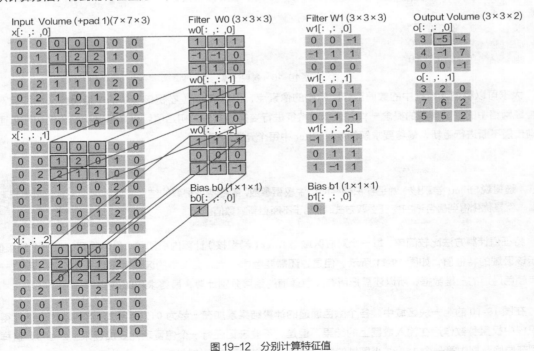

图 19-12 分别计算特征值

　　继续滑动窗口，直到计算完最后一个位置的特征值，这样就得到一个特征图（3×3×1），如图 19-13 所示。通常一次卷积操作都希望能够得到更多的特征，所以一个特征图肯定不够用，这里实际上选择两个 filter，也就是有两组权重参数进行特征提取，由于 Filter W1 和 Filter W2 中的权重参数值各不相同，所以得到的特征图肯定也不同，相当于用多种方式得到不同特征表示，再把它们堆叠在一起，就完成全部卷积操作。

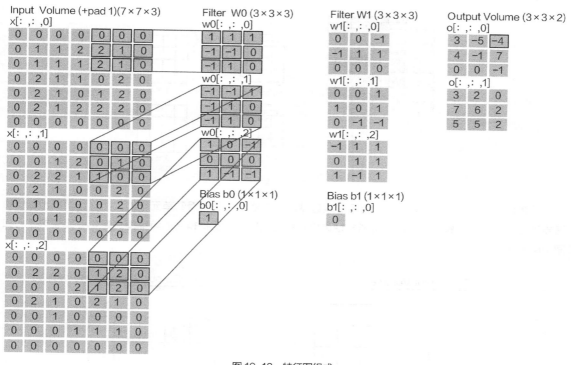

图 19-13　特征图组成

19.1.4　卷积涉及参数

　　卷积操作比传统神经网络的计算复杂，在设计网络结构过程中，需要给定更多的控制参数，并且全部需要大家完成设计，所以必须掌握每一个参数的意义。

　　（1）卷积核（filter）。卷积操作中最关键的就是卷积核，它决定最终特征提取的效果，需要设计其大小与初始化方法。大小即长和宽，对应输入的每一块区域。保持数据大小不变，如果选择较大的卷积核，则会导致最终得到的特征比较少，相当于在很粗糙的一大部分区域中找特征代表，而没有深入细节。所以，现阶段在设计卷积核时，基本都是使用较小的长和宽，目的是得到更细致（数量更多）的特征。

　　一般来说，一种特征提取方法能够得到一个特征图，通常每次卷积操作都会使用多种提取方法，也就是多来几个卷积核，只要它们的权重值不一样，得到的结果也不同，一般256、512都是常见的特征图个数。对参数初始化来说，它与传统神经网络差不多，最常见的还是使用随机高斯初始化。

　　图 19-14 表示使用两个卷积核进行特征提取，最后得到的就是 2 张特征图，关于具体的数值（例如4×4），需要介绍完所有参数之后，再给出计算公式。

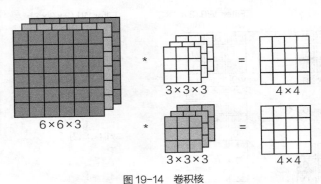

图 19-14　卷积核

　　（2）**步长（stride）**。在选择特征提取区域时，需要指定每次滑动单元格的大小，也就是步长。如果步长比较小，意味着要慢慢地尽可能多地选择特征提取区域，这样得到的特征图信息也会比较丰富，如图 19-15 所示。

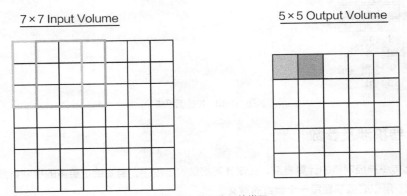

7×7 Input Volume　　　　　5×5 Output Volume

图 19-15　步长为 1 的卷积

　　如果步长较大，选中的区域就会比较少，得到的特征图也会比较小，如图 19-16 所示。

　　对比可以发现，步长会影响最终特征图的规模。在图像任务中，如果属于非特殊处理任务（文本数据中的步长可表示为一次考虑多少上下文信息），最好选择小一点的步长，虽然计算多了一些，但是可利用的特征丰富了，更有利于计算机完成识别任务。

7×7 Input Volume

3×3 Output Volume

图 19-16 步长为 2 的卷积

 迪哥说： 现阶段大家看到的网络模型步长基本上都为1，这可以当作是科学家们公认的结果，也就是可以参考的经验值。

（3）边界填充（pad）。首先考虑一个问题：在卷积不断滑动的过程中，每一个像素点的利用情况是同样的吗？边界上的像素点可能只被滑动一次，也就是只能参与一次计算，相当于对特征图的贡献比较小。而那些非边界上的点，可能被多次滑动，相当于在计算不同位置特征的时候被利用多次，对整体结果的贡献就比较大。

这似乎有些不公平，因为拿到输入数据或者特征图时，并没有规定边界上的信息不重要，但是卷积操作却没有平等对待它们，如何进行改进呢？只需要让实际的边界点不再处于边界位置即可，此时通过边界填充添加一圈数据点就可以解决上述问题。此时原本边界上的点就成为非边界点，显得更公平。

边界填充如图 19-17 所示，仔细观察一下输入数据，有一点比较特别，就是边界上所有的数值都为 0，表示这个像素点没有实际的信息，这就是卷积中的边界填充（pad）。

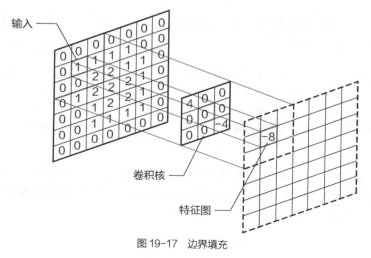

图 19-17 边界填充

此时实际图像的输入为 5×5，由于加了一圈 0，所以变成 7×7，为什么填充的都是 0 呢？如果要对图像大小进行变换，可用的方法其实有很多，这里选择 0 值进行填充，其目的是为了结果的可靠性，因为毕竟是填充出来的数据，如果参与到计算中，对结果有比较大的影响，那岂不是更不合理？所以一般都用 0 值进行填充。

（4）**特征图规格计算**。当执行完卷积操作后会得到特征图，那么如何计算特征图的大小呢？只要给定上述参数，就能直接进行计算：

$$W_2 = \frac{W_1 - F_W + 2P}{S} + 1 \quad H_2 = \frac{H_1 - F_H + 2P}{S} + 1 \quad\quad (19.1)$$

其中，W_1、H_1 分别表示输入的宽度、长度；W_2、H_2 分别表示输出特征图的宽度、长度；F 表示卷积核长和宽的大小；S 表示滑动窗口的步长；P 表示边界填充（加几圈 0）。

如果输入数据是 32×32×3 的图像，用 10 个 5×5×3 的 filter 进行卷积操作，指定步长为 1，边界填充为 2，最终输入的规模为 (32-5+2×2)/1 + 1 = 32，所以输出规模为 32×32×10，经过卷积操作后，也可以保持特征图长度、宽度不变。

在神经网络中，曾举例计算全连接方式所需的权重参数，一般为千万级别，实在过于庞大。卷积神经网络中，不仅特征提取方式与传统神经网络不同，参数的级别也差几个数量级。

卷积操作中，使用参数共享原则，在每一次迭代时，对所有区域使用相同的卷积核计算特征。可以把卷积这种特征提取方式看成是与位置无关的，这其中隐含的原理是：图像中一部分统计特性与其他部分是一样的。这意味着在这一部分学习的特征也能用在另一部分上，所以，对于这个图像上的所有位置，都能使用相同的卷积核进行特征计算。

迪哥说： 大家肯定会想，如果用不同的卷积核提取不同区域的特征应当更合理，但是这样一来，计算的开销就实在太大，还得综合考虑。

如图 19-18 所示，左图中未使用共享原则，使得每一个区域的卷积核都不同，其结果会使得参数过于庞大，右图中虽然区域很多，但每一个卷积核都是固定的，所需权重参数就少多了。

例如，数据依旧是 32×32×3 的图像，继续用 10 个 5×5×3 的 filter 进行卷积操作，所需的权重参数有多少个呢？

5×5×3 = 75，表示每一个卷积核只需要 75 个参数，此时有 10 个不同的卷积核，就需要 10×75 = 750 个卷积核参数，不要忘记还有 b 参数，每个卷积核都有一个对应的偏置参数，最终只需要 750+10=760 个权重参数，就可以完成一个卷积操作。

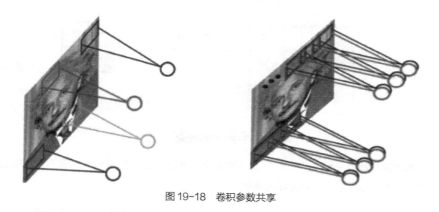

图 19-18　卷积参数共享

　　观察可以发现，卷积涉及的参数与输入图像大小并无直接关系，这可解决了大问题，可以快速高效地完成图像处理任务。

19.1.5　池化层

　　池化层也是卷积神经网络中非常重要的组成部分，先来看看它对特征做了什么。

　　假设把输入（224×224×64）当作某次卷积后的特征图结果，池化层基本都是放到卷积层之后使用的，很少直接对原始图像进行池化操作，所以一般输入的都是特征图。经过池化操作之后，给人直观的感觉就是特征图缩水了，高度和宽度都只有原来的一半，体积变成原来的1/4，但是特征图个数保持不变，如图 19-19 所示。

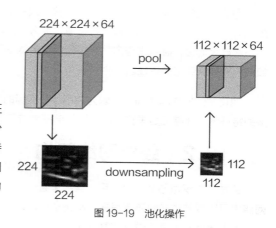

图 19-19　池化操作

迪哥说： 并不是所有池化操作都会使得特征图长度、宽度变为原来的一半，需根据指定的步长与区域大小进行计算，但是通常"缩水"成一半的池化最常使用。

　　池化层的作用就是要对特征图进行压缩，因为卷积后得到太多特征图，能全部利用肯定最好，但是计算量和涉及的权重参数随之增多，不得不采取池化方法进行特征压缩。常用池化方法有最大池化和平均池化。

　　图 19-20 是最大池化的示例。最大池化的原理很简单，首先在输入特征图中选择各个区域，然后"计算"其特征值，这里并没有像卷积层那样有实际的权重参数进行计算，而是直接选择最大的数值即可，例如在图19-20 的左上角 [1,1,5,6] 区域中，经过最大池化操作得到的特征值就是 6，其余区域也是同理。

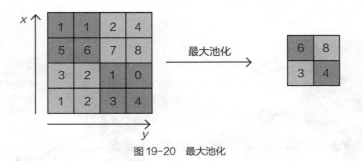

图 19-20 最大池化

平均池化的基本原理也是一样，只不过在计算过程中，要计算区域的平均值，而不是直接选择最大值，经过平均池化操作，[1,0,3,4] 区域得到特征值就是 2。

在池化操作中，依然需要给定计算参数，通常需要指定滑动窗口的步长（stride）和选择区域的大小（例如 2×2，只有大小，没有参数）。

最大池化的感觉是做法相对独特一些，只是把最大的特征值拿出来，其他完全不管，而平均池化看起来更温柔一些，会综合考虑所有的特征值。那么，是不是平均池化效果更好呢？并不是这样，现阶段使用的基本都是最大池化，感觉它与自然界中的优胜劣汰法则差不多，只会把最合适的保留下来，在神经网络中也是如此，需要最突出的特征。

池化层的操作非常简单，因为并不涉及实际的参数计算，通常都是接在卷积层后面。卷积操作会得到较多的特征图，让特征更丰富，池化操作会压缩特征图大小，利用最有价值的特征。

19.2 经典网络架构

完成了卷积层与池化层之后，就要来看一看其整体效果，可能此时大家已经考虑了一个问题，就是卷积网络中可以调节的参数还有很多，网络结构肯定千变万化，那么，做实验时，是不是需要把所有可能都考虑进去呢？通常并不需要做这些基础实验，用前人实验好的经典网络结构是最省时省力的。所谓经典就是在各项竞赛和实际任务中，总结出来比较实用而且通用性很强的网络结构。

19.2.1 卷积神经网络整体架构

在了解经典之前，还要知道基本的卷积神经网络模型，这里给大家先来分析一下。

图 19-21 是一个完整的卷积神经网络，首先对输入数据进行特征提取，然后完成分类任务。通常卷积操作后，都会对其结果加入非线性变换，例如使用 ReLU 函数。池化操作与卷积操作是搭配来的，可以发现卷积神经网络中经常伴随着一些规律出现，例如 2 次卷积后进行 1 次池化操作。最终还需将网络得到的特征图结果使用全连接层进行整合，并完成分类任务，最后一步的前提是，要把特征图转换成特征向量，因为卷积网络得到的特征图是一个三维的、立体的，而全连接层是使用权重参数矩阵

计算的，也就是全连接层的输入必须是特征向量，需要转换一下，在后续代码实战中，也会看到转换操作。

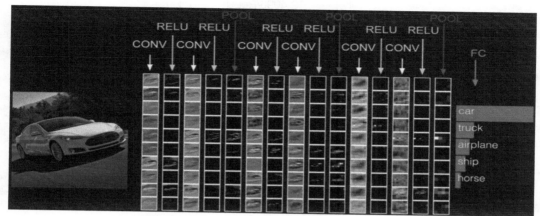

图19-21 卷积神经网络整体架构

卷积神经网络的核心就是得到的特征图，如图19-22所示，特征图的大小和个数始终在发生变化，通常卷积操作要得到更多的特征图来满足任务需求，而池化操作要进行压缩来降低特征图规模（池化时特征图个数不变）。最后再使用全连接层总结好全部特征，在这之前还需对特征图进行转换操作，可以当作是一个把长方体的特征拉长成一维特征的过程。

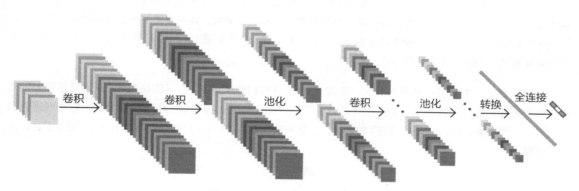

图19-22 卷积神经网络特征图变化

19.2.2 AlexNet网络

AlexNet可以说是深度学习的开篇之作，如图19-23所示。在2012年的ImageNet图像分类竞赛中，用卷积神经网络击败传统机器学习算法获得冠军，也使得越来越多的人加入到深度学习的研究中。

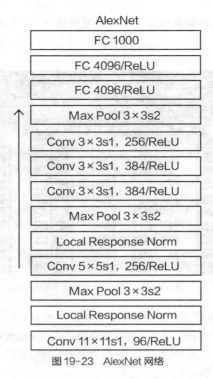

图 19-23　AlexNet 网络

AlexNet 网络结构从现在的角度来看还有很多问题，整体网络结构是 8 层，其中卷积层 5 个，全连接层 3 个。当计算层数的时候，只考虑带有参数的层，也就是卷积层和全连接层，其中池化层由于没有涉及参数计算，就不把它算作层数里面。从结构中可以看到，3 个全连接层全部放到最后，相当于把所有卷积得到的特征组合起来再执行后续的分类或回归任务。

网络结构中，卷积核的选择都偏大，例如第一层 11×11 的卷积核，并且步长为 4，感觉就像是大刀阔斧地提取特征，这样提取的特征肯定不够细致，还有很多信息没有被利用，所以相信大家也能直观感受到 ALEXNET 的缺点。总之，就是网络层数太少，提取不够细腻，当时这么做的出发点估计还是硬件设备计算性能所限。

迪哥说：当大家在做实际任务时，如果不考虑时间效率，还是需要使网络结构更庞大一些，AlexNet 只做了解即可，实际中效果还有待提高。

19.2.3　VGG 网络

由于 VGG 网络层数比较多，可以直接通过表格的形式看它的组成。它是 2014 年的代表作，其使用价值至今还在延续，所以很值得学习。VGG 有好几种版本，下面看其最经典的结构（也就是图 19-24 框住的部分）。首先其网络层数有 16 层，是 ALEXNET 的 2 倍，作者曾经做过对比实验：相同的数据集分别用 ALEXNET 和 VGG 来建模分类任务，保持学习率等其他参数不变，VGG 的效果要比 ALEXNET 高出十几个百分点，但是相对训练时间也要长很多。

Conv Net Configuration					
A	A-LRN	B	C	D	E
11 weight layers	11 weight layers	13 weight layers	16 weight layers	16 weight layers	19 weight layers
input(224 × 224 RGB image)					
conv3-64	conv3-64 LRN	conv3-64 **conv3-64**	conv3-64 conv3-64	conv3-64 conv3-64	conv3-64 conv3-64
maxpool					
conv3-128	conv3-128	conv3-128 **conv3-128**	conv3-128 conv3-128	conv3-128 conv3-128	conv3-128 conv3-128
maxpool					
conv3-256 conv3-256	conv3-256 conv3-256	conv3-256 conv3-256	conv3-256 conv3-256 **conv1-256**	conv3-256 conv3-256 **conv3-256**	conv3-256 conv3-256 conv3-256 **conv3-256**
maxpool					
conv3-512 conv3-512	conv3-512 conv3-512	conv3-512 conv3-512	conv3-512 conv3-512 **conv1-512**	conv3-512 conv3-512 **conv3-512**	conv3-512 conv3-512 conv3-512 **conv3-512**
maxpool					
conv3-512 conv3-512	conv3-512 conv3-512	conv3-512 conv3-512	conv3-512 conv3-512 **conv1-512**	conv3-512 conv3-512 **conv3-512**	conv3-512 conv3-512 conv3-512 **conv3-512**
maxpool					
FC-4096					
FC-4096					
FC-1000					
soft-max					

图 19-24 VGG 网络

迪哥说：网络层数越多，训练时间也会越长，通常这些经典网络的输入大小都是 224×224×3，如果 AlexNet 需要 8 小时完成训练，VGG 大概需要 2 天。

VGG 网络有一个特性，所有卷积层的卷积核大小都是 3×3，可以用较小的卷积核来提取特征，并且加入更多的卷积层。这样做有什么好处呢？还需要解释一个知识点——感受野，它表示特征图能代表原始图像的大小，也就是特征图能感受到原始输入多大的区域。

选择 3×3 的卷积核来执行卷积操作，经过两次卷积后，选择最后特征图中的一个点，如图 19-25 所示。现在要求它的感受野，也就是它能看到原始输出多大的区域，倒着来推，它能看到第一个特征图 3×3 的区域（因为卷积核都是 3×3 的），而第一个特征图 3×3 的区域能看到原始输入 5×5 的区域，此时就说当前的感受野是 5×5。通常都是希望感受野越大越好，这样每一个特征图上的点利用原始数据的信息就更多。

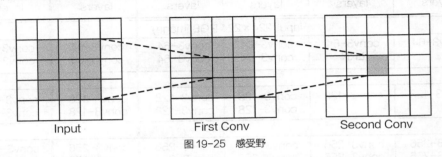

图 19-25　感受野

同理，如果堆叠 3 个 3×3 的卷积层，并且保持滑动窗口步长为 1，其感受野就是 7×7，这与一个使用 7×7 卷积核的结果相同，那么，为什么非要堆叠 3 个小卷积呢？假设输入大小都是 h×w×c，并且都使用 C 个卷积核（得到 C 个特征图），可以计算一下其各自所需参数。

使用 1 个 7×7 卷积核所需参数：

$$C×（7×7×C）=49C^2$$

使用 3 个 3×3 卷积核所需参数：

$$3×C×（3×3×C）=27C^2$$

很明显，堆叠小的卷积核所需的参数更少，并且卷积过程越多，特征提取也会越细致，加入的非线性变换也随之增多，而且不会增大权重参数个数，这就是 VGG 网络的基本出发点，用小的卷积核来完成体特征提取操作。

观察其网络结构还可以发现，基本上经过 maxpool（最大池化）之后的卷积操作都要使特征图翻倍，这是由于池化操作已经对特征图进行压缩，得到的信息量相对有所下降，所以需要通过卷积操作来弥补，最直接的方法就是让特征图个数翻倍。

后续的操作还是用 3 个全连接层把之前卷积得到的特征再组合起来，可以说 VGG 是现代深度网络模型的代表，用更深的网络结构来完成任务，虽然训练速度会慢一些，但是整体效果会有很大提升。如果大家拿到一个实际任务，还不知如何下手，可以先用 VGG 试试，它相当于一套通用解决方案，不仅能用在图像分类任务上，也可以用于回归任务。

19.2.4 ResNet 网络

通过之前的对比，大家发现深度网络的效果更好，那么为什么不让网络再深一点呢？ 100 层、1000 层可不可以呢？理论上是可行的，但是先来看看之前遇到的问题。

如图 19-26 所示，如果沿用 VGG 的思想将网络继续堆叠得到的效果并不好，深层的网络（如 56 层）无论是在训练集还是在测试集上的效果都不理想，那么所谓的深度学习是不是到此为止呢？在解决问题的过程中，又一神作诞生了——深度残差网络。

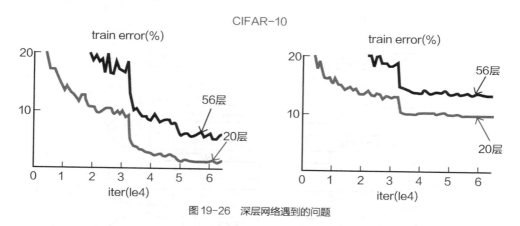

图 19-26 深层网络遇到的问题

其基本思想就是，因网络层数继续增多，导致结果下降，其原因肯定是网络中有些层学习得不好。但是，在继续堆叠过程中，可能有些层学习得还不错，还可以被利用。

图 19-27 为 ResNet 网络叠加方法。如果这样设计网络结构，相当于输入 x（可以当作特征图）在进行卷积操作的时候分两条路走：一条路中，x 什么都不做，直接拿过来得到当前输出结果；另一条路中，x 需要通过两次卷积操作，以得到其特征图结果。再把这两次的结果加到一起，这就相当于让网络自己判断哪一种方式更好，如果通过卷积操作后，效果反而下降，那就直接用原始的输入 x；如果效果提升，就把卷积后的结果加进来。

这就解决了之前提出的问题，深度网络模型可能会导致整体效果还不如之前浅层的。按照残差网络的设计，继续堆叠网络层数并不会使得效果下降，最差也是跟之前一样。

如图 19-28 所示，通过对比可以发现，残差网络在整体设计中沿用了图 19-27 所示的方法，使得网络继续堆叠下去。这里只是简单介绍了一下其基本原理，如果大家想详细了解其细节和实验效果，最好的方式是阅读其原始论文，非常有学习价值。

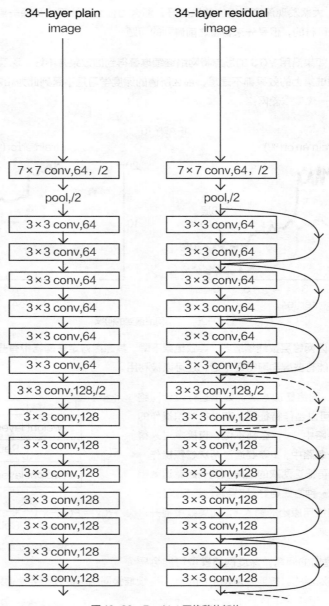

图 19-28 ResNet 网络整体架构

如图 19-29 所示，图 19-29（a）就是用类似 VGG 的方法堆叠更深层网络模型，层数越多，效果反而越差。图 19-29（b）是 ResNet，它完美地解决了深度网络所遇到的问题。

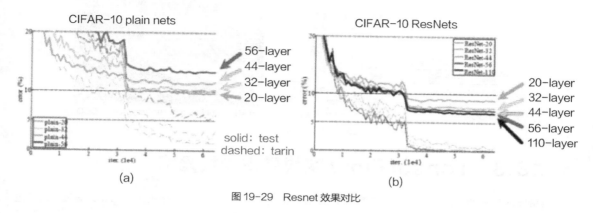

图 19-29　Resnet 效果对比

图 19-30 列出了在 ImageNet 图像分类比赛中各种网络模型的效果，最早的时候是用浅层网络进行实验，后续逐步改进，每一年都有杰出的代表产生（见图 19-31）。

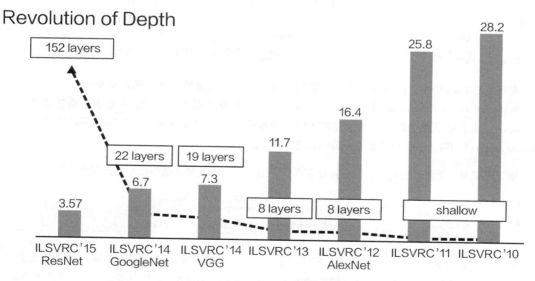

图 19-30　经典网络效果对比

不仅在图像分类任务中，在检测任务中也是如此，究其根本还是特征提取得更好，所以现阶段残差网络已经成为一套通用的基本解决方案。

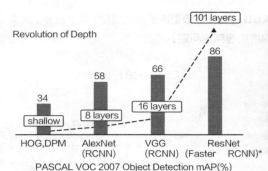

ResNet's object detection result on COCO

图 19-31 日新月异的改革

19.3 TensorFlow 实战卷积神经网络

讲解完卷积与池化的原理之后，还要用 TensorFlow 实际把任务做出来。依旧是 Mnist 数据集，只不过这回用卷积神经网络来进行分类任务，不同之处是输入数据的处理：

```
from tensorflow.examples.tutorials.mnist import input_data
mnist = input_data.read_data_sets("data/", one_hot=True)

x = tf.placeholder("float", shape = [None, 28, 28, 1])
y_ = tf.placeholder("float", shape = [None, 10])
```

在卷积神经网络中，所有数据格式就都是四维的，先向大家解释一下输入中每一个维度表示的含义 [batchsize,h,w,c]：batchsize 表示一次迭代的样本数量，h 表示图像的长度，w 表示图像的宽度，c 表示颜色通道（或者特征图个数）。需要注意 h 和 w 的顺序，不同深度学习框架先后顺序可能并不一样。在 placeholder() 中对输入数据也需要进行明确的定义，标签与之前一样。

接下来就是权重参数初始化，由于是卷积操作，所以它与之前全连接的定义方式完全不同：

```
W_conv1 = tf.Variable(tf.truncated_normal([5, 5, 1, 32], stddev=0.1))
b_conv1 = tf.Variable(tf.constant(.1, shape = [32]))
```

从上述代码可以看出，还是随机进行初始化操作，w 表示卷积核，b 表示偏置。其中需要指定的就是卷积核的大小，同样也是四维的。[5, 5, 1, 32] 表示使用卷积核的大小是 5×5，前面连接的输入颜色通道是 1（如果是特征图，就是特征图个数），使用卷积核的个数是 32，就是通过这次卷积操作后，得到 32 个特征图。卷积层中需要设置的参数稍微有点多，需要注意卷积核的深度（这个例子中就是这个 1），一定要与前面的输入深度一致（Mnist 是黑白图，颜色通道为 1）。

对于偏置参数来说，方法还是相同的，只需看最终结果。卷积中设置了 32 个卷积核，那么，肯定会得到 32 个特征图，偏置参数相当于要对每一个特征图上的数值进行微调，所以其个数为 32。

| In | ```
h_conv1 = tf.nn.conv2d(input=x, filter=W_conv1, strides=[1, 1, 1, 1], padd
ing='SAME') + b_conv1
h_conv1 = tf.nn.relu(h_conv1)
h_pool1 = tf.nn.max_pool(h_conv1, ksize=[1, 2, 2, 1], strides=[1, 2, 2, 1], p
adding='SAME')
``` |
|----|----|

这就是卷积的计算流程，tensorflow 中已经实现卷积操作，直接使用 conv2d 函数即可，需要传入当前的输入数据、卷积核参数、步长以及 padding 项。

步长同样也是四维的，第一个维度中，1 表示在 batchsize 上滑动，通常情况下都是 1，表示一个一个样本轮着来。第二和第三个 1 表示在图像上的长度和宽度上的滑动都是每次一个单位，可以看做一个小整体 [1,1]，长度和宽度的滑动一般都是一致的，如果是 [2,2]，表示移动两个单位。最后一个 1 表示在颜色通道或者特征图上移动，基本也是 1。通常情况下，步长参数在图像任务中只需按照网络的设计改动中间数值，如果应用到其他领域，就需要具体分析。

padding 中可以设置是否加入填充，这里指定成 SAME，表示需要加入 padding 项。在池化层中，还需要指定 ksize，也就是一次选择的区域大小，与卷积核参数类似，只不过这里没有参数计算。[1, 2, 2, 1] 与步长的参数含义一致，分别表示在 batchsize,h,w,c 上的区域选择，通常 batchsize 和通道（特征图）上都为 1，只需要改变中间的 [2,2] 来控制池化层结果，这里选择 ksize 和 stride 都为 2，相当于长和宽各压缩到原来的一半。

第一层确定后，后续的卷积和池化操作也相同，继续进行叠加即可，其实，在网络结构中，通常都是按照相同的方式进行叠加，所以可以先定义好组合函数，这样就方便多了：

| In | ```
def conv2d(x, W):
    return tf.nn.conv2d(input=x, filter=W, strides=[1, 1, 1, 1], padding='SAME')

def max_pool_2x2(x):
    return tf.nn.max_pool(x, ksize=[1, 2, 2, 1], strides=[1, 2, 2, 1], padding='SAME')
``` |
|----|----|

继续做第二个卷积层：

| In | ```
W_conv2 = tf.Variable(tf.truncated_normal([5, 5, 32, 64], stddev=0.1))
b_conv2 = tf.Variable(tf.constant(.1, shape = [64]))
h_conv2 = tf.nn.relu(conv2d(h_pool1, W_conv2) + b_conv2)
h_pool2 = max_pool_2x2(h_conv2)
``` |
|----|----|

对于 Mnist 数据集来说，用两个卷积层就差不多，下面就是用全连接层来组合已经提取出的特征：
```

```
In    W_fc1 = tf.Variable(tf.truncated_normal([7 * 7 * 64, 1024], stddev=0.1))
      b_fc1 = tf.Variable(tf.constant(.1, shape = [1024]))
      h_pool2_flat = tf.reshape(h_pool2, [-1, 7*7*64])
      h_fc1 = tf.nn.relu(tf.matmul(h_pool2_flat, W_fc1) + b_fc1)
```

这里需要定义好全连接层的权重参数：[7×7×64，1024]，全连接参数与卷积参数有些不同，此时需要一个二维的矩阵参数。第二个维度 1024 表示要把卷积提取特征图转换成 1024 维的特征。第一个维度需要自己计算，也就是当前输入特征图的大小，Mnist 数据集本身输入 28×28×1，给定上述参数后，经过卷积后的大小保持不变，池化操作后，长度和宽度都变为原来的一半，代码中选择两个池化操作，所以最终的特征图大小为 28×1/2×1/2=7。特征图个数是由最后一次卷积操作决定的，也就是 64。这样就把 7×7×64 这个参数计算出来。

在全连接操作前，需要 reshape 一下特征图，也就是将一个特征图压扁或拉长成为一个特征。最后进行矩阵乘法运算，就完成全连接层要做的工作。

```
In    keep_prob = tf.placeholder("float")
      h_fc1_drop = tf.nn.dropout(h_fc1, keep_prob)
```

讲解神经网络时，曾特别强调过拟合问题，此时也可以加进 dropout 项，基本都是在全连接层加入该操作。传入的参数是一个比例，表示希望保存神经元的百分比，例如 50%。

```
In    W_fc2 = tf.Variable(tf.truncated_normal([1024, 10], stddev=0.1))
      b_fc2 = tf.Variable(tf.constant(.1, shape = [10]))
      y = tf.matmul(h_fc1_drop, W_fc2) + b_fc2
```

现在的 1024 维特征可不是最终想要的结果，当前任务是要做一个十分类的手写字体识别，所以第二个全连接层的目的就是把特征转换成最终的结果。大家可能会想，只设置最终输出 10 个结果，能和它所属各个类别的概率对应上吗？没错，神经网络就是这么神奇，它要做的就是让结果和标签尽可能一致，按照标签设置的结果，返回的就是各个类别的概率值，其中的奥秘就在于如何定义损失函数。

```
In    crossEntropyLoss = tf.reduce_mean(tf.nn.softmax_cross_entropy_with_logits(labels = y_, logits = y))
      trainStep = tf.train.AdamOptimizer().minimize(crossEntropyLoss)
      correct_prediction = tf.equal(tf.argmax(y, 1), tf.argmax(y_, 1))
      accuracy = tf.reduce_mean(tf.cast(correct_prediction, "float"))
```

同样是设置损失函数以及优化器，这里使用 AdamOptimizer() 优化器，相当于在学习的过程中让学习率逐渐减少，符合实际要求，而且将计算准确率当作衡量标准。

```
In    sess.run(tf.global_variables_initializer())
```

| In | ```
batchSize = 50
for i in range(1000):
    batch = mnist.train.next_batch(batchSize)
    trainingInputs = batch[0].reshape([batchSize, 28, 28, 1])
    trainingLabels = batch[1]
    if i%100 == 0:
        trainAccuracy = accuracy.eval(session=sess, feed_dict={x:trainingInputs,
y_: trainingLabels, keep_prob: 1.0})
        print ("step %d, training accuracy %g"%(i, trainAccuracy))
    trainStep.run(session=sess, feed_dict={x: trainingInputs, y_: trainingLabels, k
eep_prob: 0.5})
``` |
| Out | step 0, training accuracy 0.14
step 100, training accuracy 0.94
step 200, training accuracy 0.96
step 300, training accuracy 0.98
step 400, training accuracy 0.96
step 500, training accuracy 1
step 600, training accuracy 0.98
step 700, training accuracy 0.98
step 800, training accuracy 1
step 900, training accuracy 0.98 |

之前使用神经网络的时候，需要 1000 次迭代，效果才能达到 90% 以上，加入卷积操作之后，准备率的提升是飞快的，差不多 100 次，就能满足需求。

本章总结

图 19-32 就是卷积神经网络的基本结构，先将卷积层和池化层搭配起来进行特征提取，最后再用全连接操作把特征整合到一起，其核心就是卷积层操作以及其中涉及的参数。在图像处理中，卷积网络模型使用更少的参数，识别效果却更好，大大促进了计算机视觉领域的发展，深度学习作为当下最热门的领域，进步也是飞快的，每年都会有杰出的网络代表产生，学习的任务永远都会持续下去。

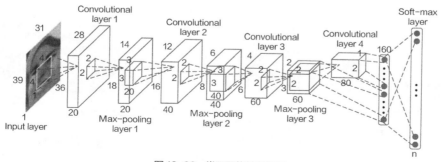

图 19-32 卷积网络特征提取
```

第 20 章
神经网络项目实战——影评情感分析

之前讲解神经网络时，都是以图像数据为例，训练过程中，数据样本之间是相互独立的。但是在自然语言处理中就有些区别，例如，一句话中各个词之间有明确的先后顺序，或者一篇文章的上下文之间肯定有联系，但是，传统神经网络却无法处理这种关系。递归神经网络（Recurrent Neural Network，RNN）就是专门解决这类问题的，本章就递归神经网络结构展开分析，并将其应用在真实的影评数据集中进行分类任务。

20.1　递归神经网络

递归神经网络与卷积神经网络并称深度学习中两大杰出代表,分别应用于计算机视觉与自然语言处理中,本节介绍递归神经网络的基本原理。

20.1.1　RNN 网络架构

RNN 网络的应用十分广泛,任何与自然语言处理能挂钩的任务基本都有它的影子,先来看一下它的整体架构,如图 20-1 所示。

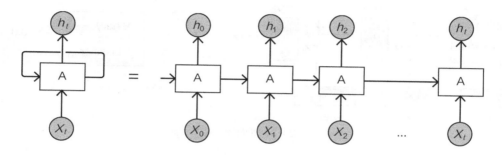

图 20-1　RNN 网络整体架构

其实只要大家熟悉了基本的神经网络结构,再来分析递归神经网络就容易多了,它只比传统网络多做了一件事——保留各个输入的中间信息。例如,有一个时间序列数据$[X_0, X_1, X_2, \cdots, X_t]$,如果直接用神经网络去做,网络会依次输入各个数据,不会考虑它们之间的联系。

在 RNN 网络中,一个序列的输入数据来了,不仅要计算最终结果,还要保存中间结果,例如,整体操作需要 2 个全连接层得到最后的结果,现在把经过第一个全连接层得到的特征单独保存下来。

在计算下一个输入样本时,输入数就不仅是当前的输入样本,还包括前一步得到的中间特征,相当于综合考虑本轮的输入和上一轮的中间结果。通过这种方法,可以把时间序列的关系加入网络结构中。

例如,可以把输入数据想象成一段话,$X_0, X_1, \cdots, X_i$ 就是其中每一个词语,此时要做一个分类任务,看一看这句话的情感是积极的还是消极的。首先将 X_0 最先输入网络,不仅得到当前输出结果 h_0,还有其中间输出特征。接下来将 X_1 输入网络,和它一起进来的还有前一轮 X_0 的中间特征,以此类推,最终这段话最后一个词语 X_t 输入进来,依旧会结合前一轮的中间特征(此时前一轮不仅指 X_{t-1},因为 X_{t-1} 也会带有 X_{t-2} 的特征,以依类推,就好比综合了前面全部的信息),得到最终的结果 h_t 就是想要的分类结果。

可以看到,在递归神经网络中,只要没到最后一步,就会把每一步的中间结果全部保存下来,以供后续过程使用。每一步也都会得到相应的输出,只不过中间阶段的输出用处并不大,因为还没有把所有内容都加载来,通常都是把最后一步的输出结果当作整个模型的最终输出,因为它把前面所有的信息都考虑进来。

例如，当前的输入是一句影评数据，如图 20-2 所示。

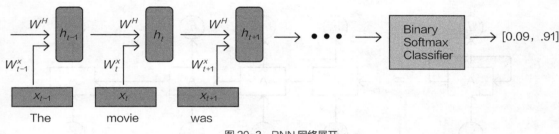

图 20-2　影评输入数据

网络结构展开如图 20-3 所示。

图 20-3　RNN 网络展开

每一轮输出结果为：

$$h_t = \sigma(W^H h_{t-1} + W^X x_t) \qquad (20.1)$$

　　这就是递归神经网络的整体架构，原理和计算方法都与神经网络类似（全连接），只不过要考虑前一轮的结果。这就使得 RNN 网络更适用于时间序列相关数据，它与语言和文字的表达十分相似，所以更适合自然语言处理任务。

20.1.2　LSTM 网络

　　RNN 网络看起来十分强大，那么它有没有问题呢？如果一句话过长，也就是输入 X 序列过多的时候，最后一个输入会把前面所有的中间特征都考虑进来。此时可以想象一下，通常情况下，语言或者文字都是离着越近，相关性越高，例如："今天我白天在家玩了一天，主要在玩游戏，晚上照样没事干，准备出去打球。"最后的词语"打球"应该会和晚上没事干比较相关，而和前面的玩游戏没有多大关系，但是，RNN 网络会把很多无关信息全部考虑进来。实际的自然语言处理任务也会有相似的问题，越相关的应当前后越紧密，如果中间东西记得太多，就会使得整体网络模型效果有所下降。

　　所以最好的办法就是让网络有选择地记忆或遗忘一些内容，重要的东西需要记得更深刻，价值不大的信息可以遗忘掉，这就用到当下最流行的 Long Short Term Memory Units，简称 LSTM，它在 RNN 网络的基础上加入控制单元，以有选择地保留或遗忘部分中间结果，现在来看一下它的整体架构，如图 20-4 所示。

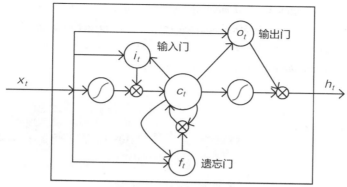

图 20-4 LSTM 整体架构

它的主要组成部分有输入门、输出门、遗忘门和一个记忆控制器 C，简单概述，就是通过一个持续维护并进行更新的 C_t 来控制每次迭代需要记住或忘掉哪些信息，如果一个序列很长，相关的内容会选择记忆下来，一些没用的描述忘掉就好。

LSTM 网络在处理问题时，整体流程还是与 RNN 网络类似，只不过每一步增加了选择记忆的细节，这里只向大家进行了简单介绍，了解其基本原理即可，如图 20-5 所示。随着技术的升级，RNN 网络中各种新产品也是层出不穷。

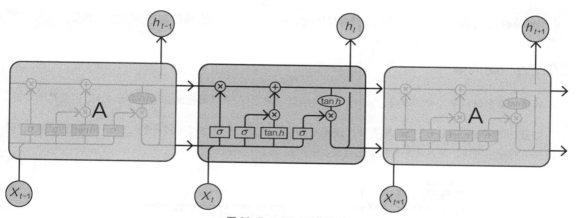

图 20-5 LSTM 网络展开

20.2 影评数据特征工程

现在要对电影评论数据集进行分类任务（二分类），建立一个 LSTM 网络模型，以识别哪些评论是积极肯定的情感、哪些是消极批判的情感。下面先来看看数据（见图 20-6）。

One of the very best Three Stooges shorts ever. A spooky house full of evil guys and "The Goon" challenge the Alert Detective Agency's best men. Shemp is in top form in the famous in-the-dark scene. Emil Sitka provides excellent support in his Mr. Goodrich role, as the target of a murder plot. Before it's over, Shemp's "trusty little shovel" is employed to great effect. This 16 minute gem moves about as fast as any Stooge's short and packs twice the wallop. Highly recommended.

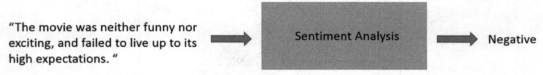

图 20-6   影评数据分类任务

　　这就是其中一条影评数据，由于英文数据本身以空格为分隔符，所以直接处理词语即可。但是这里有一个问题——如何构建文本特征呢？如果直接利用词袋模型或者 TF-IDF 方法计算整个文本向量，很难得到比较好的效果，因为一篇文章实在太长。

　　另一个问题就是 RNN 网络的输入要求是什么？在原理讲解中已经指出，需要把整个句子分解成一个个词语，因此每一个词就是一个输入，即 $x_0, x_1, \cdots, x_t$。所以需要考虑每一个词的特征表示。

迪哥说： 在数据处理阶段，一定要弄清楚最终网络需要的输入是什么，按照这个方向去处理数据。

20.2.1   词向量

　　特征一直是机器学习中的难点，为了使得整个模型效果更好，必须要把词的特征表示做好，也就是词向量。

　　如图 20-7 所示，每一个词都需要转换成相应的特征向量，而且维度必须一致，关于词向量的组成，可不是简单的词频统计，而是需要有实际的含义。

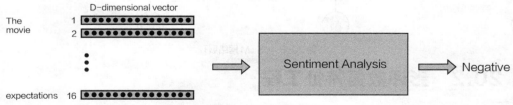

图 20-7   词向量的组成

　　如果基于统计的方法来制作向量，love 和 adore 是两个完全不同的向量，因为统计的方法很难考虑词语本身以及上下文的含义，如图 20-8 所示。如果用词向量模型（word2vec）来制作，结果就大不相同。

图 20-9 为词向量的特征空间意义。相似的词语在向量空间上也会非常类似，这才是希望得到的结果。所以，当拿到文本数据之后，第一步要对语料库进行词向量建模，以得到每一个词的向量。

I love taking long walks on the beaach.
My friends told me that they love popcorn.

The relatives adore the baby's cute face.
I adore his sense of humor.

图 20-8　词向量的意义

图 20-9　词向量的特征空间意义

由于训练词向量的工作量很大，在很多通用任务中，例如常见的新闻数据、影评数据等，都可以直接使用前人用大规模语料库训练之后的结果。因为此时希望得到每一个词的向量，肯定是预料越丰富，得到的结果越好（见图 20-10）。

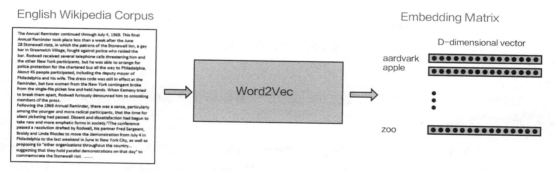

图 20-10　词向量制作

 迪哥说：词语能通用的原因在于，语言本身就是可以跨内容使用的，这篇文章中使用的每一个词语的含义换到下一篇文章中基本不会发生变化。但是，如果你的任务是专门针对某一领域，例如医学实验，这里面肯定会有大量的专有名词，此时就需要单独训练词向量模型来解决专门问题。

接下来简单介绍一下词向量的基本原理，也就是 Word2Vec 模型，在自然语言处理中经常用到这个模型，其目的就是得到各个词的向量表示。

Word2Vec 模型如图 20-11 所示，整体的结构还是神经网络，只不过此时要训练的不仅是网络的权重参数，还有输入数据。首先对每个词进行向量初始化，例如随机创建一个 300 维的向量。在训练过程中，既可以根据上下文预测某一个中间词，例如文本是：今天 天气 不错，上下文就是今天 不错，预测结果为：天气，如图 20-11（a）所示；也可以由一个词去预测其上下文结果。最终通过神经网络不断迭代，以训练出每一个词向量结果。

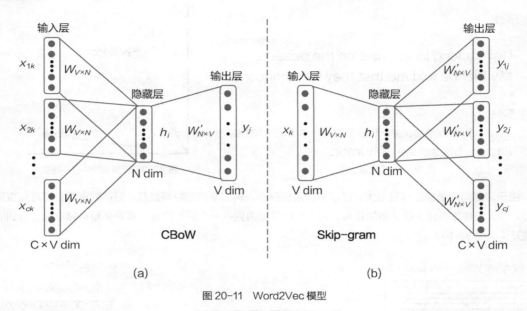

图 20-11　Word2Vec 模型

 迪哥说：在 word2vec 模型中，每一次迭代更新，输入的词向量都会发生变化，相当于既更新网络权重参数，也更新输入数据。

关于词向量的建模方法，Gensim 工具包中已经给出了非常不错的文档教程，如果要亲自动手创建一份词向量，可以参考其使用方法，只需先将数据进行分词，然后把分词后的语料库传给 Word2Vec 函数即可，方法还是非常简单的。

In	`from gensim.models.word2vec import Word2Vec` `model = Word2Vec(sentences_list, workers=num_workers, size=num_features, min_count = min_word_count, window = context)`

使用时，需要指定好每一个参数值。

- sentences：分好词的语料库，可以是一个 list。

- sg：用于设置训练算法，默认为 0，对应 CBOW 算法；sg=1 则采用 skip-gram 算法。

- size：是指特征向量的维度，默认为 100。大的 size 需要更多的训练数据，但是效果会更好，推荐值为几十到几百。

- window：表示当前词与预测词在一个句子中的最大距离是多少。

- alpha：是学习速率。

- seed：用于随机数发生器，与初始化词向量有关。

- min_count：可以对字典做截断，词频少于 min_count 次数的单词会被丢弃掉，默认值为 5。

- max_vocab_size：设置词向量构建期间的 RAM 限制。如果所有独立单词个数超过这个，则就消除掉其中最不频繁的一个。每 1000 万个单词需要大约 1GB 的 RAM。设置成 None，则没有限制。

- workers：控制训练的并行数。

- hs：如果为 1，则会采用 hierarchica softmax 技巧。如果设置为 0（defaut），则 negative sampling 会被使用。

- negative：如果 >0，则会采用 negative samping，用于设置多少个 noise words。

- iter：迭代次数，默认为 5。

训练完成后得到的词向量如图 20-12 所示，基本上都是较小的数值，其含义如同降维得到的结果，还是很难进行解释。

	0	1	2	3	4	5	6	7	8	9	...
0	-0.696664	0.903903	-0.625330	-1.004056	0.304315	0.757687	-0.585106	1.063758	0.361671	-1.063279	...
1	0.888799	-0.449773	1.340381	-3.644667	2.221354	-2.437322	-1.399687	0.539550	2.563507	0.984283	...
2	0.589862	4.321714	-0.652215	5.326607	-8.739010	0.005590	1.371678	-0.868081	-1.485593	-2.200574	...
3	-1.029406	-0.387385	0.504282	-1.223156	-0.733892	0.389869	-1.111555	-0.703193	3.405883	0.458893	...
4	-2.343473	2.814057	-2.822986	1.471130	-4.252637	0.117415	3.309642	0.895924	-2.021818	-0.558035	...

5 rows × 300 columns

图 20-12　词向量结果

制作好词向量之后，还可以动手试试其效果，看一下到底有没有空间中的实际含义：

In	model. most_similar ("bad")
Out	[('worse', 0.7071679830551147), ('horrible', 0.7065873742103577), ('terrible', 0.6872220635414124), ('sucks', 0.6666240692138672), ('crappy', 0.6634873747825623), ('lousy', 0.6494461297988892), ('horrendous', 0.6371070742607117), ('atrocious', 0.62550288438797),

Out	('suck', 0.6224384307861328), ('awful', 0.619296669960022)]
In	model.most_similar("boy")
Out	[('girl', 0.7018299698829651), ('astro', 0.6647905707359314), ('teenage', 0.6317306160926819), ('frat', 0.60948246717453), ('dad', 0.6011481285095215), ('yr', 0.6010577082633972), ('teenager', 0.5974895358085632), ('brat', 0.5941195487976074), ('joshua', 0.5832049250602722), ('father', 0.5825375914573669)]

通过实验结果可以看出，使用语料库训练得到的词向量确实有着实际含义，并且具有相同含义的词在特征空间中是非常接近的。关于词向量的维度，通常情况下，50 ~ 300 维比较常见，谷歌官方给出的 word2vec 模型的词向量是 300 维，能解决绝大多数任务。

20.2.2 数据特征制作

影评数据集中涉及的词语都是常见词，所以完全可以利用前人训练好的词向量模型，英文数据集中有很多训练好的结果，最常用的就是谷歌官方给出的词向量结果，但是，它的词向量是 300 维度，也就是说，在 RNN 模型中，每一次输入的数据都是 300 维的，如果大家用笔记本电脑来跑程序会比较慢，所以这里选择另外一份词向量结果，每个词只有 50 维特征，一共包含 40 万个常用词。

| In | ```python
import numpy as np
# 读取词数据集
wordsList = np.load('./training_data/wordsList.npy')
print('Loaded the word list!')
# 已经训练好的词向量模型
wordsList = wordsList.tolist()
# 给定相应格式
wordsList = [word.decode('UTF-8') for word in wordsList]
# 读取词向量数据集
wordVectors = np.load('./training_data/wordVectors.npy')
print(len(wordsList))
print(wordVectors.shape)
``` |
|-----|---|
| Out | 400000
(400000, 50) |
```

关于词向量的制作，也可以自己用 Gensim 工具包训练，如果大家想处理一份 300 维的特征数据，不妨自己训练一番，文本数据较少时，很快就能得到各个词的向量表示。

如果大家想看看词向量的模样，可以实际传入一些单词试一试：

In	baseballIndex = wordsList.index('baseball') wordVectors[baseballIndex]
Out	array([-1.93270004, 1.04209995, -0.78514999, 0.91033 , 0.22711 , -0.62158 , -1.64929998, 0.07686 , -0.58679998, 0.058831 , 0.35628 , 0.68915999, -0.50598001, 0.70472997, 1.26639998, -0.40031001, -0.020687 , 0.80862999, -0.90565997, -0.074054 , -0.87674999, -0.62910002, -0.12684999, 0.11524 , -0.55685002, -1.68260002, -0.26291001, 0.22632 , 0.713 , -1.08280003, 2.12310004, 0.49869001, 0.066711 , -0.48225999, -0.17896999, 0.47699001, 0.16384 , 0.16537 , -0.11506 , -0.15962 , -0.94926 , -0.42833 , -0.59456998, 1.35660005, -0.27506 , 0.19918001, -0.36008 , 0.55667001, -0.70314997, 0.17157], dtype=float32)

上述代码返回的结果就是一个 50 维的向量，其中每一个数值的含义根本理解不了，但是计算机却能看懂它们的整体含义。

现在已经有各个词的向量，但是手里拿到的是一篇文章，需要对应地找到其各个词的向量，然后再组合在一起，先来整体看一下流程，如图 20-13 所示。

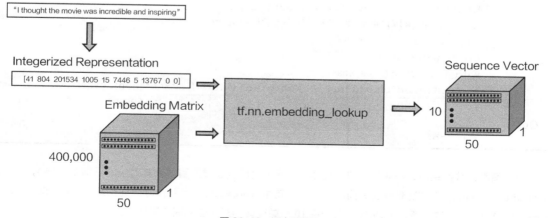

图 20-13　词向量读取

由图可见，先得到一句话，然后取其在词库中的对应索引位置，再对照词向量表转换成相应的结果，例如输入 10 个词，最终得到的结果就是 [10,50]，表示每个词都转换成其对应的向量。

Embedding Matrix 表示整体的词向量大表，要在其中寻找所需的结果，TensorFlow 提供了一个非常便捷的函数 tf.nn.embedding_lookup()，可以快速完成查找工作，如果任务与自然语言处理相关，那会经常用到这个函数。

迪哥说： 整体流程看起来有点麻烦，其实就是对照输入中的每一个词将其转换成相应的词向量即可，在数据量较少时，也可以用字典的方法查找替换，但是，当数据量与词向量矩阵都较大时，最好使用 embedding_lookup() 函数，速度起码快一个数量级。

在将所有影评数据替换为词向量之前，需要考虑不同的影评数据长短不一所导致的问题，要不要规范它们？

In	```python
	# 可以设置文章的最大词数来限制
	maxSeqLength = 10
	# 每个单词的最大维度
	numDimensions = 300
	firstSentence = np.zeros((maxSeqLength)，dtype='int32')
	firstSentence[0] = wordsList.index("i")
	firstSentence[1] = wordsList.index("thought")
	firstSentence[2] = wordsList.index("the")
	firstSentence[3] = wordsList.index("movie")
	firstSentence[4] = wordsList.index("was")
	firstSentence[5] = wordsList.index("incredible")
	firstSentence[6] = wordsList.index("and")
	firstSentence[7] = wordsList.index("inspiring")
	# 如果长度没有达到设置的标准，用 0 来占位
	print(firstSentence)
	with tf.Session() as sess:
	    print(tf.nn.embedding_lookup(wordVectors, firstSentence).eval().shape)```

Out	`[    41    804 201534    1005      15    7446      5   13767      0      0]`
	
	`(10, 50)`

对一篇影评数据来说，首先找到其对应索引位置（之后要通过索引得到其对应的词向量结果），再利用 embedding_lookup() 函数就能得到其词向量结果，其中 wordVectors 是制作好的词向量库，firstSentence 就是要寻找的词向量的这句话。（10,50）表示将 10 个单词转换成对应的词向量结果。

这里需要注意，之后设计的 RNN 网络必须适用于所有文章。例如一篇文章的长度是 200$(x_1, x_2, \cdots,$

x_{200}），另一篇是 300($x_1,x_2,\cdots,x_{300}$），此时输入数据大小不一致，这是根本不行的，在网络训练中，必须保证结构是一样的（这是全连接操作的前提）。

此时需要对文本数据进行预处理操作，基本思想就是选择一个合适的值来限制文本的长度，例如选 250（需要根据实际任务来选择）。如果一篇影评数据中词语数量比 250 多，那就从第 250 个词开始截断，后面的就不需要了；少于 250 个词的，缺失部分全部用 0 来填充即可。

影评数据一共包括 25000 篇评论，其中消极和积极的数据各占一半，之前说到需要定义一个合适的篇幅长度来设计 RNN 网络结构，这里先来统计一下每篇文章的平均长度，由于数据存储在不同文件夹中，所以需要分别读取不同类别中的每一条影评数据（见图 20-14）。

名称 ^	修改日期	类型	大小
negativeReviews	2018-03-20 20:21	文件夹	
positiveReviews	2018-03-20 20:21	文件夹	

名称 ^	修改日期	类型	大小
0_3.txt	2011-04-12 17:47	文本文档	1 KB
1_1.txt	2011-04-12 17:47	文本文档	1 KB
2_1.txt	2011-04-12 17:47	文本文档	1 KB
3_4.txt	2011-04-12 17:47	文本文档	1 KB
4_4.txt	2011-04-12 17:47	文本文档	2 KB
5_3.txt	2011-04-12 17:47	文本文档	1 KB
6_1.txt	2011-04-12 17:47	文本文档	1 KB
7_3.txt	2011-04-12 17:47	文本文档	1 KB
8_4.txt	2011-04-12 17:47	文本文档	2 KB
9_1.txt	2011-04-12 17:47	文本文档	1 KB
10_2.txt	2011-04-12 17:47	文本文档	1 KB
11_3.txt	2011-04-12 17:47	文本文档	1 KB
12_1.txt	2011-04-12 17:47	文本文档	2 KB
13_2.txt	2011-04-12 17:47	文本文档	1 KB
14_2.txt	2011-04-12 17:47	文本文档	1 KB
15_1.txt	2011-04-12 17:47	文本文档	3 KB
16_3.txt	2011-04-12 17:47	文本文档	3 KB

图 20-14 数据存储格式

| In | ```python
from os import listdir
from os.path import isfile, join
# 指定好数据集位置，由于提供的数据是一个个单独的文件，所以还得一个个读取
positiveFiles = ['./training_data/positiveReviews/' + f for f in listdir('./training_data/positiveReviews/') if isfile(join('./training_data/positiveReviews/', f))]
``` |
| --- | --- |
```

```
In    negativeFiles = ['./training_data/negativeReviews/' + f for f in listd
      ir('./training_data/negativeReviews/') if isfile(join('./training_data/
      negativeReviews/', f))]
      numWords = []
      # 分别统计积极和消极情感数据集
      for pf in positiveFiles:
          with open(pf, "r", encoding='utf-8') as f:
              line=f.readline()
              counter = len(line.split())
              numWords.append(counter)
      print('情感积极数据集加载完毕')

      for nf in negativeFiles:
          with open(nf, "r", encoding='utf-8') as f:
              line=f.readline()
              counter = len(line.split())
              numWords.append(counter)
      print('情感消极数据集加载完毕')
      numFiles = len(numWords)
      print('总共文件数量 ', numFiles)
      print('全部词语数量 ', sum(numWords))
      print('平均每篇评论词语数量 ', sum(numWords)/len(numWords))
      结果:
      情感积极数据集加载完毕
      情感消极数据集加载完毕
      总共文件数量 25000
      全部词语数量 5844680
      平均每篇评论词语数量 233.7872
```

可以将平均长度 233 当作 RNN 中序列的长度，最好还是绘图观察其分布情况:

```
In    import matplotlib.pyplot as plt
      %matplotlib inline
      plt.hist(numWords, 50)
      plt.xlabel('Sequence Length')
      plt.ylabel('Frequency')
      plt.axis([0, 1200, 0, 8000])
      plt.show()
```

Out

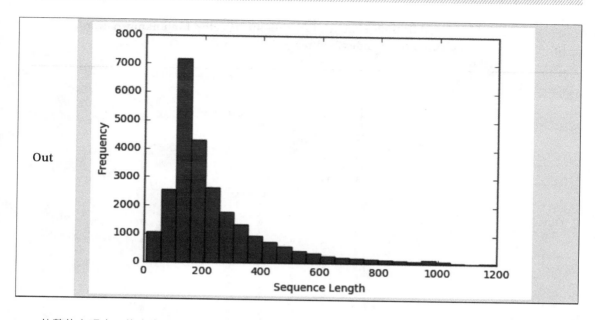

　　从整体上观察，绝大多数评论的长度都在 300 以内，所以暂时设置 RNN 序列长度为 250 没有问题，这也可以当作是整体模型的一个参数，大家也可以用实验来对比不同长度对结果的影响。

In

```
maxSeqLength = 250
将其转换成索引：
# 删除标点符号、括号、问号等，只留下字母数字字符
import re
strip_special_chars = re.compile("[^A-Za-z0-9 ]+")

def cleanSentences(string):
    string = string.lower().replace("<br />", " ")
    return re.sub(strip_special_chars, "", string.lower())

firstFile = np.zeros((maxSeqLength), dtype='int32')
with open(fname) as f:
    indexCounter = 0
    line=f.readline()
    cleanedLine = cleanSentences(line)
    split = cleanedLine.split()
    for word in split:
        try:
            firstFile[indexCounter] = wordsList.index(word)
        except ValueError:
```

In	firstFile[indexCounter] = 399999 #Vector for unknown words
	indexCounter = indexCounter + 1
	firstFile
| Out | ```
array([    37,     14,   2407, 201534,     96,  37314,    319,   7158,
       201534,   6469,   8828,   1085,     47,   9703,     20,    260,
           36,    455,      7,   7284,   1139,      3,  26494,   2633,
          203,    197,   3941,  12739,    646,      7,   7284,   1139,
            3,  11990,   7792,     46,  12608,    646,      7,   7284,
         1139,      3,   8593,     81,  36381,    109,      3, 201534,
         8735,    807,   2983,     34,    149,     37,    319,     14,
          191,  31906,      6,      7,    179,    109,  15402,     32,
           36,      5,      4,   2933,     12,    138,      6,      7,
          523,     59,     77,      3, 201534,     96,   4246,  30006,
          235,      3,    908,     14,   4702,   4571,     47,     36,
       201534,   6429,    691,     34,     47,     36,  35404,    900,
          192,     91,   4499,     14,     12,   6469,    189,     33,
         1784,   1318,   1726,      6, 201534,    410,     41,    835,
        10464,     19,      7,    369,      5,   1541,     36,    100,
          181,     19,      7,    410,      0,      0,      0,      0,
            0,      0,      0,      0,      0,      0,      0,      0,
            0,      0,      0,      0,      0,      0,      0,      0,
            0,      0,      0,      0,      0,      0,      0,      0,
            0,      0,      0,      0,      0,      0,      0,      0,
            0,      0,      0,      0,      0,      0,      0,      0,
            0,      0,      0,      0,      0,      0,      0,      0,
            0,      0,      0,      0,      0,      0,      0,      0,
            0,      0,      0,      0,      0,      0,      0,      0,
            0,      0,      0,      0,      0,      0,      0,      0,
            0,      0])
``` |

上述输出就是对文章截断后的结果，长度不够的时候，指定 0 进行填充。接下来是一个非常耗时间的过程，需要先把所有文章中的每一个词转换成对应的索引，然后再把这些矩阵的结果返回。

如果大家的笔记本电脑性能一般，可能要等上大半天，这里直接给出一份转换结果，实验的时候，可以直接读取转换好的矩阵：

In	`ids = np.load('./training_data/idsMatrix.npy')`

在 RNN 网络进行迭代的时候，需要指定每一次传入的 batch 数据，这里先做好数据的选择方式，方便之后在网络中传入数据。

| In | ```
from random import randint
# 制作 batch 数据，通过数据集索引位置来设置训练集和测试集
# 并且让 batch 中正负样本各占一半，同时给定其当前标签
def getTrainBatch():
    labels = []
    arr = np.zeros([batchSize, maxSeqLength])
    for i in range(batchSize):
        if (i % 2 == 0):
``` |

```
            num = randint(1, 11499)
            labels. append([1, 0])
        else:
            num = randint(13499, 24999)
            labels. append([0, 1])
        arr[i] = ids[num-1:num]
    return arr, labels


def getTestBatch():
    labels = []
    arr = np. zeros([batchSize, maxSeqLength])
    for i in range(batchSize):
        num = randint(11499, 13499)
        if (num <= 12499):
            labels. append([1, 0])
        else:
            labels. append([0, 1])
        arr[i] = ids[num-1:num]
    return arr, labels
```

构造好 batch 数据后，数据和标签就确定了。

图 20-15 所示为数据最终预处理后的结果，构建 RNN 模型的时候，还需再将词索引转换成对应的向量。现在再向大家强调一下输入数据的格式，传入 RNN 网络中的数据需是一个三维的形式，即 [batchsize，文本长度，词向量维度]，例如一次迭代训练 10 个样本数据，每个样本长度为 250，每个词的向量维度为 50，输入就是 [10,250,50]。

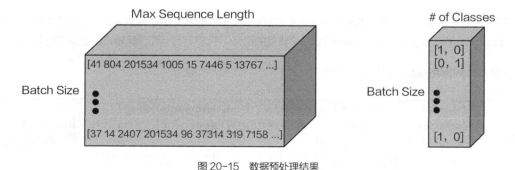

图 20-15　数据预处理结果

 迪哥说: 在数据预处理时，最好的方法就是先倒着来思考，想一想最终网络模型要求输入什么，然后对照目标进行预处理和特征提取。

20.3 构建 RNN 模型

首先需要设置模型所需参数，在 RNN 网络中，其基本计算方式还是全连接，所以需要指定隐层神经元数量：

- batchSize = 24
- lstmUnits = 64
- numClasses = 2
- iterations = 50000

其中，batchSize 可以根据自己机器性能来选择，如果觉得迭代过程有些慢，可以再降低一些；lstmUnits 表示其中每一个隐层的神经元数量；numClasses 就是最终要得到的输出结果，也就是一个二分类问题；在迭代过程中，iterations 就是最大迭代次数。

网络模型的搭建方法都是相同的，还是先指定输入数据的格式，然后定义 RNN 网络结构训练迭代：

```
In    labels = tf.placeholder(tf.float32, [batchSize, numClasses])
      input_data = tf.placeholder(tf.int32, [batchSize, maxSeqLength])
```

依旧用 placeholder() 进行占位，此时只得到二维的结果，即 [batchSize, maxSeqLength]，还需将文本中每一个词由其索引转换成相应的词向量。

```
In    data= tf.Variable(tf.zeros([batchSize, maxSeqLength, numDimensions]), dtype=tf.float32)
      data = tf.nn.embedding_lookup(wordVectors, input_data)
```

使用 embedding_lookup 函数完成最后的词向量读取转换工作，就搞定了输入数据，大家在建模时，一定要清楚 [batchSize, maxSeqLength, numDimensions] 这三个维度的含义，不能只会调用工具包函数，还需要理解其中细节。

构建 LSTM 网络模型，需要分几步走：

```
In    lstmCell = tf.contrib.rnn.BasicLSTMCell(lstmUnits)
      lstmCell = tf.contrib.rnn.DropoutWrapper(cell=lstmCell, output_keep_prob=0.75)
      value, _ = tf.nn.dynamic_rnn(lstmCell, data, dtype=tf.float32)
```

首先创建基本的 LSTM 单元，也就是每一个输入走的网络结构都是相同的，再把这些基本单元和输入的序列数据组合起来，还可以加入 Dropout 功能。关于 RNN 网络，还有很多种创建方法，这些在 TensorFlow 官网中都有实例说明，用的时候最好先参考一下其 API 文档。

In
```
# 权重参数初始化
weight = tf.Variable(tf.truncated_normal([lstmUnits, numClasses]))
bias = tf.Variable(tf.constant(0.1, shape=[numClasses]))
value = tf.transpose(value, [1, 0, 2])
# 取最终的结果值
last = tf.gather(value, int(value.get_shape()[0]) - 1)
prediction = (tf.matmul(last, weight) + bias)
```

RNN 网络的权重参数初始化方法与传统神经网络一致，都是全连接的操作，需要注意网络输出会有多个结果，可以参考图 20-1，每一个输入的词向量都与当前输出结果相对应，最终选择最后一个词所对应的结果，并且通过一层全连接操作转换成对应的分类结果。

网络模型和输入数据确定后，接下来与之前训练方法一致，给定损失函数和优化器，然后迭代求解即可：

In
```
for i in range(iterations):
    # 之前已经定义好的 batch 数据函数
    nextBatch, nextBatchLabels = getTrainBatch();
    sess.run(optimizer, {input_data: nextBatch, labels: nextBatchLabels})
    # 每隔 1000 次打印一下当前的结果
    if (i % 1000 == 0 and i != 0):
        loss_ = sess.run(loss, {input_data: nextBatch, labels: nextBatchLabels})
        accuracy_ = sess.run(accuracy, {input_data: nextBatch, labels:
nextBatchLabels})

        print("iteration {}/{}...".format(i+1, iterations),
              "loss {}...".format(loss_),
              "accuracy {}...".format(accuracy_))
    # 每隔 1 万次保存一下当前模型
    if (i % 10000 == 0 and i != 0):
        save_path = saver.save(sess, "models/pretrained_lstm.ckpt", global_step=i)
        print("saved to %s" % save_path)
```

这里不仅打印当前迭代结果，每隔 1 万次还会保存当前的网络模型。TensorFlow 中保存模型最简单的方法，就是用 saver.save() 函数指定保存的模型，以及保存的路径。保存好训练的权重参数，当预测任务来临时，直接读取模型即可。

迪哥说： 可能有同学会问，为什么不能只保存最后一次的结果？由于网络在训练过程中，其效果可能发生浮动变化，而且不一定迭代次数越多，效果就越好，可能第 3 万次的效果要比第 5 万次的还要强，因此需要保存中间结果。

训练网络需要耐心，这份数据集中，由于给定的网络结构和词向量维度都比较小，所以训练起来很快：

Out	iteration 1001/50000... loss 0.6308178901672363... accuracy 0.5...
iteration 2001/50000... loss 0.7168402671813965... accuracy 0.625...
iteration 3001/50000... loss 0.7420873641967773... accuracy 0.5...
iteration 4001/50000... loss 0.650059700012207... accuracy 0.5416666865348816...
iteration 5001/50000... loss 0.6791467070579529... accuracy 0.5...
iteration 6001/50000... loss 0.6914048790931702... accuracy 0.5416666865348816...
iteration 7001/50000... loss 0.36072710156440735... accuracy 0.8333333134651184...
iteration 8001/50000... loss 0.5486791729927063... accuracy 0.75...
iteration 9001/50000... loss 0.41976991295814514... accuracy 0.7916666865348816...
iteration 10001/50000... loss 0.10224487632513046... accuracy 1.0...
saved to models/pretrained_lstm.ckpt-10000
iteration 11001/50000... loss 0.37682783603668213... accuracy 0.8333333134651184...
iteration 12001/50000... loss 0.266050785779953... accuracy 0.9166666865348816...
iteration 13001/50000... loss 0.40790924429893494... accuracy 0.7916666865348816...
iteration 14001/50000... loss 0.22000855207443237... accuracy 0.875...
iteration 15001/50000... loss 0.49727579951286316... accuracy 0.7916666865348816...
iteration 16001/50000... loss 0.21477992832660675... accuracy 0.9166666865348816...
iteration 17001/50000... loss 0.31636106967926025... accuracy 0.875...
iteration 18001/50000... loss 0.17190784215927124... accuracy 0.9166666865348816...
iteration 19001/50000... loss 0.11049345880746841... accuracy 1.0...
iteration 20001/50000... loss 0.06362085044384003... accuracy 1.0...
saved to models/pretrained_lstm.ckpt-20000
iteration 21001/50000... loss 0.19093847274780273... accuracy 0.9583333134651184...
iteration 22001/50000... loss 0.06586482375860214... accuracy 0.9583333134651184...
iteration 23001/50000... loss 0.02577809803187847... accuracy 1.0...
iteration 24001/50000... loss 0.0732395276427269... accuracy 0.9583333134651184...
iteration 25001/50000... loss 0.30879321694374084... accuracy 0.9583333134651184...
iteration 26001/50000... loss 0.2742778956890106... accuracy 0.9583333134651184...
iteration 27001/50000... loss 0.23742587864398956... accuracy 0.875...
iteration 28001/50000... loss 0.04694415628910065... accuracy 1.0...
iteration 29001/50000... loss 0.031666990369558334... accuracy 1.0...
iteration 30001/50000... loss 0.09171193093061447... accuracy 1.0...
saved to models/pretrained_lstm.ckpt-30000
iteration 31001/50000... loss 0.03852967545390129... accuracy 1.0...
iteration 32001/50000... loss 0.06964454054832458... accuracy 1.0...
iteration 33001/50000... loss 0.12447216361761093... accuracy 0.9583333134651184...
iteration 34001/50000... loss 0.008963108994066715... accuracy 1.0...
iteration 35001/50000... loss 0.04129207879304886... accuracy 0.9583333134651184...
iteration 36001/50000... loss 0.0081111378967762... accuracy 1.0...

Out	iteration 37001/50000... loss 0.022405564785003662... accuracy 1.0... iteration 38001/50000... loss 0.03473325073719025... accuracy 1.0... iteration 39001/50000... loss 0.09315425157546997... accuracy 0.9583333134651184... iteration 40001/50000... loss 0.3166258931159973... accuracy 0.9583333134651184... saved to models/pretrained_lstm. ckpt-40000 iteration 41001/50000... loss 0.03648881986737251... accuracy 1.0... iteration 42001/50000... loss 0.2616865932941437... accuracy 0.9583333134651184... iteration 43001/50000... loss 0.013914794661104679... accuracy 1.0... iteration 44001/50000... loss 0.020460862666368484... accuracy 1.0... iteration 45001/50000... loss 0.15876878798007965... accuracy 0.9583333134651184... iteration 46001/50000... loss 0.007766606751829386... accuracy 1.0... iteration 47001/50000... loss 0.02079685777425766... accuracy 1.0... iteration 48001/50000... loss 0.017801295965909958... accuracy 1.0... iteration 49001/50000... loss 0.017789073288440704... accuracy 1.0...

随着网络迭代的进行，模型也越来越收敛，基本上 2 万次就能够达到完美的效果，但是不要高兴得太早，这只是训练集的结果，还要看测试集上的效果。

如图 20-16、图 20-17 所示，虽然只用了非常简单的 LSTM 结构，收敛效果还是不错的，其实最终模型的效果在很大程度上还是与输入数据有关，如果不使用词向量模型，训练的效果可能就要大打折扣。

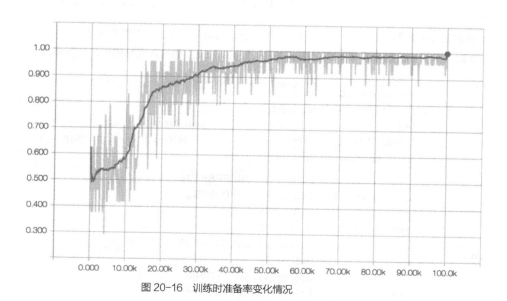

图 20-16　训练时准备率变化情况

Loss

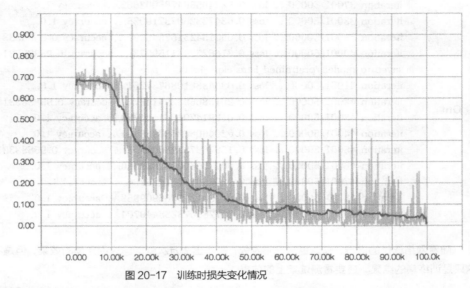

图 20-17　训练时损失变化情况

接下来再看看测试的效果，这里先给大家演示一下如何加载已经保存好的模型：

In	saver. restore (sess，tf. train. latest_checkpoint ('models'))
Out	INFO:tensorflow:Restoring parameters from models\pretrained_lstm. ckpt-40000

这里加载的是最后保存的模型，当然也可以指定具体的名字来加载指定的模型文件，读取的就是之前训练网络时候所得到的各个权重参数，接下来只需要在 batch 里面传入实际的测试数据集即可：

In	iterations = 10
	for i in range (iterations):
	　nextBatch, nextBatchLabels = getTestBatch();
	　print("Accuracy for this batch:", (sess. run(accuracy, {input_data: nextBatch, labels: nextBatchLabels})) * 100)

Out	Accuracy for this batch: 91.6666686535 Accuracy for this batch: 79.1666686535 Accuracy for this batch: 87.5 Accuracy for this batch: 87.5 Accuracy for this batch: 91.6666686535 Accuracy for this batch: 75.0 Accuracy for this batch: 91.6666686535 Accuracy for this batch: 70.8333313465 Accuracy for this batch: 83.3333313465 Accuracy for this batch: 95.8333313465

为了使测试效果更稳定，选择 10 个 batch 数据，在二分类任务中，得到的结果只能说整体还凑合，可以明显发现网络模型已经有些过拟合。在训练数据集中，基本都是 100%，然而实际测试时却有所折扣。大家在实验的时候，也可以尝试改变其中的参数，以调节网络模型，再对比最终的结果。

在神经网络训练过程中，可以调节的细节比较多，通常都是先调整学习率，导致过拟合最可能的原因就是学习率过大。网络结构与输出数据也会对结果产生影响，这些都需要通过大量的实验进行对比观察。

项目总结

本章从整体上介绍了 RNN 网络结构及其升级版本 LSTM 网络，针对自然语言处理，其实很大程度上拼的是如何进行特征构造，词向量模型可以说是当下最好的解决方案之一，对词的维度进行建模要比整体文章建模更实用。针对影评数据集，首先进行数据格式处理，这也是按照后续网络模型的要求输入的，TensorFlow 当中有很多便捷的 API 可以完成处理任务，例如常用的 embedding_lookup()，至于其具体用法，官网的解释肯定是最好的，所以千万不要忽视最直接的资源。在处理序列数据上，RNN 网络结构有着先天的优势，所以，其在文本处理任务上，尤其涉及上下文和序列相关任务的时候，还是尽可能优先选择深度学习算法，虽然速度要慢一些，但是整体效果还不错。

20 章的机器学习算法与实战的学习到这里就结束了，其中经历了数学推导的考验与案例中反复的实验，相信大家已经掌握了机器学习的核心思想与实践方法。算法本身并没有高低之分，很多时候拼的是如何对数据进行合适的特征提取，结合特征工程，将最合适的算法应用到最适合的数据中才是上策。学习应当是反复的过程，每一次都会有更深的理解，机器学习算法本身较为复杂，时常复习也是必不可缺的。案例的利用也是如此，光看不练终归不是自己的，举一反三才能提升自己的实战技能。在后续的学习和工作中，根据业务需求，还可以结合实际论文来探讨解决方案，善用资料，加以理解，并应用到自己的任务中，才是最佳的提升路线。